Kerstin Quarch

Produktgestaltung an kolloidalen Agglomeraten und Gelen

Gelierung und Fragmentierung anorganisch gefällten Siliciumdioxids

Produktgestaltung an kolloidalen Agglomeraten und Gelen

Gelierung und Fragmentierung anorganisch gefällten Siliciumdioxids

von
Kerstin Quarch

Dissertation, Karlsruher Institut für Technologie,
Fakultät für Chemieingenieurwesen und Verfahrenstechnik, 2010
Tag der mündlichen Prüfung: 16.03.2010

Impressum

Karlsruher Institut für Technologie (KIT)
KIT Scientific Publishing
Straße am Forum 2
D-76131 Karlsruhe
www.uvka.de

KIT – Universität des Landes Baden-Württemberg und nationales
Forschungszentrum in der Helmholtz-Gemeinschaft

KIT Scientific Publishing 2010
Print on Demand

ISBN 978-3-86644-503-1

Produktgestaltung an kolloidalen Agglomeraten und Gelen

–

Gelierung und Fragmentierung anorganisch gefällten Siliciumdioxids

Zur Erlangung des akademischen Grades eines

DOKTORS DER INGENIEURWISSENSCHAFTEN (Dr.-Ing.)

der Fakultät für Chemieingenieurwesen und Verfahrenstechnik des

Karlsruher Instituts für Technologie

genehmigte

DISSERTATION

von

Dipl.-Ing. Kerstin Quarch

geboren in Halifax

Tag des Kolloquiums: 16.03.2010
Referent: Prof. Dr.-Ing. Matthias Kind
Korreferent: Prof. Dr.-Ing. habil. Hermann Nirschl

Für meine Eltern

Vorwort

Die vorliegende Arbeit entstand während meiner Zeit als wissenschaftliche Mitarbeiterin am Institut für Thermische Verfahrenstechnik der Universität Karlsruhe (TH), zwischen März 2005 und Oktober 2009. Hiermit möchte ich denen danken, die zur Entstehung dieser Arbeit beigetragen haben:

Mein besonderer Dank gilt meinem Doktorvater, Herrn Professor Dr.-Ing. Matthias Kind, für seine stete Unterstützung, für die gewährte große wissenschaftliche Freiheit und das Vertrauen, das er mir bei der Durchführung meiner Arbeit entgegengebracht hat.

Herrn Prof. Dr.-Ing. habil. Hermann Nirschl danke ich für sein Interesse an der Arbeit und die freundliche Übernahme des Korreferats.

Meinen Mitassistenten am Institut danke ich ganz herzlich für die interessanten Diskussionen, die gute Zusammenarbeit und die vielen fröhlichen Stunden inner- und außerhalb des Instituts. Außerdem danke ich allen festangestellten Wissenschaftlern und Mitarbeitern in Sekretariat, Werkstatt und Labor für ihre Unterstützung und ihre unkomplizierte Art, die zu einer sehr angenehmen Arbeitsatmosphäre beigetragen haben.

Für ihr Engagement danke ich im besonderen Emilie Durand, die im Rahmen ihrer Diplomarbeit einen wesentlichen Beitrag zum Zustandekommen dieser Arbeit geleistet hat.

Der Deutschen Forschungsgemeinschaft (DFG) danke ich für die finanzielle Förderung dieser Arbeit im Rahmen des Schwerpunktprogramms 1273 „Kolloidverfahrenstechnik", welches den Wissensaustausch mit gleichgesinnten Forschern deutschlandweit ermöglichte. In diesem Zusammenhang möchte ich auch Herrn Carsten Schilde für die freundliche Aufnahme in Braunschweig und die gute Kooperation danken.

Mein herzlichster Dank gilt meinen Eltern für das Ermöglichen meiner Ausbildung und dafür, dass ich immer auf ihre Unterstützung bauen kann. Meinem Lebensgefährten Oliver, meiner Schwester Henrike und meinen Freunden Andrea, Hanna, Simone und Georges danke ich für ihre Geduld und vor allem für die Aufmunterung in schwierigen Zeiten.

Karlsruhe, im März 2010
Kerstin Quarch

Inhaltsverzeichnis

Symbolverzeichnis

Lateinische Buchstaben

A	Fläche	m²
A	Anpassungsparameter	$\text{min(mol/l)}^{0,5}$
a	spezifische Oberfläche	m²/g
B	Durchlässigkeit	m²
C	Konzentration	mol/l
c_p	spezifische Wärmekapazität	kJ/(kgK)
D	Durchmesser Reaktor	mm
D	Diffusionskoeffizient	m²/s
d	Durchmesser Rührerblatt	mm
d	Partikeldurchmesser	m
d_f	fraktale Dimension	-
E	Energie	J
E_{Ab}	Aktivierungsenergie für Ablösung	J
E_N	Elastizitätsmodul des Gelnetzwerks	N/m²
e	Eulersche Zahl = 2,718281828459	-
e	Elementarladung (in der Berechnung von $1/\kappa$) = $1,602167 \cdot 10^{-19}$	C
F	Kraft	N
f	Vorfaktor bei der Drehmomentsberechnung	-
G	Drehmoment	Nm
G	Schubmodul	N/m²
G'	elastischer/ Speichermodul	N/m²
G''	viskoser/ Verlustmodul	N/m²
G	mittlerer Geschwindigkeitsgradient	s^{-1}
H	Höhe Reaktor	mm
h	Spalthöhe	m
I	Streulichtintensität	a.u.
I	Ionenstärke	mol/l
k	Konstante	-
k_{Ab}	Ablösewahrscheinlichkeit	-
k_B	Boltzmann-Konstante = $1,380650 \cdot 10^{-23}$	J/K
L	durchströmte Länge	m
l_D	Kolmogorov-Mikroskala	m
M	Agglomeratmasse	kg
$\dot{M}$	Massenstrom	kg/s
m	Masse eines Teilbereichs des Agglomerats	kg
N_A	Avogadrozahl = $6,02214179 \cdot 10^{23}$	mol^{-1}
N	Gesamtpartikelanzahl	-
n	Partikelanzahl in einem Aggregat	-
n	Rührerdrehzahl	s^{-1}
n	Brechungsindex	-
P	Leistung	W

p	Druck	N/m²
$\dot{Q}$	Wärmestrom	W
q	Streuvektor	nm^{-1}
R	Radius	m
$\tilde{R}$	universelle Gaskonstante = 8,314472	J/(molK)
r	Radius; Partikelabstand	m
S	Last	N/m²
s	Verschiebungsstrecke	m
T	Temperatur	K
t	Zeit	s
u	Geschwindigkeit	m/s
U	Umfangsgeschwindigkeit	m/s
$\dot{V}$	Volumenstrom	m³/s
x	Partikelgröße (Durchmesser); Abstand	m
z	Partikelgröße	m
z	Ionenwertigkeit	-

Griechische Buchstaben

α	Exponent des Abfalls der Dichtekorrelationsfunktion	-
α	Kegelwinkel	rad
β	Aggregationskonstante	-
γ	Deformation	-
$\dot{\gamma}$	Scherrate bzw. Schrumpfungsrate	s^{-1}
δ	Phasenwinkel zwischen Schubspannung und Deformation	°
ε	Haftwahrscheinlichkeit	-
ε_m	Dissipation oder Energiedissipationsrate	W/kg
ε_0	elektrische Feldkonstante = $8,854187 \cdot 10^{-12}$	F/m
ε_r	relative Permittivität (materialabhängig)	-
ϕ	Volumenanteil	-
η	dynamische Viskosität	Pas
λ	Wellenlänge des Lichts	nm
Λ	Taylor-Makroskala	m
ν	kinematische Viskosität	m²/s
ρ	Dichte	kg/m³
σ	Schubspannung	N/m²
σ	Oberflächenspannung	N/m
τ	Zeitintervall der Autokorrelationsfunktion	ns
τ	charakteristische Zeit	min
θ_S	Streuwinkel des Lichts	°
Ω	Periode	s
ω	Winkelgeschwindigkeit, Kreisfrequenz	rad/s
ω	Frequenz	s^{-1}
ξ	Massenanteil	-

Abkürzungen

B	Behälter
BET	Brunauer-Emmet-Teller (Oberflächenmessungen durch Gasadsorption)
C	Regelung (control)
CAS	Chemical Abstracts Service – internationaler Bezeichnungsstandard für chemische Stoffe
DLA	Diffusionslimitierte Agglomeration
DLVO	Derjaguin-Landau-Verwey-Overbeek-Theorie
F	Durchfluss (flow)
GESTIS	Gefahrstoffinformationssystem
I	Anzeige (indication)
M	Motor (Rührerantrieb)
MD	Mischdüse
MIG	Mehrstufen-Impuls-Gegenstromrührer
min	Minuten
P	Pumpe
PGV	Partikelgrößenverteilung
PP	Primärpartikel
ppm	parts per million
R	Aufzeichnung (recording)
REM	Rasterelektronenmikroskop
RLA	Reaktionslimitierte Agglomeration
T	Temperatur/ Thermostat
TEM	Transelektronenmikroskop
TEOS	Tetraethoxisilan/Tetraethylorthosilikat
TMOS	Tetramethylsilan/Tetramethylorthosilikat
VE	voll entsalzt
WG	Wasserglas
X	Waage

Dimensionslose Kennzahlen

Ne	Newton-Zahl
Re	Reynolds-Zahl
We	Weber-Zahl

1 Einleitung

Bei der großindustriellen Herstellung partikulärer Feststoffe sind, meist abhängig von der Anwendung, unterschiedliche Eigenschaften erwünscht. So ist beispielsweise bei Pigmenten für die optimale Farbstärke eine bestimmte Partikelgröße erforderlich. Für eine gute Löslichkeit sind häufig sehr feine Partikel notwendig, während z.B. ein Düngemittel eher grobkörnig sein sollte, damit es gut aufs Feld gebracht werden kann und nicht staubt. Ein Katalysatorträger oder ein Absorbens sollte eine möglichst hohe spezifische Oberfläche haben und ein Füllstoff sollte sich gleichmäßig im Produkt verteilen und eventuell wie ein Rheologiehilfsmittel eine vernetzte Struktur ausbilden können. Zudem sind weitere Eigenschaften in der industriellen Weiterverarbeitung des Pulvers von Interesse, so wirken sich zum Beispiel die Partikelgrößenverteilung und die Partikelladung auf die Filtrierbarkeit einer Suspension aus. Weitere Anforderungen an einen Produktionsprozess sind seine Wirtschaftlichkeit und Sicherheit.

Durch die Einstellung der Parameter des Herstellungsprozesses lassen sich die oben genannten Eigenschaften steuern. So kann man etwa durch langsame Kühlungskristallisation, am Besten noch mit Impfkristallen, wenige große Partikel erzeugen, während man in einer Fällung bei hohen Übersättigungen viele kleine Partikel erhält.

Ein Beispiel für ein solches gestaltbares Produkt ist gefällte Kieselsäure (SiO_2), die Gegenstand dieser Arbeit ist. Sie wird in sehr großen Mengen hergestellt (im letzten Jahrzehnt des zwanzigsten Jahrhunderts ca. 1 Mio t/a; Gupta (2001)) und kann durch Variationen im Prozess auf ihre vielfältigen Anwendungen zugeschnitten werden. Hauptsächlich dient sie als kostengünstiger und ungiftiger Füllstoff in Kunststoffen, Farben und Lacken, Kosmetik-, Pharmaprodukten und Lebensmitteln (s. auch Kapitel 2.5.2).

Im großindustriellen Herstellungsprozess werden eine Silikatlösung und eine Säure bei höherer Temperatur halbkontinuierlich (semi-batch) in eine Wasservorlage eingerührt. Abbildung 1.1 zeigt schematisch die dabei ablaufenden Vorgänge:

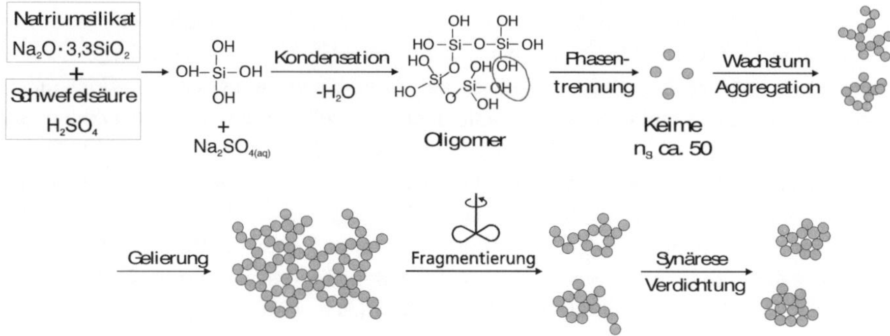

Abbildung 1.1: Feststoffbildung bei der Herstellung von gefällter Kieselsäure (Schlomach (2006))

Durch die Senkung des pH-Werts kommt es zu Polykondensation der Monokiesel-säure $Si(OH)_4$ und es werden dreidimensionale Strukturen und schließlich kolloidale Partikel gebildet (s. Kap. 2.5.1). Diese Partikel agglomerieren und es kommt zur Gelierung (s. Kap. 2.2) des Reaktorinhalts. Da der Prozess jedoch nach der Gelierung nicht beendet wird, wird das Gel durch den Rührer sofort fragmentiert (Kap. 2.3). Im weiteren Verlauf des Verfahrens verdichten sich die Fragmente unter Schrumpfung und Verfestigung (Kap. 2.4), bevor sie durch Zentrifugation von der Mutterlauge abgetrennt und zu einem frei fließenden Pulver getrocknet werden (Kind (2006)). Diese Schrumpfung ist auch in mechanisch nicht belasteten Gelen beobachtbar und wird Synärese genannt.

In allen drei Abschnitten seiner Entstehung lässt sich die Partikelgrößenverteilung des Produkts durch die Wahl der Prozessparameter beeinflussen. Abbildung 1.2 zeigt Rasterelektronenmikroskopaufnahmen eines typischen Produktpulvers. Der Aufbau des fragmentierten und geschrumpften Gels aus Primärpartikeln ist gut zu erkennen.

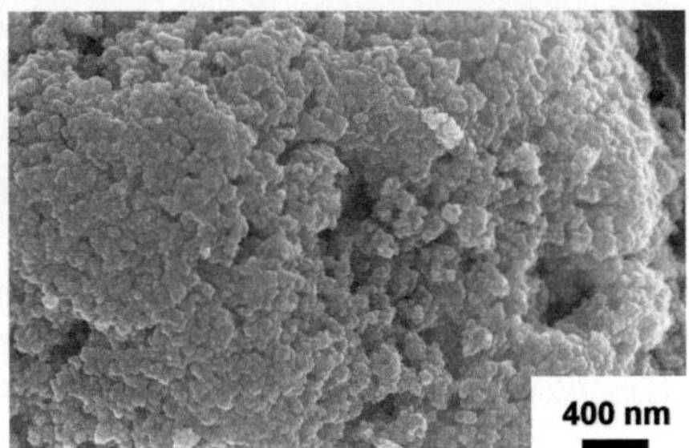

Abbildung 1.2: Typische gefällte SiO_2-Partikel

Obwohl gefällte Kieselsäure schon seit über 100 Jahren produziert wird, wurden die Einstellungen zum Erzielen der gewünschten Qualität lange Zeit durch Versuch und Irrtum gefunden. Nicht zuletzt bedingt durch die Verfügbarkeit moderner Partikelanalytik wird sich erst seit neuerer Zeit intensiv um die systematische Aufklä-rung der zugrundeliegenden Vorgänge der Partikelentstehung und Agglomeration bemüht. In der Vorgängerarbeit (Schlomach (2006)) wurden Untersuchungen zur Primärpartikelbildung sowie Variationen eines dem industriellen Prozess auf kleinerer Skala nachempfundenen Verfahrens durchgeführt. Die gemessene Entwicklung der fraktalen Dimension, die die Struktur der Agglomerate bei der Verdichtung beschreibt (s. Kap. 2.2), konnte für den Ausgangsprozess durch eine Monte-Carlo-Simulation (Kap. 2.4) reproduziert werden. Nach einer durch die Anzahl seiner Kontaktstellen bestimmten Ablösung eines Primärpartikels verdichtet dieses sein Mutteragglomerat nach erzwungener Diffusion zum Schwerpunkt hin. Das bedeutet, dass durch einen Zufallsalgorithmus errechnete Partikeltrajektorien, die das Partikel nicht näher an den

Schwerpunkt des Agglomerats bringen, in der Simulation verworfen werden. Damit existiert zwar eine Erklärung für den Mechanismus der Verdichtung, es wird aber keine Information bezüglich der Parameter, die die Kompaktierung beeinflussen, gewonnen. Diese Parameter sind im semi-batch-Prozess aneinander gekoppelt, so dass sich ihr Einfluss nicht voneinander trennen lässt.

Es stellt sich also die Frage, welche Einstellungen im Prozess, z. B. Temperatur, Rührgeschwindigkeit oder Zusammensetzung, die Eigenschaften des Produkts bezüglich Größe, Partikelgrößenverteilung (PGV), Struktur und Festigkeit bedingen. Um die Produkteigenschaften gezielt zu beeinflussen, müssen die zugrundeliegenden Mechanismen der Wirkung der Prozessparameter auf das Produkt in den einzelnen Prozessstufen bekannt sein. Dabei ist zu beachten, dass die Prozessabschnitte zeitlich nicht voneinander getrennt sind, sondern teilweise parallel ablaufen

In der vorliegenden Arbeit wird dieser Frage nachgegangen, indem zunächst anhand des Standes der Forschung eine Vorstellung entwickelt wird, welche Parameter welchen Einfluss haben und wie dadurch die Produktpartikel entstehen. Anschließend werden die Experimente vorgestellt, mit deren Hilfe die aufgestellten Hypothesen geprüft wurden. Die Ergebnisse dieser Experimente werden diskutiert und zum Abschluss die sich daraus ergebenden Schlussfolgerungen für die Fällung von Kieselsäure dargestellt.

2 Stand des Wissens

2.1 Einführung

Das folgende Kapitel soll einen kurzen Überblick über den bisherigen Stand des Wissens geben. Die Gliederung in die Unterkapitel Aggregation und Gelbildung, Zerkleinerung als Mechanismus der Gel-Fragmentierung und Reorganisation und Synärese orientiert sich dabei an den in Abbildung 1.1 identifizierten Prozessabläufen, die sich maßgeblich auf das Endprodukt auswirken. Weiterhin wird die Kieselsäure mit ihren Anwendungen, ihrer Herstellung und ihren Besonderheiten vorgestellt. Schließlich wird die auf Basis dieser Informationen gewonnene Vorstellung der bei der semi-batch-Fällung von SiO_2 stattfindenden Vorgänge präsentiert. Diese gilt es in der vorliegenden Arbeit zu prüfen und zu belegen.

2.2 Aggregation und Gelbildung nano-partikulärer Suspensionen

Die Vorgänge der Aggregation und Agglomeration können einen starken Einfluss auf die Größenverteilung eines Partikelkollektivs, z.B. einer Suspension, haben. Obwohl diese Begriffe in der Literatur häufig synonym gebraucht werden, soll hier die Definition nach DIN (1972) benutzt werden. Demnach ist ein Aggregat ein „verwachsener Verbund von flächig aneinandergelagerten Primärteilchen, dessen Oberfläche kleiner ist als die Summe der Oberflächen der Primärteilchen", wohingegen ein Agglomerat ein „nicht verwachsener Verbund von z.B. an Ecken und Kanten aneinandergelagerten Primärteilchen…, dessen Gesamtoberfläche von der Summe der Einzeloberflächen nicht wesentlich abweicht" ist. Im Gegensatz zu einem Agglomerat ist ein Aggregat nur schwer oder gar nicht wieder in die Primärteilchen zu zerlegen. Ein „in Suspensionen auftretendes Agglomerat, das durch geringe Scherkräfte zerteilt werden kann" wird ein Flokkulat genannt.

Je mehr Primärpartikel in einer Suspension vorliegen, desto wahrscheinlicher werden Kollisionen zwischen ihnen, die durch die temperaturabhängige Brown'sche Molekularbewegung, Fluidströmungen oder Sedimentation hervorgerufen werden können. Damit es zu Agglomeration oder Aggregation kommt, müssen Partikel nach einer Kollision aneinander haften. Die Agglomerationswahrscheinlichkeit nach einer Partikelkollision und der Zusammenhalt der Primärpartikel im Agglomerat hängen von den interpartikulären Wechselwirkungen ab. Diese werden in Suspension nach der DLVO-Theorie (Derjaguin (1941), Verwey (1948)) als die Überlagerung anziehender und abstoßender Potentiale beschrieben. Anziehend wirkt die von der Partikelgröße abhängige Van-der-Waals-Kraft, die jedoch nur eine sehr kurze Reichweite hat. Die Born'sche Abstoßung bedeutet lediglich, dass sich die Elektronenhüllen der Atome nicht durchdringen können. Über das weiter reichende elektrostatische Potential lassen sich die Wechselwirkungen zwischen den Partikeln in einer Suspension einstellen. Sein Betrag an der Partikeloberfläche lässt sich durch die Adsorption von Ionen (z.B. über den pH-Wert) manipulieren. Zusätzlich zu den adsorbierten Ionen wird jedes geladene Partikel in wässriger Suspension von einer diffusen Schicht aus entgegengesetzt geladenen Ionen umgeben, wodurch sein Ladungspotential mit zunehmendem Abstand von der Oberfläche abnimmt. Die Abklinglänge $1/\kappa$, die durch den Oberflächenabstand, bei dem das Potential auf den e-ten Teil des Anfangswertes abgenommen hat, definiert ist, hängt von der Konzentration C und Wertigkeit z der Ionen in der Lösung ab:

$$\frac{1}{\kappa} = \sqrt{\frac{\varepsilon_r \varepsilon_0 k_B T}{2e^2 N_A \cdot I}} \tag{2.1}$$

$$\text{mit } I = 0{,}5 \cdot \sum_i C_i z_i^2 \tag{2.2}$$

Damit kann also die Reichweite des elektrostatischen Potentials beeinflusst werden. Ist sie nur klein, dominieren häufig die Van-der-Waals-Kräfte die Wechselwirkung der Partikel.

Darüber hinaus können noch weitere Wechselwirkungen eine Rolle spielen, wie z. B. die Hydratationsabstoßung (Yotsumoto (1993)), die daher rührt, dass vor der Herstellung des Kontaktes zwischen zwei Partikeln zunächst die an ihrer Oberfläche adsorbierten Wassermoleküle an der Kontaktstelle desorbiert werden müssen, oder die osmotische Anziehung (s. z.B. Evans (1999)), die bei Anwesenheit größerer Moleküle in der Suspension auftreten kann. Auch bei aus der Lösung wachsenden Partikeln ist eine osmotische Anziehung zwischen zwei aneinander angenäherten Partikeln wahrscheinlich, da auch hier die Lösung im Spalt zwischen ihnen eine viel geringere Konzentration des auskristallisierenden Salzes aufweist als die Umgebung (Kind (2002)). Hydrophobe Partikel ziehen sich in Wasser ebenfalls an, da sie bestrebt sind ihre Grenzfläche zu minimieren.

Durch die Überlagerung der Einzelpotentiale entsteht ein Gesamtpotentialverlauf über dem Partikelabstand, der ausgeprägte Minima und Maxima aufweisen kann. Der Potentialberg in Abbildung 2.1 ist die Energiebarriere, die ein Partikel durch thermische Eigenbewegung (perikinetisch) oder in einer Strömung (orthokinetisch) überwinden muss, um mit dem Partnerpartikel im primären Minimum zu aggregieren. Je „tiefer" das primäre Minimum ist, desto schwieriger ist das Aggregat wieder aufzutrennen.

Existiert der Potentialberg nicht oder ist flacher als etwa 10 kT (Lagaly (2005)) ist die Suspension instabil, d.h. sie agglomeriert. In der Folge kommt es häufig auch zu Sedimentation, da die so entstehenden größeren Partikel nicht mehr durch die thermische Eigenbewegung in Suspension gehalten werden. Bei einer stabilen Suspension ist entweder der Potentialberg sehr hoch oder das primäre Minimum befindet sich im abstoßenden (positiven) Bereich, und es existiert kein sekundäres Minimum vor dem Potentialberg, in dem die Partikel locker agglomerieren, also flocken, könnten.

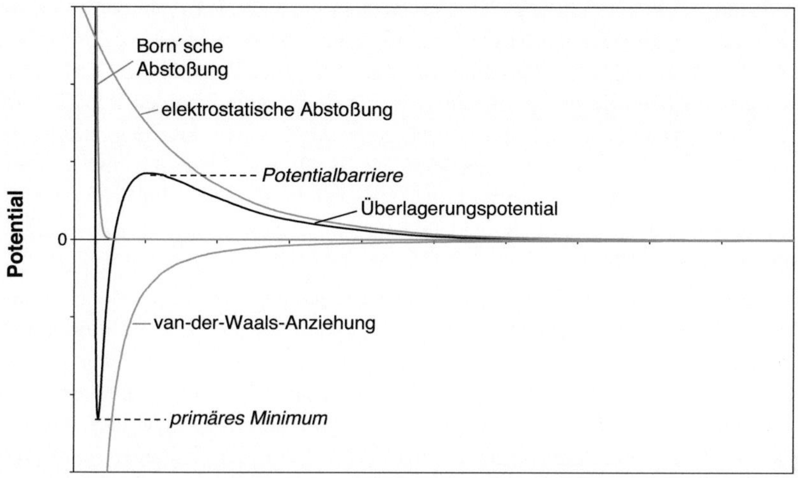

Abbildung 2.1: Überlagerung der Wechselwirkungspotentiale zweier runder Partikel

Eine mathematische Theorie der Aggregationskinetik wurde erstmals von Smoluchowski (1917) hergeleitet. Aus der Wahrscheinlichkeit der Zusammenlagerung zweier gleich großer Primärpartikel durch Diffusion lassen sich die Anzahl der bis zu einem Zeitpunkt t stattgefundenen Anlagerungen und die Schwindungsrate der Primärpartikel bestimmen. Dabei gelten die Partikel als koaguliert, sobald sie sich bis auf einen vorher definierten „Wirkradius" aneinander angenähert haben. Die Bildungs- und Abklingraten von Doppel-, Dreifach-, Vierfach-Teilchen usw. können ebenso berechnet werden. Daraus leitet Smoluchowski folgende Formel für die Abnahme der Gesamtanzahl N der Teilchen durch Aggregation ab:

$$\frac{dN}{dt} = -\beta \cdot N^2$$

(2.3)

β ist hierbei die Abkürzung für $4\pi DR\varepsilon$, wobei DR die Verallgemeinerung für das Produkt aus Diffusionskoeffizient und Wirkradius für die kollidierenden Teilchenspezies ist und ε eine Haftwahrscheinlichkeit.

Auf der Basis von Smoluchowskis Arbeit entstanden eine Vielzahl weiterer Theorien und mit dem Aufkommen der Computer zahlreiche Simulationen der Agglomeration. Mit den heute verwendeten Populationsbilanzen kann auch für polydisperse Ausgangsverteilungen oder kontinuierliche Prozesse die Veränderung der Teilchenanzahl in jeder Größenklasse durch Wachstum, hinzukommende und verschwindende Partikel und Agglomeration aus kleineren oder zu größeren Partikeln berechnet werden. Für diese Berechnungen ist die Kenntnis oder Annahme eines Agglomerationskernels (vgl. β in Gl. (2.3)), notwendig. In diesen geht zum Einen die Haftwahrscheinlichkeit ein, die über die interpartikulären Wechselwirkungen von den Betriebsbedingungen Übersättigung, Temperatur, Rührgeschwindigkeit etc. und dem Stoffsystem abhängt. Zum Anderen hat der angenommene Agglomerationsmechanismus (durch Brown´sche Bewegung, im laminaren oder turbulenten Scherfeld, im Schwerefeld...) Auswirkungen auf die Partikelgrößenabhängigkeit des Kernels (s. z.B. Randolph (1988), Mersmann (1995)).

Die so erhaltenen Modelle machen zwar Aussagen über die Anzahl der Primärpartikel in einem Aggregat, nicht aber über die Anordnung dieser Partikel. Informationen hierüber werden mit der direkten geometrischen Simulation der Agglomeratbildung erhalten. Ausgehend von einem Kollektiv von Einzelpartikeln, die sich untereinander zu immer größeren Clustern zusammenlagern, erhält man offenporige, nach außen hin poröser werdende Strukturen (Sutherland (1967)). Ende der Siebziger Jahre wurde festgestellt, dass die Dichtekorrelationsfunktion $C(r)$ realer und simulierter Agglomerate in einem mittleren Bereich (zwischen einigen Primärpartikeldurchmessern und etwas unterhalb der Agglomeratgröße) nach einem nicht ganzzahligen Potenzgesetz abfällt (Forrest (1979), Witten (1981)):

$$C(r) \equiv n^{-1} \sum_{r'} \rho(r')\rho(r + r') \sim r^{-\alpha} \tag{2.4}$$

Die Dichtekorrelationsfunktion C gibt an, mit welcher Wahrscheinlichkeit in einem bestimmten Abstand r eines beliebigen Partikels innerhalb eines Agglomerats aus n Primärpartikeln ein weiteres Partikel anzutreffen ist. Zieht man den Exponenten α von der euklidischen Dimension des Agglomerats (3 bei realen Aggregaten) ab, erhält man die fraktale (Hausdorff-) Dimension d_f. Diese geht auf den Mathematiker Felix Hausdorff (1918) zurück, der damit beliebigen metrischen Räumen eine Dimension zuordnete. Durch Mandelbrot (1977) wurde der Begriff der Fraktale und ihr verbreitetes Vorkommen in der Natur – u.A. auch bei der Agglomeration – bekannt, so dass in neueren Veröffentlichungen immer von der fraktalen Dimension gesprochen wird, um die Dichteverteilung innerhalb eines Aggregats zu beschreiben. Eine anschaulichere Definition der fraktalen Dimension leitet sich aus dem Zusammenhang zwischen dem Gyrationsradius r_g eines Aggregats und der Anzahl n seiner Primärpartikel her (Stanley (1977)).

$$r_g \sim n^{\frac{1}{d_f}} \tag{2.5}$$

Der Gyrations- oder auch Trägheitsradius dient der Beschreibung der räumlichen Ausdehnung unregelmäßig geformter Partikel und ist die bei der statischen Lichtstreuung erhaltene Größe. Für Agglomerate berechnet er sich als die Wurzel des mittleren quadratischen Abstands der Primärpartikel zum Schwerpunkt.

Für monodisperse, runde Primärpartikel gilt (s. z.B. Stieß (2009)):

$$n = \left(\frac{r_g}{r_{PP}} \right)^{d_f} \tag{2.6}$$

Damit würde einer glatten Kugel die fraktale Dimension 3 zugeordnet, während eine gerade Partikelkette die Dimension 1 hätte. Die fraktale Dimension realer Agglomerate liegt zwischen diesen beiden Extremwerten und ist abhängig vom Agglomerationsmechanismus.

Unabhängig vom Stoffsystem lassen sich zwei Mechanismen unterscheiden: die diffusionslimitierte Agglomeration (DLA), deren Rate allein davon abhängt, wie schnell die Partikel durch Diffusion zu einander finden, und die reaktionslimitierte Agglomeration (RLA), bei der eine Kollision zweier Teilchen nur mit einer bestimmten Wahrscheinlichkeit zur Haftung führt. Diese beiden Mechanismen wurden bereits von Smoluchowski als schnelle und langsame Koagulation bezeichnet und auf die Stärke der Anziehung zwischen den Partikeln zurückgeführt. Lin et al. (1989) konnten für Gold-, Kieselsäure- und Polystyrolnanopartikel sowie mit Computersimulationen zeigen, dass DLA zu fraktalen Dimensionen um 1,8 und RLA zu dichteren Partikeln mit $d_f \approx 2{,}1$ führt. Höhere Werte werden durch Restrukturierungsvorgänge während der Agglomeration verursacht, die z. T. so schnell ablaufen, dass sie messtechnisch nicht erfassbar sind. Sind einmal zustande gekommene Bindungen irreversibel, bzw. ist die Auflösung der Bindungen und die dadurch stattfindende Reorganisation langsamer als der Agglomerationsprozess, so nimmt die Dichte fraktaler Agglomerate mit zunehmender Primärpartikelanzahl gemäß $\rho \sim r_g^{d_f-3}$ ab. Der Volumenanteil freien Lösungsmittels nimmt ab, während der effektive Volumenanteil der Agglomerate durch die Inkorporierung von Lösungsmittel zunimmt. Sind genügend Primärpartikel vorhanden, werden die Agglomerate raumfüllend wenn der Volumenanteil der Partikel im Agglomerat dem ursprünglichen Volumenanteil der Primärpartikel im Sol (= die nicht agglomerierte Suspension) entspricht. Das Agglomerat schließt also die gesamte umgebende Flüssigkeit ein und immobilisiert sie. Durch die Ausbildung weiterer Bindungen zwischen den einzelnen Agglomeraten entsteht ein Netzwerk, welches das gesamte Suspensionsvolumen überspannt. Die Bildung dieses Netzwerks ist makroskopisch als starker Anstieg der Viskosität zu beobachten. Es leitet sich daher von Lateinisch *gelu* für Eis der Name „Gel" für das Netzwerk und die durch es gewissermaßen „eingefrorene" Flüssigkeit her (s. z.B. Brinker (1990)). Es können also nicht nur organische Kettenmoleküle wie Gelatine, sondern auch kolloidale Partikel ein das

Lösemittel tragendes Gerüst ausbilden. Der Elastizitätsmodul ist dabei abhängig vom Feststoffvolumenanteil und dem Grad der Vernetzung innerhalb des Gels. Da die Partikelbindungen nicht biegsam sind und es nicht wie bei den Polymeren zu Interaktionen mit dem Lösungsmittel kommen kann, sind partikuläre Gele in der Regel viel steifer und reagieren im Gegensatz zu ihren organischen Verwandten kaum auf Unterschiede in Temperatur, Lösungsmittel oder elektrischer Spannung. Durch die stärkere Wärmeausdehnung der Flüssigkeit im Vergleich zum Partikelnetzwerk und durch die wegen der kolloidalen Poren geringe Permeabilität des Netzwerks kommt es während des Erhitzens oder Abkühlens zu Dehnung respektive Schrumpfung des Gels, die jedoch bei konstanter Temperatur wieder relaxiert (Scherer (1999)).

Die verschiedenen Gelbildungstheorien besitzen jeweils nur in gewissen Bereichen oder unter bestimmten Umständen Gültigkeit, keine davon ist jedoch allein in der Lage, alle Aspekte des Vorgangs bezüglich Gelierzeit, kritischem Vernetzungs- oder Volumenanteil, fraktaler Dimension oder Agglomeratgrößenverteilung akkurat wiederzugeben.

Die klassische Theorie nach Flory (1953) wurde ursprünglich für organische Polymere aufgestellt. Die Polymere sind aus Monomeren, die eine unterschiedliche Anzahl von Anknüpfungspunkten haben können, aufgebaut. Sie wachsen durch die Reaktion mit weiteren Monomeren, wobei alle freien Plätze gleich wahrscheinlich sind. Innerhalb eines Polymers können sich keine weiteren Bindungen ausbilden, was in der Praxis jedoch eher unwahrscheinlich ist. Hier tritt Gelierung ein, wenn das Molekül unendlich groß wird, also jeder Knoten im Schnitt ein weiteres Monomer anbindet. Mit dieser Theorie lassen sich die Verteilung der Molekülgewichte im Sol und der Reaktionsgrad bei Gelierung vorhersagen. Letzterer würde jedoch nur bei unendlich konzentriertem Monomer mit der Realität übereinstimmen. Außerdem nimmt in der Theorie die Dichte eines solchen Polymers mit der vierten Potenz seines Radius zu, was physikalisch unmöglich ist.

Im Gegensatz dazu lässt die Percolationstheorie (z.B. Stauffer et al. (1982)) die Bildung von Ringstrukturen zu. Hierbei werden auf einem vorgegebenen Gitter, welches durch einen Rahmen begrenzt ist, entweder Partikel oder, wenn auf den Gitterplätzen die Partikel vorgegeben sind, Bindungen zufällig eingesetzt. Die Bindungspercolation setzt damit eine sehr hohe Konzentration des Monomers voraus, was für die meisten Systeme nicht unbedingt realistisch ist. Die der Gelierung entsprechende Percolationsschwelle ist der Füllgrad, bei dem die erste den vorgegebenen Rahmen überspannende Struktur entstanden ist. Hiermit lässt sich z.B. die Zunahme der Elastizität des Gels nach dem Gelpunkt beschreiben, die dadurch, dass nur durchgängige Partikelketten lasttragend sind, nur langsam fortschreitet.

Während sich mit den obigen Theorien Aussagen über die Geometrie der das Gel bildenden Agglomerate machen lassen, muss für die Kinetik der Gelbildung auf das bereits besprochene Modell nach Smoluchowski zurückgegriffen werden, das seinerseits durch die Mittelung über das Kollektiv die strukturellen Details vernachlässigt.

Die Wahl des Agglomerationskernels entscheidet hierbei darüber, ob ein System geliert oder nicht. Mathematische Gelierung, die allerdings auch nicht mit Beobachtungen in der Realität übereinstimmen muss, tritt ein, wenn die berechnete Agglomeratgröße unendlich wird. Dies kann z.B. der Fall sein, wenn die Agglomerationswahrscheinlichkeit bzw. -geschwindigkeit mit zunehmender Clustergröße ansteigt (Smit et al. (1994)).

Auch die die Agglomeratbildung recht gut beschreibenden Computersimulationen stoßen in der Nähe des Gelpunkts an ihre Grenzen, da sie die freie Diffusion der Cluster in verdünnter Suspension voraussetzen. Dies ist jedoch kurz vor der Gelierung, wenn die Viskosität bereits durch den großen effektiven Volumenanteil der Agglomerate stark erhöht ist, nicht mehr gegeben.

Die kinetischen Modelle und Computersimulationen lassen sich also bis zur Ausbildung von raumfüllenden Agglomeraten anwenden, während die folgende Vernetzung zwischen den Clustern, die zur Ausbildung der tragenden Gelstruktur führt, besser mit der Percolationstheorie zu beschreiben ist.

Die Vorgänge bei der Agglomeration und Gelierung und die daraus resultierende Struktur und Festigkeit des Gels hängen also in sehr komplexer Weise von den Betriebsparametern, vor Allem jenen, die die Agglomerationsneigung der kolloidalen Teilchen bestimmen, ab. Experimentelle Untersuchungen für das betreffende Stoffsystem unter den interessierenden Bedingungen sind also weiterhin notwendig.

2.3 Zerkleinerung als Mechanismus der Gel-Fragmentierung

Viele Materialien müssen vor ihrer Anwendung oder Weiterverarbeitung zunächst von ihrer ursprünglichen Korngröße auf eine geringere zerkleinert werden um ihre Eigenschaften an den gewünschten Verwendungszweck anzupassen. So erhöht sich z.B. durch die mit der Größenreduktion einhergehende Oberflächenvergrößerung die Reaktivität eines Stoffes, er ist besser löslich oder schmilzt schneller. Feinere Partikel lassen sich homogener einmischen, haben z.B. bei Pigmenten eine höhere Farbstärke und es resultiert eine andere Textur der Suspension. Diese spielt bei Lebensmitteln wie z.B. Schokolade oder Eiscreme für das Mundgefühl eine Rolle. In anderen Fällen wird durch die Hydrathülle oder die elektrische Doppelschicht der Partikel, die im Verhältnis zum Feststoffvolumen bei gleichem Volumenanteil aber geringerer Größe stärker ins Gewicht fällt, der effektive Feststoffvolumenanteil der Partikel und damit die Viskosität der Suspension erhöht (Buggisch (2002)). Weitere Motive für die Zerkleinerung sind die Trennung von Gemischen in ihre Bestandteile, z.B. Erz von Nebengestein, Mülltrennung oder einfach die Volumenverkleinerung eines Schüttguts.

Die Zerkleinerung ist also eine wichtige verfahrenstechnische Unit Operation, die schon seit langer Zeit Gegenstand umfangreicher Forschung ist (s. z.B. von Rittinger (1867), Stieß (1994)). Auf Grund der Komplexität der Zusammenhänge ist es jedoch schwierig, allgemeingültige Aussagen zu machen.

Bei der semi-batch-Fällung von Kieselsäure (s. Kapitel 2.5.1) ist die Zerkleinerung des Gels eher ein Nebeneffekt, da ohne den Rührer die Reaktanden nicht mehr eingemischt werden könnten. Sie ist jedoch unabdingbar für die spätere Verwendbarkeit des Produkts als Pulver, wobei die endgültige Partikelgröße für die Eigenschaften eine große Rolle spielt. Eine Trocknung des unfragmentierten Gels würde wegen der geringen Porengröße weitaus mehr Zeit in Anspruch nehmen. Überdies entstehen bei der direkten Trocknung des Gels aufgrund der starken Kapillarkräfte keine freifließenden Pulver, sondern nur unregelmäßige, harte Klumpen, deren anschließende Mahlung mehr Energie verbrauchen würde als dies im nassen Zustand der Fall ist (Iler (1979)).

Um etwas zu zerkleinern ist eine Beanspruchung des Materials durch ein Zerkleinerungswerkzeug, benachbarte Partikel oder die Strömungsverhältnisse in der Umgebung notwendig. Die Beanspruchung bewirkt eine plastische und/oder elastische Deformation des Materials. Das grundlegende Materialverhalten lässt sich z.B. in einem Zugversuch ermitteln. Durch elastische Verformung kommt es zum Aufbau eines Spannungsfelds im Inneren des deformierten Körpers, da dieser bestrebt ist, seine ursprüngliche Form wieder anzunehmen. Dieses Spannungsfeld stellt die für Bruchentstehung und -ausbreitung erforderliche Energie bereit. Der Elastizitätsmodul des Materials beschreibt dabei den Zusammenhang zwischen Deformation und Spannung. In einem idealen Festkörper müsste so die Bindungsenergie der molekularen Bindungen der Bruchfläche überwunden werden. In der Realität existieren jedoch in jedem Festkörper Inhomogenitäten wie Gitterfehler, Korngrenzen oder Anrisse, an denen es durch die Kerbwirkung lokal zu viel höheren Spannungen kommt. Dies setzt die Festigkeit im Vergleich zu Berechnungen um zwei bis drei Größenordnungen herab (Stieß (1994)). Der Bruch erfolgt jeweils an der intensivsten Inhomogenität. Die Zerkleinerung wird dadurch aber auch immer schwieriger, je kleiner die Partikel sind, da mit abnehmender Größe die Wahrscheinlichkeit einer wirksamen Inhomogenitätsstelle abnimmt. Ist die elastische Verformungsenergie größer als die Grenzflächenenergie für beide Bruchflächen, breitet sich der Riss instabil aus und es kommt zum Sprödbruch (Griffith (1920)). Die volumenbezogene Zerkleinerungsarbeit ist dabei umso größer, je elastischer sich das Material verhält, also je kleiner sein Elastizitätsmodul ist.

Bei plastischer Verformung gleiten atomare Gitterebenen irreversibel aneinander ab und bauen so Spannungen ab. In diesem Fall kommt es zum Zähbruch, was ebenfalls mit einem höheren Energieaufwand für die Zerkleinerung verbunden ist.

Die meisten Materialien verhalten sich weder ideal elastisch noch rein plastisch, sondern weisen beide Merkmale zu unterschiedlichen Anteilen auf. Hierbei kann auch die Temperatur eine Rolle spielen. Viskoelastische Stoffe können Spannungen nur langsam abbauen. Bei schneller Beanspruchung verhalten sie sich elastisch, während bei langsamer Beanspruchung die Spannungen relaxieren und das Material sich stattdessen plastisch verformt.

Im Gegensatz zum Zugversuch werden Partikel im realen Belastungsfall nicht einfach in zwei Teile zerteilt. Je nach Beanspruchungsmechanismus und Materialverhalten ergeben sich nach einem einzigen Bruchereignis unterschiedliche Bruchstückgrößenverteilungen. Zudem ist die Beanspruchungsintensität in einem Zerkleinerungsapparat nie homogen verteilt, so dass auch statistische Effekte eine Rolle spielen. In manchen Fällen kann man die entstehenden Partikelgrößenverteilungen als Summe mehrerer Teilkollektive, die durch logarithmische Normalverteilungen beschrieben werden, darstellen. Bei der Zerkleinerung in z.B. Kugelmühlen ändert sich mit zunehmender Beanspruchungszeit nicht die Lage der Maxima dieser Verteilungen, sondern nur ihr Massenverhältnis mit einer Geschwindigkeit, die von Energieintensität und Materialeigenschaften abhängt (Bremerstein (1994)). Im Allgemeinen wird jedoch versucht, eine bestimmte charakteristische Größe, z.B. den mittleren oder maximalen Partikeldurchmesser oder die spezifische Oberfläche, in Zusammenhang mit dem Energie- oder Leistungseintrag zu bringen. So wurde für Rührwerkskugelmühlen unterschiedlicher Größe bei der Mahlung von Kalkstein eine Abhängigkeit der mittleren Partikelgröße von der volumenbezogenen spezifischen Energie mit einer Potenz von   -0,84 gefunden (Weit (1986)).

Für die Festigkeit von Agglomeraten spielen weniger die Materialeigenschaften als die interpartikulären Wechselwirkungen und die Koordinationszahl, also die Struktur eine Rolle. Halswachstum zwischen den Primärpartikeln ist ein weiterer Einflussparameter, der die Berechung des Zerkleinerungsergebnisses erschwert.

Bei suspendierten Agglomeraten geringer Festigkeit lassen sich jedoch Parallelen zum Dispergieren von Flüssigkeiten oder Gasen feststellen, da sie durch Turbulenz ebenso deformiert werden (Schubert (1990)). In turbulenten Fluiden erfolgt die Beanspruchung durch starke zeitliche und örtliche Druckschwankungen auf Grund von Normalspannungsdifferenzen bei der Zentrifugalbeschleunigung in Wirbeln. Auch in Scherströmungen sind Teilchen asymmetrischen Zug- und Druckbelastungen ausgesetzt, die zum Bruch führen können. Im Vergleich zu der durch herkömmliche Zerkleinerungsapparate hervorgerufenen Druck- und Prallbeanspruchung sind die Belastungen durch Fluide jedoch gering, weshalb sie nur für die Zerkleinerung von Blasen, Tropfen, Agglomeraten und Flocken wirksam sind (Stieß (1994)). Etwas höhere spezifische Energieeinträge lassen sich durch Ultraschall realisieren, insbesondere wenn er nur auf ein kleines Volumen wirkt. Die dispergierende Wirkung der Schallwellen beruht auf den durch sie verursachten Druckschwankungen und Kavitationsereignissen, die Mikroturbulenz erzeugen (Bernhard (1990)).

Der turbulente Energieeintrag spielt sich zwischen zwei charakteristischen Längenskalen ab: Die größten Wirbel werden durch die Taylor-Makroskala Λ beschrieben, die ungefähr den Abmessungen des Turbulenzerzeugers (z.B. bei Rührern dem Rührerblatt) entspricht. Diese Wirbel sind in sich ebenfalls turbulent und so wird die Energie auf immer kleinere Wirbel übertragen. Die Abmessung der kleinsten Wirbel, den Kolmogorovschen Längenmaßstab oder die Kolmogorov-Mikroskala l_D, erhält man dimensionsanalytisch aus der kinematischen Viskosität ν und der Energiedissipationsrate ε_m (Kolmogorov (1958)):

$$l_D = \left(\frac{\nu^3}{\varepsilon_m}\right)^{\frac{1}{4}} \tag{2.7}$$

Wirbel mit Radien < 4 - 6 l_D sind jedoch nicht existenzfähig. Wirbel bis ca. 12 l_D fließen laminar. Ihre kinetische Energie wird durch laminare Schubspannungen abgebremst und so in die Wärmebewegung der Moleküle dissipiert. Dieser Bereich wird als der Dissipationsbereich der Mikroturbulenz bezeichnet. Im Trägheitsbereich der Mikroturbulenz zwischen ca. 20 l_D und 0,12 Λ sind die Wirbel in sich turbulent und es dominieren die Schwankungen der Normalspannungen (s. z.B. Schubert (1990)). Im Allgemeinen wird davon ausgegangen, dass Teilchen durch Wirbel die etwa die selbe Größe wie sie selbst haben beansprucht werden, da sie durch viel größere einfach mitgerissen und von viel kleineren kaum beeinflusst würden. Dafür muss der Volumenanteil der Partikel jedoch so gering sein, dass sie keinen Einfluss auf die Turbulenz haben. Bei der Agglomerat- oder Tropfenzerkleinerung im Turbulenzfeld wird im Allgemeinen mit der maximalen Partikelgröße x_max gerechnet, da die Beanspruchungsintensität mit der Größe ansteigt. x_max ist also die Partikel- oder Tropfengröße, die der Belastung gerade noch gewachsen ist. Größere Einheiten werden zerteilt, wobei aber auch viele kleinere Fragmente entstehen, die, sofern sie kleiner als x_max sind, nicht weiter zerkleinert werden. Die maximale noch stabile Partikelgröße ist also von der Kolmogorov-Länge und damit von der Energiedissipationsrate mit einem Exponenten von -0,25 abhängig. Dies deckt sich z.B. mit den experimentellen Ergebnissen von Coufort et al. (2008), die für mit Al^{3+} destabilisierte Bentonitpartikel in einem axial und radial fördernden Impeller Modalwerte der Partikelgrößenverteilung in der Größenordnung der Kolmogorov-Länge erhielten. Obwohl ein Einfluss der Rührergeometrie und der Schergeschichte auf die Partikelgrößenverteilung beobachtet wurde, ist die mittlere Partikelgröße in Bezug auf die Dissipationsrate reversibel. Das heißt dass die Agglomeratgröße im gleichen Experiment mit zunehmender Energiedissipation sinkt, aber beim Verringern der Rührgeschwindigkeit wieder steigt. Dies konnte z.B. von Soos et al. (2008) für Latexpartikel gezeigt werden. Da durch die Turbulenz ja auch Kollisionen zwischen Partikeln und damit die Agglomeration begünstigt werden, ist die Agglomeratgröße durch das Gleichgewicht zwischen Bruch und Reagglomeration bestimmt. Dadurch ist die Gleichgewichtsgröße der Agglomerate zusätzlich vom Feststoffvolumenanteil abhängig (Oles (1992)). Will man die Kraft bestimmen, die das Agglomerat zusammenhält, muss man unter so stark verdünnten Bedingungen belasten, dass eine Reagglomeration ausgeschlossen ist und nur der Bruch durch die hydrodynamischen Bedingungen die Partikelgröße beeinflusst (Ehrl (2008)). Mit den gemessenen maximalen Agglomeratgrößen kann für die aus der Dissipation abgeschätzten mittleren Geschwindigkeitsgradienten G (Camp (1943)) die kohäsive Kraft der Agglomerate bestimmt werden.

$$G = \sqrt{\frac{\varepsilon}{\nu}} \qquad (2.8)$$

Diese ist neben dem Stoffsystem abhängig von der Größe der Primärpartikel, ihrer Oberflächenbeschaffenheit und der Agglomeratgröße und -struktur. Ehrl stellte unabhängig von der Primärpartikelgröße eine Proportionalität zwischen dem Gyrationsradius (und damit auch x_{max}) und $G^{-0,5}$ fest. Dieser Zusammenhang wurde von Potanin (1993) durch Computersimulation auch für „weiche" Agglomerate gefunden. Hierbei ist nur der Mittenabstand der Primärpartikel ausschlaggebend, für Verschieben oder Abrutschen der Partikel aufeinander ist kein Widerstand vorgesehen, die Agglomerate können sich also nicht elastisch verhalten. Dies entspricht ebenfalls wieder einer Abhängigkeit von $\varepsilon^{-0,25}$. Tambo und Hozumi (1979) berechneten den Exponenten durch Gleichsetzen der durch die Turbulenz auf die Flocke wirkenden Kräfte mit der sie zusammenhaltenden Kraft, in die auch die fraktale Dimension der Flocken eingeht, da sie sich auf den tragenden Querschnitt auswirkt. Für den Dissipationsbereich der Mikroturbulenz erhielten sie so einen Exponenten zwischen -0,33 und -0,38.

Die Größe der Primärpartikel hat ebenfalls einen Einfluss auf die Festigkeit eines Agglomerats und damit sein Verhalten unter Belastung. Da ein Agglomerat aus kleineren Primärpartikeln im Allgemeinen pro Querschnittsfläche mehr Kontaktstellen aufweist, kann es größeren Scherungen widerstehen als eines, das aus gröberen Teilchen aufgebaut ist (Smith (1978)).

Bei Flüssigkeiten und Gasen wirkt die Oberflächenspannung σ der Deformation entgegen, außerdem hat die Viskosität der dispersen Phase eine dämpfende Wirkung.

Das Verhältnis zwischen der Beanspruchung eines Tropfens durch die Turbulenz und dem tropfenerhaltenden Kapillardruck wird durch die Weber-Zahl beschrieben (s. z.B. Schubert (1989)):

$$We = \frac{\overline{u}^2(x) \cdot \rho_c \cdot x_{max}}{4\sigma} \qquad (2.9)$$

Die gemittelte turbulente Schwankungsgeschwindigkeit zwischen zwei Punkten im Abstand x, $\overline{u}^2(x)$, kann man nach Kolomogorov (1958) für homogene und isotrope Turbulenz als proportional $(\varepsilon\, x_{max})^{2/3}$ ansehen. Damit ergibt sich für die Weber-Zahl:

$$We = \frac{\varepsilon^{\frac{2}{3}} \cdot \rho_c \cdot x_{max}^{\frac{5}{3}}}{4\sigma} \qquad (2.10)$$

Es kommt zum Tropfenaufbruch, wenn eine experimentell für die jeweiligen Strömungsbedingungen bestimmte, vom Verhältnis der Viskositäten der kontinuierlichen und dispersen Phasen abhängige, kritische Weber-Zahl We_{krit} überschritten wird. Verschiedene Zusammenhänge zwischen Tropfengröße und Leistungseintrag sind in Abbildung 2.2 gezeigt.

Der Bruch wird umso komplexer, je weiter We_{krit} überschritten wird. Für Viskositäten die etwa die gleiche Größenordnung haben wird We_{krit} minimal. Die maximale Tropfengröße x_{max} in einer turbulent beanspruchten Emulsion sollte damit für ein konstantes Viskositätsverhältnis proportional $\varepsilon^{-0,4}$ sein (Hinze (1955)). Dieser Zusammenhang gilt jedoch nur für Tropfendurchmesser, die beträchtlich größer als die Kolmogorov-Länge sind, also im Trägheitsbereich der Mikroturbulenz, und für vernachlässigbare Werte der Viskosität η_d der dispersen Phase.

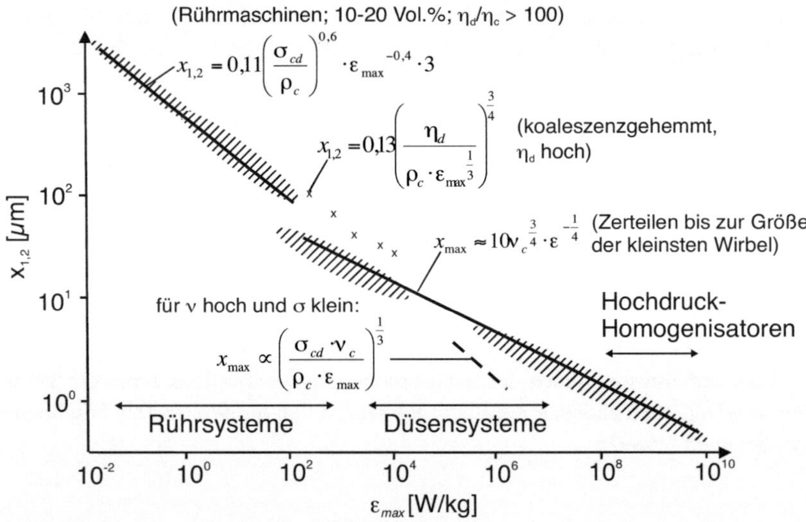

Abbildung 2.2: Abhängigkeit des Sauterdurchmessers von Leistungseintrag nach Schubert (1990); Linien: Berechnungen; schraffiert: Messwerte; $x_{1,2} \approx 0,5 x_{max}$

Die Viskosität des Tropfens wird von Arai et al. (1977) über ein Feder-Dämpfer-Modell mit einbezogen. In der Parallelschaltung einer Feder und eines Dämpfers wirkt die Oberflächenspannung als Federkonstante der absoluten Deformation γ entgegen, während die Viskosität die Deformationsgeschwindigkeit abbremst:

$$S = \left(\frac{\sigma}{x}\right)\gamma + \eta_d\left(\frac{d\gamma}{dt}\right) \qquad\qquad (2.11)$$

Dabei entspricht die Belastung S den turbulenten Druckschwankungen $\Delta p(x,t)$. Die Druckschwankungen können mit einer unbekannten periodischen Funktion $g(\omega)$ mit einer Periode $\Omega \sim x^{2/3}/\varepsilon^{1/3}$ approximiert werden. Ihre Amplitude ist proportional $\rho_c \bar{u}^2(x)$ und damit nach Kolmogorov (1958) $\sim \rho_c(\varepsilon x)^{2/3}$. Es wird davon ausgegangen, dass es zum Bruch kommt, wenn die maximal erreichbare Deformation γ_{max} einen kritischen Wert überschreitet. Nach Ersetzen von S durch $\rho_c(\varepsilon x)^{2/3}\cdot g(\omega)$ ergibt sich aus der Lösung der Differentialgleichung (2.11) nach einigen Abschätzungen und Vereinfachungen für eine im Vergleich zur Oberflächenspannung vernachlässigbare Viskosität wieder eine Weber-Zahl, aus der die maximale stabile Tropfengröße berechnet werden kann. Ist jedoch σ gegenüber der Viskosität vernachlässigbar, so gilt:

$$x_{max} \sim \left(\frac{\eta_d}{\rho_c \cdot \varepsilon^{\frac{1}{3}}}\right)^{\frac{3}{4}} \qquad\qquad (2.12)$$

Dies konnte in der oben genannten Arbeit für Viskositätsverhältnisse $\eta_d/\eta_c >$ ca. 200 unter koaleszenzgehemmten Bedingungen experimentell bestätigt werden.

Betrachtet man das Siliciumdioxidgel als hochviskose Flüssigkeit, die jedoch auf Grund ihrer Mischbarkeit mit der kontinuierlichen Phase keine Oberflächenspannung gegenüber Wasser besitzt, bietet sich (2.12) als Hypothese für den Zusammenhang zwischen dem Energieeintrag durch den Rührer und der maximalen Flockengröße des Gels im Reaktor an. Die Viskosität der dispersen Phase wird dabei von den Wechselwirkungen zwischen den Partikeln des Gels bestimmt. Für konstante Viskosität erhält man wieder die für „weiche" Agglomerate gefundene Abhängigkeit von $\varepsilon^{-0,25}$.

In den oben beschriebenen Beziehungen ist ε jeweils der mittlere Leistungseintrag des Rührers. Gerade bei Rührkesseln ergeben sich jedoch lokal beträchtliche Unterschiede im Energieeintrag (s. z.B. Laufhütte (1986)). Dies könnte ein Grund für die bimodale Partikelgrößenverteilung sein, die bei der Fällung von amorpher Kieselsäure beobachtet wird. Abhilfe könnte in diesem Fall die Scherung im Taylor-Couette-Reaktor bringen, in dem der Energieeintrag viel homogener ist (s. Kapitel 3.4.2).

2.4 Reorganisation und Synärese kolloidaler Gele

Bei vielen kolloidalen Systemen wird unter fluidmechanischer Belastung eine Restrukturierung der Agglomerate mit der Zeit beobachtet (z.B. Aubert (1986), Oles (1992)).

Die Agglomerate schrumpfen unter Erhöhung ihrer fraktalen Dimension d_f und werden damit kompakter. Dies ist der Grund dafür, dass in vielen Fällen nicht die theoretischen Werte der fraktalen Dimension für den jeweiligen Agglomerationsmechanismus, sondern höhere, z.B. 2,6 für Latexpartikel in turbulent gerührten Tanks (Soos (2008); Ehrl (2008)), gefunden werden. Über die Messung der Partikelanzahl pro Agglomerat neben der Größe und fraktalen Dimension stellten Selomulya et al. (2002) fest, dass Agglomerate aus kleineren Primärpartikeln bei geringen Scherraten eher zur Restrukturierung neigen, sich also unter Erhalt oder Erhöhung ihrer Partikelanzahl verdichten, während es bei größeren Primärpartikeln eher zu Bruch und anschließender Reagglomeration kommt. Je größer die hydrodynamische Belastung, desto größer ist zudem die fraktale Dimension der Agglomerate. Lin et al. (1990) erkannten aus Messungen mit statischer Lichtstreuung vor allem eine Verdichtung der äußeren Bereiche der Agglomerate.

Es gibt für diesen Vorgang verschiedene Erklärungsansätze und Modelle: Oles (1992) erklärt die Verdichtung von destabilisierten Latexpartikeln mit selektivem Bruch bei der Einstellung des Gleichgewichts zwischen Bruch und Agglomeration. Da es wahrscheinlicher ist, dass stark verzweigte Arme des Agglomerats abbrechen und nur kompaktere Strukturen „überleben", steigt die fraktale Dimension. Bonanomi et al. (2004) beschreiben die Änderung von d_f mit der Zeit mit der empirischen Gleichung:

$$\frac{d(d_f)}{dt} = k \cdot (d_{f,\max} - d_f) \qquad (2.13)$$

Dabei ist k eine Zeitkonstante und $d_{\mathrm{f,max}}$ der Endwert der fraktalen Dimension, wobei beide Funktionen der Scherrate sind. In Kombination mit Populationsbilanzen werden damit die Agglomerations- und Restrukturierungsvorgänge in einem turbulenten batch-Koagulator modelliert.

Gemäß den Überlegungen von Lin et al. (1990) kommt es nicht zum Bruch von herausstehenden Agglomeratarmen, sondern diese werden in einer Scherströmung lediglich abgeknickt und haften danach mit zusätzlichen Kontakstellen, was die beobachtete Kompaktierung der äußeren Bereiche erklärt. Dies ist jedoch nicht möglich, wenn die Agglomerate sterisch stabilisiert sind, da es in diesem Fall nicht zu Haftung kommen kann. Meakin und Jullien (1988) lassen in ihrem Modell der Restrukturierung die Agglomerate direkt nach dem Zusammentreffen um die Kontaktstellen der Partikel rotieren, so dass sich weitere Kontaktstellen ausbilden. Dies wird bis zu drei Mal wiederholt, wobei sich die größte Verdichtung beim ersten Durchgang ergibt. Für verschiedene Agglomerationsmodelle ergeben sich unterschiedliche Enddichten, maximal jedoch eine fraktale Dimension von 2,25. Liu et al. (1990) beobachten für 15 nm große Goldpartikel eine Korrelation zwischen der fraktalen Dimension der Agglomerate und der Stärke der interpartikulären Wechselwirkung, die durch die Zugabe eines oberflächenaktiven Stoffs eingestellt werden kann. Dabei steigt d_f mit abnehmender Stärke der Interaktion. Es werden gute Übereinstimmungen mit dem Modell von Shih-Aksay-Kikuchi (Shih (1987)) aufgezeigt. Hier wird die Agglomeration in einem zweidimensionalen quadratischen Gitter simuliert. Eine Anfangs homogen verteilte Anzahl von Partikeln bewegt sich entsprechend der Brown'schen Bewegung im Raum. Bei Kollisionen entstehen Cluster, die sich danach weiter bewegen und agglomerieren können. Die Besonderheit ist, dass die Bindungsenergie variabel und die Agglomeration reversibel ist. Wenn das Primärpartikel genügend thermische Energie hat um sich von seinen Nachbarn zu lösen, können Bindungen brechen und es kann so zu Restrukturierung und Verdichtung kommen. Die Grenzen zwischen reaktionslimitierter Agglomeration und schneller Reorganisation sind also fließend.

Schlomach und Kind (2007) konnten den Anstieg der fraktalen Dimenison im Fällungsprozess von Kieselsäure modellhaft nachbilden, indem mit einem Arrheniusansatz eine kontaktstellenabhängige Ablöseenergie E_Ab der Teilchen in simulierten Agglomeraten angenommen wurde.

$$k_{Ab} = A \cdot \exp\left\{ \frac{E_{Ab}}{\widetilde{R}T} \right\} \tag{2.14}$$

k_Ab ist die Ablösewahrscheinlichkeit eines Partikels, während E_Ab sich aus der Bindungsenergie eines im sekundären Minimum agglomerierten Partikels, multipliziert mit der Kontaktstellenanzahl ergibt. Die nach diesen Kriterien abgelösten Partikel diffundieren dann gezwungenermaßen zum Agglomeratschwerpunkt, wo sie sich wieder an das Agglomerat anlagern und es so verdichten. Das heißt in der Monte-Carlo Simulation, dass alle zufällig ermittelten Partikeltrajektorien, die das abgelöste Partikel nicht näher an den Schwerpunkt des Agglomerats annähern, verworfen werden. A wäre bei Null Kontaktstellen die mittlere Anzahl der pro Verdichtungsschritt für eine Diffusion ausgewählten Partikel und dient damit als Anpassungsparameter für die Geschwindigkeit der Verdichtung.

In den obigen Beispielen wurden immer nur Agglomerate betrachtet, die in der sie umgebenden Flüssigkeit einer Scherung ausgesetzt waren. Bei den eng mit Agglomeraten verwandten Gelen kommt es jedoch auch komplett ohne mechanische Belastung zu einem ähnlichen Phänomen: der Schrumpfung durch Synärese.

Das Wort stammt von dem griechischen Wort für Zusammenziehung ab und ist definiert als die Abscheidung der kontinuierlichen Phase aus einem Zweiphasensystem, z.B. einer Suspension oder einem Gel.

Die Synärese kann, je nach System, durch eine Kontraktion oder ein Sedimentieren der festen Phase geschehen. Die Sedimentation als schwerkraftgetriebener Prozess soll hier außer Acht gelassen und der Schwerpunkt auf die Kontraktion durch interpartikuläre Wechselwirkungen gelegt werden. Weiterhin sollen die polymeren Gele, die ebenfalls ein weites Feld darstellen, hier nicht näher behandelt werden, da die organischen Kettenmoleküle zum Teil sehr stark und parameterabhängig mit dem Lösungsmittel interagieren (Tanaka (1981)).

Aus dem täglichen Leben ist die Synärese aus der Käseherstellung bekannt, bei der sich durch Aggregation und Kontraktion der Milchproteine der Käsebruch von der Molke trennt. Hier lässt sich der Einfluss verschiedener Prozessparameter erkennen:

Der pH-Wert spielt auf jeden Fall eine große Rolle, weil er sich auf die Denaturierung der Milchproteine auswirkt. Je nachdem, ob die Milch durch bakterielle Prozesse (Milchsäurebakterien) oder Säurezugabe angesäuert wird, verläuft die pH-Änderung unterschiedlich schnell. Die Synärese wird dadurch gehemmt, weil sich das Netzwerk offenbar bei höherer Säuerungsrate nicht mehr reorganisieren kann (Castillo (2006)). Derselbe Autor beobachtet bei höherer Temperatur eine Beschleunigung der Synärese und führt dies auf Bindungsrelaxation zurück. Laut Gigante (2006) nimmt die Wasserbindungsfähigkeit ebenfalls bei höheren Temperaturen ab. Dieser Effekt wird beim so genannten „Brennen" genutzt: Die Proteine ziehen sich bei bis zu 55 °C noch stärker zusammen und es entstehen kleinere Körner, die nur wenig Molke enthalten. Bei vorher auf 80-90 °C erhitzter Milch entstehen nach der Gelierung durch strukturelle Umlagerungen sogar Risse im Gel (Lucey (1998)).

Aufgrund der Möglichkeit der Adsorption von Ionen und der Veränderung der interpartikulären Wechselwirkungen durch die Ionenstärke leuchtet es ein, dass der Salzgehalt bei der Synärese eine Rolle spielt. Dabei können osmotische Effekte ebenfalls einen Einfluss haben, z.B. erhöht Natriumchlorid im Serum von Mozzarella die Wasserbindungskapazität des Käses, indem es ein Schwellen der Mikrostruktur hervorruft (Guo (1997)).

Für andere Stoffsysteme kann sich der Salzgehalt jedoch völlig konträr auswirken.

Bremer (1989) konnte zeigen, dass die Caseinmicellen genau wie andere Partikel ebenfalls fraktale Agglomerate bilden. Die Reorganisation der Partikel im Netzwerk findet mehr oder weniger parallel zur Gelierung statt und wird von denselben Parametern beeinflusst. Auch bei Joghurt oder Quark kann es während der Lagerung aus ähnlichen Gründen zu Synärese kommen.

Bei Stärke tritt das Phänomen ebenfalls auf, z.B. bei der Lagerung von Gebäck bei niedrigen Temperaturen. Dabei handelt es sich um ein Symptom der Retrogradation, d.h. einer Rückbildung der Flüssigkeitsbindungsfähigkeit der Stärke. Die amorphe Stärke gibt physikalisch gebundenes Wasser ab und geht in den kristallinen Zustand über, wodurch das Gebäck weich und schaumgummiartig wird.

In der Lebensmitteltechnik ist die Synärese also meist ein Produktfehler, der durch eine geeignete Prozessführung und durch Additive möglichst unterdrückt werden soll.

Auf dem Gebiet der Geowissenschaften ist das Phänomen ebenfalls bekannt: Tone können sich unter Wasser zusammenziehen und ähnliche Risse wie beim Trocknen bilden (Jüngst (1934)). Auf der Erde findet man an mehreren Stellen, unter anderem in der Nordsee, in unterseeischen Becken polygonale Faltenstrukturen, die nicht tektonisch entstanden sein können. Diesen Orten gemeinsam ist die extreme Feinkörnigkeit des Sediments, welches meist aus Tonmineralien und manchmal carbonatischer Kreide besteht (Cartwright (1998)). Es wird vermutet, dass die Risse durch eine dreidimensionale Kompaktierung des Materials entstehen (Cartwright (1994)). Diese erfolgt ebenfalls durch die Umlagerung von Partikeln und ist wahrscheinlich von kolloidalen Wechselwirkungen aufgrund von Veränderungen der Umgebungsbedingungen getrieben (Cartwright (1998)). Quellfähige Tonmineralien wie Bentonit ziehen sich bei Erhöhung des Salzgehaltes des umgebenden Wassers zusammen und es kommt zu Rissbildung (Burst (1965)).

Auch bei industriellen, gelierten, kolloidalen Systemen wie Kieselsäure, Aluminiumoxid und Latex wird Synärese beobachtet (Plank (1946), Acker (1970)).

Dies kann z.B. aus osmotischen Gründen geschehen wie bei Faers (2006): Eine Latexsuspension wurde durch die Zugabe eines nicht adsorbierenden Polymers aufgrund der osmotischen Anziehung (s. Kap.2.2) geliert. Durch die Überschichtung mit einer Lösung desselben Polymers kann die Schrumpfung beschleunigt werden. So muss das Polymer nicht erst aus dem Gel heraus diffundieren, um die bei der Kontraktion entstehende Differenz im osmotischen Druck auszugleichen, die der Synärese entgegenwirkt.

Masson et al. (1996) experimentierten mit Calcium-Eisen(III)-Polyphosphatgelen, die je nach Zusammensetzung unterschiedliche Synäreseraten zeigten. Sie kamen zu dem Schluss, dass es sich bei den beobachteten Vorgängen um eine Flüssigphasenseparation zwischen einer verdünnten und einer konzentrierten Lösung handelt, was auch den amorphen Charakter einiger Fällungsprodukte erklären würde.

Bei SiO_2 und TiO_2 verläuft die Feststoffbildung jedoch langsam. Die Reaktion, die zur Partikelbildung und Gelierung führt, ist hier eine Polykondensationsreaktion, die auch nach dem Gelpunkt, der ja nur den Zeitpunkt darstellt, zu dem das Agglomerat raumfüllend wird, weiterläuft, wodurch sie eine Verfestigung und Verdichtung der Gelstruktur verursacht. Durch thermische Schwingungen kommen die anfangs noch flexiblen Ketten in Kontakt und es können sich zunächst durch Van-der-Waals-Kräfte neue Bindungen ausbilden. Bei elektrostatischer Abstoßung der Partikel kann dies jedoch nicht vorkommen, das bedeutet also dass eine hohe Ionenstärke die Synärese verstärkt (Scherer (1999), Brinker (1990)). Dieselben Parameter, die auch die Partikelbildung und Gelierung beeinflussen, also Volumenanteil, pH-Wert und Temperatur, wirken sich somit auch auf die Synärese aus. Da sich durch die Kondensationsreaktion chemische Bindungen ausbilden, ist die Schrumpfung der Gelstruktur in diesem Fall irreversibel.

Durch die Schrumpfung wird die Spannung relaxiert, die durch die Ausbildung der Bindungen entsteht. Ist die Schrumpfung jedoch z.B. durch die Haftung des Gels an seiner Behälterwand gehemmt, kann es auch zu Rissen im Gel kommen. Damit das Netzwerk schrumpfen kann, muss die darin enthaltene Flüssigkeit austreten können.

Die mechanischen Eigenschaften und die Permeabilität des Netzwerkes spielen dabei ebenso eine Rolle wie die Viskosität der Porenflüssigkeit. Auch die Abmessungen des Gels haben einen Einfluss auf die Synäreserate, da bei größeren Blöcken ein größerer Druckgradient benötigt wird, um die Flüssigkeit an die Oberfläche zu bringen. Durch die Überschichtung mit Salzlösung kann hier ebenfalls zusätzlich ein osmotischer Druck aufgebaut werden, der die Schrumpfung beschleunigt, z.T. so stark, dass die Gele dabei zerbrechen. Die maximale Schrumpfung beträgt für SiO_2 je nach der Gelzusammensetzung und den Umgebungsbedingungen ca. 20%, bei anderen Materialien kann sie jedoch weit größer ausfallen (s. z.B. für TiO_2 Yoldas (1986)). Mit der Zeit nimmt die Schrumpfungsrate immer weiter ab. Am Ende kommt die Schrumpfung nicht etwa deshalb zum Erliegen, weil sich die Triebkraft, also die Anzahl der freien Bindungen, erschöpft hätte, sondern weil das Netzwerk durch die zusätzlichen Bindungen so steif wird, dass es sich nicht weiter deformieren kann. Auch die Theorie, dass die Synärese durch die Oberflächenenergie angetrieben wird, konnte Scherer (1989 I und II) durch Berechnungen und Experimente mit SiO_2 auf der Basis von Tetraethoxisilan (TEOS) widerlegen. Mit der Durchströmbarkeit des Gels nach Darcy (s. z.B. Stieß (2009))

$$u = \frac{\dot{V}}{A} = \frac{B}{\eta_l} \cdot \frac{\Delta p}{L} \qquad \text{(2.15)}$$

und einem viskoelastischen Ansatz für die Verformbarkeit des Gelnetzwerks

$$\dot{\gamma}_f = \dot{\gamma}_s - \frac{p}{3\eta_N} - \frac{\dot{p}}{3E_N} \qquad \text{(2.16)}$$

konnte die Druckverteilung im Gel und die Schrumpfung von ausgedehnten Platten und Zylindern unter Annahme einer intrinsischen freien Synäresesrate berechnet werden. Dabei ist p der Druck, u die mittlere Durchströmungsgeschwindigkeit, L die durchströmte Länge, $\dot{\gamma}_f$ die freie Schrumpfungsrate und $\dot{\gamma}_s$ die freie Synäreserate. B, die Durchlässigkeit des Gels, η_N, die Viskosität, und E_N, die Elastizität des Gelnetzwerks ohne Flüssigkeit, erhielt Scherer aus Messungen. Die experimentell beobachtete „Induktionszeit" bis zum Beginn der Schrumpfung, die mit der Zeit abnehmende Schrumpfungsrate und die schnellere Schrumpfung kleinerer Proben konnte so durch die Theorie erklärt werden.

Versucht man jedoch, die an die Messwerte angepasste freie Synäreserate auf die Grenzflächenspannung zurückzuführen, erhält man für diese unrealistisch niedrige Werte, was sie als Triebkraft für die Synärese disqualifiziert. Vielmehr kommt die

Verringerung der Oberfläche nur dadurch zustande, dass sich durch die Schrumpfung die freien Bindungen soweit annähern, dass sie Verbindungen eingehen können.

Es sind also unterschiedliche Mechanismen zur Erklärung der Verdichtung der Gelflocken bei der Fällung von SiO_2 denkbar. In jedem Fall kommt es durch thermische oder mechanische Anregung zur Annäherung einzelner Kettenteile, die dann abhängig von den Prozessparametern Bindungen eingehen. Die Identifikation der Einflussparameter und die quantitative Beschreibung ihrer Auswirkungen sind Gegenstand dieser Arbeit.

2.5 Siliciumdioxid

In Form von verschiedenen Mineralen macht Siliciumdioxid mehr als zwei Drittel der kontinentalen Erdkruste aus. Kristallin kommt es je nach den Entstehungsbedingungen als Quarz, Tridymit, Cristobalit, Keatit, Coesit oder Stishovit vor und ist auch in Feldspat, Tonmineralen und vielen anderen Gesteinen enthalten. Opale bestehen aus regelmäßig angeordneten Kugeln amorphen Siliciumdioxids. Als Quarz stellt es, da dieser verhältnismäßig verwitterungsbeständig ist, den größten Teil von Sand dar. Beim Gesteinsdurchtritt von Regenwasser löst sich ein Teil der Silikate, wodurch es sich in Flüssen (5-75 mg/l) und im Meer (2-14 mg/l) wiederfindet. Dort wird es von Tieren und Pflanzen, z.B. Kieselalgen, Schachtelhalm, Radiolarien und Glasschwämmen, aufgenommen und meist in amorpher Form in deren Panzer und Skelette eingebaut. Nach dem Absterben dieser Organismen sinken ihre Skelette auf den Meeresgrund, wo sie sich als Kieselgur/Diatomeenerde oder Radiolarienschlamm anreichern (s. z.B. Hollemann-Wiberg (1985)).

Im deutschen Sprachraum hat sich als Name für Siliciumdioxid (Engl.: silica) eigentlich fälschlicherweise das Wort Kieselsäure eingebürgert. Die tatsächliche Kieselsäure, $Si(OH)_4$, ist oberhalb einer Konzentration von 120 mg/l nicht stabil und kondensiert mit sich selbst unter der Abspaltung von Wasser zu amorphen Strukturen. Bei genügend hohen Konzentrationen kann sich dabei ein Gel bilden, was schon seit Langem als wissenschaftliche Kuriosität bekannt ist. Erste intensive Untersuchungen von Solen und Gelen wurden 1862 von Thomas Graham, einem der Begründer der Kolloidchemie, angestellt. Seither ist die Silikatchemie Gegenstand umfangreicher wissenschaftlicher Aktivitäten, die von Iler (1979) und Bergna (1994) in voluminösen Bänden zusammengefasst wurden.

2.5.1 Herstellung von amorphem SiO_2

Es gibt drei prinzipiell unterschiedliche Prozesse, durch die amorphes Siliciumdioxid hergestellt werden kann. Durch die Modifikation der Parameter innerhalb dieser Prozesse eröffnen sich weitere Variationsmöglichkeiten, mit denen gezielt Einfluss auf das Produkt genommen werden kann.

In der Gasphase entstehen durch die Verbrennung von Tetrachlorsilan ($SiCl_4$) in einer Knallgasflamme und anschließendes Quenchen pyrogene Kieselsäuren. Aus nur wenige Nanometer großen Primärpartikeln bilden sich sehr offenporige Aggregate, deren Abmessungen ebenfalls noch im Nanometerbereich liegen.

Bei der organischen Flüssigphasenfällung kommen häufig die ebenfalls aus $SiCl_4$ hergestellten Silanole TEOS und TMOS zum Einsatz, die zunächst ihre organischen Gruppen gegen Hydroxylgruppen austauschen (Hydrolyse) und dann unter Abspaltung von Wasser untereinander Siloxanbindungen (Si-O-Si) ausbilden (Kondensation). Dazu werden zu einer alkoholischen Lösung der Silanole Wasser sowie ein basischer oder saurer Katalysator, z.B. Ammoniak oder Salzsäure, zugegeben. Im sauren pH-Bereich ist die Geschwindigkeit der Hydrolysereaktion, also die Umwandlung von $Si(OC_2H_5)_4$ in $Si(OH)_4$, schneller als die der Kondensationsreaktion. Es bilden sich viele kleine Partikel und es kommt zur Gelbildung. In basischer Umgebung verhält es sich umgekehrt, die Partikel wachsen nur langsam und man erhält ein stabiles Sol aus Einzelpartikeln (Stöber (1968)). Durch Variationen des Wassergehalts, der ebenfalls die Hydrolyse beeinflusst, und des pH-Werts lassen sich Partikel in unterschiedlichen Größen und Agglomerationsgraden herstellen (Brinker (1990)).

Der Ausgangsstoff Tetrachlorsilan entsteht durch das Auflösen von Quarzsand mit Flusssäure HF und reizt laut GESTIS (z.B. www.reach-net.com) aufgrund der Dampfentwicklung Augen, Atmungsorgane und die Haut. Die daraus hergestellten Silanole sind ebenfalls gesundheitsschädlich und brennbar.

Im Gegensatz dazu lässt sich Siliciumdioxid auch in einem vollständig anorganischen Prozess ohne brennbare Flüssigkeiten und schädliche Dämpfe aus Wasserglas und Schwefelsäure oder einer anderen Säure produzieren. Dieser ist der Gegenstand dieser Arbeit und wird im Folgenden ausführlich dargestellt.

Wasserglas ist eine Natrium- oder Kaliumsilikatlösung (pH-Wert ca. 12), die aus Quarzsand und Na_2CO_3 oder K_2CO_3 gewonnen wird (s. Anhang). Alternativ zur Säurezugabe kann die Silikatlösung auch über einen Ionentauscher geführt werden, da hierbei Natriumionen gegen H^+ ausgetauscht werden und so ebenfalls der pH-Wert gesenkt wird.

Je nach Mischungsverhältnis zwischen Wasserglas und Säure lassen sich unterschiedliche pH-Werte einstellen. Bei Werten unterhalb des isoelektrischen Punktes bei pH = 2 kondensiert die entstandene Kieselsäure säurekatalysiert, oberhalb davon basenkatalysiert:

$$\equiv Si - OH + H^+ \longrightarrow \ \equiv Si^+ + H_2O$$
$$\equiv Si^+ + HO - Si \equiv \ \longrightarrow \ \equiv Si - O - Si \equiv + H^+ \tag{2.17}$$

$$\equiv Si - OH + OH^- \longrightarrow \ \equiv Si - O^- + H_2O$$
$$\equiv Si - O^- + HO - Si \equiv \ \longrightarrow \ \equiv Si - O - Si \equiv + OH^- \tag{2.18}$$

Für die Kondensationsreaktion ist also immer eine Ladung des Monomers oder der Feststoffoberfläche notwendig. Es gibt dementsprechend zwei pH-Wert-Bereiche, in denen die Kondensation schnell verläuft. Unter einem pH-Wert von 2 ist die Oberfläche positiv geladen, stark saure Lösungen gelieren deshalb abhängig von ihrer Konzentration innerhalb weniger Minuten. Der zweite Bereich in dem die Kondensation – und damit auch die Partikel- und Gelbildung – sehr schnell ist befindet sich bei negativer Oberflächenladung bei neutralen bis leicht basischen pH-Werten. Ab einem pH-Wert von ca. 9 steigt die Löslichkeit von SiO_2 dann stark an, oberhalb von ca. 11 bleibt es in Lösung (Iler (1979), Brinker (1990)).

Da Silicium vier Bindungen ausbilden kann, bilden sich mit fortschreitender Kondensation dreidimensionale Oligomere und Ringstrukturen. Die Kondensationsreaktion ist innerhalb des Oligomers thermodynamisch begünstigt, so dass die freien Hydroxylgruppen sich mit der Zeit zunehmend an der Außenfläche des Oligomers befinden. Ab ca. 50 Si-Atomen kann die Struktur nicht mehr als gelöst betrachtet werden, es hat sich ein ca. 2,5 nm großer Keim gebildet. Diese Keime wachsen weiter an und agglomerieren abhängig vom Salzgehalt der umgebenden Lösung (Abbildung 2.3).

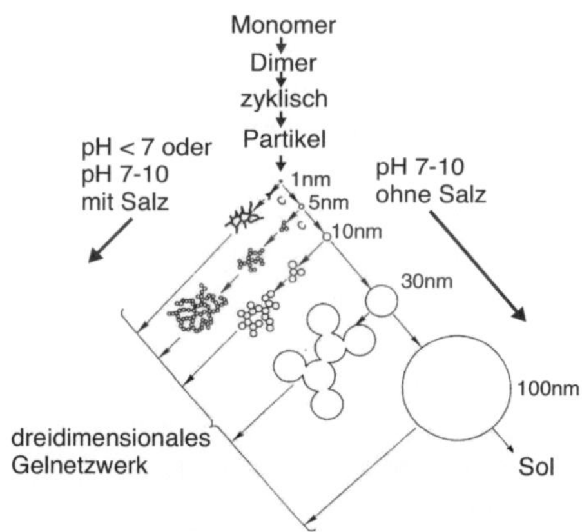

Abbildung 2.3: Polymerisation von Kieselsäure aus Iler (1979): In Abwesenheit von Salz kommt es zu reinem Wachstum, aus saurer Lösung oder mit Salz zu Agglomeration und Gelbildung.

Sind in der Anwesenheit von Salz genug (ab ca. 1,5 Vol.-%) Primärpartikel in der Suspension vorhanden, so kann es zur Gelierung kommen. Bemerkenswert bei der Agglomeration und Gelbildung von Kieselsäure ist, dass im Gegensatz zu anderen aufgrund der DLVO-Wechselwirkungen agglomerierenden Partikeln dies nicht etwa am isoelektrischen Punkt geschieht, sondern in Bereichen, in denen die Partikel geladen sind. Dies ist darauf zurückzuführen, dass die Haftung der Partikel untereinander ebenfalls durch die ladungskatalysierte Kondensationsreaktion gewährleistet wird. Die Abschirmung dieser Ladung durch in der Lösung vorhandene Salze wirkt sich dennoch beschleunigend auf die Gelbildung aus, da sich die Agglomerationspartner so besser annähern können. Bei der anorganischen Herstellung von Siliciumdioxid entstehen aufgrund der Ausgangsstoffe jedoch immer Salze als Nebenprodukt. Vor allem die kleineren Alkalikationen wirken sich außerdem laut Kinrade (1992) wegen ihrer starken Hydratisierung auf die Wasseraktivität der Lösung aus, was zu kleineren Keimen führt, weil das Oligomer schon früher nicht mehr löslich ist. Zudem sollen sie bindungsvermittelnd wirken, da Silikatanionen Teile der Hydrathülle ersetzen und so durch eine Me^+-Brücke verbunden werden können.

Der gängigste industrielle Prozess zur Kieselsäureproduktion ist ein semi-batch-Prozess, bei dem Wasserglas und Säure unter Rühren in eine heiße Wasservorlage eingeleitet werden (s. Abbildung 1.1 und Tabelle 3.1). Es ist also zu jedem Zeitpunkt Monomer im System vorhanden, während Salz- und Feststoffgehalt mit der Zeit immer weiter ansteigen. Nach wenigen Minuten beginnen sich Partikel zu bilden, die auch schon bald anfangen zu agglomerieren, während weitere Primärpartikelbildung und Wachstum durch Monomeranlagerung parallel dazu weiterlaufen. Wenige Minuten später kommt es zu Gelierung des Reaktorinhalts. Um trotz der gestiegenen Viskosität die Reaktanden weiter einmischen zu können, wird der Prozess unter Erhöhung der Rührerdrehzahl fortgesetzt. Durch den Energieeintrag des Rührers wird das Gel fragmentiert und seine Struktur verdichtet, wobei jedoch auch die anderen Prozessparameter Salzgehalt und Temperatur eine Rolle spielen (s. Kapitel 2.4).

Der erste Vorteil dieser semi-batch-Verfahrensweise besteht darin, dass so eine höhere Feststoffkonzentration in der Suspension erzielt wird. Zweitens wird so auch gewährleistet, dass das Endprodukt von der Lösung abtrennbar ist und nach dem Trocknen als feines Pulver vorliegt.

Beim Trocknen von Gelen kommt es in der Regel wegen der geringen Porengröße zu sehr hohen Kapillarkräften, die die Struktur so stark zusammenziehen, dass das Gel zerspringt. In der Herstellung von transparenten Keramiken oder den als Trocknungsmittel bekannten Silicagelen wird dies dadurch vermieden, dass vor dem Trocknen Wasser durch Lösungsmittel mit geringerer Oberflächenspannung ersetzt wird oder indem unter überkritischen Bedingungen getrocknet wird. Gele, deren Netzwerkstruktur auch nach dem Trocknen erhalten geblieben ist, nennt man Aerogele, beim Entfernen des Lösungsmittels geschrumpfte Gele werden als Xerogele bezeichnet.

Auch wenn das Gel bereits durch den Rührer fragmentiert ist, werden die Primärpartikel durch die Kapillarkräfte so stark zusammengezogen, dass sich statt eines Pulvers grobe, unregelmäßige Agglomerate bilden, die nur durch Mahlung in ein Pulver zu überführen sind.

Das im semi-batch-Prozess kontinuierlich nachgelieferte Monomer kondensiert jedoch bevorzugt an den Kontaktstellen der Primärpartikel, da hier die Löslichkeit aufgrund der kleinen konkaven Krümmungsradien herabgesetzt ist. So bilden sich Feststoffhälse an den Kontaktstellen der Partikel, durch die diese am Ende des Prozesses so fest miteinander verwachsen sind, dass sie den Kapillarkräften widerstehen können und die Agglomeratstruktur bei der Trocknung nicht in sich zusammenfällt (Iler (1979)). Die in semi-batch-Fahrweise während der Verdichtung der Gelfragmente zugegebene monomere Kieselsäure ist also eine Voraussetzung für die Herstellung eines freifließenden Pulvers.

Betrachtet man die Produktagglomerate, so fällt auf, dass sie aus relativ gleichmäßigen Primärpartikeln von ca. 20 - 40 nm aufgebaut sind. Durch reines Wachstum oder Ostwald-Reifung lässt sich dieses Phänomen nicht erklären, da sie dafür zu groß sind. Durch Reifung entstehen laut Iler Partikel von maximal 6 nm Durchmesser.

Schlomach (2006) schlägt einen Koagulationsmechanismus vor. Unter Einbeziehung von Van-der-Waals-Kräften, elektrischer Ladung und der durch die Hydratation der Partikeloberflächen bedingten Abstoßung konnte er die Stabilität von Partikeln gegen Agglomeration als Funktion ihrer Größe abschätzen (vgl. DLVO-Theorie, Kap.2.2). Dabei stellte er fest, dass bei kleinen Partikeln im Vergleich zu größeren eine Aggregation im primären Minimum bevorzugt stattfindet. Zudem ist die Hydrathülle an eine flachere Oberfläche noch stärker gebunden, da sich hier auch zwischen benachbarten Silanolgruppen Wasserstoffbrückenbindungen ausbilden können, was bei stärker gekrümmten Oberflächen unterhalb von ca. 30 nm Partikelgröße nicht möglich ist (Kamiya (2000)). Die Keime koagulieren also so lange, bis sie die Größe erreichen, bei der die Hydratationsabstoßung dafür zu groß wird. Die mit dem Elektronenmikroskop beobachtbaren „Primär"-Partikel sind also nicht allein durch Monomeranlagerung gewachsen, sondern das Produkt eines Koagulationsprozesses von noch kleineren Partikeln.

Die weitere Agglomeration der so entstandenen Partikel ist dann im sekundären Minimum begünstigt, was durch die im semi-batch-Verfahren mit der Reaktionszeit zunehmende Abschirmung durch den steigenden Salzgehalt unterstützt wird.

Das im anorganischen semi-batch Prozess entstehende Produkt hat eine bimodale Fragmentgrößenverteilung, wobei es sich jedoch nicht um Primärpartikel und Agglomerate handeln kann, da die gemessene Mindestpartikelgröße oberhalb eines Mikrometers liegt (s. Abbildung 1.2 und 4.2). Wie diese Verteilung zustande kommt und was den mittleren Partikeldurchmesser bestimmt ist weiterhin unklar.

Bei der bisherigen Erforschung gefällter Kieselsäure wurden von den meisten Wissenschaftlern organische Precursoren verwendet, da hier die Reaktionsgeschwindigkeit langsam und über die Hydrolysereaktion gut steuerbar ist. Allerdings ist hier nicht nachvollziehbar, wie weit die Silane hydrolysiert sind und wie viel von den organischen Resten im Produkt zurückbleibt. Über das Verhalten des Systems bei den im realen Prozess vorkommenden hohen Feststoff- und Salzgehalten ist bisher nur wenig bekannt. Gleichzeitig sind die Variationsmöglichkeiten im semi-batch-Prozess beschränkt, da einerseits die Gelviskosität bei niedrigen Temperaturen und hohen

Feststoffgehalten sehr stark zunimmt und es andererseits bei vielen Wasserglas-Säure-Kombinationen zu einem sofortigen Ausflocken des Silikats kommt, was die Produktion eines Pulvers unmöglich macht. Von Schlomach (2006) wurden bereits semi-batch-Versuche unter Variation der Wasserglaszugaberate und der Temperatur zwischen 60 und 80 °C, Zugabe von Na_2SO_4 und Verlangsamung der Rührgeschwindigkeit durchgeführt. Bedingt durch die ständige Veränderung im semi-batch-Verfahren ist es jedoch schwierig, die festgestellten Auswirkungen gezielt einem Parameter zuzuschreiben.

2.5.2 Anwendungen

Amorphe Kieselsäure findet in der Industrie vielfältige Anwendung. Aufgrund ihrer hohen spezifischen Oberfläche eignet sie sich gut zur Absorption von Flüssigkeiten und Dämpfen. Natürlicher Kieselgur wurde z.B. zum Aufsaugen von Nitroglycerin in der Dynamitherstellung verwendet, wodurch der Sprengstoff weniger erschütterungsempfindlich wurde. Im Gegensatz zu den kristallinen Formen, v.A. Quarz, besteht beim Einatmen der Stäube von amorphem SiO_2 auch nicht die Gefahr einer Silikose (s. z.B. Giese (1940)).

Der Vorteil des synthetisch hergestellten Siliciumdioxids ist es, dass seine Struktur durch die Herstellungsbedingungen in weiten Bereichen beeinflussbar ist und so an vielfältige Verwendungszwecke angepasst werden kann. Pyrogene Kieselsäuren zeichnen sich durch extrem hohe spezifische Oberflächen und Pulver mit sehr geringer Schüttdichte aus. Sie dienen unter Anderem in Klebstoffen als Rheologiehilfsmittel, sie verbessern die Kratzfestigkeit in Farben und Lacken, trocknen in der Landwirtschaft Schädlinge aus, hemmen die Schaumbildung bei Diesel, sparen als Beimischung zum Ruß in Autoreifen Treibstoff und verbessern auch in anderen Gummiprodukten Abriebsfestigkeit und Nassrutschverhalten.

Das etwas gröbere gefällte Siliciumdioxid ist u.A. ein toxikologisch unbedenklicher Füllstoff. Überkritisch getrocknete Kieselgel-Perlen sind bekannt als Trocknungsmittel in Exsiccatoren, wo sie häufig mit einem wassersensitiven Indikator versetzt sind, und als Zugabe in der Verpackung von feuchtigkeitsempfindlichen Produkten wie elektronischen Geräten.

Bei Hollemann-Wiberg (1985) und in der GESTIS-Stoffdatenbank (z.B. www.reach-net.com) sind für kolloidales Siliciumdioxid (CAS-Nr. 7631-86-9) folgende Anwendungen aufgelistet:

- Füllstoff in Farben, Lacken, Kunststoffen und Klebstoffen
- Beschichtung von Inkjetpapieren
- in Folien für Batterieseparatoren
- zur Gelatinierung der Elektrolyte in galvanischen Elementen
- Bindemittel in Zement, Keramik und Katalysatoren
- Trägermaterial für Katalysatoren
- Gussformen für Metalle (Schmelztemperatur 1713°C)

- Einsatz in Chromatographiesäulen
- Poliermittel für Halbleiterelemente
- als Entschäumer von Waschmittel
- als desodorierendes, desinfizierendes und austrocknendes Streupulver
- als Filtrationshilfsmittel
- zur Reinigung und Entfärbung von Flüssigkeiten und Fetten
- zur Verhinderung des Verbackens von Feuerlöschpulvern
- Zusatz zu Pharmaprodukten, z.B. Tabletten
- in Kosmetikprodukten, z.B. Zahnpasta

Zudem ist gefällte Kieselsäure zugelassen als Lebensmittelzusatzstoff unter der Nummer E551 mit bis zu 10 g/kg in z.B. Käse und als Rieselhilfsmittel in Trockenpulvern und Gewürzen. Sie wird bei der Klärung von Fruchtsäften, Wein und Bier eingesetzt.

Für jede dieser vielfältigen Anwendungen gibt es eine optimale Kombination aus spezifischer Oberfläche, Schüttdichte und Partikelgrößenverteilung, die durch die Prozessparameter der Herstellung eingestellt werden muss.

2.6 Fazit

Für die anorganische, industrielle semi-batch-Fällung von Siliciumdioxid ist es bisher nicht möglich, die Aggregatgröße des Produkts und ihre Verteilung in ausreichendem Maße vorherzusagen und zu steuern. Der Vorgang der Partikelbildung und ihrer Agglomeration und Gelierung wird in komplexer Weise durch die Temperatur, den pH-Wert, die Ionenstärke und die Konzentration der Reaktionslösung beeinflusst und hat starke Auswirkungen auf die anschließende Fragmentierung des Gels durch den Rührer. Die gleichen Prozessparameter beeinflussen nach der Gelierung die Schrumpfung, Verdichtung und Verfestigung der Fragmente. Die Synärese von Gelen und die Verdichtung fraktaler Agglomerate sind zwar einzeln bereits sehr gut untersucht, diese beiden Phänomene wurden aber bisher noch nicht miteinander in Verbindung gebracht.

Im semi-batch-Prozess sind viele der Parameter nicht getrennt voneinander variierbar und so ihr Einfluss nicht direkt bestimmbar. Aus diesem Grund werden in der vorliegenden Arbeit auch batch-Versuche durchgeführt, bei denen die Zusammensetzung der Suspension konstant bleibt. Es wird damit der Frage nachgegangen, welche Bedingungen die Partikelgrößenverteilung des Produkts hervorrufen.

Für den Einfluss der Parameter in den Prozessbereichen Gelbildung, Gelfragmentierung und Fragmentverdichtung werden aufgrund des bisherigen Standes des Wissens folgende Hypothesen aufgestellt:

Gelbildung

Hypothese	*Parameter*	*Festigkeit*
Bei höherer thermischer Energie der Partikel nimmt die Festigkeit des Gels ab (vgl. Viskosität).	$T \uparrow$	$\downarrow$
Mehr Feststoff erhöht den Volumenanteil des tragenden Gerüsts und damit die Festigkeit.	$C \uparrow$	$\uparrow$
Bei saurer Fällung entstehen kleinere Primärpartikel $\rightarrow$ mehr Bindungen pro Querschnittsfläche	pH $\uparrow$	$\downarrow$
Bei höherer Ionenstärke sind die Partikel besser abgeschirmt $\rightarrow$ Bindungen fester	$I \uparrow$	$\uparrow$

Fragmentierung

Hypothese		*Fragmentgröße*
Das Gel verhält sich wie eine hochviskose Flüssigkeit vgl. Arai (1977): $$x_{max} \sim \left(\frac{\eta_d}{\rho_c \cdot \varepsilon^{1/3}} \right)^{0,75}$$	$\varepsilon \uparrow$	$\downarrow$
Bei gleichem Leistungseintrag bestimmt die Festigkeit (s.o.) die Fragmentgröße.	Festigkeit $\uparrow$	$\uparrow$
Die Homogenität des Leistungseintrags bestimmt die Fragmentgrößenverteilung.	PGV monomodal im Taylor-Couette-Reaktor	

Synärese

Hypothese	*Parameter*	*Festigkeitszunahme*	*Schrumpfung*
Höhere thermische Energie begünstigt den Partikelkontakt und führt so zu beschleunigter Schrumpfung und verstärkter Reifung.	$T \uparrow$	$\uparrow$	$\uparrow$
Höherer Feststoffvolumenanteil bedingt ein festeres Gerüst, was die Synärese hemmt.	$C \uparrow$	$\downarrow$	$\downarrow$
Stärkere Abschirmung der Partikel beschleunigt die Schrumpfung.	$I \uparrow$	$\uparrow$	$\uparrow$

Diese Hypothesen sind als wahr anzusehen, sofern sie nicht widerlegt werden können. Es ist also das Ziel dieser Arbeit, die obigen Hypothesen durch die im Folgenden beschriebenen Versuche zu prüfen. Im Anschluss an die Darstellung der so erhaltenen Ergebnisse wird die Gültigkeit jeder Hypothese einzeln bewertet.

3 Versuchsdurchführung

3.1 Einführung

Im folgenden Kapitel werden die Versuche vorgestellt, die zur Prüfung der Hypothesen und Klärung der offenen Fragen durchgeführt wurden.

Die anorganische semi-batch-Fällung amorpher Kieselsäure (Kap. 3.2) ist der Ausgangsprozess, den es zu verstehen gilt und der mit ähnlichen Parametern im großen Maßstab in der Industrie betrieben wird. Zur Abschätzung der Auswirkung verschiedener Parametervariationen wurden hiermit einige Vorversuche durchgeführt.

Zur Ausschaltung des Einflusses der im semi-batch-Betrieb ständig steigenden Ionenstärke und Feststoffkonzentration sowie der kontinuierlichen Monomerzufuhr wurden die Hypothesen weitestgehend im batch-Betrieb (Kap. 3.4) geprüft.

Um den Einfluss einzelner Parameter auf die Gelbildung und -festigkeit ohne Intervention des Rührers zu untersuchen, wurden kleine Proben direkt im Kegel-Platte-Rheometer geliert und vermessen (s. Kap. 3.3 und Anhang). Die Gelbildung ist dabei am Anstieg der elastischen und viskosen Moduln und ihrem Verhältnis zueinander zu beobachten. Aus der Höhe des elastischen Moduls bei unterschiedlichen Temperaturen, Feststoffgehalten, pH-Werten und Ionenstärken können Rückschlüsse auf die Festigkeit des Gels gezogen werden. Als weitere Messgröße für die Festigkeit des Gels kann die Größe der bei Belastung durch den Rührer oder durch Ultraschallwellen (Kap. 3.6) entstehenden Fragmente angesehen werden.

Zur Untersuchung der Hypothesen über die Fragmentierung des Gels ist die Fragmentgröße und -größenverteilung nach unterschiedlich starkem Leistungseintrag und für verschiedene Gelfestigkeiten von Interesse. Um die Auswirkungen der Homogenität des Energieeintrags zu erforschen wurde die in zwei unterschiedlichen Reaktoren (Kap. 3.4.1und 3.4.2) entstehende Fragmentgrößenverteilung betrachtet.

Die Geschwindigkeit der Synärese bei unterschiedlichen Temperaturen, Feststoffvolumenanteilen und Ionenstärken wurde an bereits fragmentierten Gelen untersucht, die unter verschiedenen Bedingungen für längere Zeit gelagert wurden (Kap. 3.5). Als Messgröße für die Schrumpfung wurde die sich mit der Zeit ändernde Fragmentgrößenverteilung beobachtet und die Festigkeitszunahme anhand des Widerstandes gegen Ultraschalldispergierung (Kap. 3.6) beurteilt.

Die Primärpartikelgröße wurde anhand von BET-Messungen der spezifischen Oberfläche und Rasterelektronenmikroskopaufnahmen beurteilt. Vereinzelt wurde das Gel auch gefriergetrocknet (Kap. 3.7) um die bei der thermischen Trocknung sehr starken Kapillarkräfte, die zum Kollaps der Strukturen führen, zu umgehen.

3.2 Semi-batch-Fällung

Die einem industriellen Großprozess nachempfundene anorganische semi-batch Fällung von Kieselsäure wurde in einem über einen Heizmantel temperierbaren 5 l-Glas-Rührkessel ($H = 300$ mm, $D = 150$ mm) gemäß Abbildung 3.1 durchgeführt.

Im Standard-Versuch (Bedingungen s. Tabelle 3.1) wurden zu einer auf 83°C temperierten Vorlage aus 3500 g VE-H_2O und 100 ml Natronwasserglas, einer Natriumsilikatlösung ($Na_2O \bullet 3{,}3SiO_2$) der Grädigkeit 37/40°Bé ($\rho = 1{,}365$ g/cm³; f. Definition von Grad Baumé s. Anhang), über 90 Minuten weitere 1474,5 g (= 720 ml/h) Wasserglas und 384 g 50%-ige Schwefelsäure zugegeben. Die Reaktanden wurden mittels durch *Sartorius* Regler massengesteuert geregelten Schlauchpumpen in nächster Nähe des Rührorgans zudosiert.

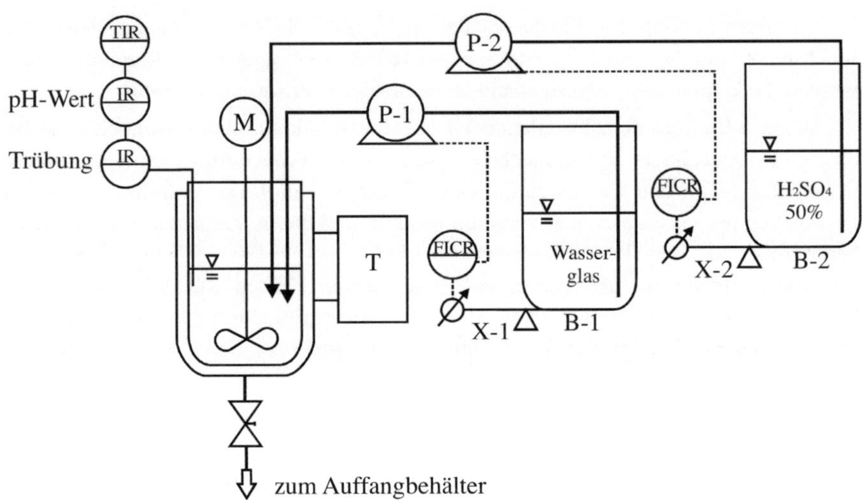

Abbildung 3.1: Schematische Darstellung der Versuchsanlage zur semi-batch Fällung

Tabelle 3.1: Parameter des semi-batch-Standardversuchs

Vorlage	3500 g H_2O + 100 ml Wasserglas
Zugabedauer [min]	90
Zugaberate Wasserglas [g/h]	983
Zugaberate H_2SO_4 [g/h]	256
T [°C]	83
Drehzahl [min⁻¹]	400/700

Die Vermischung der Reaktanden, die Zerkleinerung des Gels sowie die Suspendierung der Agglomerate erfolgte mit einem zweistufigen *Intermig*-Rührer ($d = 119$ mm). Dieser wurde wegen seiner guten Suspendiereigenschaften und der trotz der fehlenden Strombrecher geringen Trombenbildung ausgewählt. Auf die Strombrecher wurde verzichtet, um die Ausbildung von Totzonen nach der Gelierung zu vermeiden. Nach ca. 33 min kommt es im Standardversuch zu einer Gelierung des Reaktorinhalts. Während vorher eine Rührerdrehzahl von 400 min^{-1} ausreicht, um die Reaktanden einzumischen, wurde danach auf 700 min^{-1} erhöht, um eine gute Vermischung zu gewährleisten.

Mittels einer Spritze konnten dem Reaktorinhalt während des Versuchs Proben entnommen werden, deren Partikelgrößenverteilung sofort mit zwei Geräten der Firma *Malvern Instruments* analysiert werden konnte. Da vor dem Gelpunkt Partikelgrößen unterhalb von 500 nm zu erwarten sind, kam hier der mit dem Prinzip der dynamischen Lichtstreuung arbeitende *Zetasizer Nano* zum Einsatz. Aus den Fluktuationen des von der Probe gestreuten Lichts wird auf den Diffusionskoeffizienten und daraus auf den hydrodynamischen Durchmesser der Partikel geschlossen. Nach dem Gelpunkt galt es die mehrere Mikrometer großen Gelfragmente zu vermessen. Hierfür ist der mit statischer Lichtstreuung arbeitende *Mastersizer S* besser geeignet. Aus der vom Streuwinkel abhängigen Intensitätsverteilung des von der Suspension gestreuten Lichts können die Partikelgrößenverteilung und die fraktale Dimension der Partikel bestimmt werden. Nähere Erläuterungen zur Messtechnik finden sich im Anhang.

Um eine weitere Kondensationsreaktion der Kieselsäure zu unterbinden, wurde das Fällungsprodukt nach Ablauf der Versuchszeit durch Zugabe von weiterer Schwefelsäure auf einen pH-Wert zwischen zwei und drei gebracht. Da die Suspension sehr schlecht filtrierbar ist, wurde sie zum Auswaschen des aus den Begleitionen entstehenden Natriumsulfats zentrifugiert und zwei Mal in Verhältnis von ca. drei zu eins mit VE-Wasser resuspendiert und erneut zentrifugiert. Anschließend wurde das Zentrifugat im Trockenschrank bei ca. 100°C getrocknet. Das so entstandene Pulver konnte durch Rasterelektronenmikroskopie oder BET-Oberflächenmessungen weiter analysiert werden.

Um die Zwischenstufen bei der Entwicklung des Produkts im Prozess genauer zu untersuchen, wurde der Versuch nach unterschiedlichen Zeiten abgebrochen und die entstandene Suspension mit Ultraschall belastet oder auf die beschriebene Weise getrocknet. Für die Identifizierung der relevanten Parameter für Partikelgröße, PGV und Trocknungsverhalten der Suspension wurde nach dem Gelpunkt die Zugabe abgebrochen und mit unterschiedlichen Geschwindigkeiten weitergerührt oder statt der Reaktanden nur Salzlösung zugegeben. In Ergänzung zu den bereits in der Vorgängerarbeit (Schlomach (2006)) durchgeführten Parametervariationen von Temperatur, Salzgehalt, Rühr- und Zugabegeschwindigkeit wurden Versuche bei halber Zugabegeschwindigkeit und Raumtemperatur, was sich auf die Primärpartikelgröße auswirken sollte, gefahren.

3.3 Rheologische Untersuchungen am ruhend gelierten Gel

Zur Untersuchung der Kinetik der Gelbildung und der mechanischen Eigenschaften des Gels bei unterschiedlichen Zusammensetzungen wurden zunächst im kleinen Maßstab mit Hilfe einer eigens konstruierten Mischdüsenapparatur (Abbildung 3.2) gleiche Volumina (5-10 ml) unterschiedlich konzentrierter Natriumsilikat- und Schwefelsäurelösungen definiert miteinander vermischt. Obwohl die Gelierung im Allgemeinen langsam verläuft, wird bei manchen Zusammensetzungen und vor Allem den höheren Konzentrationen beim Vermischen ein Bereich sehr schneller Koagulation durchlaufen. Mit der Y-Mischdüse konnten die beiden Reaktionslösungen schnell homogen vermischt werden, ohne dass es zur Ausbildung einzelner koagulierter Bereiche kam. Die Suspension konnte so noch flüssig in das Rheometer eingefüllt werden und vor Ort gelieren. Dies ermöglichte eine Beobachtung der Gelbildung unabhängig vom Einfluss des Energieeintrags durch den Rührer auf die Agglomeratstruktur.

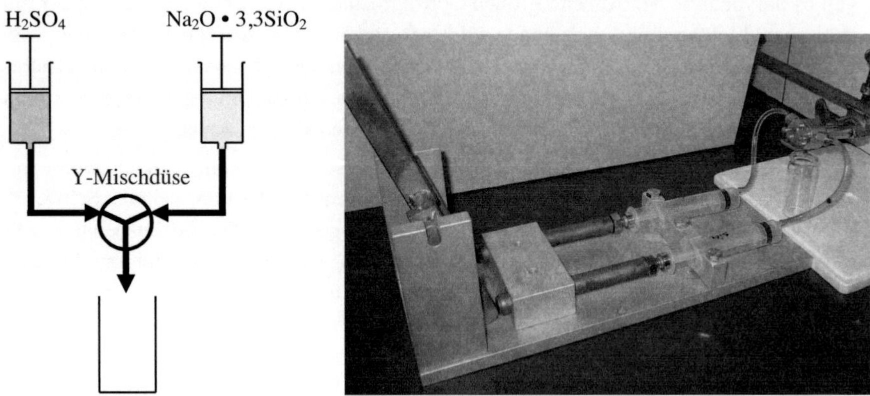

Abbildung 3.2: Schematische Darstellung und Foto der Mischdüsenapparatur

Als geeignete Methode erwies sich hierfür die Oszillationsrheometrie mit einem Kegel-Platte-Rheometer der Firma *Bohlin* (Durchmesser 40 mm, Kegelwinkel 4°, Spaltweite 150 μm, s. Abbildung 3.3). Durch die sehr geringen Auslenkungen des oszillierenden Kegels wird auch das bereits ausgebildete Netzwerk des viskoelastischen Gels nicht zerstört, zudem ist durch die Kegelgeometrie die Scherdeformation an allen Stellen im Gel gleich (ausführliche Erläuterung im Anhang).

Da die Gelierung je nach Zusammensetzung der Reaktanden mit sehr unterschiedlichen Geschwindigkeiten ablaufen kann und die Viskosität auch vom Feststoffvolumenanteil abhängt, ist die Festlegung des Gelpunkts aufgrund eines Viskositätsgrenzwertes wenig zweckmäßig. Zudem beeinflusst die zur Messung der Viskosität nötige Scherung die Agglomeratbildung. Durch die oszillatorische Messung bei kleinen Deformationen erhält man mit dem Verlust- und Speichermodul (G'' bzw. G') Informationen über den viskosen und elastischen Anteil am Widerstand der Probe gegen die Deformation. Während Flüssigkeiten viskoses Verhalten zeigen, wird die

Probe mit zunehmender Vernetzung immer elastischer (Sacks (1987)). In dieser Arbeit wird der Gelpunkt als der Zeitpunkt definiert, an dem der elastische Anteil größer wird als der viskose, also als der Kreuzungspunkt der Moduln. Eine andere Möglichkeit ist die Bestimmung des Gelpunkts als den Zeitpunkt des Abfalls des Phasenwinkels δ auf unter 5°. δ ist die Verschiebung zwischen der aufgebrachten Oszillation der Schubspannung und der dadurch verursachten Deformation (0° = rein elastisch, 90° = rein viskos, s. Anhang). Da sich dieser Abfall in den durchgeführten Experimenten innerhalb weniger Sekunden vollzieht, wurden für beide Methoden ähnliche Ergebnisse erhalten. Der Nachteil dieser Methoden ist, dass die Absolutwerte der Moduln und damit auch ihr Kreuzungspunkt frequenzabhängig sind. Bei langsamer Deformation wird eher viskoses Verhalten beobachtet, während bei sehr schneller Oszillation auch Suspensionen elastisch reagieren können. Zur genauen Bestimmung des Gelpunktes werden deshalb Frequenzsweeps gemacht. Die Probe gilt als geliert, wenn G' und G'' parallel mit der Frequenz ansteigen. Da die Messungen über mehrere Frequenzen aber immer eine gewisse Zeit dauern, ist diese Methode nur bei sehr langsam gelierenden Systemen oder abstoppbaren Reaktionen praktikabel, da sich sonst die Probe während der Messdauer zu stark verändert. Bei den Versuchen mit anorganisch gefällter Kieselsäure stimmt jedoch der Kreuzungspunkt der Moduln bei einer konstanten Frequenz von 1 Hz gut mit dem visuell beobachteten Gelpunkt überein. Dieser lässt sich als der Zeitpunkt bestimmen, zu dem die Suspension beim Umdrehen des Probenbehälters nicht mehr fließt. Diese grobe Methode wurde auch zur Bestimmung von Gelierzeiten genutzt, die zwei Stunden überschritten.

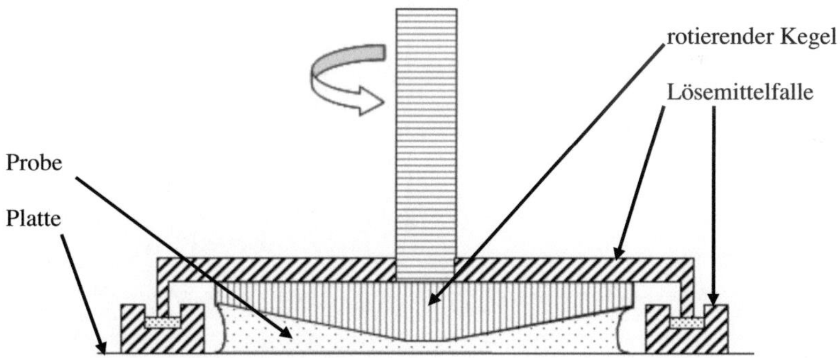

Abbildung 3.3: Kegel-Platte-Rheometer mit Lösemittelfalle

Zum Vergleich der Verfestigungskinetiken unterschiedlich zusammengesetzter Proben wurde der Anstieg des Speichermoduls über einer mit der Gelierzeit normierten Zeit beobachtet. Während der Messungen verhinderte eine Lösemittelfalle die Austrocknung der Proben am Rand.

Weiterhin konnten mit dem Rheometer zu verschiedenen Zeiten Bruchspannungsmessungen durchgeführt werden. Dazu wurde die Schubspannung kontinuierlich bis zum Bruch der Probe erhöht.

3.4 Batch-Fällung

Um den Einfluss des Energieeintrags durch den Rührer auf die Zerstörung der Gelstruktur und Ausbildung der Agglomerate unter verschiedenen Bedingungen, aber konstantem Salz- und Feststoffgehalt zu untersuchen, wurde die Vermischung der Edukte in einer Y-Mischdüse (vgl. Kucher (2009)) auch im größeren Maßstab durchgeführt. Abbildung 3.4 zeigt eine Skizze der dazu verwendeten Anlage. Die resultierenden 1 - 2,5 l Flüssigkeit wurden sofort nach der Mischung entweder in den temperierten Rührkessel, der auch zur semi-batch Fällung verwendet wurde, oder einen Taylor-Couette-Reaktor gefüllt und darin bis zur Gelierung und darüber hinaus gerührt.

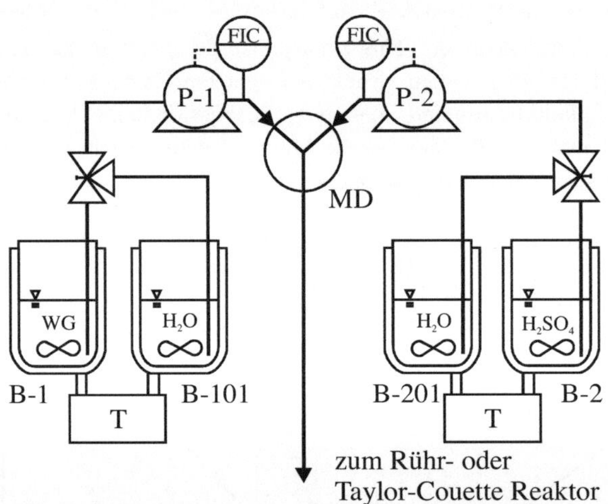

Abbildung 3.4: Schematische Darstellung der Versuchsanlage zur batch-Fällung mit Mischdüse

In den Vorlagebehältern B-1 und B-2 wurden unterschiedlich konzentrierte Natriumsilikat- und Schwefelsäurelösungen auf die gewünschte Prozesstemperatur gebracht, bevor sie in der ebenfalls temperierten Mischdüse vermischt wurden. Die Vermischung von 2,5 l Flüssigkeit erfolgte so innerhalb von ca. drei Minuten, wobei die Mikromischzeit nur wenige Sekundenbruchteile beträgt. Um Leistungsschwankungen der Pumpen und eventuelle Querschnittsverkleinerungen des Austrittsrohres durch Aufwachsungen auszugleichen, wurden die Volumenströme mit Hilfe von magnetisch-induktiven-Durchflussmessern geregelt. Der Volumendurchsatz wurde dabei mit Hilfe der Dichten der Ausgangslösungen so berechnet, dass auf beiden Seiten der gleiche Massenstrom in die Düse gepumpt wurde. Um während des Einregelns der Volumenströme keine Reaktionslösung zu verbrauchen, wurde während dieser Zeit VE-Wasser durch die Düse gepumpt und erst bei konstanten Werten mittels eines elektrisch schaltbaren 3-Wege-Ventils auf die Edukte umgestellt. So musste sich die Regelung zwar trotzdem noch auf die im Vergleich zu Wasser etwas unterschiedliche Viskosität der Lösungen einstellen, dieser Vorgang war jedoch innerhalb weniger Sekunden abgeschlossen.

Die Reaktionslösungen wurden als Feststoffmasse Wasserglas bzw. Trockenmasse H_2SO_4 pro Gesamtmasse Wasser in der Mischung eingewogen. Zur Untersuchung des Einflusses der Eduktkonzentrationen wurden bei konstanter Temperatur und Drehzahl in beiden pH-Wert-Bereichen der schnellen Gelierung (s. Kap. 2.5.1) entweder Säureanteil oder Silikatanteil unter Fixierung des zweiten Parameters variiert. Für weitere Parametervariationen wurde im basischen und sauren Bereich willkürlich jeweils ein Versuch als Standardversuch definiert. Soweit nicht anders angegeben, wurden die in Tabelle 3.2 angegebenen Bedingungen verwendet. Ausgehend von diesen zwei Versuchen wurde die Temperatur im Rührkessel auf bis zu 80°C erhöht und der Energieeintrag in beiden Reaktoren variiert. Der Einfluss der Ionenstärke wurde durch die Zugabe von Natriumchlorid und Natriumsulfat zur Schwefelsäurelösung, sowie die Vorbehandlung der Wasserglaslösung mit einem Ionentauscher untersucht.

Tabelle 3.2: Parameter der Standardversuche

	sauer	basisch
Natriumsilikat [g /g H_2O]	0,084	0,136
H_2SO_4 [g /g H_2O]	0,25	0,019
T [°C]	20	
Drehzahl [min^{-1}]	400	
Gelierzeit [min]	80	40

Nach dem Gelpunkt wurde der Reaktorinhalt alle 10 Minuten beprobt und die Partikelgrößenverteilung mittels statischer Lichtstreuung gemessen. Wenn sich die Partikelgröße stabilisiert hatte oder nach 60 min wurde der Versuch abgebrochen und das Produkt wie auch nach der semi-batch Fällung (Kap. 3.2), jedoch ohne vorherige pH-Wert-Veränderung, zentrifugiert, gewaschen und getrocknet. Die spezifische Oberfläche der trockenen Proben konnte nach der BET-Methode bestimmt werden um daraus auf die ungefähre Primärpartikelgröße zu schließen. Die erhaltenen Werte wurden mit den in ausgewählten Fällen aufgenommenen REM-Bildern verglichen.

3.4.1 Rührkessel

Neben den Versuchen zur Konzentrations-, Ionenstärke- und Temperaturvariation wurde der Energieeintrag im Rührkessel über die Drehzahl des zweistufigen *Intermig-*

Rührers verändert. Da der Reaktor in diesen Versuchen nur halb gefüllt war, galt $H = D = 150$ mm.

Für die mittlere eingetragene Leistung P gilt:

$$P = Ne \cdot \rho \cdot n^3 \cdot d^5 \tag{3.1}$$

Die Newton-Zahl Ne wird von Zlokarnik (1999) für vierstufige, unbewehrte MIG-Rührer mit $H/D = 1$ in Abhängigkeit der Reynolds-Zahl Re grafisch angegeben. Die Reynolds-Zahl kann mit Hilfe der im Kegel-Platte-Rheometer gemessenen effektiven Viskosität η_{eff} berechnet werden:

$$Re = \frac{n \cdot d^2 \cdot \rho}{\eta_{eff}} \tag{3.2}$$

Die Viskositätsmessungen sind für die beiden Standardversuche in Abbildung 3.5 dargestellt. Die Messung fand zu einem Zeitpunkt kurz nach der Gelierung statt, da hier die größten im Versuch auftretenden Viskositäten zu erwarten sind.

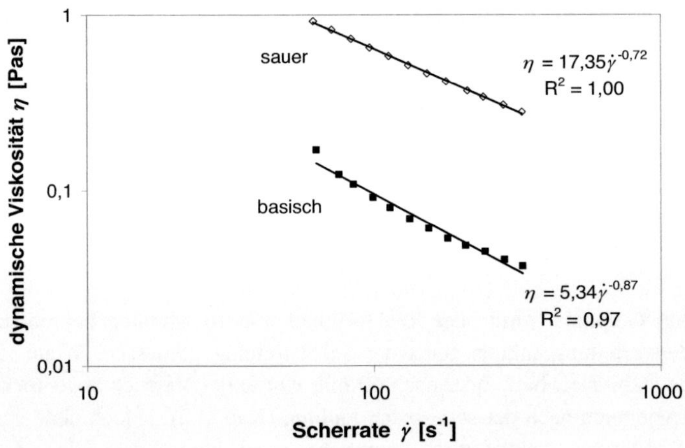

Abbildung 3.5: effektive Viskosität des Gels im sauren und basischen Standardversuch (vgl. Tabelle 3.2) abhängig von der   Scherrate

Die Scherrate wurde mit der Umfangsgeschwindigkeit der Rührerspitze und dem Spalt zwischen Rührblatt und Reaktorwand abgeschätzt. Da es sich um einen zwei- statt vierstufigen Rührer handelt, wurde die so berechnete resultierende Leistung halbiert.

Tabelle 3.3 zeigt die für die untersuchten Drehzahlen berechneten Leistungseinträge pro Masse für die beiden Standardversuche.

Obwohl die Energie mit einem *Intermig*-Rührer im Vergleich z.B. mit einem Scheibenrührer noch relativ homogen eingetragen wird, ergeben sich trotzdem Unterschiede in der lokalen Energiedissipationsrate. Dies kann im Reaktor mehr als einen Faktor 10 gegenüber der mittleren Dissipationsrate ausmachen (Geisler (1991)).

3.4.2 Taylor-Couette-Reaktor

Der Taylor-Couette-Reaktor, bei dem das Produkt in einem schmalen Ringspalt zwischen einem rotierenden Innen- und einem fixen Außenzylinder geschert wird (s. Abbildung 3.6), zeichnet sich im Vergleich zu herkömmlichen Rührapparaten durch eine homogenere Energiedissipation aus. Um zu prüfen, ob sich dieser Unterschied auch auf die Partikelgrößenverteilung der im batch-Verfahren gefällten Kieselsäure auswirkt, wurden auch im Taylor-Couette-Reaktor mit den Abmessungen $H = 390$ mm, $r_i = 75{,}8$ mm und $r_a = 100$ mm Energieeintragsversuche durchgeführt.

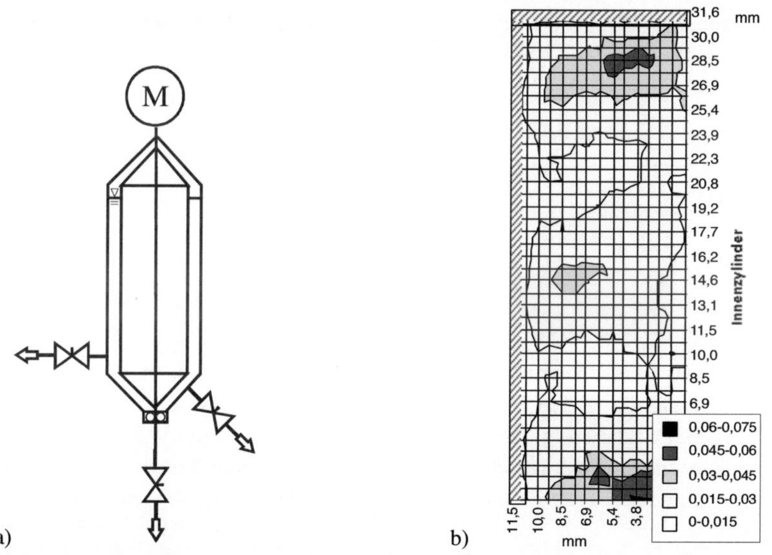

Abbildung 3.6: a) Schematischer Aufbau des Taylor-Couette-Reaktors; b) Verteilung der dissipierten Energie in W/kg unter turbulenten Bedingungen (Racina (2009))

Der spezifische Leistungseintrag wurde wiederum mit den aus den gemessenen effektiven Viskositäten erhaltenen Reynolds-Zahlen nach Katatoka (1986) über das Drehmoment G berechnet:

$$P = G \cdot 2\pi \cdot n \tag{3.3}$$

$$G = f \cdot \pi \cdot H \cdot \rho \cdot (r_i \cdot 2\pi \cdot n)^2 \cdot r_i^2 \tag{3.4}$$

Der Vorfaktor f ist dabei von der Reynolds-Zahl abhängig:

$$f = 0{,}46 \cdot \left(\frac{r_a \cdot d}{r_i^2} \right)^{0{,}25} \cdot Re^{-0{,}5} \text{, für } 400 < Re < 10000 \tag{3.5}$$

$$f = 0{,}073 \cdot \left(\frac{r_a \cdot d}{r_i^2} \right)^{0{,}25} \cdot Re^{-0{,}3} \text{, für } Re > 10000 \tag{3.6}$$

Die Ergebnisse der Berechnungen sind für die eingesetzten Rührerdrehzahlen in Tabelle 3.3 dargestellt.

Tabelle 3.3: Leistungseinträge bei verschiedenen Rührerdrehzahlen für die batch-Standardversuche nach Tabelle 3.2 (Quarch (2010-III))

Drehzahl [min^{-1}]	spezifischer Leistungseintrag [W/kg]			
	Rührkessel (2-stufiger *Intermig*)		Taylor-Couette-Reaktor	
	sauer	basisch	sauer	basisch
200	-	-	3,6	1,5
400	1,2	0,6	15,9	6,3
600	3,0	1,6	37,9	14,6
800	5,8	3,3	70,2	26,4
1000	-	-	113,2	41,8

3.5 Alterungsversuche

Für die Versuche zur Alterung des Gels wurde als Basisversuch ein basischer Versuch der Zusammensetzung Trockenmasse Natriumsilikat $= 0{,}084$ g /g H_2O und Trockenmasse $H_2SO_4 = 0{,}016$ g /g H_2O gewählt. Wie für die batch-Versuche wurden die Ausgangslösungen in der Mischdüse vermischt. Ein kleiner Teil der Mischung wurde vor der Gelierung abgetrennt und in gefettete Formen gefüllt, um später die Schrumpfung des ruhenden Gels unter verschiedenen Bedingungen beobachten zu können. Dazu wurden die Formkörper nach zwei Tagen, wenn sie die nötige Festigkeit erreicht hatten, aus der Form entnommen und, um schwerkraftbedingte Deformationen zu verhindern, mit einer Salzlösung gleichen oder unterschiedlichen Salzgehalts und pH-Werts wie die Probe überschichtet. Die so präparierten Proben wurden dann bei unterschiedlichen Temperaturen gelagert. Mittels einer Schieblehre wurde die Schrumpfung nach unterschiedlichen Zeiten ermittelt.

Der Rest der Mischung wurde im Rührreaktor bei 20°C und 400 min^{-1} bis ca. 10 min nach dem Gelpunkt gerührt. Das Gel wurde dann eins zu eins entweder mit

VE-Wasser oder Salzlösungen gleichen oder doppelten Salzgehalts verdünnt. Während ein Teil sofort mit Ultraschall (s. Kapitel 3.6) belastet wurde, um die Ausgangsfestigkeit der Fragmente zu untersuchen, wurde der Rest in wasserdampfdichten Behältern bei verschiedenen Temperaturen bis zu 95°C für einen Tag bis vier Wochen ausgelagert. Nach der Lagerungszeit wurden nach einer Partikelgrößenanalyse mit statischer Lichtstreuung erneut Ultraschall-Dispergierungen durchgeführt, um Unterschiede im Dispergierverhalten festzustellen.

3.6 Ultraschall-Dispergierung

In der vorliegenden Arbeit diente die Ultraschall-Dispergierung in erster Linie der Charakterisierung der Festigkeit der unter verschiedenen Bedingungen entstandenen Agglomerate, da diese von der Primärpartikelgröße, der fraktalen Dimension und dem Ausmaß der Halsbildung zwischen den Primärpartikeln abhängt. So wurde das Produkt nach den verschiedenen batch-Versuchen, nach unterschiedlichen Zeiten im semi-batch-Versuch und vor und nach der Auslagerung unter variierenden Bedingungen mit Ultraschall belastet.

Um einen möglichst definierten und hohen Energieeintrag zu erzielen, wurde das Gel im Durchfluss in einer gekühlten Zelle gemäß Abbildung 3.7 wiederholt durch das Kavitationsfeld einer Ultraschall-Sonotrode geführt (Pohl (2004)). Die Energie wurde dabei hauptsächlich in einem sehr kleinen Bereich an der Spitze der Sonotrode dissipiert, der nur ein Volumen von ca. 0,64 ml hatte.

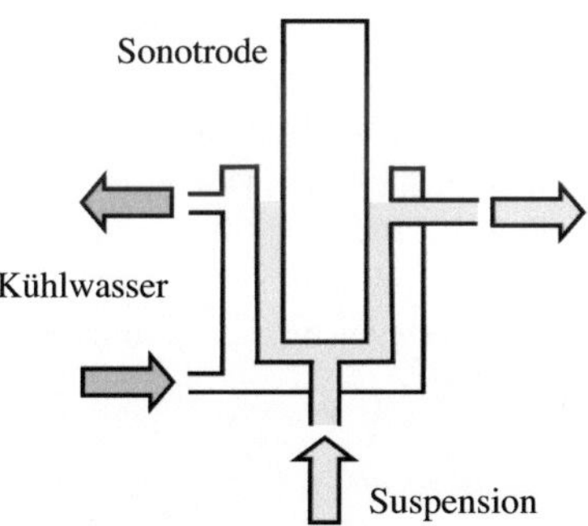

Abbildung 3.7: Schematischer Aufbau der gekühlten Ultraschall-Durchflusszelle (Quarch (2010-I))

Die *Dr. Hielscher UP 200 S* Sonotrode hatte einen Durchmesser von 14 mm und gab bei 24 kHz eine maximale Amplitude von 125 μm ab. Zur Bestimmung der mit jedem Durchlauf in die Suspension eingetragenen Energie wurden die Ein- und Austrittstemperaturen der Kühlwasser- und Suspensionsströme gemessen. Unter den Annahmen, dass die gesamte Energie als Wärme dissipiert wird, die Suspension die gleiche spezifische Wärmekapazität wie Wasser (= 4,2 kJ/(kgK)) hat und Verluste an die Umgebung vernachlässigbar sind, wurde mit dem Kühlwassermassenstrom $\dot{M}_{KW} = 1043{,}6$ g/min und dem Suspensionsstrom $\dot{M}_S = 68{,}5$ g/min bei maximaler Amplitude ein spezifischer Energieeintrag E_V von 138 MJ/m³ errechnet. Dies passt gut zu den vom Hersteller angegebenen 160 W, was 140 MJ/m³ entsprechen würde.

$$E_V = \frac{\dot{Q}_{US}}{\dot{V}_S} = \frac{\dot{M}_{KW} \cdot c_p \cdot \left(T_{KW,aus} - T_{KW,ein}\right) + \dot{M}_S \cdot c_p \cdot \left(T_{S,aus} - T_{S,ein}\right)}{\dfrac{\dot{M}_S}{\rho_S}} \tag{3.7}$$

Nach jedem Durchlauf wurde die Partikelgröße gemessen und es konnte so der Verlauf der Dispergierung, also die Dispergierkurve, aufgezeichnet werden. Über die Steigung des Abfalls der mittleren Partikelgröße mit der eingetragenen Energie in der doppellogarithmischen Auftragung konnte die Festigkeit unterschiedlich hergestellter und behandelter Agglomerate verglichen werden. Dabei wurden auch parallel verlaufende, aber zu größeren Partikelgrößen verschobene Kurven als Zeichen für größere Festigkeit interpretiert.

3.7 Gefriertrocknung

Um die bei der thermischen Trocknung im Gel auftretenden hohen Kapillarkräfte, die die Netzwerkstruktur komprimieren, zu umgehen, wurden einige Proben bei -22°C gefriergetrocknet.

Eine kleine Probe des Gels wurde dazu zunächst in flüssigem Stickstoff eingefroren und dann in einem per Cryostat auf die Trocknungstemperatur gekühlten Vakuumbehälter platziert. Durch das schnelle Einfrieren und das Halten der Temperatur unter -18°C sollte die Bildung von Eiskristallen vermieden werden. Mit einer wasserdampftoleranten Vakuumpumpe wurde der Behälter für ca. 24 h evakuiert. Zunächst stellt sich ein Druck knapp unter einem mbar ein, entsprechend des Dampfdrucks des Wassers bei -22°C (D'Ans (1967)), bevor er nach Sublimation des Eises noch tiefer sinkt.

3.8 Zusammenfassung

In Abbildung 3.8 sind die im Rahmen dieser Arbeit durchgeführten Versuche und ihre Beziehungen zueinander noch einmal grafisch zusammengefasst. Die Zahlenwerte geben an, in welchem Wertebereich die Parameter variiert wurden.

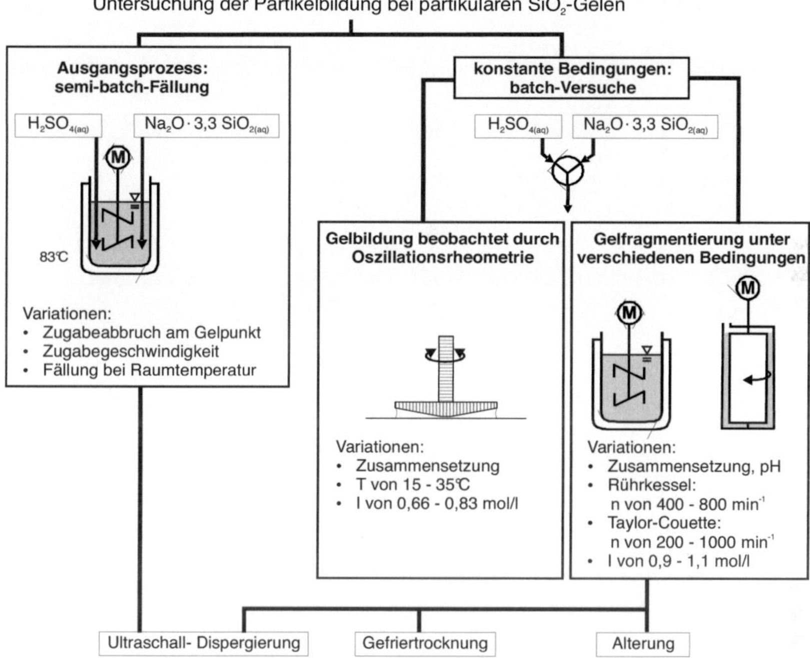

Abbildung 3.8: Grafische Zusammenfassung der durchgeführten Versuche

4 Ergebnisse

4.1 Einführung

Ausgehend von der Beschreibung des im Ausgangsprozess entstehenden Produkts und der dazu führenden Zwischenstufen werden durch Variationen des Prozesses die Parameter identifiziert, die maßgeblich für die endgültige Partikelgröße und -struktur verantwortlich sind. Im Anschluss werden die Ergebnisse der Experimente präsentiert, die die einzelnen Stufen des Prozesses, Gelbildung, Gelfragmentierung und die Schrumpfung und Reorganisation der Fragmente, abbilden. Der Einfluss der Parameter auf das Produkt in diesen Stufen wird gezeigt, die diesbezüglichen Hypothesen diskutiert und so der Versuch unternommen, das Verhalten des Stoffsystems zu erklären. Dabei sind besprochene, aber nicht gezeigte Daten im Anhang nachzuschlagen.

4.2 Semi-batch Fällung von SiO_2

4.2.1 Standardversuch

Zunächst gilt es, die Entstehung und Entwicklung der im Standardverfahren (s. Tabelle 3.1) hergestellten Agglomerate zu beschreiben und zu verstehen. Die folgenden Messwerte stellen Wiederholungsversuche der in der Vorgängerarbeit (Schlomach (2006)) durchgeführten Experimente dar, wobei die Ergebnisse gut reproduzierbar sind.

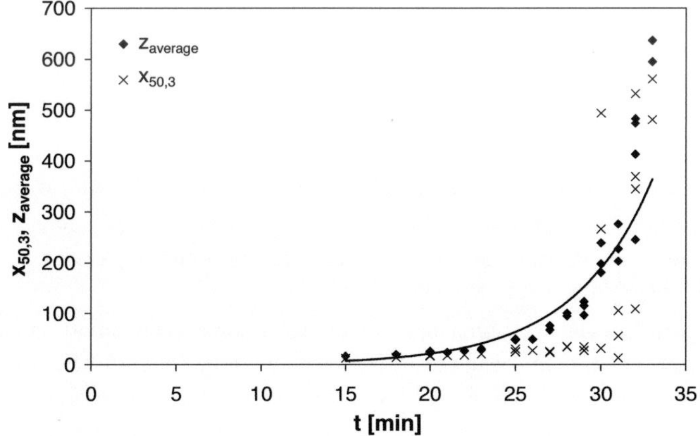

Abbildung 4.1: Zunahme der Partikelgröße vor dem Gelpunkt im Standardversuch (s. Tabelle 3.1)

Nach ca. 15 Minuten Prozesszeit ist die Partikelkonzentration in der Suspension hoch genug, um eine Messung mittels dynamischer Lichtstreuung (*Zetasizer Nano* von *Malvern Instruments*, s. Anhang) zu erlauben. Abbildung 4.1 zeigt die Zunahme des Mittelwertes der Kumulantenanalyse $z_{average}$ und des aus der volumenbezogenen Partikelgrößenverteilung berechneten Medianwerts $x_{50,3}$ mit der Zeit bis zum Gelpunkt bei 33 Minuten.

$z_{average}$ ist der stabilste Wert den das verwendete Messgerät ausgibt. Da es sich jedoch um einen intensitätsbezogenen Mittelwert handelt, ist er nur für monodisperse, kugelförmige Partikel mit anderen Messungen vergleichbar. Aufgrund der vielen Annahmen, die seitens der Gerätesoftware in der ausgegebenen Partikelgrößenverteilung stecken, ist der $x_{50,3}$ ebenfalls nur bedingt aussagekräftig. Zudem werden mit zunehmender Suspensionsviskosität die Grenzen der Methode erreicht, da sie auf der freien Diffusion der Teilchen basiert (s. Anhang). Trotzdem ist in Abbildung 4.1 deutlich zu erkennen, dass die gemessene Partikelgröße anfänglich langsam zunimmt, um dann exponentiell zu wachsen. Die Zunahme von $z_{average}$ mit der Zeit t lässt sich durch eine Formel der Form $z_{average} = z_0 \cdot e^{t/\tau}$ zufriedenstellend wiedergeben. Dabei ist z_0 = 0,28 nm und τ = 4,608 min.

Unter Annahme einer Primärpartikelgröße von 15 nm, wie sie die ersten Messpunkte des Zetasizers und Rasterelektronenmikroskopaufnahmen (s. Abbildung 4.5 c)) nahelegen, lässt sich mit der fraktalen Dimension für diffusionslimitierte Agglomeration ($d_f \approx 1,8$) und dem SiO_2-Volumenanteil am Gelpunkt ($\phi_{GP} \approx 0,02$) die mittlere Agglomeratgröße bei der Gelierung folgendermaßen abschätzen: Das Netzwerk wird volumenfüllend, wenn der Feststoffvolumenanteil innerhalb einer Flocke gleich dem Volumenanteil ϕ in der Gesamtsuspension ist.

$$x_{Agg} = x_{PP} \cdot \phi^{\frac{1}{d_f - 3}} \tag{4.1}$$

So ergibt sich am Gelpunkt eine Agglomeratgröße von ca. 400 nm, was mit den gemessenen Werten gut übereinstimmt.

Für nähere Informationen zur Keim- und Primärpartikelbildungskinetik sei auf die Vorgängerarbeit (Schlomach (2006)) verwiesen.

Das so gebildete Gel wird umgehend durch den Rührer fragmentiert und verdichtet. Die Fragmente sind im weiteren Prozessverlauf größer als ein Mikrometer und sind somit der Messung durch statische Lichtstreuung mit dem *Mastersizer* zugänglich.

Eine typische Entwicklung der Fragmentgrößenverteilung ist in Abbildung 4.2 gezeigt.

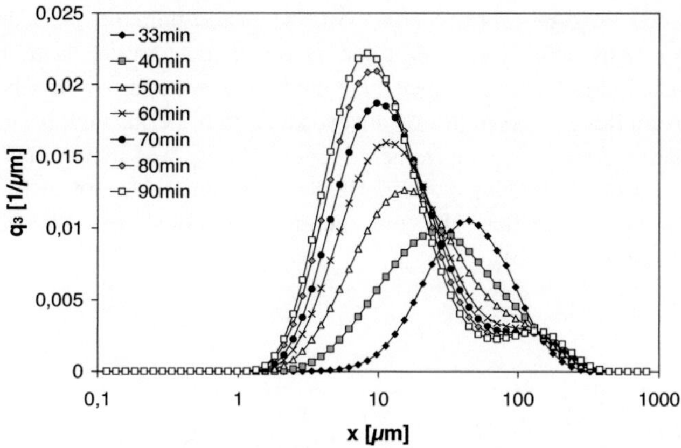

Abbildung 4.2: Entwicklung der Größenverteilung der Gelfragmente nach dem Gelpunkt im Standardversuch (vgl. Tabelle 3.1)

Bemerkenswert ist die mit der Zeit zunehmende Ausbildung des zweiten Peaks, der sich, während er an Höhe zunimmt, also enger wird, immer weiter zu kleineren Partikelgrößen hin verschiebt. Während die Verteilung am Gelpunkt noch monomodal ist, weist sie am Ende des Prozesses eine ausgeprägte Bimodalität auf. Dabei verbreitert sich die Verteilung nicht nur zu kleineren Fragmentgrößen hin, sondern auch zu größeren. Das bedeutet, dass auch nach dem Gelpunkt noch einige Agglomerate anwachsen. Der Frage, welche Einflüsse für die Bimodalität der Gelfragmentgrößenverteilung verantwortlich sind, wird in weiteren Kapiteln dieser Arbeit nachgegangen.

Abbildung 4.3 zeigt den Anteil des rechten Peaks am effektiven Gesamtvolumen der Partikel in der Suspension.

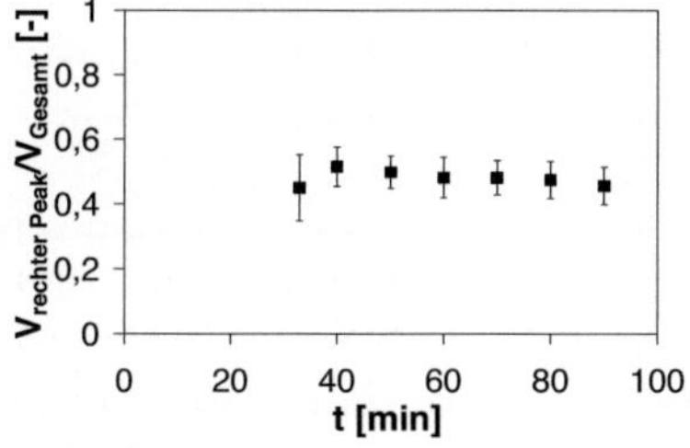

Abbildung 4.3: Anteil des rechten Peaks am effektiven Partikelvolumen in der Suspension

Die Fragmente sind also gleichmäßig auf die beiden Fraktionen verteilt, was sich auch während des Prozesses, obwohl die Feststoffmasse zunimmt, nicht ändert. Es findet hier also hauptsächlich eine Profilierung der beiden Moden statt. Da beide Fraktionen ein ähnliches Volumen haben, liegt der Medianwert der volumenbezogenen Partikelgrößenverteilung $x_{50,3}$ in der Mitte zwischen den Peaks und ist gegenüber kleinen Veränderungen im Volumenverhältnis sehr anfällig, wodurch er eher schlecht reproduzierbar ist (s. Abbildung 4.4 a)). Bessere Ergebnisse lassen sich mit dem Sauterdurchmesser $x_{1,2}$ erzielen, der umgekehrt proportional zur Oberfläche pro Volumen ist (Abbildung 4.4 b)).

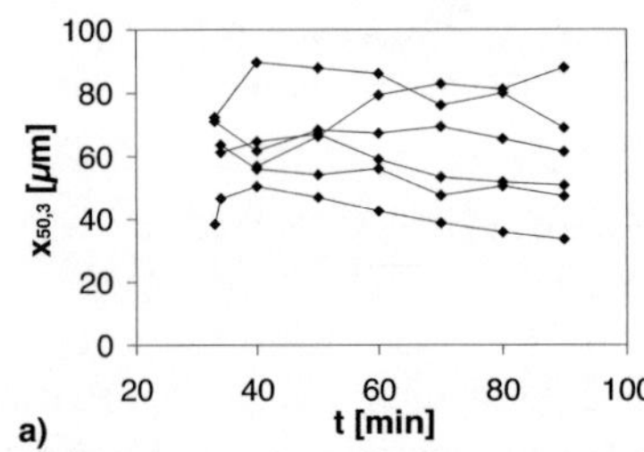
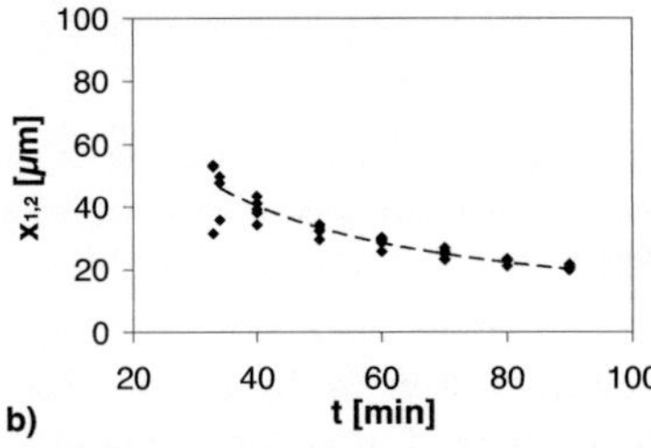

Abbildung 4.4: Reproduzierbarkeit der Ergebnisse im Standardversuch (Tabelle 3.1) bei wiederholter Versuchsdurchführung: a) Entwicklung von $x_{50,3}$ und b) $x_{1,2}$ nach dem Gelpunkt; die eingezeichneten Linien verbinden lediglich die zu einem Experiment gehörenden Punkte miteinander

Der Sauterdurchmesser ist definiert als der Kugeldurchmesser in einem monodispersen Kollektiv, welches die gleiche Oberfläche wie die Probe aufweisen würde. Die Abnahme des Sauterdurchmessers im Versuchsverlauf bedeutet also, dass die spezifische Oberfläche (also Gesamtoberfläche zu Gesamtvolumen) zunimmt. Bei nicht porösen Materialien würde dies auf eine Zerkleinerung hindeuten. Da es sich hier jedoch um Agglomerate mit einer inneren Oberfläche handelt, die ein größeres effektives Volumen als ihr reines Feststoffvolumen haben, heißt das nicht dass die Primärpartikel kleiner werden, sondern dass das Volumen der Agglomerate durch Schrumpfung abnimmt. Diese These stützen auch die Messungen der massenbezogenen spezifischen Oberfläche a nach der BET-Methode (also Gesamtoberfläche zu Feststoffmasse), die an zu unterschiedlichen Zeiten entnommenen, getrockneten Proben durchgeführt wurden. Hier und auch auf Rasterelektronenmikroskopaufnahmen von nach 50 und 90 Minuten Prozesszeit getrockneten Proben ist zu erkennen, dass die Primärpartikel mit der Zeit sogar größer werden (s. Abbildung 4.5). Die Schrumpfung der Agglomerate ist also stärker, als es durch das Wachstum der Primärpartikel durch Monomeranlagerung kompensiert wird. Da sich jedoch in der Partikelgrößenverteilung der Peak bei den größeren Partikelgrößen während des Prozesses kaum verändert, muss dieser Vorgang allein die Fraktion der kleineren Agglomerate betreffen.

Ein weiterer Hinweis auf die Verdichtung ist die Zunahme der fraktalen Dimension d_f mit der Zeit (Abbildung 4.6 a)). Während direkt nach dem Gelpunkt noch Werte im Bereich der für diffusionslimitierte Agglomeration erwarteten 1,8 gemessen werden, steigt sie im Prozessverlauf rasch auf Werte zwischen 2,2 und 2,4 an.

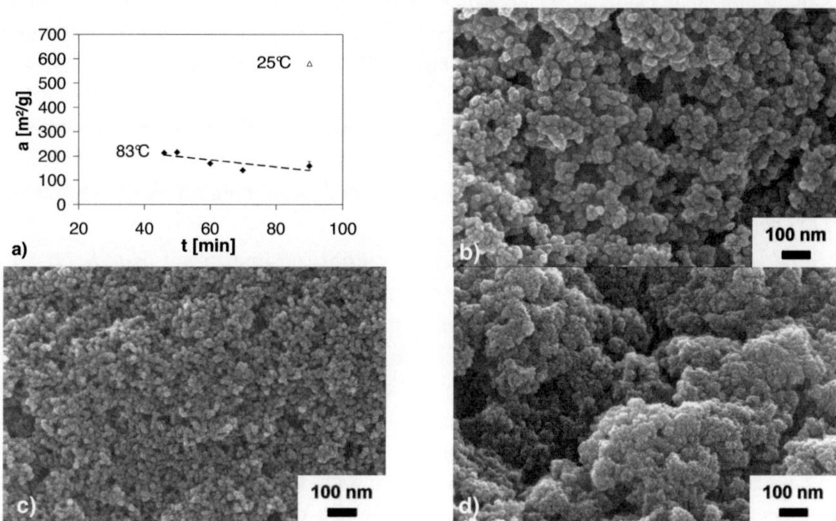

Abbildung 4.5: a) Abnahme der spezifischen Oberfläche im Prozessverlauf; b) REM-Aufnahme des Standard-Produkts (83°C, vgl. Tabelle 3.1, 90 min); c) Standard-Produkt (83°C, 50 min); d) Produkt (25°C, 90 min)

Die Streuung der Werte ist darauf zurückzuführen, dass die realen Agglomerate nicht über ihre gesamte Größe ideal fraktal sind, da innere und äußere Bereiche unterschiedliche Dichten aufweisen können. Das führt dazu, dass der Abfall der Streulichtintensität keine vollkommene Gerade bildet, was die Ermittlung der fraktalen Dimension erschwert (s. Anhang für nähere Erläuterungen zur Ermittlung von d_f).

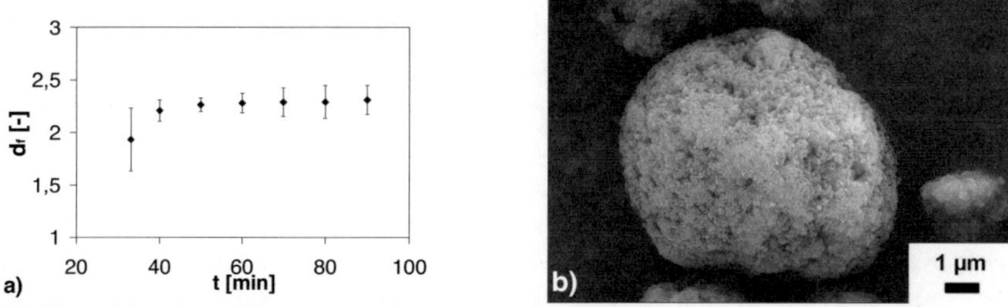

Abbildung 4.6: a) Entwicklung von d_f nach dem Gelpunkt im Standardversuch (Tabelle 3.1); b) REM-Aufnahme eines SiO_2-Partikels

Die relativ hohe fraktale Dimension bestätigt sich beim Blick auf ein Produktagglomerat in Abbildung 4.6 b). Ein ideales Agglomerat, das bei einer fraktalen Dimension von 1,9 eine Größe von 30 μm hat, besteht aus ca. 1,9 Millionen Primärpartikeln der Größe 15 nm (vgl. Gleichung 2.6). Wenn man davon ausgeht, dass sich bis zum Gelpunkt neue Primärpartikel bilden, das danach zugegebene Silikat sich aber nur auf bereits bestehender Oberfläche abscheidet, würden die Primärpartikel im Verlauf des Versuchs auf ca. 20 nm anwachsen. Die gute Übereinstimmung mit den in Abbildung 4.5 beobachteten Primärpartikelgrößen stützt diese Annahme. Verdichtet sich das Agglomerat unter Beibehaltung der Primärpartikelanzahl auf eine fraktale Dimension von 2,3, so hat es danach nur noch einen Durchmesser von 10 μm, wobei das Wachstum der Primärpartikel berücksichtigt ist. Obwohl es sich nur um eine grobe Abschätzung handelt, zeigt dieses Zahlenbeispiel gute Übereinstimmung mit der Entwicklung der kleineren Agglomeratfraktion.

Eine selektive Verdichtung der kleineren Fraktion zusammen mit dem Wachstum der Primärpartikel kann den Verlauf der Fragmentgrößenverteilung trotzdem nicht zufriedenstellend erklären. Während der Schrumpfung nimmt der vom Messgerät bestimmte Trägheitsradius der Agglomerate ab, während ihre Masse gleich bleibt. Das effektive Volumen der sich verdichtenden Fraktion nimmt also während des Versuchs ab. Unter diesen Umständen kann aber das Volumenverhältnis der beiden Peaks (Abbildung 4.3) nicht konstant bleiben. Der gemessene Anteil des rechten Peaks müsste, da die darin enthaltenen Gelfragmente sich nicht verdichten, mit der Zeit zunehmen. Eine mögliche Erklärung dafür, dass dies nicht beobachtet wird, ist dass ein Teil der größeren Fragmente mit der Zeit zerkleinert wird. Die beiden Fraktionen entwickeln sich also nicht vollständig unabhängig voneinander, sondern stehen über Bruch und Reagglomeration miteinander in Verbindung.

4.2.2 Prozessvariationen des semi-batch-Versuchs

Die Auswirkung einiger Variationen dieses Prozesses wurde in der Vorgängerarbeit (Schlomach (2006)) untersucht. Dabei wurde die Temperatur auf 60°C abgesenkt, die Rührerdrehzahl auf 500 min^{-1}, die Wasserglaszugaberate zwischen 400 und 1000 ml/h variiert sowie bis zu 150 g Na_2SO_4 zugegeben. Während das Salz in erster Linie die Gelbildung beschleunigte und d_f senkte, wurden bei niedrigerer Temperatur und Drehzahl größere Sauterdurchmesser und kleinere fraktale Dimensionen erhalten. Mit steigender Wasserglaszugaberate wurde eine leichte Verringerung von $x_{1,2}$ beobachtet.

Ergänzend zu diesen Versuchen wurden ein Versuch bei Raumtemperatur sowie ein Experiment mit halbierter Zugaberate von Natriumsilikatlösung und Säure, also doppelter Standzeit, durchgeführt. Beide Versuche zielten auf die Beeinflussung der Primärpartikelgröße ab. Die Ergebnisse sind in Abbildung 4.7 dargestellt. Iler (1979) berichtet für agglomerationsgehemmte Einzelpartikel bei pH-Werten zwischen 7 und 10 über eine Zunahme der Partikelgröße mit der Temperatur und der Standzeit.

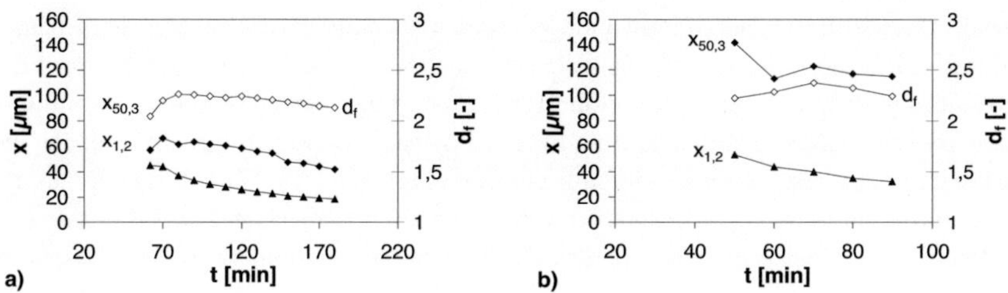

Abbildung 4.7: $x_{50,3}$, $x_{1,2}$ und d_f a) in Versuch mit halber Zugaberate; b) in bei 25°C durchgeführtem Versuch

Während bei verlangsamter Zugaberate die Gelierung bei ca. 62 Minuten stattfindet und damit im Großen und Ganzen der Ausgangsversuch bei halber Geschwindigkeit abläuft, werden bei der kalten Fällung viel größere Agglomerate gebildet. Gleichzeitig deuten die BET-Oberfläche von 580 m²/g und das REM-Bild (Abbildung 4.5 d)) darauf hin, dass die Primärpartikel des bei 25°C entstandenen Pulvers viel kleiner sind als bei der Standard-Fällung bei 83°C. Die spezifische Oberfläche der langsamer gefällten Kieselsäure liegt mit 151 m²/g in Rahmen des Schwankungsbereichs des regulären Produkts. Auch unter dem Rasterelektronenmikroskop lässt sich kein Unterschied in der Primärpartikelgröße erkennen. Kleinere Primärpartikel führen bei gleichem Feststoffvolumenanteil zu festeren Gelen weil hier mehr interpartikuläre Bindungen pro Querschnittsfläche vorhanden sind. Zudem sind Agglomerate aus kleinen Primärpartikeln in Turbulenzfeldern aufgrund der kleineren Porengrößen weniger starken hydrodynamischen Kräften ausgesetzt, was dazu führt dass die Agglomerate unter sonst vergleichbaren Bedingungen größer werden (Selomulya (2002)).

Es kann also festgestellt werden, dass die Temperatur einen Einfluss auf die Primärpartikelgröße im semi-batch-Prozess hat, während die Standzeit, also die Zugabegeschwindigkeit, innerhalb der untersuchten Grenzen keine Auswirkung zeigt. In einem Kristallisationsfällungsprozess würde die mit der Temperatur abnehmende Primärpartikelgröße auf die ebenfalls abnehmende Löslichkeit und die damit verbundene höhere Übersättigung zurückgeführt werden. Im vorliegenden Fall einer Polykondensationsreaktion sind die Zusammenhänge jedoch komplexer. Hier kommt es zur Keimbildung, wenn das Oligomer nicht mehr vom Lösemittel gelöst werden kann. Dies ist umso später der Fall, je stärker die Wechselwirkung des Lösemittels mit dem polykondensierenden Stoff ist. Bei höheren Temperaturen wären demnach die Keime größer, weil hier die Löslichkeit höher ist. Bei diesen Keimen kann es sich jedoch nicht um die beobachteten Primärpartikel handeln, da sie laut Iler (1979) nicht größer als 1-2 nm sind. Auch durch Ostwald-Reifung werden in alkalischer Lösung und bei 90°C nicht mehr als 7-8 nm erreicht. Sauer und kalt hergestellte Partikel bleiben sogar noch kleiner als das. Da bei der Phasentrennung von gelöstem Oligomer zu festem SiO_2 ein Großteil der freien Hydroxylgruppen intern kondensiert, ist ein Wachstum durch die Anlagerung von Monomer unwahrscheinlich. Schlomach (2006) erklärte deshalb das Auftreten der relativ monodispersen Primärpartikel bei der semi-batch-Fällung mit einem Koagulationsmechanismus, der so lange weitergeht, bis die Siloxanbindungen auf der Partikeloberfläche aufgrund der geringeren Krümmung miteinander Wasserstoffbrückenbindungen eingehen. Dagegen spricht jedoch die Variabilität der Primärpartikelgröße mit der Temperatur und im Verlauf des Prozesses. Die Elektronenmikroskopaufnahmen (Abbildung 4.5 b)) machen ebenfalls eher den Eindruck als sei hier eine Monomerschicht über bereits agglomerierte Primärpartikel gewachsen.

Die Primärpartikelgröße nimmt also im Verlauf des industriellen semi-batch-Prozesses zu, während sich die Agglomeratstruktur verdichtet. Um unterscheiden zu können, ob für die Schrumpfung hauptsächlich die Rührenergie, die Silikatzugabe oder die Zunahme der Ionenstärke mit der Zeit verantwortlich sind, wurde in verschiedenen Versuchen die Zugabe am Gelpunkt abgebrochen und danach bei 400 und 800 min^{-1} weitergerührt und in einem Fall nur eine Salzlösung statt der Edukte zugegeben. Die Ergebnisse dieser Versuche sind in Abbildung 4.8 und Abbildung 4.9 gezeigt.

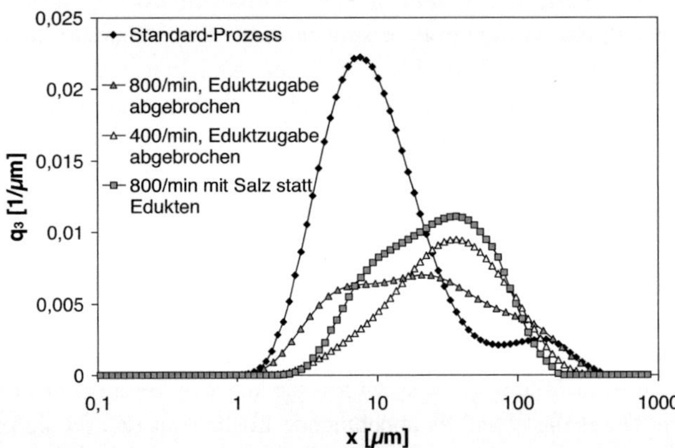

Abbildung 4.8: PGV nach 90 min Prozesszeit, Standard-Prozess (s. Tabelle 3.1) nach Gelpunkt unterschiedlich modifiziert

In Abbildung 4.8 ist gut zu erkennen, dass eine Endpartikelgrößenverteilung, wie sie im Ausgangsprozess erhalten wird, nicht allein durch Bruchvorgänge durch den Rührer oder die Zunahme der Ionenstärke zu erklären ist. Während die Partikelgrößenverteilung sich bei einem einfachen Weiterrühren bei 400 min^{-1} nach dem Gelpunkt kaum verändert, sind beim Anheben der Ionenstärke auf das Niveau des Ausgangsprozesses durch die Zugabe einer Na$_2$SO$_4$-Lösung und einer Rührgeschwindigkeit von 800 min^{-1} bereits Ansätze des zweiten Peaks zu erkennen. Diese Entwicklung spiegelt sich auch in $x_{1,2}$ wider (Abbildung 4.9 a)): Der Sauterdurchmesser nimmt umso stärker ab, je mehr sich der zweite Peak herausbildet. Die fraktale Dimension (Abbildung 4.9 b)) befindet sich für alle modifizierten Versuche innerhalb des Streubereichs des Standard-Prozesses.

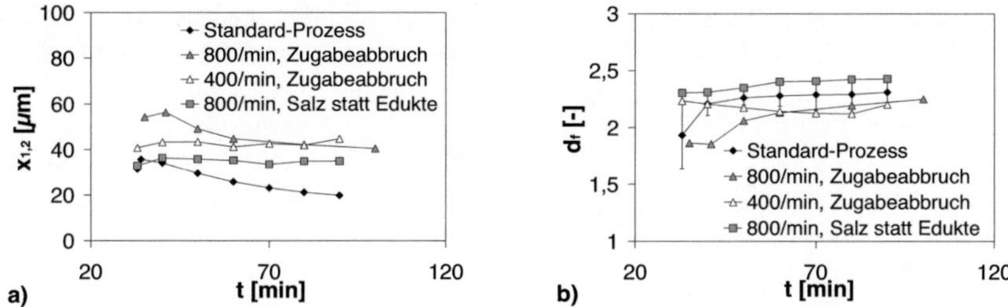

Abbildung 4.9: Standard-Prozess (Tabelle 3.1) nach Gelpunkt unterschiedlich modifiziert a) $x_{1,2}$, b) d_f

Die Monomodalität des bei 400 min^{-1} belassenen Versuchs wirft die Frage auf, ob die Bimodalität in den anderen Experimenten auf das Umschalten der Rührerdrehzahl nach dem Gelpunkt zurückzuführen ist. Tatsächlich erzeugt ein schon vor der Gelierung mit der höheren Drehzahl gerührter Versuch eine monomodale Verteilung (Abbildung 4.10). Der Peak bei den größeren Fraktionen fehlt völlig, allerdings wird auch der Modalwert, der sonst für die kleinere Fraktion gemessen wird, nicht erreicht. Während $x_{1,2}$ sich fast genau mit dem Standard-Versuch deckt und die fraktale Dimension sich ebenfalls im für den semi-batch-Versuch erwarteten Bereich bewegt, ist der Medianwert $x_{50,3}$ wegen der fehlenden Fraktion viel kleiner als sonst. Diese Ergebnisse zeigen also, dass sich der Energieeintrag unmittelbar vor und am Gelpunkt stark auf die Fragmentgrößenverteilung auswirkt. Möglicherweise wird eine bestimmte Agglomeratgröße gar nicht erst erreicht wenn der Energieeintrag von Anfang an so hoch ist.

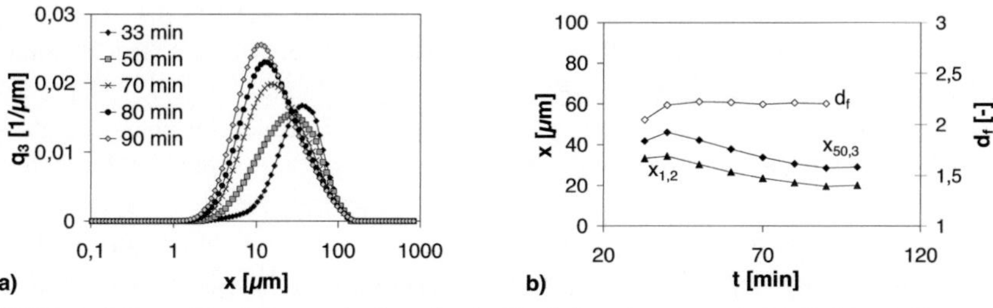

Abbildung 4.10: semi-batch-Prozess durchgängig mit 800 min^{-1} gerührt, sonst vgl. Tabelle 3.1: a) PGV, b) $x_{50,3}$, $x_{1,2}$, d_f

4.2.3 Ultraschall-Dispergierung

Zur Untersuchung der Festigkeit des Gels wurden verschiedene Proben in einer Durchflusszelle mit Ultraschall belastet. Aus der Abnahme des mittleren Partikeldurchmessers $x_{50,3}$ mit der eingetragenen Energie ε_v lassen sich Rückschlüsse auf die Widerstandsfähigkeit der Agglomerate ziehen. Direkt am Gelpunkt gestaltete sich diese Art der Untersuchung jedoch schwierig, da das frische Gel zu Reagglomeration neigt. Es zeigte sich jedoch, dass für die Festigkeit der Agglomerate im semi-batch-Prozess weder Rühr- oder Standzeit noch Ionenstärke oder pH-Wert eine so große Rolle spielen wie die Dauer der Eduktzugabe (Abbildung 4.11).

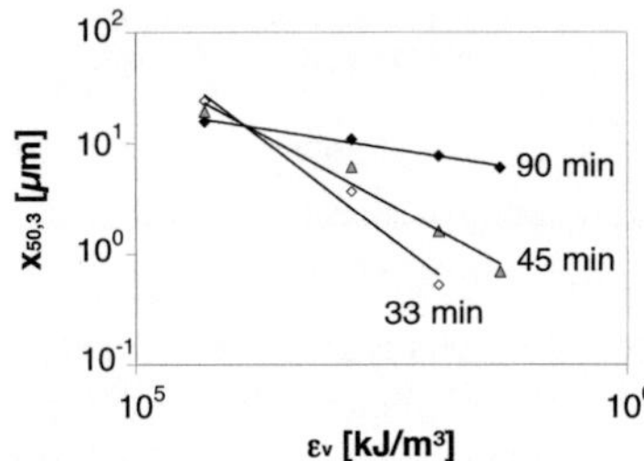

Abbildung 4.11: $x_{50,3}$ nach Ultraschallbelastung für verschieden lange Eduktzugabe im Standard-Prozess (vgl. Tabelle 3.1)

Dies ist wohl auf die Ausbildung von Materialbrücken zwischen den Primärpartikeln durch das zugegebene Monomer zurückzuführen. Reifungsprozesse und Änderungen der interpartikulären Wechselwirkung spielen im Vergleich dazu in diesem Fall eine untergeordnete Rolle. Diese Materialbrücken sind auch bei der Trocknung der Suspension sehr wichtig. Weder am Gelpunkt, nach 45 Minuten Eduktzugabe, noch mit den länger gerührten und in der Ionenstärke erhöhten Proben erhält man nach der Trocknung ein gut rieselfähiges Pulver. Stattdessen trocknen die Gele zu sehr harten, makroskopischen Klumpen. Erst wenn die Materialbrücken nach ca. 90 min entsprechend 1610 g Wasserglas oder 440 g SiO_2 die Primärpartikel fest genug miteinander verbinden, können diese den großen Kapillarkräften, die sie bei der Trocknung zusammenpressen, widerstehen. Bei 25°C entsteht zwar bei der semi-batch-Fällung auch ein Pulver, die Partikelgrößenverteilung ist jedoch breiter, so dass das Produkt körnig erscheint. Dies ist möglicherweise auf die schlechtere Vermischung aufgrund der hohen Viskosität des Reaktorinhalts bei Raumtemperatur zurückzuführen. Eine Fällung bei saurem pH-Wert ist im semi-batch nicht möglich, da Wasserglas im Kontakt mit Säure sofort ausfällt, so dass eine homogene Vermischung und die Ausbildung gleichmäßiger Partikel nicht stattfinden können. Bei der basischen semi-batch-Fällung besteht dieses Problem nicht, da die Säure hier auf eine viel stärker verdünnte Silikatlösung trifft, und im batch-Betrieb ist die Vermischung schneller und es muss nicht mit so hohen Wasserglaskonzentrationen gearbeitet werden.

Der Rahmen für Variationen und die Einflussnahme auf das Produkt ist im semi-batch-Betrieb also klein. Ionenstärke und Feststoffgehalt ändern sich fortwährend, so dass die Bedingungen, unter denen Agglomeration und Verdichtung stattfinden, nicht konstant sind. Zudem lassen sich die Eigenschaften des Gels durch die ständig notwendige Vermischung nicht im Ruhezustand, also ohne den Einfluss des Energie-eintrags, betrachten.

4.3 SiO$_2$-Gelbildung ruhend

4.3.1 Gelbildungskinetik

Um die im vorhergehenden Kapitel genannten Einflüsse zu umgehen, wurden Eduktlösungen unterschiedlicher Massenanteile in einer kleinen Handapparatur mittels einer Mischdüse vermischt. Die Gelierung der so entstandenen Mischungen konnte in der Folge mit Hilfe von Oszillationsrheometrie (s. unten), oder bei längeren Zeiten visuell, verfolgt werden. Durch Interpolation der gemessenen Werte konnte das in Abbildung 4.12 gezeigte Diagramm der von der Zusammensetzung abhängigen Gelierzeit erstellt werden. ξ ist hier der Massenanteil des Wasserglases bzw. der reinen Schwefelsäure an den Reaktionslösungen vor der Vermischung.

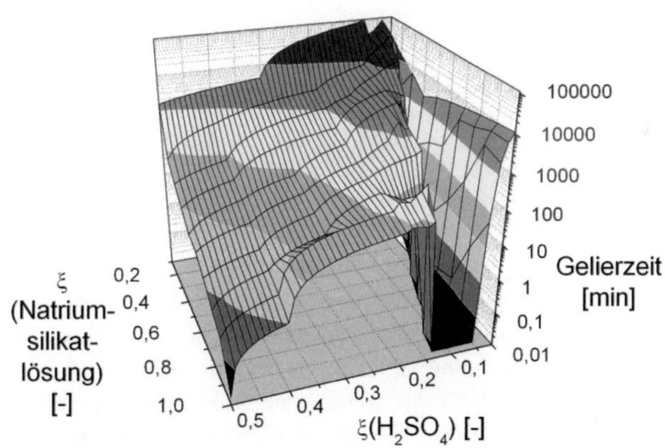

Abbildung 4.12: gemessene Gelierzeit (Quarch (2010-II))

Kieselsäure verhält sich nicht wie andere partikuläre Gele. Gibt man z.B. eine star-ke Säure oder die Lösung eines mehrwertigen Salzes zu einer Latexdispersion, so geliert diese unmittelbar nach der Vermischung, sofern der Feststoffvolumenanteil groß genug ist. Auch bei ionischen Fällungsreaktionen, z.B. Calciumcarbonat aus

Calciumchlorid und Natriumcarbonat, kann es bei hohen Übersättigungen zur Ausbildung gelartiger Strukturen kommen. In sehr kurzer Zeit entstehen sehr viele sehr kleine Partikel, die sich bei der vorherrschenden hohen Ionenstärke gegenseitig anziehen. Fast instantan bildet sich ein hochviskoses Gel, das jedoch nicht die elastischen Eigenschaften des SiO_2 aufweist. Durch Umkristallisations- oder Reifungsvorgänge haben derartige Gele nicht lange Bestand, sondern verwandeln sich nach einiger Zeit in eine Suspension aus größeren Partikeln. Da die Polykondensationsreaktion bei der Kieselsäure die Partikelbildung bestimmt und auch auf ihre Haftung einen Einfluss hat, ist die Gelierung hier nicht allein von den elektrostatischen Gegebenheiten in der Lösung abhängig.

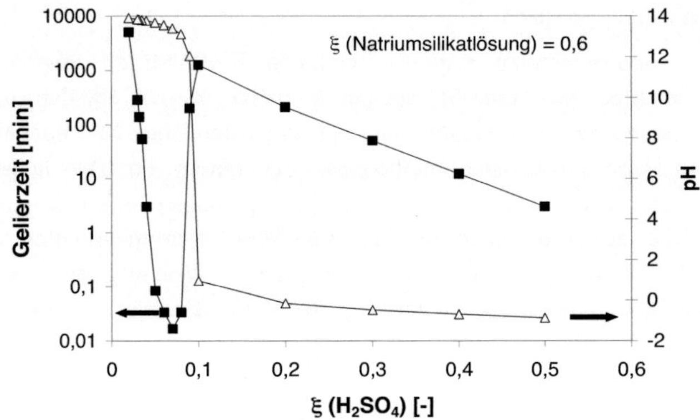

Abbildung 4.13: Schnitt durch Abbildung 4.12 bei 60%-iger Wasserglaslösung: Gelierzeit und pH-Wert in Abhängigkeit der Konzentration der zugegebenen Säure

Wie man aus Abbildung 4.13 erkennen kann, gibt es zwei Bereiche der schnellen Gelbildung: der eine etwas oberhalb des Umschlagspunkts des pH-Werts und der zweite im stark sauren Bereich. Dazwischen existiert ein Gelierzeitenmaximum. Der isoelektrische Punkt von Siliciumdioxid liegt in reinem Wasser bei pH = 2 (Iler (1979)). Da die Kondensationsreaktion ladungskatalysiert abläuft, kommt es hier also nur sehr langsam zu Partikel- und Gelbildung, da sich nur wenige Siloxanbindungen ausbilden können. Im stark sauren pH-Bereich ist die Kieselsäure dann positiv geladen und die Gelierzeit nimmt wieder ab. Zu höheren pH-Werten hin ist die Geschwindigkeit der Gelierung durch die zunehmende Löslichkeit der Kieselsäure ab pH 11 beschränkt. Davor, bei pH-Werten zwischen 7 und 8, durchläuft die Löslichkeit ein Minimum bei ca. 100 ppm, was ebenfalls zum Minimum der Gelierzeit beitragen könnte. Obwohl sich bereits sehr viele Studien mit diesem Thema beschäftigt haben, können bisher keine umfassenden Aussagen über die Löslichkeit von SiO_2 gemacht werden, was wohl daran liegt, dass die Löslichkeit außer von pH-Wert und Temperatur auch noch von der Größe und Modifikation der zu lösenden Partikel abhängt (Iler

(1979)). Von Cherkinskii (1971) existiert jedoch eine Formel, die die Abhängigkeit der Löslichkeit des Monomers vom pH-Wert unterhalb von pH 7 beschreibt:

$$C\big(Si(OH)_4\big) = 10^{-(2,44+0,053\cdot pH)}$$

(4.2)

Oberhalb von pH 9 steht das Monomer nach folgender Formel mit dem Silikatanion im Gleichgewicht:

$$C\big(H_3SiO_4^-\big) = 1,85 \cdot 10^4 \cdot C\big(Si(OH)_4\big) \cdot C\big(OH^-\big)$$

(4.3)

Unter der Annahme, dass oberhalb von pH 9 konstant ca. 100 ppm (= 1,66 mmol/l) Monomer vorliegen, lässt sich also die Löslichkeit auch für höhere pH-Werte abschätzen.

Weiterhin beschleunigt sich die Gelbildung mit zunehmender Konzentration der Edukte. Dies ist zum Einen auf den höheren Feststoffgehalt zurückzuführen. Zum Anderen wird durch das Begleitsalz Natriumsulfat die Ionenstärke erhöht, was durch die Kompression der elektrischen Doppelschicht die Annäherung der Partikel begünstigt. Bei Anwesenheit von Salzen in der Lösung verschiebt sich das Gelierzeitenminimum zu größeren pH-Werten hin (Iler (1979)).

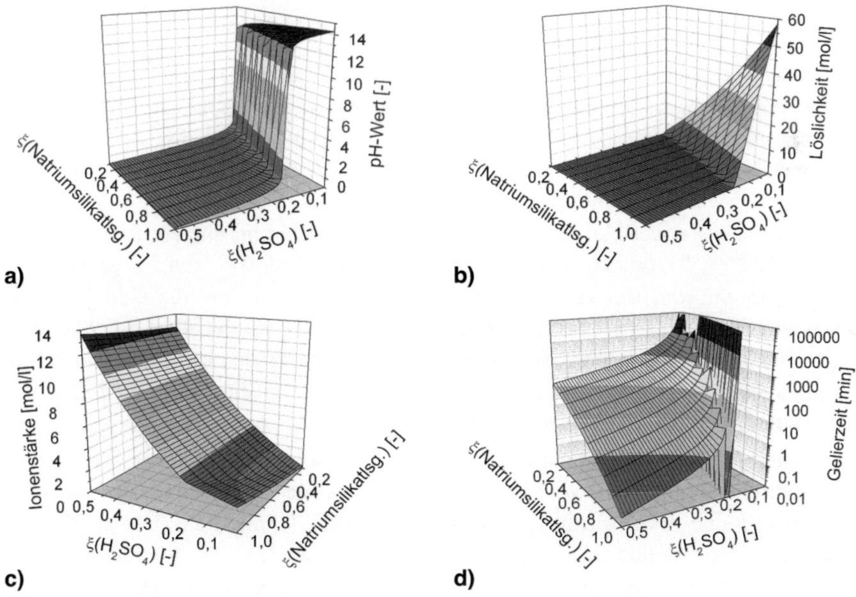

Abbildung 4.14: a) pH-Wert; b) Löslichkeit bei 25°C; c) Ionenstärke; d) berechnete Gelierzeit (Berechnung s.u.)

In Abbildung 4.14 sind Abschätzungen für die drei Größen, die die Gelierzeit beeinflussen, für den von den Konzentrationen der eingesetzten Lösungen aufgespannten Parameterraum gezeigt. In die Berechnungen geht der Natriumsilikatgehalt des eingesetzten Wasserglases mit 36,4% (s. auch Anhang) ein.

Der pH-Wert wurde unter den Annahmen einer vollständigen Dissoziation der Säure und einer Äquivalenz zwischen der Natrium- und der OH^- -Konzentration berechnet, da davon ausgegangen wurde, dass Na_2O sich in Lösung wie 2 NaOH verhält. D.h. pH = $-\log(C(H^+$ aus $H_2SO_4) - C(Na^+$ aus $Na_2O \cdot 3{,}3SiO_2))$ im sauren Bereich und pH = $-\log(10^{-14}/(C(Na^+) - C(H^+)))$ im basischen Bereich. In die Ionenstärke I (vgl. Gl. 2.2) gehen pH-Wert, Natrium- und Sulfatkonzentration ein, das bei hohen pH-Werten gelöste Silikat wurde ignoriert:

$$I = 0{,}5 \cdot (10^{-pH} + 10^{-(14-pH)} + C(SO_4^{2-}) \cdot 4 + C(Na^+)) \tag{4.4}$$

Für die Löslichkeit wurden $C(Si(OH)_4)$ und $C(H_3SiO_4^-)$ aus Gleichungen (4.2) und (4.3) (mit $C(Si(OH)_4)$ = 1,66 mmol/l, s.o.) summiert, wobei Ersteres jedoch kaum ins Gewicht fällt.

Kombiniert man diese Parameter nun in einer Formel der Form:

$$t_{gel} = A \cdot I^{-0{,}5} \cdot 10^{-|pH_{IEP} - pH|} \cdot 10^{-\left(\frac{C - C^*(pH)}{mol/l}\right)}, \tag{4.5}$$

lässt sich die gemessene Abhängigkeit der Gelierzeit von der Zusammensetzung der Ausgangslösungen gut reproduzieren (Abbildung 4.14 d); Quarch (2010-II)). Der Anpassungsparameter A ist hierbei $6 \cdot 10^5 \, min(mol/l)^{0{,}5}$. C ist die eingesetzte Silikatkonzentration, C^* die pH-Wert-abhängige Löslichkeit des Silikats. Die Abhängigkeit $I^{-0{,}5}$ wurde gewählt, weil die Ionenstärke genauso in die Debye-Länge $1/\kappa$, die die Kompression der elektrischen Doppelschicht beschreibt, eingeht (vgl. Gleichung 2.1). $10^{-|pH_{IEP}-pH|}$ drückt den Abstand der Wasserstoff- bzw. Hydroxylionenkonzentration vom isoelektrischen Punkt (pH_{IEP} = 2), bei dem die Gelbildung sehr langsam ist, aus. Der letzte Term schließlich beinhaltet mit der die Löslichkeit überschreitenden Konzentration die Übersättigung, also die Triebkraft für die Partikel- und Gelbildung, die ebenfalls einen sehr großen Einfluss auf die Gelierzeit haben sollte und deshalb exponentiell eingeht.

Trägt man den Trockenmassenanteil des eingesetzten Silikats pro Masse Wasser in der Mischung am Gelierzeitenminimum für verschiedene Säuremassenanteile aus Rechnung und Experiment auf, kann man ebenfalls die gute Übereinstimmung zwischen der Abschätzung und der Messung erkennen. Da das Minimum sich aufgrund der Komplexität der Formel nicht mathematisch berechnen lässt, wurden die

Gelierzeiten für ein Raster aus Säure- und Silikatanteilen ermittelt. Aus den Ergebnissen, die auch die Grundlage für Abbildung 4.14 bilden, wurde so für jede Säurekonzentration die Silikatkonzentration mit der geringsten Gelierzeit gefunden. Zudem ist in Abbildung 4.15 auch noch die Entwicklung der Zusammensetzung im semi-batch-Prozess abgebildet. Wie man sieht, folgt diese genau dem Gelierzeitminimum, was sicherstellt, dass die Partikelbildung zu jedem Zeitpunkt im Prozess möglichst schnell ist.

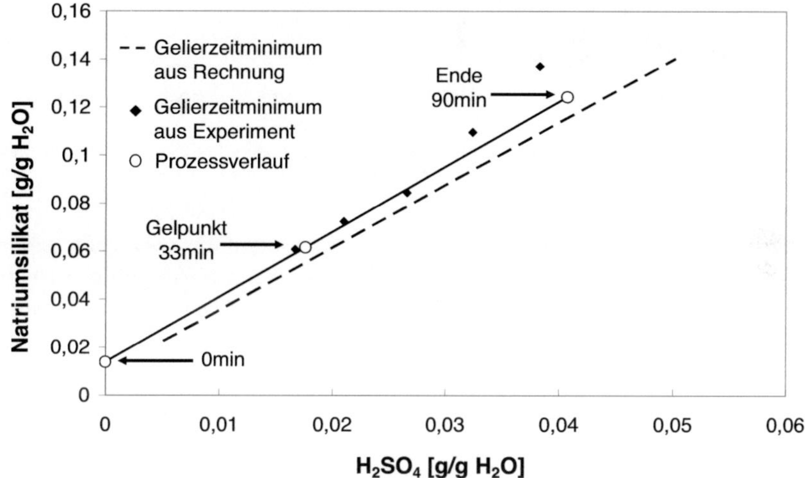

Abbildung 4.15: Verlauf der Zusammensetzung in g Trockenmasse Natriumsilikat bzw. Schwefelsäure pro g Wasser für den semi-batch-Prozess und Vergleich mit berechnetem und gemessenen Minimum der Gelierzeit (Quarch (2010-II))

Mittels Oszillationsrheometrie kann die Gelbildung messtechnisch verfolgt werden. Es kann damit gemessen werden, ob sich die Probe eher wie eine Flüssigkeit oder eher wie ein Feststoff verhält. Der Speicher- oder elastische Modul G' beschreibt dabei den Widerstand der Probe gegen elastische Deformation. Der viskose oder Verlustmodul G'' macht Aussagen über die plastische Deformierbarkeit des Materials. Bei der Gelierung steigen beide mit der Zeit an. Durch die Vergrößerung des effektiven Feststoffvolumens durch Flüssigkeitseinschlüsse in den Agglomeraten steigt zum Einen die Viskosität, und mit der Vernetzung der Agglomerate untereinander bekommt die Suspension auch elastische Eigenschaften. Es liegt also nahe, den Zeitpunkt der Gelierung als die Zeit festzulegen, zu der sich elastische und viskose Eigenschaften die Waage halten.

Abbildung 4.16 a) stellt eine typische Entwicklung der Moduln und des Phasenwinkels δ mit der Zeit dar. Die Zusammensetzung der Mischung entspricht etwa der am Gelpunkt im Standard-semi-batch-Prozess.

Die Gelierung findet hier innerhalb von 90 s statt, was sich sowohl visuell durch Kippen des Behälters als auch anhand des Kreuzungspunktes der Moduln und des abrupten Abfalls des Phasenwinkels beobachten lässt.

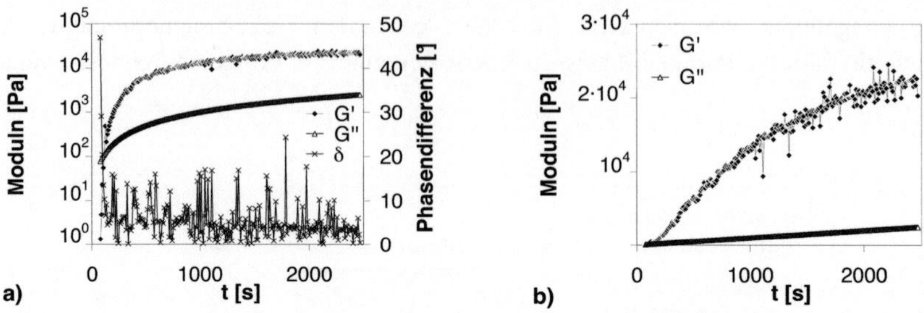

Abbildung 4.16: G', G'' und δ als Funktion der Zeit bei 1Hz, 1% Deformation und 25°C für 0,066 g Natriumsilikat (tr) /g H_2O und 0,017 g H_2SO_4/g H_2O; a) halblogarithmisch, b) linear aufgetragen

Da die Vernetzungsreaktion auch nach der Gelierung noch weiterläuft, nehmen auch die Moduln mit der Zeit noch weiter zu, die Festigkeit des Gels erhöht sich also. Die halblogarithmische Darstellung wurde zur besseren Erkennung des Gelpunktes gewählt.

In der linearen Auftragung (Abbildung 4.16 b)) kann man den Beginn der Abflachung der Kurve erkennen, wenn mit der Zeit immer weniger freie Bindungen zur Verfügung stehen.

Bedingt durch die Synärese, bei der sich Wasser vom Gel abtrennt, löst sich die Probe nach einiger Zeit von der Messvorrichtung. Da dann die Haftbedingung nicht mehr erfüllt ist, können diese Messungen also nicht für unbestimmte Zeit fortgeführt werden.

Zur Untersuchung verschiedener Einflussfaktoren auf die Kinetik der Gelbildung und -verfestigung wurden die Temperatur und, durch Na_2SO_4-Zugabe, der Salzgehalt variiert, sowie bei konstantem Silikatanteil die Menge der zugegebenen Säure verändert.

4.3.2 pH-Wert

Die Veränderung des pH-Wertes wirkt sich, wie man in Abbildung 4.12 erkennen kann, deutlich auf die Gelierzeit aus. Um diesen Effekt herauszurechnen, wurde die Zeit nach der Formel $t_{\mathrm{norm}} = t/t_{\mathrm{Gel}}$ mit der Gelierzeit, also dem Zeitpunkt mit $G' = G''$, normiert. Zu einer 60%-igen Wasserglaslösung wurden unterschiedlich konzentrierte Schwefelsäurelösungen gegeben. In Abbildung 4.17 sind die auf die gesamte Wassermasse in der Mischung bezogenen Säurebeladungen angegeben. Die jeweiligen Gelpunkte sind durch Kreise markiert. In der normierten Darstellung wurde aus Gründen der Übersichtlichkeit auf G'' verzichtet.

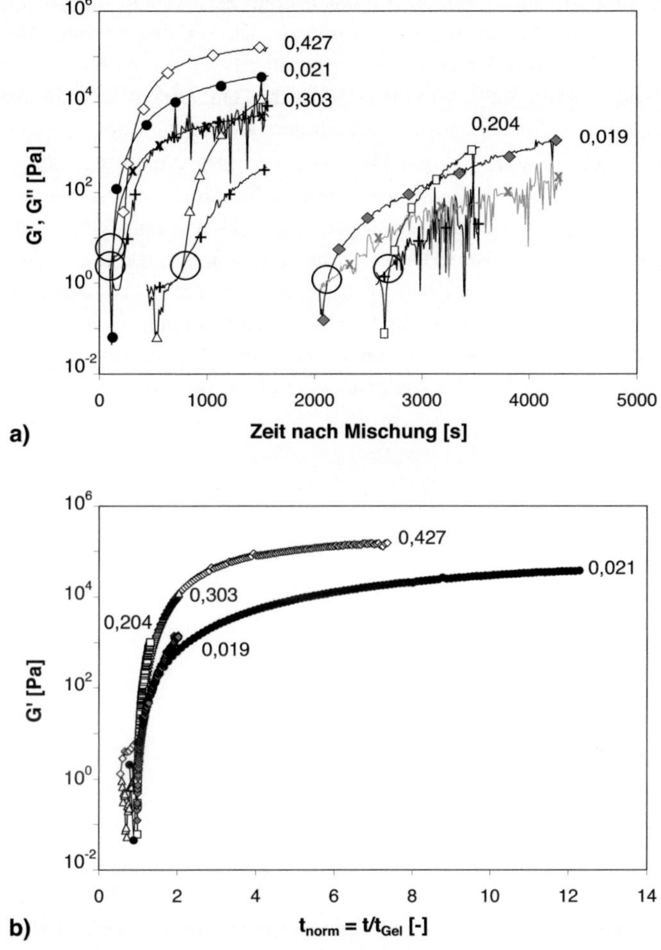

Abbildung 4.17: Variation der Säurebeladung [g H$_2$SO$_4$/g H$_2$O] a) G' (gefüllt: basisch; leer: sauer), G''(**x** bzw. **+**) mit Gelpunkten; b) G' normiert (Quarch (2010-II))

Es ist deutlich zu erkennen, dass die normierten Messwerte auf zwei verschiedenen „Masterkurven" zusammenfallen. Dabei gilt die höhere und steilere für den sauren pH-Bereich und die andere für die basischen Versuche. Bei der sauren Fällung entstehen also bei gleichem Feststoffgehalt und gleicher Gelierzeit festere Gele. Der Endwert, gegen den die Festigkeit strebt, ist für die sauren Gele ca. eine Größenordnung höher als für die basischen. Das Zusammenfallen der Messwerte für den elastischen Modul auf Masterkurven bei der Normierung wurde von Sefcik et al. (2005) auch für mit einem oberflächenaktiven Stoff stabilisierte Polymerlatices beobachtet. Bei gleicher fraktaler Dimension und gleichen Agglomerationsbedingungen fielen jeweils die Kurven mit gleichem Feststoffvolumenanteil zusammen. Da bei den vorliegenden Experimenten die Feststoffvolumenkonzentration konstant ist, kann man also davon ausgehen, dass bei der sauren und basischen Gelierung ein Unterschied in der fraktralen Dimension und deshalb wohl auch im Agglomerationsmechanismus besteht.

Vergleicht man nun Versuche gleicher Säure-, aber unterschiedlicher Silikatbeladung, so ist im sauren Versuch eine deutliche Erhöhung des elastischen Moduls mit der Silikatmenge zu verzeichnen (Abbildung 4.18 a)). Hier wurde eine 50%-ige Schwefelsäurelösung mit unterschiedlich konzentrierten Wasserglaslösungen vermischt. Im Gegensatz dazu ist der Befund für die basischen Versuche (Abbildung 4.18 b)) nicht so eindeutig. Hier scheint es keinen Zusammenhang zwischen der eingesetzten Silikatmenge und dem Anstieg von G' zu geben. Stattdessen zeigt der Trend eher einen Anstieg der Vernetzungsgeschwindigkeit mit der eingesetzten Säuremenge.

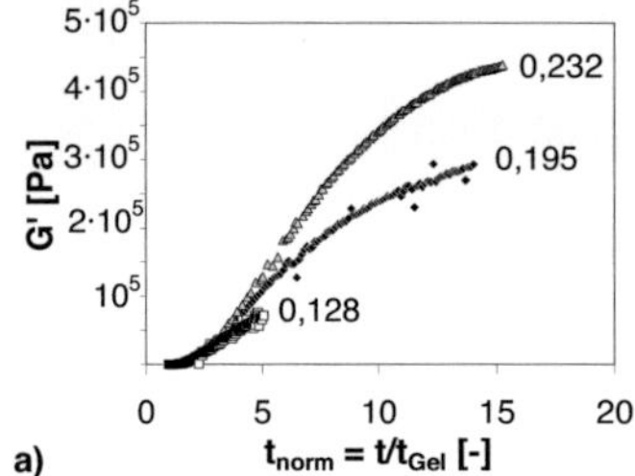
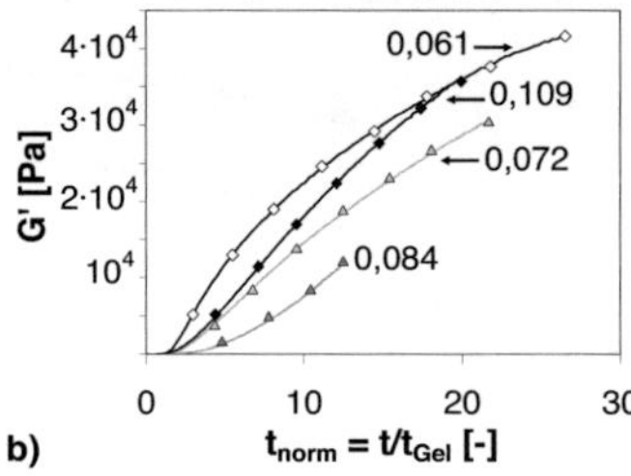

Abbildung 4.18: Versuche mit unterschiedlichen Silikatbeladungen [g Silikat/g H_2O]
a) sauer (0,43 g H_2SO_4/g H_2O); b) basisch ($\Diamond$ 0,021, Δ 0,018 g H_2SO_4/g H_2O)

Es ist jedoch zu beachten, dass gerade die basischen Versuche extrem empfindlich auf Veränderungen in der Zusammensetzung reagieren. Deshalb kann häufig auch nicht mit Sicherheit bestimmt werden, auf welcher Seite des basischen Gelierzeiten-minimums die Gelierung stattfindet. Die Kinetik der Gelierung bei der basischen Fällung hängt wahrscheinlich vom Abstand zu diesem Minimum ab. Wegen der im Vergleich zum sauren Gel geringeren Absolutwerte von G' im basischen Gel fallen Schwankungen zudem stärker ins Gewicht.

Auch optisch ist ein Unterschied zwischen den beiden pH-Bereichen erkennbar: Während die basisch hergestellten Gele trüb bis opak sind, bleiben die sauren Gele auch Jahre später noch klar und opaleszieren nur leicht (Abbildung 4.19). Gleichzeitig sind sie härter, neigen aber auch eher zum Zersplittern als ihre basischen Gegenstücke.

Dies spricht dafür, dass sich je nach pH-Bereich eine unterschiedliche Gelstruktur ausbildet. Während sich bei hohen pH-Werten mit der Zeit Strukturen aufbauen, deren

Abmessungen größer sind als die Wellenlänge des Lichts, was die starke Streuung weißen Lichts hervorruft, ist dies bei den sauren Gelen offensichtlich nicht der Fall. Die Primärpartikelgröße selbst kann jedoch für diesen Unterschied nicht verantwortlich sein, da die basischen Partikel zwar etwas größer sind als die sauer gefällten (s. Abbildung 4.20), aber mit ca. 15-25 nm noch weit unterhalb der Wellenlänge des sichtbaren Lichts liegen.

Abbildung 4.19: saures (links, 0,303 g H_2SO_4/g H_2O) und basisches Gel (0,017 g H_2SO_4/g H_2O)

Abbildung 4.20: REM-Aufnahmen für: a) saures (0,084 g Silikat + 0,25 g H_2SO_4/g H_2O) und b) basisches Gel (0,084 g Silikat + 0,016 g H_2SO_4/g H_2O)

Die Interpretation der fraktalen Dimension gestaltet sich hier auch schwierig, da die Intensität nicht mit einer einheitlichen Steigung über dem Streuvektor q abfällt (s. Anhang). Vielmehr existiert in der Mitte der Kurve ein Knick, so dass man zwei verschiedene Steigungen und damit fraktale Dimensionen ablesen kann. Laut Lin (1990) ist dies ein Indikator dafür, dass die Agglomerate intern unterschiedlich strukturiert sind, z.B. aufgrund von Reorganisationsvorgängen. Strenggenommen sind die Agglomerate dann nicht mehr fraktal. Die Steigungen im Diagramm lassen aber trotzdem Aussagen über die Struktur der Agglomerate zu. Beim Vergleich der Intensitätsverläufe der sauren und basischen Proben fällt auf, dass die Knicke in unterschiedliche Richtungen verlaufen (Abbildung 4.21).

Während für die basische Messung die Steigung bei geringeren q-Werten steiler und bei größeren flacher ist, verhält es sich für die saure Probe genau umgekehrt. Dabei macht der Intensitätsabfall bei kleineren Streuvektoren Aussagen über größere Längenskalen. Das heißt also, dass die basischen Agglomerate zwar auf kleiner Skala noch locker verzweigt, insgesamt aber recht kompakt aufgebaut sind. Für die sauren Agglomerate gilt demnach, dass innere Bereiche sehr kompakt sind, diese aber untereinander eher locker verknüpft sind (vgl. Abbildung 4.22).

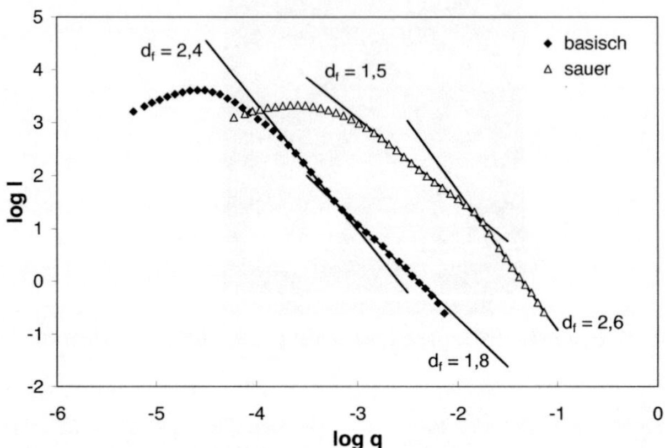

Abbildung 4.21: Intensität über Streuvektor zur Bestimmung von d_f für saures (0,084 g Silikat + 0,25 g H_2SO_4/g H_2O, Offset um Faktor 10), und basisches Gel (0,084 g Silikat + 0,016 g H_2SO_4/g H_2O)

Hierin liegt möglicherweise die Begründung für das unterschiedliche Erscheinungsbild der sauren und basischen Gele. Demnach wären die dichteren Körner im sauren Gel noch zu klein um Licht stark zu streuen, auf der nächsten Organisationsebene jedoch zu weit auseinander um konstruktiv zu interferieren, was in den dichter gepackten basischen Agglomeraten nicht der Fall ist.

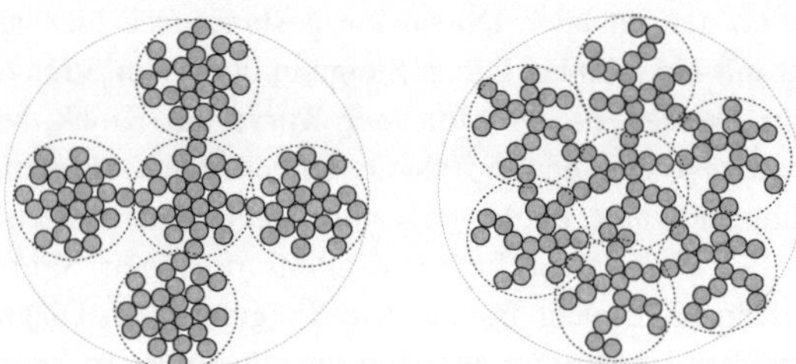

Abbildung 4.22: Schematische Darstellung des Agglomerataufbaus mit unterschiedlichen Strukturebenen: links (sauer): auf kleiner Skala kompakt, auf größerer Skala offen strukturiert; rechts (basisch) umgekehrt

Zur Charakterisierung der Struktur des feuchten Gels wurden einige Proben gefriergetrocknet (Abbildung 4.23). Um eine Verunreinigung der Probe mit dem Nebenprodukt Natriumsulfat zu verhindern wurde eine der Proben (c) und d)) über einen
langen Zeitraum hinweg bis zur Konstanz der Leitfähigkeitswerte des Waschwassers
mit VE-Wasser gewaschen. Durch die Gefriertrocknung wurde ein sehr feines Pulver
erhalten, das im Fall der gewaschenen Probe fast transluzent war. Trotzdem blieb auch
dabei die ursprüngliche Gelstruktur nicht erhalten, sondern die Primärpartikel wurden
wahrscheinlich durch Eiskristalle stark kompaktiert. Es entstand so eine Waben- und
Rippenstruktur, die sich stark von dem getrockneten Produkt aus dem semi-batch-
Prozess unterscheidet

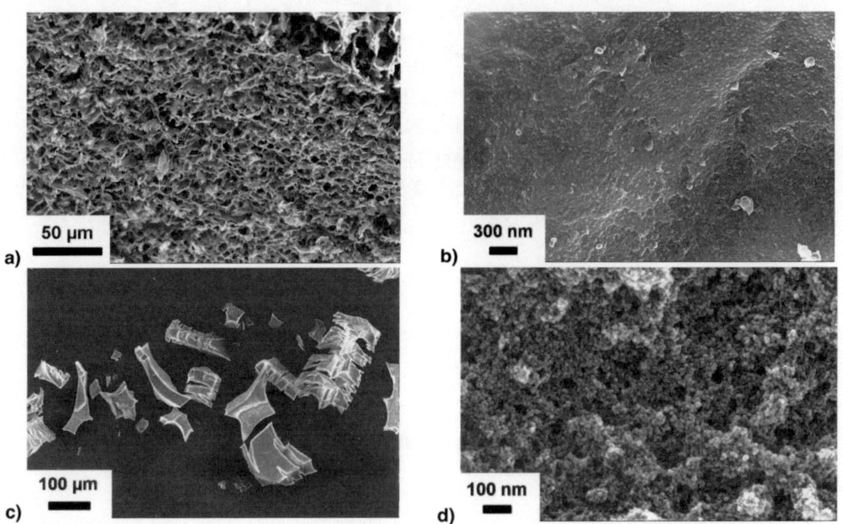

Abbildung 4.23: REM-Aufnahmen von gefriergetrocknete Proben, Zusammensetzung vgl. Gelpunkt im
Standard-semi-batch-Prozess (0,066 g Silikat + 0,017 g H_2SO_4/g H_2O) a) , b) nach 5 min schockgefroren;
c), d) gewaschenes Gel

Die Hypothese, dass die Festigkeit des Gels sich umgekehrt proportional zur
Primärpartikelgröße verhält, die sich durch den pH-Wert der Fällung beeinflussen
lässt, kann also so nicht bestätigt werden. Dies wäre nur bei gleicher fraktaler Dimension und gleichen interpartikulären Wechselwirkungen der Fall. Entweder begünstigt
die offenporige Struktur auf der höheren Organisationsebene die Vernetzung der
Agglomerate untereinander, oder die bei der sauren Fällung stark erhöhte Ionenstärke
führt zu stärkerer Anziehung zwischen den Primärpartikeln, wodurch die Festigkeit
des Gels zunimmt.

4.3.3 Ionenstärke

Eine Erhöhung der Ionenstärke im basischen Versuch führt in erster Linie zu einer Verkürzung der Gelierzeit (Abbildung 4.24). Die Grundionenstärke im gezeigten basischen Versuch beträgt 0,8 mol/l. Im Vergleich dazu ist die Ionenstärke in einem sauren Versuch ca. 12 mol/l. Aus diesem Grund hat die Zugabe kleiner Salzmengen im sauren Versuch auch keine Auswirkung auf die Gelbildung. Im basischen Versuch kommt es jedoch schon bei viel geringeren Salzzugaben zu fast instantaner Gelierung.

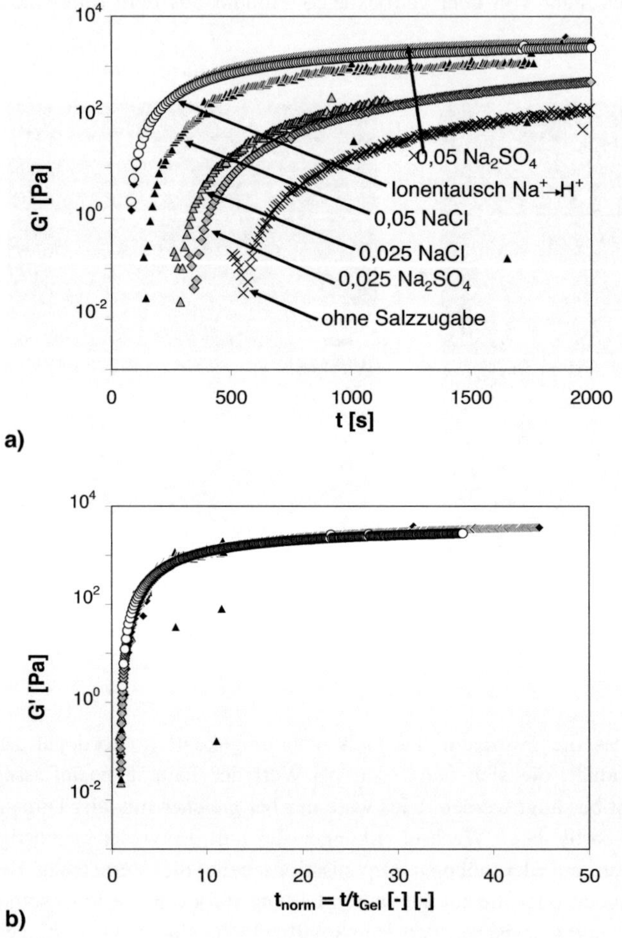

Abbildung 4.24: Salzzugabe in mol/kg H$_2$O zu basischem Versuch (0,084 g Silikat + 0,017 g H$_2$SO$_4$/g H$_2$O): a) Zunahme von *G'* mit der Zeit; b) normiert mit Gelierzeit (Quarch (2010-II))

Wie man in Abbildung 4.24 a) erkennen kann, läuft die Gelbildung umso schneller ab, je mehr Salz zugegeben wird. Durch die Zugabe von Na_2SO_4 kann eine Wasserglaslösung sogar ohne den Zusatz von Säure gelieren. Ein Verhältnis der Wirksamkeit von Na_2SO_4 zu $NaCl$ kann jedoch aufgrund der Messungenauigkeit nicht bestimmt werden. Wäre die Ionenstärke der einzige Einflussfaktor, so wäre ein Faktor von drei zu erwarten, im Fall der Natriumkonzentration ein Faktor zwei. In der Messung hat jedoch bei 0,05 mol Salz/kg Wasser Na_2SO_4 die stärkere Wirkung, während es bei der halben Konzentration das $NaCl$ ist.

Wird die Natriumsilikatlösung mittels eines stark sauren Kationentauschers vorbehandelt, wäre aufgrund der geringeren Na-Konzentration eine Verlangsamung der Gelierung zu erwarten. Dies ist jedoch, wie man erkennen kann, nicht der Fall. Stattdessen kommt es hier auch zu einer Beschleunigung, da gleichzeitig der pH-Wert sinkt und die Mischung so näher an das basische Gelierzeitenminimum heranrückt. In manchen Fällen kann so ebenfalls die Gelierung einer Silikatlösung eingeleitet werden.

In der Normierung fallen wieder alle Kurven auf eine Masterkurve, die absolute Festigkeit des Gels nimmt mit höherer Ionenstärke also nicht zu. Das bedeutet, dass die Festigkeit des Gels und die Kinetik der Gelierung durch die Erhöhung der Ionenstärke nicht beeinflusst werden. Die Ursache für die veränderten Eigenschaften bei der sauren Fällung muss also in der Struktur des Gels liegen.

4.3.4 Temperatur

Ein weiterer wichtiger Einflussfaktor ist die Temperatur. Hier kann für einen sauren und einen basischen Versuch gezeigt werden, dass sich eine Temperaturveränderung ebenfalls auf die Gelbildung auswirkt (Abbildung 4.25).

Während für die sauren Versuche mit steigender Temperatur eine starke Beschleunigung zu beobachten ist, ist der Befund für den basischen Versuch nicht eindeutig. Die bei 15°C untersuchte Probe geliert auch bei mehrmaliger Wiederholung des Experiments schneller als die bei 25°C hergestellte. Neben der mit der thermischen Energie zunehmenden Brown'schen Bewegung, die die Agglomeration beschleunigt, spielt hier wahrscheinlich noch ein anderer Effekt eine Rolle: Bei pH 9 nimmt laut Özmetin (2004) die Löslichkeit des Silikats mit steigender Temperatur zu und damit die Polymerisierungsgeschwindigkeit ab.

In der Normierung fallen wieder alle Kurven auf einer Masterkurve zusammen, die Temperatur wirkt sich also auch nicht auf den eigentlichen Mechanismus der Gelierung aus. Es zeigt sich so auch, dass der Gleichgewichtswert des elastischen Moduls bei höherer Temperatur nicht geringer ist. Das Gel verhält sich also nicht analog zu organischen Polymeren, wahrscheinlich weil es sich um ein eher starres Netzwerk statt um verknäuelte Kettenstrukturen handelt. Im Gegenteil ist es bei höheren Temperaturen zunächst sogar härter weil die Vernetzung schneller voranschreitet.

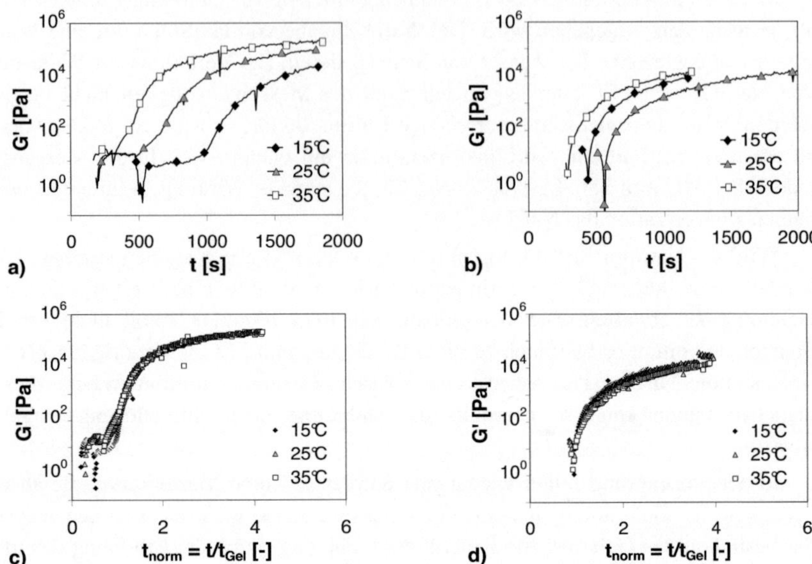

Abbildung 4.25: Temperatureinfluss für a) saures (0,099 g Silikat + 0,42 g H_2SO_4/g H_2O) und b) basisches Gel (0,084 g Silikat + 0,017 g H_2SO_4/g H_2O); c), d): Normierung von a) bzw. b) (Quarch (2010-II))

Für die Festigkeit des Gels im Prozess ist also in erster Linie ausschlaggebend, wie lang die Gelierung vor einer Belastung zurückliegt und mit welcher Geschwindigkeit die weitere Polykondensation abläuft.

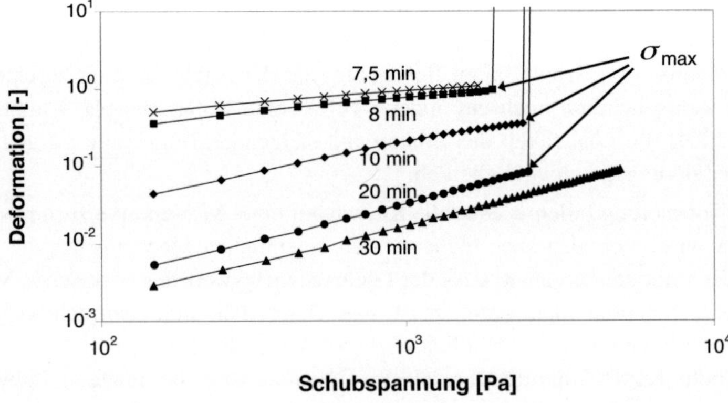

Abbildung 4.26: Zunahme der Bruchspannung σ_{max} eines sauren Gels (0,22 g Silikat + 0,31 g H_2SO_4/g H_2O) mit der Zeit

Dies wird auch in Abbildung 4.26 deutlich, in der beispielhaft die Zunahme der Bruchspannung für ein sauer gefälltes Gel mit der Zeit nach der Mischung gezeigt ist. Gleichzeitig nimmt die Dehnung bei gleicher Schubspannung ab. Da die Spannung, bei der es zum Bruch kommt, stark vom Vorhandensein von Fehlern im Probenkörper abhängt, ist es jedoch schwierig, aus derartigen Versuchen quantitative Aussagen über die maximale Belastbarkeit des Gels zu machen.

Insgesamt verhält sich das Gel also nicht wie erwartet. Während der Gelierung kommt es nicht zu sprunghaften Änderungen der Eigenschaften, sondern der Übergang zwischen Flüssigkeit und Feststoff ist mit zunehmender Viskosität und Vernetzung graduell. Dabei dauert es mehrere Tage bis sich die endgültigen Eigenschaften einstellen. Durch Variationen der Temperatur und Ionenstärke lässt sich hauptsächlich die Geschwindigkeit der Vorgänge beeinflussen. Trotzdem hat dies in der Praxis große Auswirkungen, da sich das Gel bei seiner Weiterverarbeitung in der Regel nicht im Gleichgewichtszustand befindet.

Durch unterschiedliche Gelbildungsmechanismen bei der sauren und basischen Fällung hat der pH-Wert dagegen großen Einfluss auf die Struktur und damit die Eigenschaften des Gels. Bei niedrigen pH-Werten entsteht ein klares, härteres, aber auch sehr sprödes Gel. Weiterhin wirkt sich die Feststoffkonzentration auf die Festigkeit des Gels aus. Während der Zusammenhang bei der sauren Fällung klar ist, spielt im basischen Bereich die genaue Zusammensetzung der Reaktionsmischung eine große Rolle.

4.4 Gelbildung und Fragmentierung im batch-Prozess

Im vorangegangenen Kapitel konnten die Auswirkungen verschiedener Parameter auf das ruhend gelierte SiO_2 gezeigt werden. Ist jedoch die gelierende Mischung in ständiger Bewegung, können sich derart weitreichende Strukturen nicht ausbilden, das Gel wird schon während seiner Entstehung zerkleinert. Um zu untersuchen, welchen Einfluss die verschiedenen Bedingungen in einem gerührten System haben und wie sie sich auf die Fragmentierung durch den Rührer und im Anschluss durch Ultraschallbehandlung (Kap. 3.6) auswirken, wurden gerührte batch-Versuche durchgeführt. Dafür wurden ebenfalls mit einer Mischdüse größere Massenströme vermischt und anschießend in einem Rührkessel und einem Taylor-Couette-Reaktor belastet. Aus den Ergebnissen der anschließenden Ultraschallbehandlung wurden Aussagen über die Festigkeit der Gelfragmente abgeleitet.

4.4.1 Zusammensetzung

Wie schon in Kapitel 4.3 gezeigt, beeinflusst die Zusammensetzung der Mischung die Gelierzeit und der Feststoffvolumenanteil die Festigkeit des Gels, wobei bei einer schnellen Gelierung auch mit einem schnelleren Anstieg der Festigkeit zu rechnen ist. Zum Vergleich der Fragmentgrößen wurde bei fixem Silikat- oder Säuremassenanteil jeweils der andere Parameter variiert (Abbildung 4.27).

0,084 g Natriumsilikat/g H_2O fix; H_2SO_4 variabel

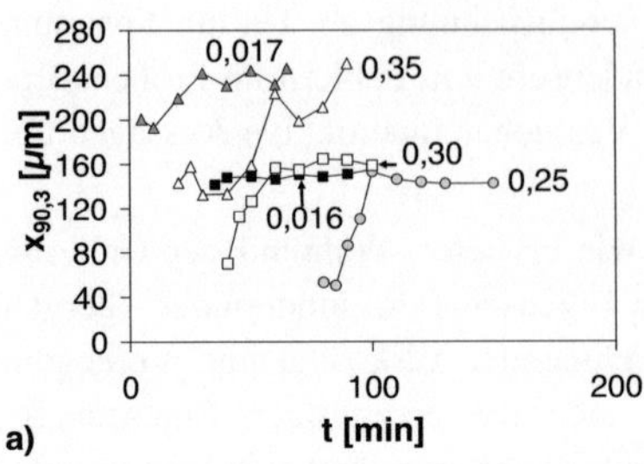

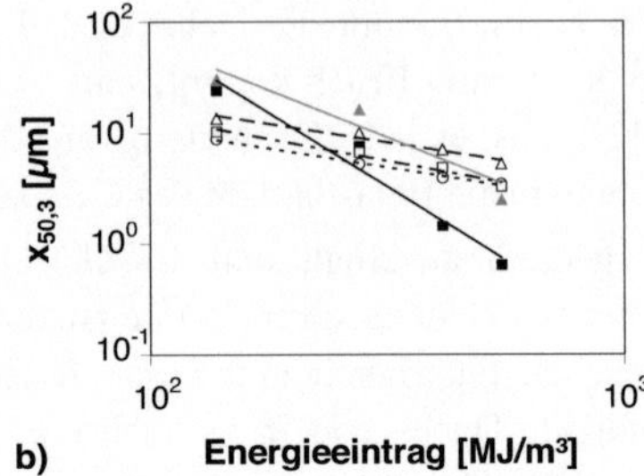

0,25 g H_2SO_4/g H_2O fix, Silikat variabel

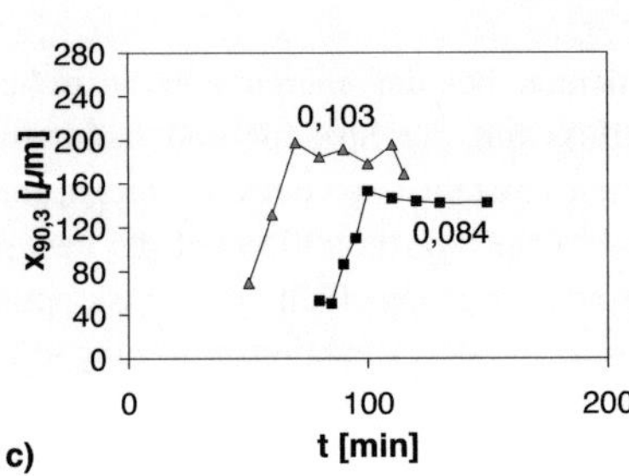

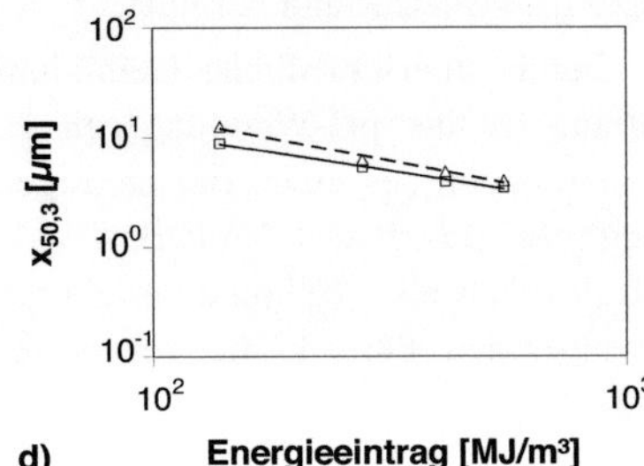

0,016 g H_2SO_4/g H_2O fix, Silikat variabel

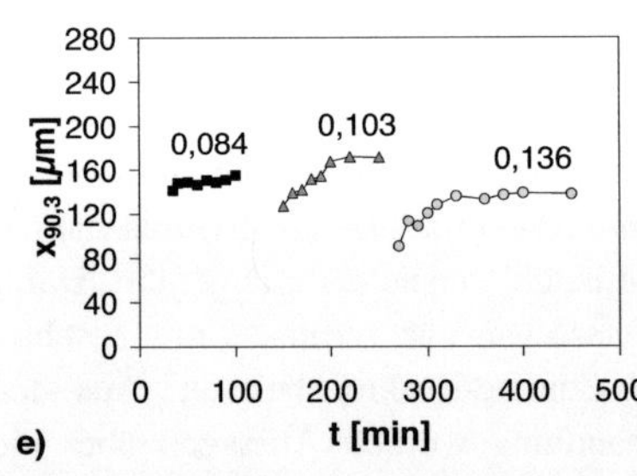

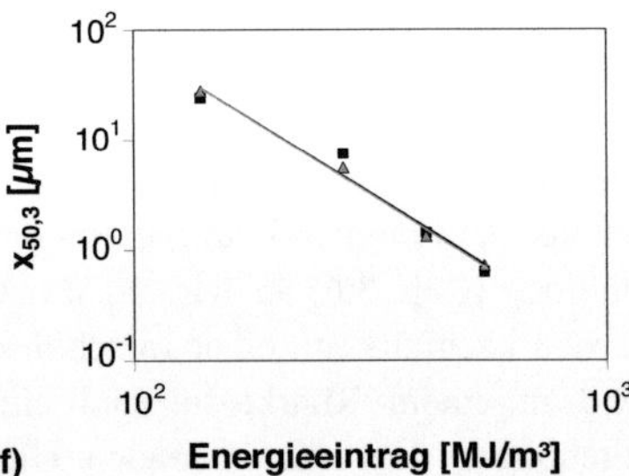

Abbildung 4.27: Variation der Mischungszusammensetzung unter Fixierung jeweils einer Massenbeladung: Auswirkung auf die maximale Fragmentgröße und Ultraschallbeständigkeit; a), c), e) $x_{90,3}$ mit der Zeit; b), d), f) Zusammenhang zwischen $x_{50,3}$ und Energieeintrag (Quarch (2010-I))

Generell fällt auf, dass die Fragmente umso größer werden, je schneller die Gelierung eintritt. Dabei sind zwischen den sauren und basischen Experimenten keine prinzipiellen Unterschiede zu erkennen. Die Maximalgröße der Fragmente, angenähert durch $x_{90,3}$, erreicht im untersuchten Zusammensetzungsbereich Werte zwischen 120 und 240 μm. Nach einem anfänglichen Anstieg bleibt die Fragmentgröße konstant oder nimmt leicht ab. Eine Ausnahme bildet 0,016 g H_2SO_4 mit 0,103 g Silikat/g Wasser. In diesem Fall spielt der höhere Feststoffgehalt möglicherweise eine Rolle. Die Steigungen der Dispergierkurven sind für alle sauren Experimente fast gleich und immer flacher als für die alkalischen Versuche. Allerdings bleiben die Fragmente bei höherer Silikat- oder Säurekonzentration, also schnellerer Gelierung, nach gleichem Energieeintrag etwas größer. Die sauren Fragmente fangen also zwar bei niedrigerer Größe an, lassen sich aber nur sehr schlecht weiter fragmentieren.

Bei der basischen Fällung ist die Dispergierkurve bei gleichem Silikatanteil umso steiler, je später die Mischung geliert ist und je kleiner die Ausgangsagglomerate waren. Wie man jedoch an den alkalischen Versuchen mit variabler Silikatbeladung sieht, spielt die Gelierzeit eine geringere Rolle als die Ausgangsgröße: Die Dispergierkurven unterscheiden sich wie die Fragmentgrößen im Rührkessel kaum, obwohl die Gelbildung zu sehr unterschiedlichen Zeiten stattfindet.

Der größere Widerstand gegen Fragmentierung der sauren Partikel ist ebenfalls ein Zeichen für die unterschiedliche Struktur der sauer und basisch hergestellten Gelfragmente (vgl. Kapitel 4.3.2): Während die äußeren, offenporigen Bereiche des Agglomerats gleich mit dem ersten Ultraschalldurchlauf zerstört werden, ist es in den weiteren Durchgängen schwieriger, die verbleibenden dichteren Kernbereiche zu zerkleinern. Bei den basischen Fragmenten ist die Differenz in der fraktalen Dimension nicht so dramatisch, es lässt sich jedoch in manchen Versuchen nach einigen Durchläufen eine leichte Zunahme der Steigung der Dispergierkurve beobachten.

4.4.2 Homogenität des Energieeintrags

Die typische Entwicklung einer basischen und einer sauren Fragmentgrößenverteilung mit der Zeit ist in Abbildung 4.28 gezeigt.

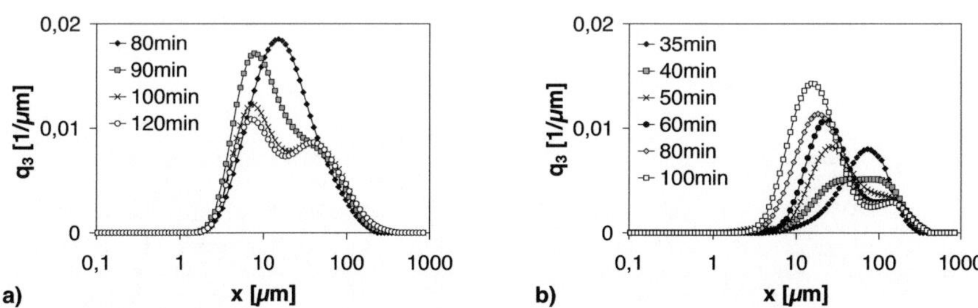

Abbildung 4.28: Entwicklung der Fragmentgrößenverteilung in den Standard-batch-Versuchen (vgl. Tabelle 3.2): a) sauer (0,084 g Silikat + 0,25 g H_2SO_4/g H_2O), b) basisch (0,136 g Silikat + 0,019 g H_2SO_4/g H_2O)

Wie auch im semi-batch-Versuch sind die Fragmentgrößenverteilungen bimodal, obwohl nach der Gelierung kein weiteres Monomer hinzukommt und die Rührerdrehzahl über den gesamten Versuch konstant gehalten wird. Dabei bildet sich bei den basischen Versuchen wie auch im semi-batch-Betrieb der Peak bei kleineren

Partikelgrößen mit der Zeit stärker heraus, während es bei der sauren Fällung eher so ist, dass der Peak bei den größeren Klassen mit der Zeit wächst.

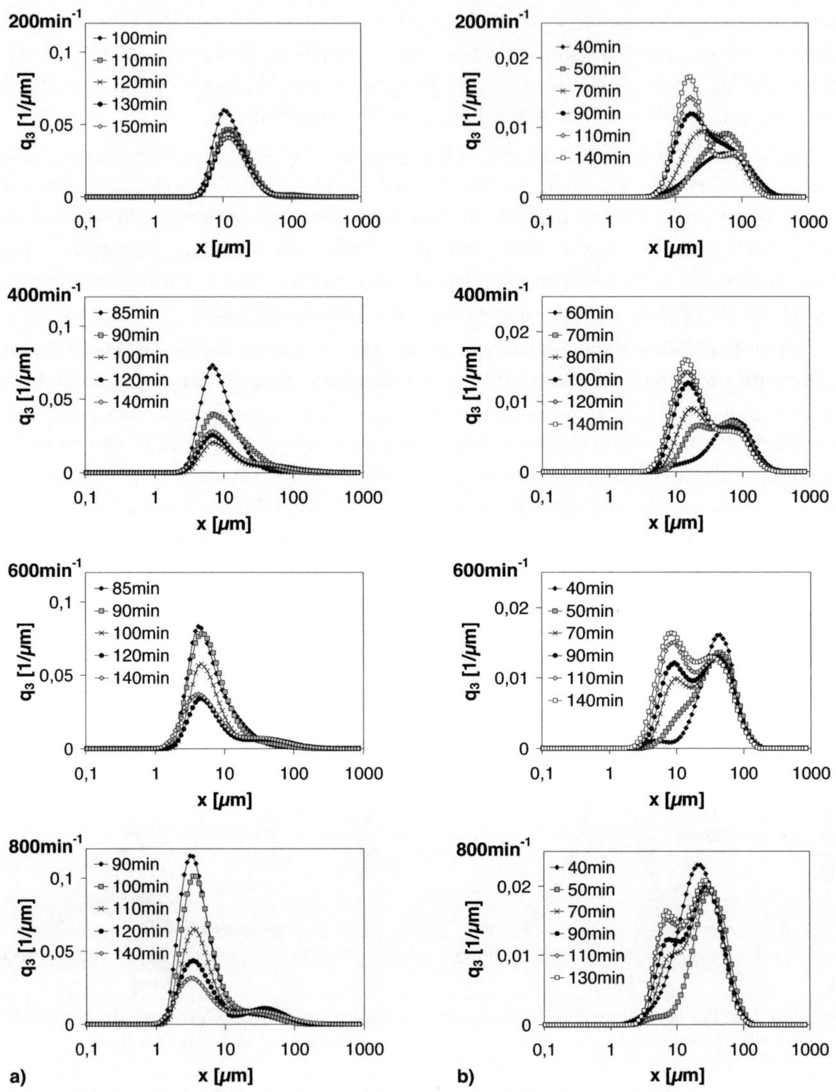

Abbildung 4.29: Fragmentgrößenentwicklung im Taylor-Couette-Reaktor bei unterschiedlichen Drehzahlen (für Leistungseinträge s. Tabelle 3.3): a) sauer, b) basisch (vgl. Tabelle 3.2) (Quarch (2010-III))

Um zu überprüfen, ob diese Bimodalität durch den inhomogenen Energieeintrag im Rührreaktor bedingt ist, wurden zum Vergleich saure und basische Versuche bei unterschiedlichen Drehzahlen in einem Taylor-Couette-Reaktor durchgeführt.

Wie man in Abbildung 4.29 erkennen kann, produziert auch der Taylor-Couette-Reaktor bimodale Fragmentgrößenverteilungen, wobei diese bei den sauren Versuchen und niedrigen Drehzahlen jedoch nicht so stark ausgeprägt sind. Mit zunehmender Drehzahl verschiebt sich die gesamte Verteilung erwartungsgemäß zu kleineren Fragmentgrößen. Der Peak bei größeren Partikelklassen gewinnt dabei an Profil. Die Form der Fragmentgrößenverteilung lässt sich also durch den Reaktortyp höchstens geringfügig beeinflussen. Stattdessen scheint die Höhe des Leistungseintrags einen signifikanten Einfluss darauf zu haben.

Für Latexpartikel konnte gezeigt werden, dass die mittlere Agglomeratgröße durch die Rührgeschwindigkeit reversibel gesteuert werden kann (Soos (2008)). Zur Prüfung der Übertragbarkeit dieser Ergebnisse auf SiO_2 wurden saure und basische Versuche durchgeführt, bei denen die Rührgeschwindigkeit im 20-Minuten-Takt sukzessive erhöht oder gesenkt wurde.

Die resultierende Entwicklung der Fragmentgrößenverteilungen ist in Abbildung 4.30 und die maximalen Partikelgrößen sind in Abbildung 4.31 gezeigt.

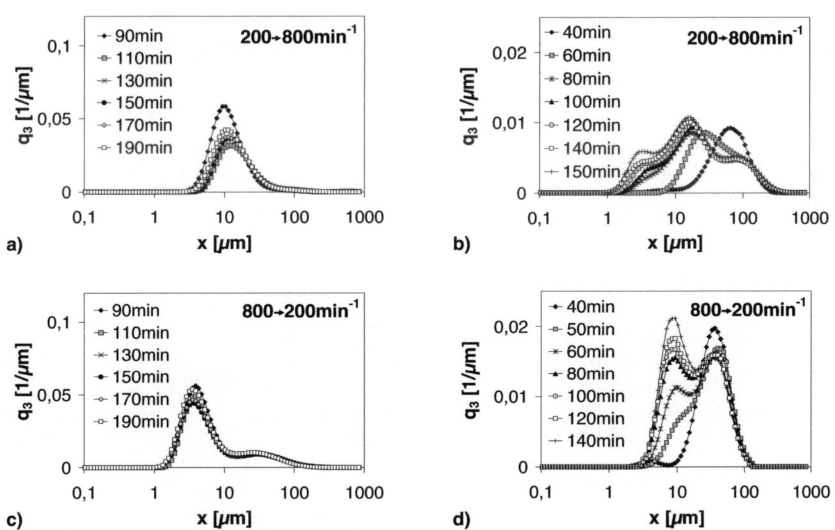

Abbildung 4.30: PGV-Verlauf im Taylor-Couette-Reaktor bei ansteigender (a), b)) und fallender (c), d)) Drehzahl: a), c) sauer, b), d) basisch (vgl. Tabelle 3.2) (Quarch (2010-III))

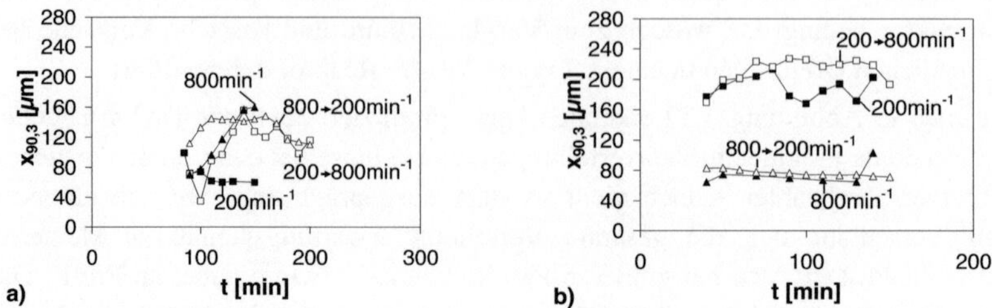

Abbildung 4.31: Entwicklung von $x_{90,3}$ bei verschiedenen Drehzahlen im Taylor-Couette-Reaktor: a) sauer, b) basisch (vgl. Tabelle 3.2)

Beim Betrachten der Fragmentgrößenverteilungen fällt auf, dass sie jeweils der Verteilung, die bei konstanter Belastung mit der ersten Drehzahl entsteht, sehr ähnlich sehen. Nur im basischen Versuch bildet sich bei Drehzahlerhöhung zusätzlich ein Peak bei kleinen Partikelgrößen aus, der wahrscheinlich durch Abrieb entsteht. Auch bei der Betrachtung von $x_{90,3}$ wird klar, dass sich 20 Minuten nach der Gelierung durch den Rührer nur noch sehr wenig Einfluss auf die Gelfragmentgröße ausüben lässt. Dies ist für die saure Fällung etwas schwerer zu erkennen, da hier die bei 200 min^{-1} langsamer gescherten Partikel entgegen der Erwartung kleiner sind als die schneller belasteten. Der Grund hierfür ist in der in diesem Fall monomodalen Partikelgrößenverteilung zu suchen: Da der Peak bei großen Größen einen sehr großen Einfluss auf $x_{90,3}$ hat, macht sich sein Fehlen stark bemerkbar. Bei Erhöhung der Drehzahl fängt dieser Peak jedoch langsam an zu wachsen, was den Anstieg von $x_{90,3}$ erklären würde. Wird $x_{50,3}$ über der Zeit aufgetragen, so erkennt man auch im sauren Experiment die Analogie zwischen den Fragmentgrößen bei konstanter Drehzahl und der jeweiligen Anfangsdrehzahl (Abbildung 4.32 a)). Dies bedeutet jedoch auch, dass der Leistungseintrag einen Einfluss auf die Ausbildung der Agglomerate und nicht nur auf ihre Zerstörung hat.

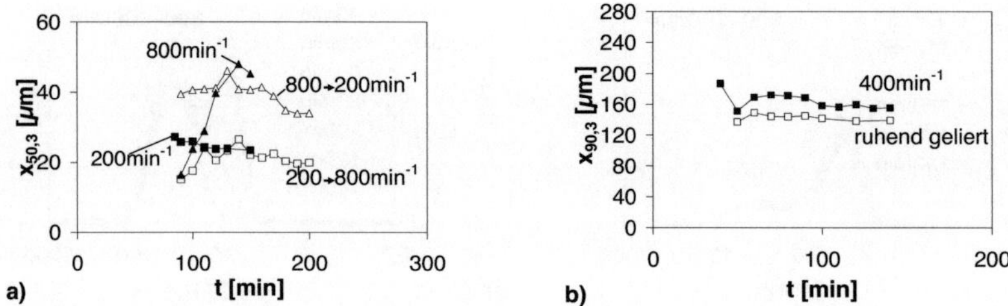

Abbildung 4.32: Partikelgrößenentwicklung im Taylor-Couette-Reaktor: a) $x_{50,3}$ sauer (vgl. Tabelle 3.2) (Quarch (2010-III)), b) Vergleich von $x_{90,3}$ für eine bei 400 min^{-1} gerührte Probe mit einer erst nach dem Gelpunkt belasteten Probe (basisch, vgl. Tabelle 3.2)

Es kann jedenfalls festgehalten werden, dass im Falle der Fällung von Kieselsäure ein dynamisches Gleichgewicht zwischen Agglomeration und Bruch nicht besteht. Vielmehr wird die endgültige Partikelgrößenverteilung durch den Leistungseintrag zur Gelierzeit bestimmt. Lässt man die Suspension in Ruhe gelieren und schaltet ca. fünf Minuten nach dem Gelpunkt den Rührer ein, so erhält man die zur jeweiligen Drehzahl gehörende Partikelgröße (s. Abbildung 4.32 b)).

Die obigen Ergebnisse legen den Schluss nahe, dass die Agglomeratgröße in den ersten Minuten nach dem Gelieren durch den Leistungseintrag des Rührapparates bestimmt wird. Nach diesen ca. 5 bis 15 Minuten kann die Partikelgrößenverteilung durch die Rührenergie kaum noch verändert werden. Erst höhere Energieeinträge wie z.B. durch Ultraschall vermögen es dann noch, die Agglomerate zu zerkleinern. Vermutlich lagert sich in diesem Zeitintervall bei der Gelierung noch vorhandene freie monomere Kieselsäure an den Primärpartikeln an und verbindet diese so durch Materialbrücken. Die so entstandenen Feststoffhälse sind in ihrem Umfang jedoch nicht mit denen, die im semi-batch-Betrieb gebildet werden, vergleichbar, da sich hier trotzdem nach der Trocknung kein feines Pulver bildet. Auch eine Aufagglomeration der Partikel auf bei geringerer Rührerleistung größere „Gleichgewichts"-Agglomeratgrößen ist offenbar ohne dieses freie Monomer nicht mehr möglich.

4.4.3 Temperatur

Da, wie in Kapitel 4.2 und 4.3 festgestellt, die Temperatur zum Einen die Primärpartikelgröße und zum Anderen die Geliergeschwindigkeit und damit die Festigkeitszunahme des Gels beeinflusst, wurden auch im batch-Verfahren Versuche mit unterschiedlichen Temperaturen durchgeführt. Dabei wurden für den sauren und basischen Beispielversuch nach Tabelle 3.2 die Ausgangslösungen vor der Vermischung in der Mischdüse auf die gewünschte Temperatur gebracht und danach in den ebenfalls vorgeheizten Rührreaktor eingefüllt. Sofern nichts anderes angegeben ist, wurde die Suspension bei 400 min^{-1} gerührt. Die Ergebnisse dieser Versuche sind in Abbildung 4.33 gezeigt.

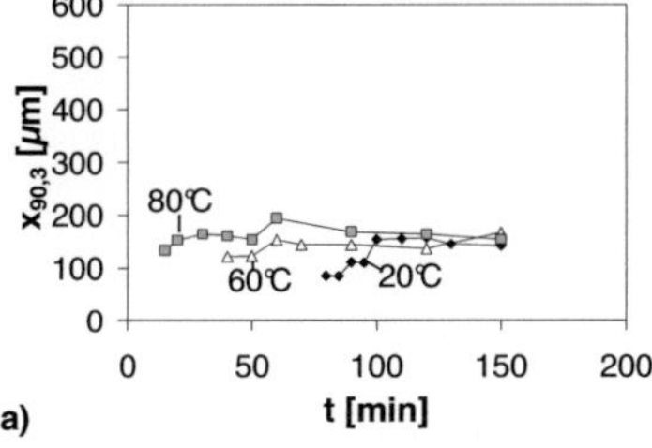
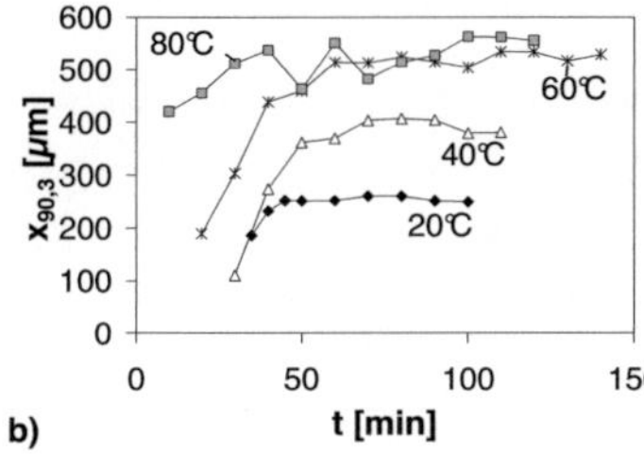

Abbildung 4.33: Entwicklung von $x_{90,3}$ bei verschiedenen Temperaturen a) sauer, b) basisch (vgl. Tabelle 3.2)

Die die Gelierung beschleunigende Wirkung der Temperaturerhöhung ist für beide Versuche gut zu erkennen. Bei der sauren Fällung wirkt sich dies jedoch im Gegensatz zum basischen Versuch nicht auf die entstehende Partikelgröße aus. Unabhängig von der Temperatur haben die Agglomerate eine endgültige Maximalgröße $x_{90,3}$ von ca. 150 μm bzw. einen Medianwert von ca. 50 μm. Im basischen Experiment ist dagegen ein deutlicher Trend zu höheren Partikelgrößen mit steigender Temperatur zu beobachten, der allerdings bei ca. 60°C zu stagnieren scheint. Betrachtet man $x_{50,3}$ über der Temperatur (Abbildung 4.34 a)), so wird bei 60°C ein Maximum durchlaufen. Dieses Ergebnis wird von BET-Messungen der spezifischen Oberfläche (Abbildung 4.34 b)) gestützt. Die spezifische Oberfläche wird um 60°C ebenfalls maximal, was auf ein Minimum der Primärpartikelgrößen hindeutet.

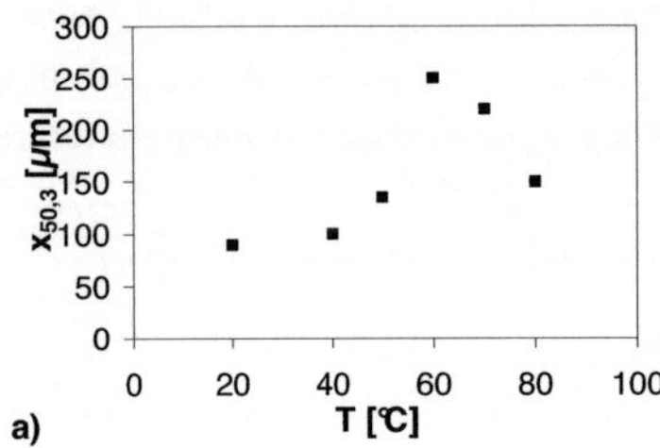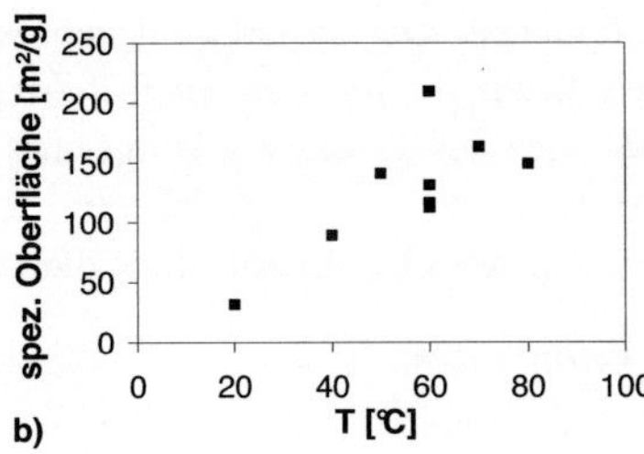

Abbildung 4.34: Temperaturabhängigkeit des Produkts im basischen Versuch (vgl. Tabelle 3.2): a) $x_{50,3}$, b) BET-Oberfläche (Quarch (2010-I))

REM-Aufnahmen des bei 20, 60 und 80°C hergestellten basischen Produkts (Abbildung 4.35 a)-c)) bestätigen diese Beobachtungen ebenfalls. Bei der sauren Fällung verhält es sich eher umgekehrt: Während bei Raumtemperatur sehr große BET-Oberflächen von mehreren hundert Quadratmetern pro Gramm gemessen werden, hat eine bei 80°C hergestellte Probe nur ca. 30 m²/g. Trotzdem lassen TEM-Aufnahmen der in Flüssigkeit zerfallenden Probe auf sehr kleine Primärpartikel zwischen 5 und 10 nm schließen (s. Abbildung 4.35 d)).

Tabelle 4.1: Berechnete Primärpartikeldurchmesser

Spezifische Oberfläche [m²/g]	Primärpartikeldurchmesser [nm]
30	90,9
50	54,5
100	27,3
150	18,2
200	13,6
300	9,1
500	5,5

In Tabelle 4.1 sind die für verschiedene Oberflächen für monodisperse Kugeln aus amorphem SiO_2 ($\rho = 2{,}2$ g/cm³) erwarteten Primärpartikelgrößen aufgelistet.

Für die basische Fällung geben die gemessenen Oberflächen also die Primärpartikelgröße gut wieder, überschätzen sie allerdings bei den sehr kleinen Oberflächen. Dies liegt wahrscheinlich daran, dass die Primärpartikel teilweise miteinander verwachsen sind und deshalb nicht ihre gesamte Oberfläche für die Stickstoffadsorption zur Verfügung steht.

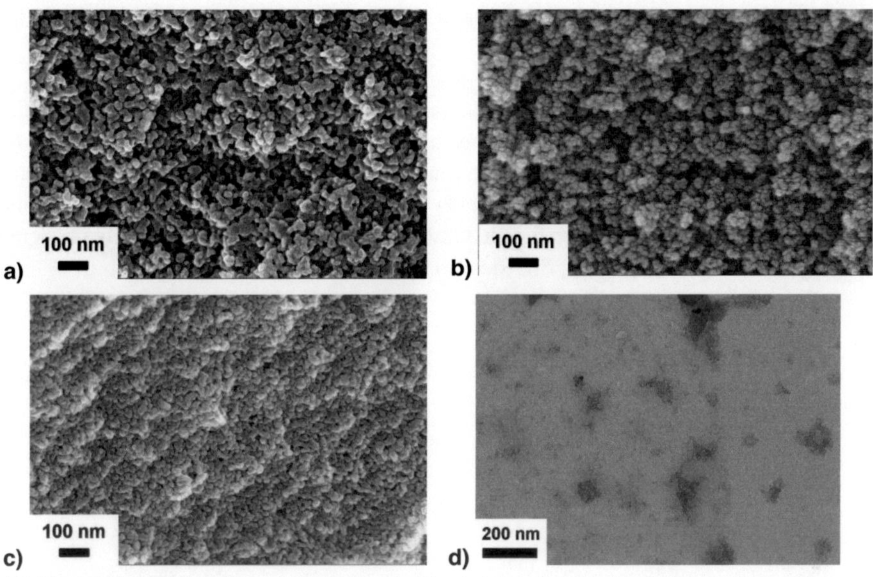

Abbildung 4.35: REM-Aufnahmen des basischen Produkts (vgl. Tabelle 3.2) bei verschiedenen Temperaturen: a) 25°C; 15-30 nm, b) 60°C; 10-15 nm c) 80°C; 15-25 nm, d) TEM-Aufnahme einer sauer (vgl. Tabelle 3.2) bei 80°C gefällten Probe

Schilde (2009) erhielt für die semi-batch-Fällung von Kieselsäure zwischen 60 und 90°C bezüglich der Partikelgröße ganz ähnliche Ergebnisse. Mittels Röntgenbeugung, BET-Messungen und REM-Aufnahmen verzeichnete er ebenfalls einen leichten Anstieg des Primärpartikeldurchmessers mit der Temperatur oberhalb von 60°C. Gleichzeitig wurde in Nanoindentationsmessungen eine Abnahme der Festigkeit der Agglomerate mit der Temperatur festgestellt, die sich auch bei der Dispergierung des Produkts in einem Dissolver und einer Kugelmühle bemerkbar macht. Dies wurde auf die löslichkeitsbedingt stärkere Verwachsung der Primärpartikel bei niedrigeren Temperaturen zurückgeführt. Auch in der vorliegenden Arbeit wurde mittels Ultraschall eine Abhängigkeit der Dispergierbarkeit von der Fällungstemperatur festgestellt (Abbildung 4.36).

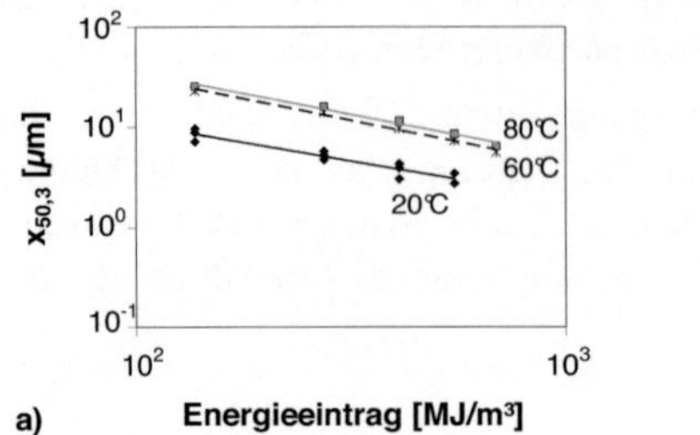
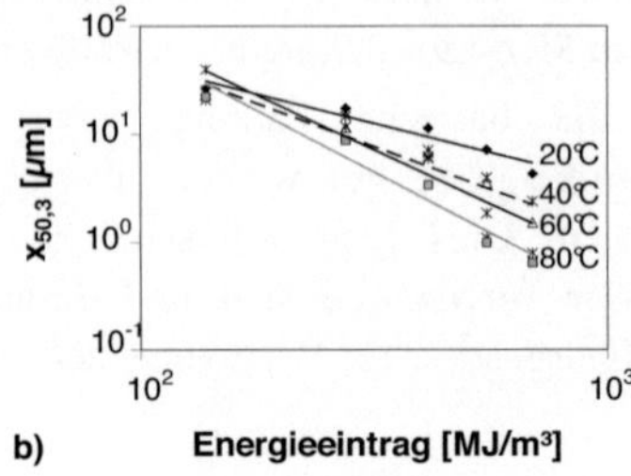

Abbildung 4.36: Dispergierbarkeit der Agglomerate abhängig von der Fällungstemperatur a) sauer , b) basisch (vgl. Tabelle 3.2)

Im sauren Versuch ist wiederum kaum ein Temperatureinfluss zu erkennen, außer dass die heißer gefällten Partikel größer bleiben. Im basischen Experiment fallen die Kurven jedoch bei niedrigen Temperaturen deutlich flacher ab als bei hohen Temperaturen. Eine genaue Auflösung im Bereich zwischen 60 und 80°C ist jedoch aufgrund der Messungenauigkeit nicht möglich. Obwohl die basischen Agglomerate bei höheren Temperaturen größer werden, sind sie also leichter zu dispergieren.

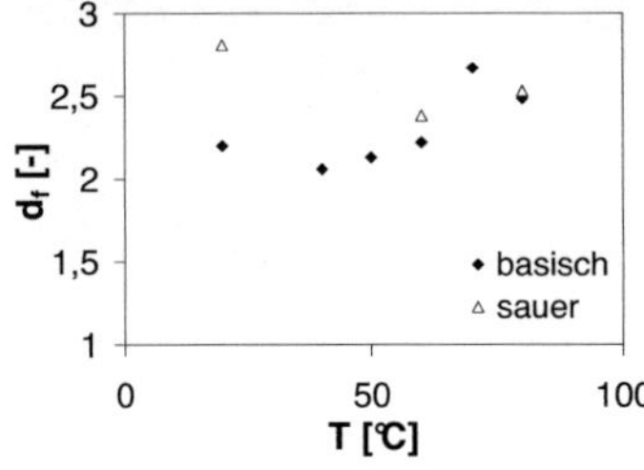

Abbildung 4.37: d_f in Abhängigkeit der Temperatur für basische und saure batch-Fällung vgl. Tabelle 3.2

Für dieses Ergebnis liefert die fraktale Dimension der Fragmente nach dem Gelpunkt eine mögliche Erklärung (s. Abbildung 4.37): Während sie bei den sauren Experimenten von ca. 2,8 bei 20°C auf ca. 2,5 bei 80°C abfällt, steigt sie bei den basischen Versuchen leicht von ca. 2,2 auf ca. 2,6. Eine höhere fraktale Dimension bedeutet eine stärkere Reorganisation, was vor Allem dann möglich ist, wenn die Bindungen zwischen den Primärpartikeln nicht so fest sind, dass es nach jeder Kollision sofort zu irreversibler Haftung kommt. Die Festigkeit der Bindungen zeigt sich dann auch bei der Ultraschalldispergierung, wo Agglomerate mit höherer fraktaler Dimension besser zerkleinert werden, obwohl die Einzelpartikel untereinander mehr Kontaktstellen haben. Die Anzahl der Kontaktstellen wäre dann in diesem Fall weniger ausschlaggebend als die Festigkeit der Einzelbindungen, die von der Stärke der Feststoffbrücke zwischen den Primärpartikeln abhängt.

Demnach ist das Zerkleinerungsverhalten der Gelfragmente abhängig vom Zeitpunkt der Beanspruchung. Kurz nach der Gelierung sind die Materialbrücken zwischen den Primärpartikeln noch nicht ausgebildet. Die Größe der Fragmente im Rührkessel hängt ab von der Primärpartikelgröße und der Wechselwirkungskraft zwischen den Teilchen, die sich für den sauren und den basischen Versuch stark unterscheidet. Im weiteren Versuchsverlauf werden die Bindungen zwischen den Primärteilchen durch das Wachstum der Feststoffhälse zementiert, so dass die Aggregate durch den Rührer nicht mehr zerstört werden können. Durch den höheren Energieeintrag durch Ultraschall ist dies allerdings noch möglich. Hier spielt jedoch hauptsächlich die Dicke der Feststoffbrücken eine Rolle, die im basischen Bereich mit abnehmender Temperatur zunimmt. Für die sauren Versuche legen die Ergebnisse den umgekehrten Schluss nahe, was sich aber wegen der geringen Primärteilchengröße nur schwer überprüfen lässt.

4.4.4 Ionenstärke

Da eine Anhebung der Ionenstärke bei den Versuchen am ruhenden Gel (Kapitel 4.3) im basischen Experiment ähnliche Auswirkungen hatte wie eine Temperaturerhöhung, sind für die Salzzugabe zu batch-Versuchen ebenfalls den Temperaturversuchen analoge Ergebnisse zu erwarten. Da in den vorangehenden Versuchen eine Wirkung der Salzzugabe im sauren Experiment nicht nachweisbar war, wurden nur zum basischen Standard-Versuch verschiedene Mengen NaCl und Na_2SO_4 zugegeben (Abbildung 4.38).

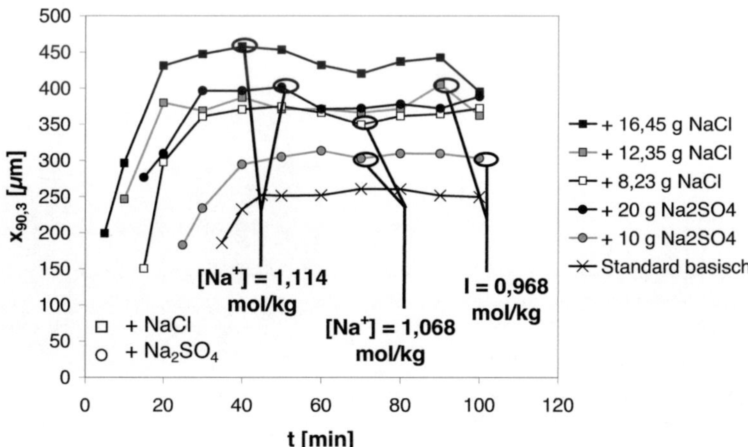

Abbildung 4.38: $x_{90,3}$ nach Salzzugabe zu basischem Ansatz (0,136 g Silikat + 0,019 g H_2SO_4/g H_2O, vgl. Tabelle 3.2) auf 3000 g H_2O (Quarch (2010-I)); für absolute Beladungen s. Tabelle 4.2

Tabelle 4.2: Ionenstärke und Natriumkonzentration in der Lösung für unterschiedliche Salzzugabemengen zum basischen Versuch (auf 3000 g H_2O)

Salzzugabe	Zusätzliche Salzkonz. [mol/kg Wasser]	I [mol/kg Wasser]	Natriumkonzentration [mol/kg Wasser]
ohne Salzzugabe	0	0,898	1,021
+ 10 g Na_2SO_4	0,023	0,968	1,068
+ 20 g Na_2SO_4	0,047	1,039	1,114
+ 40 g Na_2SO_4	0,094	1,179	1,268
+ 8,23 g NaCl	0,047	0,945	1,068
+ 12,35 g NaCl	0,070	0,968	1,091
+ 16,46 g NaCl	0,094	0,992	1,114

Wie man gut erkennen kann, gilt auch hier, dass Bedingungen, die zu schnellerer Gelierung führen, auch größere Gelfragmente zur Folge haben. Die Salzzugabe bewirkt eine Kompression der elektrischen Doppelschicht, wodurch die Abstoßung zwischen den Partikeln reduziert wird, was die Agglomeration begünstigt. Es fällt jedoch auf, dass weder die Natriumkonzentration noch die Ionenstärke die bestimmenden Parameter für die Fragmentgröße sind. Auch wenn man diese Größen jeweils konstant hält, sind die Proben, bei denen NaCl zugegeben wurde, immer größer. Eine Erklärung hierfür ist im Gleichgewicht der Schwefelsäure zu suchen. Zusätzliches Sulfat verschiebt das Gleichgewicht in der Lösung

$$HSO_4^- \leftrightarrow H^+ + SO_4^{2-} \tag{4.6}$$

zu HSO_4^- hin. Dadurch wird die mit Natriumsulfat versetzte Säurelösung etwas weniger sauer (pH-Wert 1,76 statt 1,71 für die reine Säure), was sich auf die Gelierzeit und damit auch auf die Fragmentgröße auswirkt.

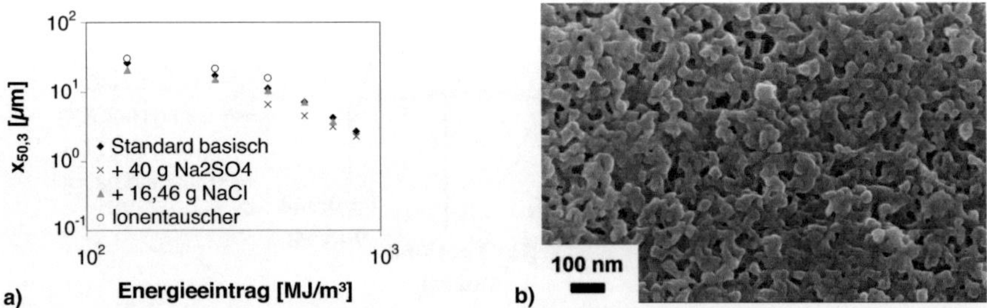

Abbildung 4.39: a) Dispergierbarkeit nach Salzzugabe zu basischem Ansatz (vgl. Tabelle 3.2) auf 3000 g H_2O; b) REM-Aufnahme von Probe mit 40 g Na_2SO_4

Obwohl BET-Messungen von 99 m²/g für die höchste NaCl-Zugabe (16,46 g) und 72 m²/g für die Probe mit 40 g Na_2SO_4 auf mit zunehmender Salzkonzentration abnehmende Primärpartikelgrößen hindeuten, spricht das Rasterelektronenmikroskop-

Bild (Abbildung 4.39 b)) eine andere Sprache. Hier sehen die Primärpartikel eher größer aus als im basischen Grundversuch (s. Abbildung 4.35 a)) und scheinen zudem stark miteinander verwachsen zu sein.

Möglicherweise handelt es sich jedoch bei diesen Überwachsungen nur um wenig festes, poröses Material, was zum Einen die erhöhten spezifischen Oberflächen und zum Zweiten das Fehlen einer Auswirkung der Salzzugabe auf die Dispergierbarkeit erklären würde (Abbildung 4.39 a)). Das Material ist bei der Fällung mit erhöhter Ionenstärke eher noch leichter zu dispergieren, wobei die Abweichungen im Rahmen der Messungenauigkeit liegen. Das Ausmaß des Austausches von Natrium- gegen Hydroniumionen durch den Ionentauscher konnte nicht quantifiziert werden. Durch das Absenken des pH-Werts in der Wasserglaslösung geliert die Mischung schon bevor sie in den Reaktor eingebracht werden kann. Dementsprechend wurden auch sehr große maximale Fragmentgrößen um 460 μm gemessen (Daten s. Anhang) und die Dispergierkurve verläuft geringfügig flacher als die des Standard-Versuchs (s. Abbildung 4.39 a)). Auch die fraktale Dimension weicht für die Experimente mit Salz nicht signifikant von der des Versuchs ohne Salzzugabe ab.

Hier hängt die Gelfragmentgröße also auch wieder allein von der interpartikulären Wechselwirkung in der Lösung ab. Weder die Struktur der Agglomerate noch die Primärpartikelgröße werden durch die Erhöhung der Ionenstärke signifikant beein-flusst. Trotz der bei Salzzugabe stärkeren Verwachsung der Primärteilchen sind die Aggregate im Anschluss nicht schwieriger zu dispergieren.

4.4.5 Energieeintrag

Erhöhung von Temperatur und Salzgehalt sind also Möglichkeiten, die Fragmentgröße zu steigern. Sind jedoch kleinere Partikel erwünscht, so bietet sich eine Steuerung der mittleren Größe über die durch den Rührer eingetragene Energie an. Dabei wird davon ausgegangen, dass sich die Gelfragmente verhalten wie hochviskose Tropfen. Ihre maximale Partikelgröße ist dann nur abhängig von ihrer Viskosität, der Dichte der kontinuierlichen Phase und der eingetragenen Leistung (s. Kap. 2.3). Der Leistungs-eintrag wird dabei mit der im Rheometer gemessenen Viskosität des Gels berechnet (Kap. 3.4). Abbildung 4.40 zeigt die bei unterschiedlichen Rührerdrehzahlen für den sauren und basischen Standard-Versuch gemessenen Fragmentgrößenverteilungen.

Wie auch bei den Versuchen im Taylor-Couette-Reaktor (Abbildung 4.29) ver-schiebt sich bei höherem Energieeintrag die gesamte Verteilung zu kleineren Partikelgrößen hin. Dabei wird bei den basischen Experimenten mit zunehmender Drehzahl die Ausprägung des Peaks in den höheren Klassen stärker, während dies bei den sauren Versuchen eher den Peak bei den kleineren Partikelgrößen betrifft. Mit zunehmendem Energieeintrag sind also die relevanten Peaks klarer definiert, die Verteilung ist schmaler. Ein Einfluss des Leistungseintrags auf die fraktale Dimension ist jedoch nicht zu belegen. Abbildung 4.41 zeigt die zu den Verteilungen gehörenden maximalen Partikelgrößen. Es fällt auf, dass obwohl der Leistungsbereich für das saure Gel bedingt durch die höhere Viskosität breiter ist, der Unterschied in der

Fragmentgröße weniger deutlich ist als für das basische Gel. Die maximale
Fragmentgröße stabilisiert sich bereits kurz nach der Gelierung, was darauf zurückzuführen ist, dass sich der rechte Peak in den Partikelgrößenverteilungen mit der Zeit
kaum verändert.

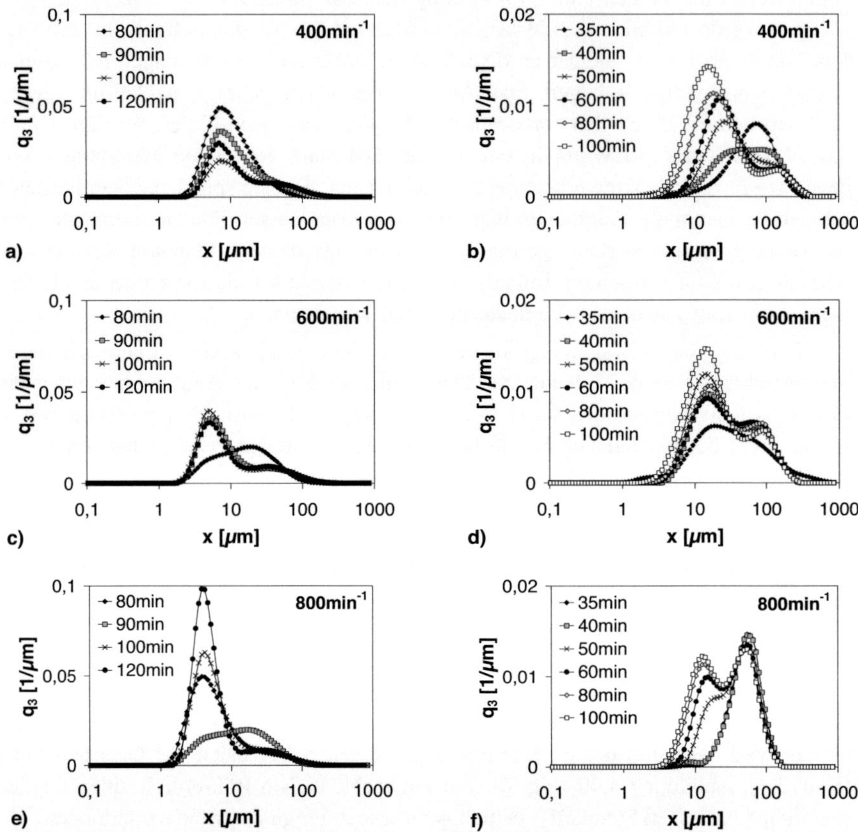

Abbildung 4.40: Entwicklung der Fragmentgrößenverteilung im batch-Versuch: a) sauer 400 min^{-1} = 1,2 W/kg;
b) basisch 400 min^{-1} = 0,6 W/kg; c) sauer 600 min^{-1} = 3,0 W/kg ; d) basisch 600 min^{-1} = 1,6 W/kg;
e) sauer 800 min^{-1} = 5,8 W/kg; f) basisch 800 min^{-1} = 3,3 W/kg; Zusammensetzung vgl. Tabelle 3.2

Der größte stabile „Tropfen" stellt sich also entsprechend des Leistungseintrags
und der Gelviskosität zum Zeitpunkt der Gelierung ein. Die maximalen
Gleichgewichtsfragmentgrößen für die sauren und basischen Experimente im Taylor-
Couette-Reaktor und im Rührkessel sind in Abbildung 4.42 in Abhängigkeit von
eingetragener Leistung und der zur jeweiligen Scherrate gehörenden Viskosität
aufgetragen.

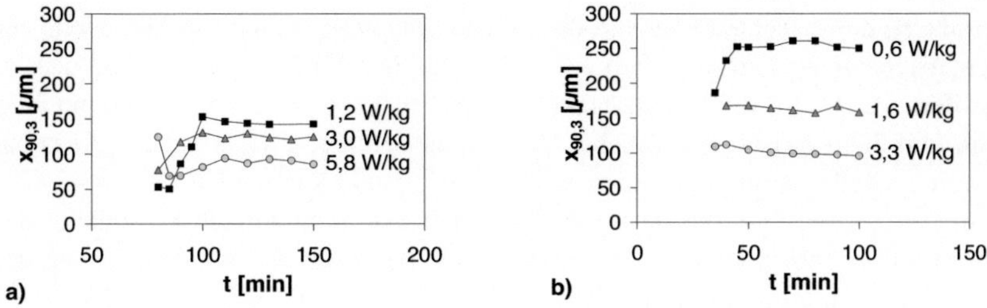

Abbildung 4.41: Entwicklung der maximalen Partikelgröße bei unterschiedlichen Leistungseinträgen a) sauer, b) basisch (vgl. Tabelle 3.2)

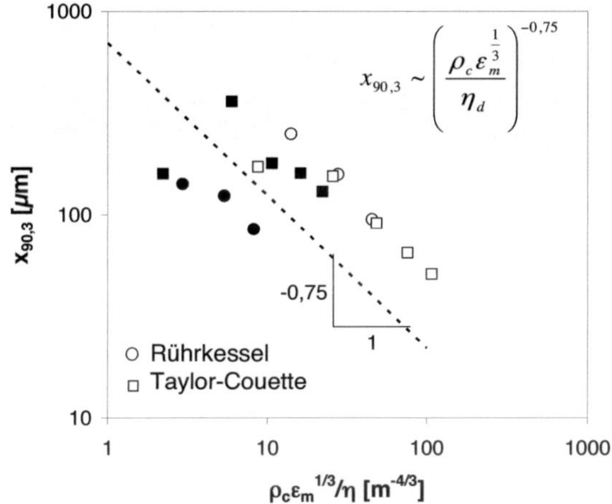

Abbildung 4.42: $x_{90,3}$ über $\rho_c \varepsilon_m^{1/3} \eta^{-1}$; gefüllte Symbole: sauer; leere Symbole: basisch (vgl. Tabelle 3.2) (Quarch (2010-III))

Zum Vergleich mit der Theorie von Arai et al. (1977, s. Kap. 2.3, Gl. 2.12) ist eine Gerade mit der Steigung -0,75 ebenfalls im Diagramm eingetragen. Daran kann man gut erkennen, dass sich die Gelfragmentgröße tatsächlich analog zu der Größe hochviskoser Flüssigkeitströpfchen verhält. Dies ist vor Allem für die basischen Versuche sehr deutlich. Die beiden Ausreißer für die 200 min^{-1} Taylor-Couette-Experimente sind wahrscheinlich darauf zurückzuführen, dass bei niedrigen Scherraten die Formel zur Berechnung des Energieeintrags (s. Kap. 3.4.2) nicht mehr gilt. Vor Allem bei der sauren Fällung zeigten sich hier auch schon bei der Betrachtung der Fragmentgrößenverteilung (Abbildung 4.29) Abweichungen von den erwarteten Werten.

Da die interpartikulären Wechselwirkungen, also die Festigkeit des Gels, über die Viskosität η_d der dispersen Phase in die Formel eingehen, sollten die Messwerte für sehr unterschiedliche Versuche in dieser Auftragung in einer Reihe liegen. Um dies zu überprüfen, wurden für die Variationen des basischen Versuchs bei 80°C und mit 20 g Na_2SO_4 (auf 3000 g H_2O, vgl. Tabelle 4.2) ebenfalls Rührerdrehzahlreihen gemessen. Eine weitere Reihe wurde mit einem nach dem Gelpunkt verdünnten Gel aufgenommen, um zu zeigen, dass die Feststoffvolumenkonzentration auf die Einstellung der Fragmentgrößen keinen Einfluss hat. Dazu wurde mit einer Natriumsulfatlösung der gleichen Konzentration und des gleichen pH-Werts wie im Gel im Verhältnis 1:4 verdünnt. Die Ergebnisse dieser Versuche sind in Abbildung 4.43 dargestellt und zeigen eine gute Übereinstimmung mit der Theorie. Im Allgemeinen werden Versuche zur Bestimmung des Zusammenhalts innerhalb von Agglomeraten unter stark verdünnten Bedingungen durchgeführt, um eine Reagglomeration der Fragmente auszuschließen (Soos (2008)). Dadurch wird die maximale „überlebensfähige" Agglomeratgröße nur durch die hydrodynamischen Kräfte und die Eigenschaften der Agglomerate bestimmt. Der geringe Einfluss der Verdünnung auf die Fragmentgröße zeigt jedoch, dass die Reagglomeration unter den vorliegenden Bedingungen keine Rolle spielt.

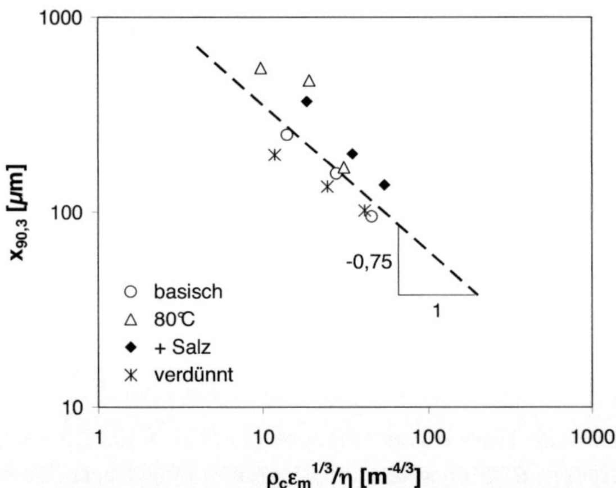

Abbildung 4.43: $x_{90,3}$ über $\rho_c \varepsilon_m^{1/3} \eta^{-1}$ für Variationen des basischen Versuchs (Quarch (2010-III))

Die Viskosität der dispersen Phase ist dabei eine für die Lage der Messpunkte kritische Größe. Da sie für einzelne Gelflocken nicht zu bestimmen ist, wurde dafür die gemessene Viskosität des Bulk-Gels, wie sie auch in die Berechnungen des Energieeintrags eingeht und die scherratenabhängig ist, herangezogen. Dabei wurde als Schergeschwindigkeit die makroskopische, durch den Rührer verursachte Scherung approximiert. Für die verdünnte Suspension wurde zur Energieeintragsberechnung die konstante, gemessene Suspensionsviskosität benutzt, während für die Gelviskosität die für das unverdünnte, basische Gel gemessenen Werte eingesetzt wurden.

Für Partikel, die kleiner sind als die Kolomogorov-Länge l_D, kann man nach Soos (2008) mit G (aus ε, s. Gleichung 2.8) und $x_{50,3}$ für den Durchmesser d die auf sie wirkende hydrodynamische Kraft F_{hyd} berechnen:

$$F_{hyd} = \frac{5}{8}\pi\eta d^2 G \tag{4.7}$$

Unter nicht-koagulierenden Bedingungen entspricht diese der Kohäsionskraft der Agglomerate. Diese sollte für einen Parametersatz unabhängig vom Energieeintrag sein. Gängige Werte liegen zwischen 0,1 und 10 nN (Soos (2008)). Die für die verschiedenen Einstellungen erhaltenen Mittelwerte sind mit Standardabweichung in Tabelle 4.3 gezeigt.

Tabelle 4.3: Nach (4.7) berechnete Kohäsionskraft für die Prozessvariationen im batch-Versuch

Prozess	Kohäsionskraft [nN]	Standardabweichung [nN]
sauer	320	263
basisch	95	37
+ 20 g Na_2SO_4	170	122
80°C	712	687

Die Unsicherheit in der Viskositätsbestimmung schlägt sich auch in der großen Schwankung der Werte für die Kohäsionskraft nieder. Trotzdem liegen die Kräfte sowohl bezüglich der Größenordnung als auch der Rangfolge etwa im erwarteten Bereich. Da sich hier zusätzlich zu den van-der-Waals-Kräften auch chemische Bindungen und Feststoffbrücken ausbilden, ist das Überschreiten der von Soos (2008) genannten 10 nN, die wohl eher für destabilisierte kolloidale Systeme gelten, nicht verwunderlich. Die festeren Bindungen bei der sauren Fällung, bei der Zugabe von Salz und der Steigerung der Temperatur auf 80°C werden ebenfalls von den vorange-gangenen Messungen untermauert.

Es lässt sich also zusammenfassen, dass die Agglomeratgröße mittels des Energie-eintrags durch das Rührorgan und abhängig von den durch die Fällungsparameter eingestellten Kohäsionskräften gesteuert werden kann. Dabei ist eine Analogie zur Zerkleinerung von hochviskosen Flüssigkeitströpfchen zu beobachten.

4.5 Nachträgliche Einflussnahme auf die Schrumpfung der Partikel durch Umgebungsbedingungen

In Voruntersuchungen mit einem basisch gefällten Gel wurde zunächst anhand von drei identischen Experimenten geklärt, ob sich eine Veränderung des Gels mit der Zeit reproduzierbar messen lässt. Bei der verwendeten Zusammensetzung erfolgte die Gelierung ca. 35 Minuten nach der Mischung, nach 45 min wurde das Gel aus dem Reaktor entnommen. Für den Vorversuch wurde bei Raumtemperatur ausgelagert. Die in Abbildung 4.44 dargestellten Ergebnisse zeigen, dass sich die frische Probe von der einen Tag gealterten deutlich in der Partikelgrößenverteilung und der Dispergierbarkeit unterscheidet. Während sich die Partikelgrößenverteilung in Richtung kleinerer Werte verschiebt, wird die Dispergierkurve flacher, die Festigkeit des Gels nimmt also zu. Ab einem Alter von ca. einer Woche sind jedoch keine Unterschiede mehr feststellbar.

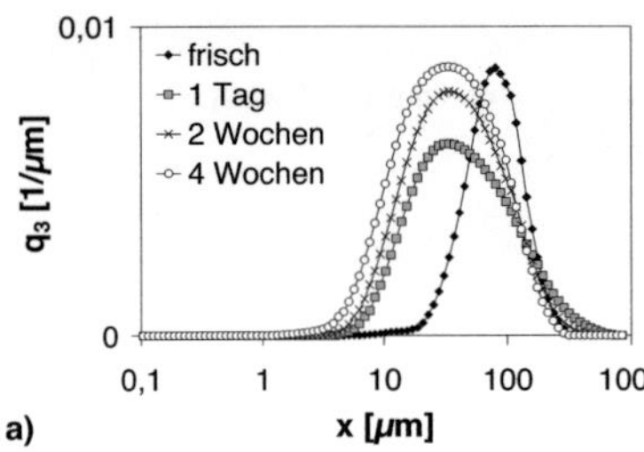

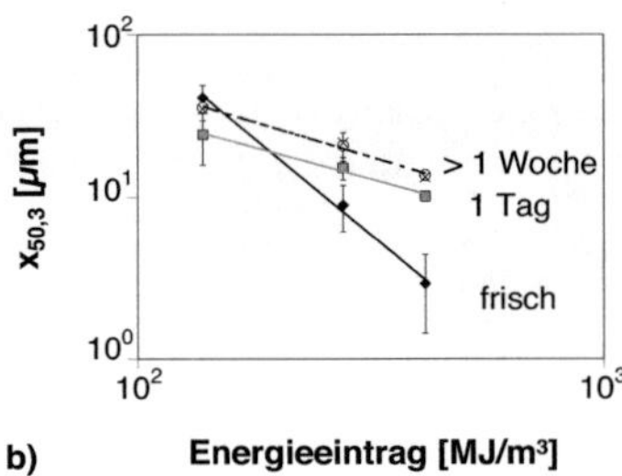

Abbildung 4.44: Gelalterung für ein basisches Gel (0,084 g Silikat + 0,016 g H_2SO_4/g H_2O) a) Veränderung der PGV mit der Zeit; b) Dispergierergebnis mit der Zeit

Gleichzeitig wurden gegossene Gel-Formkörper untersucht. Diese waren jedoch erst nach dem zweiten Tag ohne Zerstörung aus der Form entnehmbar. Zudem war die unter den angewandten Bedingungen stattfindende Schrumpfung so klein, dass sie nur qualitativ beobachtet werden konnte.

Weiterhin wurde untersucht, ob sich mittels BET-Oberflächenmessungen Veränderungen der Proben mit zunehmendem Alter beobachten lassen. Die spezifischen Oberflächen unterliegen jedoch gerade bei den frischen Gelen sehr starken Schwankungen, die wahrscheinlich durch Variationen und Inhomogenitäten bei der Trocknung hervorgerufen werden. So kurz nach der Gelierung ist offenbar noch nicht das komplette Silikat kondensiert, was bei der Trocknung teilweise zu bizarren Formen wie Nadeln führt. Auch nach einiger Lagerungszeit schwanken die Werte noch stark zwischen 50 und 250 m²/g. Abbildung 4.45 zeigt Partikelgrößenverteilungen und Dispergierergebnisse für dasselbe, unter verschiedenen Bedingungen ausgelagerte, basische Gel. Um die Dispergierung zu erleichtern und verschiedene pH-Werte und Salzgehalte einzustellen, wurde das Ausgangsgel mit einer Lösung gleichen Na_2SO_4-

Gehalts und pH-Werts im Verhältnis eins zu eins verdünnt, was im Vergleich zur unverdünnten Probe keine Auswirkungen auf die Ergebnisse hatte. Die Partikelgrößenverteilungen der bei 40°C und 95°C ausgelagerten Proben unterscheiden sich zwar kaum, auf die Dispergierbarkeit scheint sich die Temperatur dennoch recht stark auszuwirken. Dabei spielt das Alter der Gele jedoch keine so große Rolle, weshalb die Ergebnisse für 1-3 Tage jeweils in einer Kurve mit Standardabweichung zusammengefasst sind. Während die spezifische Oberfläche der drei Tage bei 40°C gelagerten Probe mit 305 m²/g höher ist als die für das frische Gel gemessenen 239 m²/g, kommt die heiß ausgelagerte Probe nur auf 214 m²/g, ein möglicher Hinweis auf eine stärkere Verwachsung der Primärpartikel bei höheren Lagerungstemperaturen. Im Inneren der Gel-Formkörper bilden sich bei 95°C Blasen, die sich auch beim Abkühlen nicht wieder zurückbilden. Als Erklärung denkbar wäre eine so schnelle Synärese, dass das Synäresewasser keine Zeit hat, aus dem Gelblock herauszudiffundieren. Zudem ist die Schrumpfung hier, anders als bei der Überschichtung der Formkörper mit Lösungen abweichenden pH-Werts oder Salzgehalts, aus dem gesamten Volumen heraus getrieben, statt nur an der Gel-Oberfläche.

Beim Verdünnen mit höher konzentrierter Salzlösung (45 g Na_2SO_4/kg H_2O, im Gel regulär nur 22,5 g/kg) und beim Absenken des pH-Werts treten die Veränderungen in der Partikelgrößenverteilung instantan auf, im weiteren Verlauf kommt es jedoch zu keinen zusätzlichen Modifikationen. Dies zeigt sich auch am Dispergierergebnis, bereits die frischen Proben sind nach der Verdünnung viel schwieriger zu zerkleinern. Während dieser Effekt bei erhöhtem Salzgehalt mit der Zeit noch zunimmt, werden die bei pH 2 und 7 gelagerten Gele nach ein und drei Tagen jedoch wieder leichter dispergiert. Möglicherweise bildet sich bei pH 2 ein saures Gel aus bei der Verdünnung noch gelöstem Silikat. Dafür sprechen die Transluzenz der Probe, die hohe spezifische Oberfläche von 717 m²/g und die im Gegensatz zu den anderen verdünnten Suspensionen fehlende Sedimentationsneigung. In den Gel-Formkörpern ist bei abgesenktem pH-Wert der umgebenden Lösung keine Schrumpfung zu beobachten. Dagegen schrumpft die mit Salzlösung überschichtete Probe sogar schneller. Dabei zieht sich die großflächig mit der Lösung in Kontakt stehende Oberseite stärker zusammen, was ebenfalls zeigt, dass die Diffusion im Gel nur langsam vonstatten geht. Die Erhöhung der Ionenstärke scheint die Synärese also zu beschleunigen, wie dies auch bei der Gelierung der Fall ist.

Beim Verdünnen des Gels mit VE-Wasser, also einem effektiven Senken des Salzgehalts, kommt es zu Auflösungserscheinungen in der Suspension. Wahrscheinlich ist die Löslichkeit des Silikats bei den vorherrschenden hohen pH-Werten um 11 bei geringerer Ionenstärke bereits stark erhöht. Für eine Ionenstärkeabhängigkeit der Löslichkeit spricht auch ein neuerliches Gelieren der Suspension nach der Verdünnung mit der konzentrierteren Na_2SO_4-Lösung.

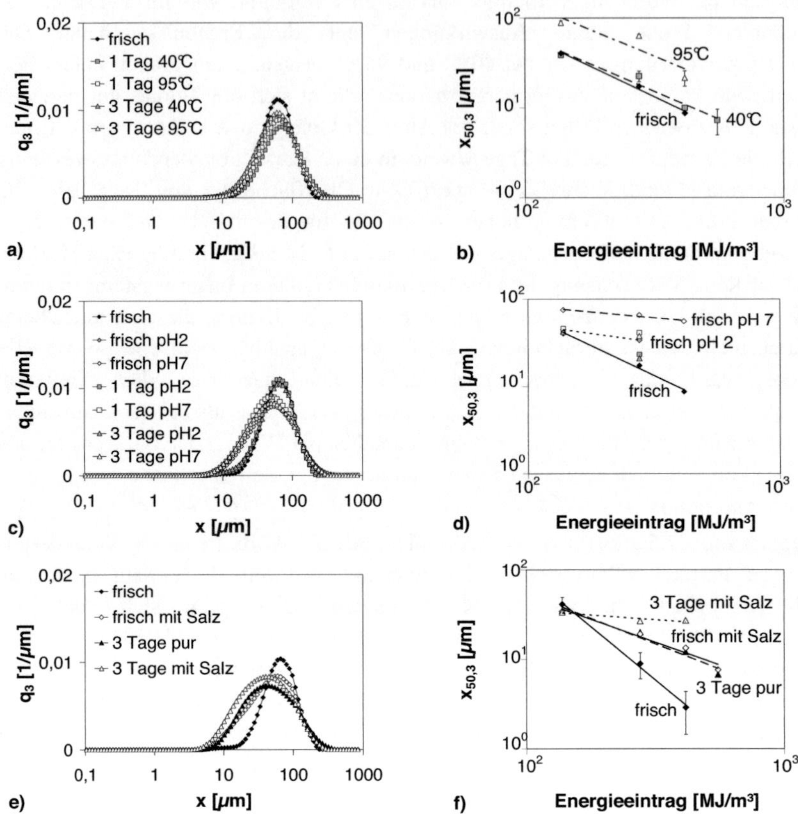

Abbildung 4.45: Gelalterung unter modifizierten Bedingungen für ein basisches Gel (0,084 g Silikat + 0,016 g H_2SO_4/g H_2O) a) PGV nach Auslagerung bei verschiedenen Temperaturen; b) Dispergierergebnis nach Auslagerung bei verschiedenen Temperaturen; c) PGV nach Auslagerung bei verschiedenen pH-Werten; d) Dispergierergebnis nach Auslagerung bei verschiedenen pH-Werten; e) PGV nach Auslagerung in Na_2SO_4-Lösung; f) Dispergierergebnis nach Auslagerung in Na_2SO_4-Lösung

Es kann also gezeigt werden, dass die Schrumpfung des Gels nicht nur von seiner Entstehungsgeschichte abhängt, sondern sich durch die Wahl der Umgebungsbedingungen auch nachträglich beeinflussen lässt. Dabei spielt vor Allem die Ionenstärke eine große Rolle. Mit den für diese Arbeit zur Verfügung stehenden Methoden gestaltete sich die Beobachtung der Synärese jedoch schwierig, so dass für weiterführende Untersuchungen in der Zukunft neue Messverfahren entwickelt werden sollten.

5 Zusammenfassung und Ausblick

In der vorliegenden Arbeit wurde die Partikelbildung bei der anorganischen semi-batch-Fällung von Kieselsäure untersucht. Durch Polykondensation entstehende Primärpartikel im Nanomaßstab lagern sich dabei zunächst zu einem partikulären Gel zusammen, welches im weiteren Prozessverlauf durch den Rührer zerstört wird und dessen Fragmente sich unter Einfluss der Fällungsbedingungen zu den Produktagglomeraten verdichten. Diese Synärese genannte Schrumpfung tritt auch bei mechanisch nicht belasteten Gelen auf. Das partikuläre Netzwerk zieht sich zusammen, wobei ein Teil der vorher im Gel immobilisierten Flüssigkeit ausgepresst wird.

Möglichkeiten der Einflussnahme auf die Größe und Struktur der Produktagglomerate waren Gegenstand der Untersuchungen. Aufgrund der durch Polykondensation erfolgenden Feststoffbildung und der verhältnismäßig geringen Geschwindigkeit dieser Reaktion ergeben sich für Siliciumdioxid einige Besonderheiten im Vergleich zu anderen kolloidalen Systemen. So ist hier wegen der Ladungskatalyse der Kondensationsreaktion am isoelektrischen Punkt keine Agglomeration herbeizuführen. Ferner spielt die Ausbildung von Feststoffhälsen zwischen den Primärpartikeln eine große Rolle. Infolge der geringen Größe der Primärpartikel treten bei der Trocknung sehr hohe Kapillarkräfte auf, die dazu führen, dass Agglomerate, deren Partikel nicht durch ausreichend starke Feststoffbrücken stabilisiert sind, bei der Entfernung des Wassers irreversibel zu sehr großen Brocken koagulieren. Bei der Herstellung im semi-batch-Verfahren ist eine ausreichende Feststoffbrückenbildung jedoch durch die kontinuierliche Monomerzugabe gewährleistet und es lässt sich so ein frei fließendes Pulver herstellen.

Durch Variation der Rührgeschwindigkeit und der Temperatur konnten so Pulver mit mittleren Partikelgrößen $x_{50,3}$ zwischen 30 und 120 μm hergestellt werden. Die Partikelgrößenverteilung des Produkts ist dabei jedoch häufig bimodal. Dies ist auf das Zusammenspiel aller Parameter nach der Gelierung zurückzuführen, weder durch das Rühren noch durch die zunehmende Ionenstärke lässt sich die bei kontinuierlicher Eduktzugabe gebildete Partikelgrößenverteilung reproduzieren.

Um die Partikelentstehung näher zu beleuchten und so weitere Einflussnahmemöglichkeiten aufzuzeigen, wurde der Prozess in seine drei Bereiche Gelbildung, Fragmentierung und Synärese aufgeteilt und im Einzelnen genauer betrachtet.

Die in Kapitel 2.6 für diese Bereiche aufgestellten Hypothesen sind im Folgenden noch einmal aufgelistet. In einer zusätzlichen Spalte ist dargestellt, ob die betreffende Hypothese durch die im Rahmen dieser Arbeit durchgeführten Versuche verifiziert oder falsifiziert wurde. Im Anschluss werden die Ergebnisse ausführlicher erläutert.

Gelbildung

Hypothese	*Parameter*	*Festigkeit*	
Bei höherer thermischer Energie der Partikel nimmt die Festigkeit des Gels ab (vgl. Viskosität).	$T \uparrow$	$\downarrow$	✗
Mehr Feststoff erhöht den Volumenanteil des tragenden Gerüsts und damit die Festigkeit.	$C \uparrow$	$\uparrow$	(✔)
Bei saurer Fällung entstehen kleinere Primärpartikel → mehr Bindungen pro Querschnittsfläche	pH $\uparrow$	$\downarrow$	(✔)
Bei höherer Ionenstärke sind die Partikel besser abgeschirmt → Bindungen fester	$I \uparrow$	$\uparrow$	✔

Fragmentierung

Hypothese		*Fragment-größe*	
Das Gel verhält sich wie eine hochviskose Flüssigkeit vgl Arai (1977): $$x_{max} \sim \left(\frac{\eta_d}{\rho_c \cdot \varepsilon^{1/3}} \right)^{0,75}$$	$\varepsilon \uparrow$	$\downarrow$	✔
Bei gleichem Leistungseintrag bestimmt die Festigkeit (s.o.) die Fragmentgröße.	Festigkeit $\uparrow$	$\uparrow$	✔
Die Homogenität des Leistungseintrags bestimmt die Fragmentgrößenveteilung.	PGV monomodal im Taylor-Couette-Reaktor		✗

Synärese

Hypothese	*Parameter*	*Festigkeits-zunahme*	*Schrum-pfung*	
Höhere thermische Energie begünstigt den Partikelkontakt und führt so zu beschleunigter Schrumpfung und verstärkter Reifung.	$T \uparrow$	$\uparrow$	$\uparrow$	✔
Stärkere Abstoßung der Partikel verlangsamt die Synärese.	pH $\uparrow$	$\downarrow$	$\downarrow$	✗
Stärkere Abschirmung der Partikel beschleunigt die Schrumpfung.	$I \uparrow$	$\uparrow$	$\uparrow$	✔

Abhängig von der Zusammensetzung wurden zwei Gebiete der schnellen Gelierung gefunden (Kapitel 4.3.1). Eines liegt bei sehr niedrigen pH-Werten und hohen

Silikatkonzentrationen und das andere befindet sich im basischen Bereich, oberhalb des pH-Umschlags, aber noch bevor das Silikat in Lösung geht. Die Gelierzeit ist dabei vom pH-Wert, der Ionenstärke und der Silikatkonzentration abhängig. Der Verlauf des in der Industrie angewendeten semi-batch-Prozesses folgt dem basischen Gelierzeitenminimum.

Die Struktur des Gels unterscheidet sich in den beiden Gebieten (Kap. 4.3.2). Während bei der sauren Fällung klare und sehr harte Gele entstehen, sind die Gele im basischen Bereich opak und weniger fest. Durch die Erhöhung der Temperatur (Kap. 4.3.4) lässt sich in beiden Fällen die Gelierung beschleunigen, dies hat jedoch keinen Einfluss auf den Mechanismus, die Struktur oder die endgültige Festigkeit des Gels. Da die Vernetzung so jedoch schneller zunimmt, wird kurzfristig eine Zunahme der Festigkeit mit der Temperatur registriert, das SiO_2-Gel verhält sich also nicht analog zu polymeren Gelen.

Der Feststoffgehalt ist für das saure Gel tatsächlich ausschlaggebend für die mit dem Oszillationsrheometer bestimmte Festigkeit des Gels (Kap. 4.3.2). Bei der basischen Fällung ist jedoch die Geschwindigkeit der Gelierung relevant, der Abstand zum Gelierzeitenminimum bestimmt auch nach der Normierung mit der Gelierzeit den Anstieg des elastischen Moduls mit der Zeit.

Obwohl die Primärpartikel des sauren Gels kleiner sind als die des basischen, reicht dieser Unterschied allein nicht aus, um seine größere Festigkeit zu erklären. Zusätzliche die Festigkeit erhöhende Bedingungen sind die Struktur des Gels sowie die bei hohen Schwefelsäurekonzentrationen stark erhöhte Ionenstärke.

Durch die Erhöhung des Salzgehalts (Kap. 4.3.3) lässt sich für die basischen Versuche die Gelierzeit verkürzen, dies hat jedoch wie die Temperatur keine Auswirkungen auf den Mechanismus sowie den endgültigen Festigkeitswert. Da die Zugabe von Salz die Ionenstärke bei der sauren Fällung prozentual kaum verändern kann, ist hier auch kein Einfluss dieses Parameters zu beobachten.

Das beobachtete Festigkeitsverhalten des Gels lässt sich in weiten Teilen auf die in den basischen gerührten batch-Versuchen gebildeten Partikelgrößen übertragen. Dabei entstehen bei schnellerer Gelierung in der Regel größere Fragmente, wobei die Größe der sauren Agglomerate etwas schwieriger zu beeinflussen ist. Die maximale Agglomeratgröße ist analog zu hochviskosen Tropfen über den Leistungseintrag steuerbar (Kap. 4.4.5). Dies gilt jedoch nur in den ersten Minuten nach der Gelierung, ein dynamisches Gleichgewicht zwischen Bruch und Reagglomeration existiert nicht (Kap. 4.4.2). Der Grund dafür ist die Ausbildung von Feststoffbrücken zwischen den Primärpartikeln mit dem bei der Gelbildung noch vorhandenen Monomer. Ist diese erfolgt, vermögen nur noch sehr hohe Energieeinträge die Aggregate zu zerteilen und eine Haftung zwischen kollidierenden Partikeln wird ebenfalls sehr unwahrscheinlich.

Obwohl der Leistungseintrag im Taylor-Couette-Reaktor viel homogener verteilt ist als im Rührkessel, sind auch die damit produzierten Partikelgrößenverteilungen nicht monomodal. Es lässt sich jedoch ein viel breiterer Leistungseintragsbereich einstellen als im Rührkessel. Die Rührgeschwindigkeit wirkt sich auf das Verhältnis der beiden Moden aus, wobei erstaunlicherweise der Peak bei größeren Klassen mit zunehmendem Leistungseintrag größer wird. Im semi-batch-Betrieb lassen sich durch den Verzicht auf das Umschalten der Rührgeschwindigkeit am Gelpunkt monomodale Verteilungen erzeugen (Kap. 4.2.2).

Zur Beeinflussung der Synärese durch veränderte Umgebungsbedingungen wurden im Rahmen dieser Arbeit nur erste Voruntersuchungen an einem basisch gefällten Gel durchgeführt (Kap. 4.5). Es konnte dabei gezeigt werden, dass die Schrumpfung des Gels und die Verfestigung der Fragmente durch eine Erhöhung von Temperatur und Ionenstärke beschleunigt werden können. Dies ist jedoch anhand der Partikelgrößenverteilung kaum zu erkennen. Eine Absenkung des pH-Wertes scheint die Schrumpfung eher zu hemmen, indem die bestehenden Strukturen verstärkt werden. Hier sind weiterführende Experimente und vor Allem eine Weiterentwicklung der Untersuchungsmethoden notwendig.

Es konnte also gezeigt werden, wie die Agglomerate in ihren verschiedenen Entwicklungsstadien beeinflusst werden. Dabei muss jedoch beachtet werden, dass die verschiedenen Stufen im Prozess eng miteinander verknüpft sind und sich Modifikationen des Verfahrens in einem Bereich auch stark auf die anderen auswirken können.

Literatur

Acker, E.G.: "The Characterization of Acid-Set Silica Hydrosols, Hydrogels, and Dried Gel", *J. Coll. Interf. Sci.* 32, 1 (**1970**) 41-54

Aubert, C., Cannell, D.S.: "Restructuring of Colloidal Silica Aggregates", *Phys. Rev. Lett.* 56, 7 (**1986**) 738-741

Arai, K., Konno, M., Matunaga, Y., Saito, S.: "Effect of Dispersed-Phase Viscosity on the Maximum Stable Drop Size for Breakup in Turbulent Flow", *Journal of Chemical Engineering of Japan* 10, 4 (**1977**) 325-330

Bergna, H.E. (ed): "The Colloid Chemistry of Silica", Advances in Chemistry Series 234, American Chemical Society, Washington, DC **1994**

Bernhard, C.: „Granulometrie", VEB-Verlag, Leipzig **1990**

Bonanomi, E., Morari, M., Sefcik, J., Morbidelli, M.: "Analysis and Control of a Turbulent Coagulator", *Ind. Eng. Chem. Res.* 43 (**2004**) 6112-6124

Bremer, L.G.B., Vliet, T. Van, Walstra, T.: "Theoretical and experimental study of the fractal nature of the structure of casein gels", *J. Chem. Soc., Faraday Trans.* 1, 85 (**1989**) 3359-3372

Bremerstein, I., Tomas, J.: „Beschreibung der Zerkleinerungskinetik mit Hilfe von Mischverteiungen und Massebilanzen", *Chem.-Ing.-Tech.* 66, 6 (**1994**) 861-865

Brinker, C.J., Scherer, G.W.: „Sol-Gel Science – The Physics and Chemistry of Sol-Gel Processing", Academic Press, Inc., San Diego **1990**

Buggisch, H.: Skriptum zur Vorlesung „Rheologie und Produktstruktur", Universität Karlsruhe (TH), MVM Wintersemester **2002**/2003

Burst, J.F.: "Subaqueously formed shrinkage cracks in clay", *J. Sediment. Petrol.* 35 (**1965**) 348-353

Camp, T.R., Stein, P.C.: "Velocity Gradients and internal work in fluid motion", *J. Boston Soc. Civil Eng*, 30 (**1943**) 219-237

Cartwright, J.A..: "Episodic basin-wide fluid expulsion from geopressured shale sequences in the North Sea basin", *Geology* 22, 5 (**1994**) 447-450

Cartwright, J.A., Dewhurst, D.N.: "Layer-bound compaction faults in fine-grained sediments", *Geol. Soc. Am. Bull.* 110, 10 (**1998**) 1242-1257

Castillo, M., Lucey, J.A., Wang, T., Payne, F.A.: "Effect of temperature and inoculum concentration on gel microstructure, permeability and syneresis kinetics. Cottage cheese-type gels", *Int. Dairy J.* 16, 2 (**2006**) 153-163

Cherkinskii, Y.S., Knyaz'kova, I.S, *Dokl. Akad. Nauk SSSR*, 198 (**1971**) 358

Coufort, C., Dumas, C., Bouyer, D., Liné, A. : "Analysis of floc size distributions in a mixing tank", *Chem. Eng. Proc.* 47 (**2008**) 287-294

Cummins, H.: "Photon correlation spectroscopy and velocimetry: Lectures pres. at the NATO Advanced Study Institute on Photon Correlation Spectroscopy" held in Capri, Italy July 26 - Aug. 6, 1976, Hermann Z. Cummins (ed) Plenum Press, New York **1977** (NATO advanced study institutes series: B, 23)

D'Ans, J., Lax, E.: „Handbuch für Chemiker und Physiker, Band 1: Makroskopische chem.-physikal. Eigenschaften", Springer-Verlag, 3. Auflage, **1967**

Derjaguin, B.V., Landau, L.D., *Acta Physicochim. USSR* 14 (**1941**) 633-662

DIN 53206 „Teilchengrößenanalyse" (**1972**)

Ehrl, L., Soos, M., Morbidelli, M.: "Dependence of Aggregate Strength, Structure, and Light Scattering Properties on Primary Particle Size under Turbulent Conditions in Stirred Tank", *Langmuir* 24 (**2008**) 3070-3081

Evans, D.F., Wennerström, H.: "The Colloidal Domain – Where Physics, Chemistry, Biology and Technology Meet" Wiley-VCH, New York **1999**

Faers, M.A., Choudhury, T.H., Lau, B., McAllister, K., Luckham P.F.: "Syneresis and rheology of weak colloidal particle gels", *Colloids and Surfaces A* 288 (**2006**) 170-179

Flory, P.J.: "Principles of Polymer Chemistry", Cornell University Press, Ithaca, NY **1953**

Forrest, S.R., Witten, T.A.: "Long-range correlations in smoke-particle aggregates", *J. Phys. A* 12, 5 (**1979**) L109-117

Geisler, R.K.: „Fluiddynamik und Leistungseintrag in turbulent gerührten Suspensionen", Dissertation TU München **1991**

Giese, W.: „Silicium, Silikate, Silikose", *J. Mol. Med.* 19, 23 (**1940**) 558-560

Gigante, M.L., Almena-Aliste, M., Kindstedt, P.S.: "Effect of cheese pH and temperature on serum phase characteristics of cream cheese during storage", *J. Food Sci.* 71, 1 (**2006**) C7-C11

Griffith, A.A.: "The phenomena of rupture and flow in solids", *Philos. Trans. Roy. Soc. London*, Ser. A/ 221 (**1920/21**) 163-198

Guo, M.R., Gilmore, J.A., Kindstedt, P.S.: "Effect of sodium chloride on the serum phase of Mozzarella cheese", *J. Dairy Sci.* 80, 12 (**1997**) 3092-3098

Gupta, H.: „Handbuch der Kautschuktechnologie" , Dr. Gupta Verlag **2001** 100

Hausdorff, F.: „Dimension und äußeres Maß", *Math. Ann.* 79 (**1918**) 157-179

Hinze, J.O.: "Fundamentals of the Hydrodynamic Mechanism of Splitting in Dispersion Processes", *AIChE Journal* 1, 3 (**1955**) 289-295

Hollemann, A.F., Wiberg, E., Wiberg, N.: „Lehrbuch der Anorganischen Chemie", Walter de Gruyter, Berlin New York **1985**

Iler, R.K.: "The Chemistry of Silica – Solubility, Polymerization, Colloid and Surface Properties, and Biochemistry", John Wiley & Sons, New York, Chichester, Brisbane, Toronto **1979**

Jüngst, H.: „Zur geologischen Bedeutung der Synärese", *Geol. Rundschau* 15 (**1934**) 312-325

Kamiya, H., Mitsui, M., Takano, H., Miyazawa, S.: "Influence of Particle Diameter on Surface Silanol Structure, Hydration Forces, and Aggregation Behaviour of Alkoxide-Derived Silica Particles", *J. Am. Ceram. Soc.* 83, 2 (**2000**) 287-293

Katatoka, K.: "Taylor vortices and instabilities in circular Couette flows", Encyclopedia of Fluid Mechanics 1, Cheremisinoff, N. (ed) Gulf Publishing, Houston **1986** 237-273

Kind, M.: "Colloidal aspects of precipitation processes", *Chem. Eng. Sci.* 57 (**2002**) 4287-4293

Kind, M.: „Partikelgestaltung in industriellen Fällungsprozessen", *Chem. Ing. Tech.* 78, 9 (**2006**) 1340

Kinrade, S.D., Pole, D.L.: "Effect of Alkali-Metal Cations on the Chemistry of Aqueous Silicate Solutions", *Inorg. Chem.* 31 (**1992**) 4558-4563

Kolmogorov, A.N.: „Die lokale Struktur der Turbulenz in einer inkompressiblen zähen Flüssigkeit bei sehr großen Reynoldszahlen", Sammelband zur statistischen Theorie der Turbulenz, Akademie Verlag, Berlin **1958**

Kucher, M.: „Vom Keim zum Kristall – Über die Partikelbildung bei der Fällung schwerlöslicher Feststoffe" Universitätsverlag Karlsruhe **2009**

Lagaly, G.: "Colloids", in Ullmann´s Encyclopedia of Industrial Chemistry, Wiley-VCH, Weinheim **2005**

Laliberté, M., Cooper, W.E.: "Model for Calculating the Density of Aqueous Electrolyte Solutions", *J. Chem. Eng. Data* 49 (**2004**) 1141-1151

Laufhütte, H.D.: „Turbulenzparameter in gerührten Fluiden", Dissertation TU München **1986**

Lin, M.Y., Lindsay, H.M., Weitz, D.A., Ball, R.C., Klein, R., Meakin, P.: "Universality in colloid aggregation", *Nature* 339 (**1989**) 360-362

Lin, M.Y., Klein, R., Lindsay, H.M., Weitz, D.A., Ball, R.C., Meakin, P.: "The Structure of Fractal Colloidal Aggregates of Finite Extent", *J. Coll. Interf. Sci.* 137, 1 (**1990**) 263-280

Liu, J., Shih, W.Y., Sarikaya, M., Aksay, I.A.: "Fractal colloidal aggregates with finite interparticle interactions: Energy dependence of the fractal dimension", *Phys. Rev. A* 41, 6 (**1990**) 3206-3213

Lucey, J.A., Teo, C.T., Munro, P.A., Singh, H.: "Microstructure, permeability and appearance of acid gels made from heated skim milk", *Food Hydrocoll.* 12, 2 (**1998**) 159-165

Mandelbrot, B.B.: "Fractals: Form, Chance and Dimension", Freeman, San Francisco **1977**

Masson, N.C., De Souza, E.F., Galembeck, F.: "Calcium and iron(III)polyphosphate gel formation and aging", *Colloids and Surfaces A* 121 (**1997**) 247-255

Meakin, P., Jullien, R.: "The effects of restructuring on the geometry of clusters formed by diffusion-limited, ballistic, and reaction-limited cluster-cluster aggregation", *J. Chem. Phys.* 89, 1 (**1988**) 246-250

Mersmann, A. (Ed.): "Crystallization Technology Handbook", Marcel Dekker, New York **1995**

Mortimer, C.E.: „Chemie", 6. Auflage, Georg Thieme Verlag, Stuttgart New York **1996**

Oles, V.: "Shear-Induced Aggregation and Breakup of Polystrene Latex Particles", *J. Coll. Interf. Sci.* 154, 2 (**1992**) 351-358

Özmetin, C., Schlomach, J., Kind, M.: „Polymerisierungskinetik von Kieselsäure", *Chem. Ing. Techn.* 76, 12 (**2004**) 1832-1836

Plank, C.J., Drake, L.C.: "Differences between silica and silica-alumina gels I. Factors affecting the porous structure of these gels", *J. Coll. Sci.* 1-3 (**1947**) 399-412

Pohl, M., Hogekamp, S., Hoffmann, N.Q., Schuchmann, H.P.: „Dispergieren und Desagglomerieren von Nanopartikeln mit Ultraschall", *Chemie Ingenieur Technik* 76, 4 (**2004**) 392-396

Potanin, A.A.: "On the Computer Simulation of the Deformation and Breakup of Colloidal Aggregates in Shear Flow", *J. Colloid Interf. Sci.* 157 (**1993**) 399-410

Pusey, P.N.: "Study of Brownian motion by intensity fluctuation spectroscopy", *Phil. Trans. R. Soc. London* A 293 (**1979**) 429-439

Pusey, P.N., Tough, R.J.A.: "Dynamic Light Scattering, a probe of Brownian particle dynamics" *Adv. Coll. Interf. Sci.* 16 (**1982**) 143-159

Quarch, K., Durand, E., Schilde, C., Kwade, A., Kind, M.: "Mechanical fragmentation of precipitated silica aggregates" *Chem. Eng. Res. Des.* (**2010**) doi: 10.1016/j.cherd.2010.01.007

Quarch, K., Kind, M.: „Anorganisch gefälltes Kieselsäuregel, Teil 1: Bildungskinetik und Eigenschaften" *Chem. Ing. Techn.* (**2010**) doi: 10.1002/cite.200900159

Quarch, K., Kind, M.: „Anorganisch gefälltes Kieselsäuregel, Teil 2: Fragmentierung durch mechanische Belastung" *Chem. Ing. Techn.* (**2010**) doi: 10.1002/cite.200900160

Racina, A.: "Vermischung in Taylor-Couette Strömung", Universitätsverlag Karlsruhe **2009**

Randolph, A.D., Larson, M.A.: "Theory of Particulate Processes", 2nd Edition, Academic Press, New York **1988**

Rittinger, P., Ritter von: „Lehrbuch der Aufbereitungskunde", Verlag Ernst und Korn, Berlin **1867**

Sacks, M.D., Sheu, R.-S.: "Rheological properties of silica sol-gel materials", *J. Non-Cryst. Solids* 92, 2-3 (**1987**) 383-396

Scherer, G.W.: "Mechanics of Syneresis I. Theory", *J. Non-Cryst. Solids* 108 (**1989**) 18-27

Scherer, G.W.: "Mechanics of Syneresis II. Experimental study", *J. Non-Cryst. Solids* 108 (**1989**) 28-36

Scherer, G.W.: "Structure and properties of gels", *Cement and Concrete Research* 29 (**1999**) 1149-1157

Schilde, C., Gothsch, T., Quarch, K., Kind, M., Kwade, A.: "Effect of Important Precipitation Process Parameters on the Redispersion Process and the Micromechanical Properties of Precipitated Silica", *Chem. Eng. Technol.* 32, 7 (**2009**) 1078-1087

Schlomach, J.: „Feststoffbildung bei technischen Fällprozessen – Untersuchungen zur industriellen Fällung von Siliziumdioxid und Calciumcarbonat", Universitätsverlag Karlsruhe **2006**

Schlomach, J., Kind, M.: "Theoretical Study of the Reorganization of Fractal Aggregates by Diffusion", *Particulate Science and Technology* 25 (**2007**) 519-533

Schubert, H., Armbruster, H.: „Prinzipien der Herstellung und Stabilität von Emulsionen", *Chem. Ing. Techn.* 61, 9 (**1989**) 701-711

Schubert, H., Heidenreich, E., Liepe, F., Neeße, T.: „Mechanische Verfahrenstechnik", Deutscher Verlag für Grundstoffindustrie, Leipzig **1990**

Sefcik, J., Grass, R., Sandkühler, P., Morbidelli, M.: "Kinetics of Aggregation and Gelation in Colloidal Dispersions", *Chem. Eng. Res. Des.* 83(A7) (**2005**) 926-932

Selomulya, C., Bushell, G., Amal, R., Waite, T.D.: "Aggregation Mechanisms of Latex of Different Particle Size in a Controlled Shear Environment", *Langmuir* 18 (**2002**) 1974-1984

Shih, W.Y., Aksay, I.A., Kikuchi, R.: "Reversible growth model: Cluster-cluster aggregation with finite binding energies", *Phys. Rev. A* 36, 10 (**1987**) 5015-5019

Smit, D.J., Hounslow, M.J., Paterson, W.R.: "Aggregation and Gelation – I. Analytical Solutions for CST and Batch Operation", *Chem. Eng. Sci.* 49, 7 (**1994**) 1025-1035

Smith, D.K.W., Kitchener, J.A.: "The strength of aggregates formed in flocculation", *Chem. Eng. Sci.*, 33, 12 (**1978**) 1631-1636

Smoluchowski, M.v.: „Versuch einer mathematischen Theorie der Koagulationskinetik kolloider Lösungen." *Zeitschrift f. physik. Chemie* 92 (**1917**) 129-168

Soos, M., Moussa, A.S., Ehrl, L., Sefcik, J., Wu, H., Morbidelli, M.: "Effect of shear rate on aggregate size and morphology investigated under turbulent conditions in stirred tank", *J. Coll. Interf. Sci.* 319 (**2008**) 577-589

Stanley, H.E.: "Cluster shapes at the percolation threshold: an effective cluster dimensionality and its connection with critical point exponents", *J. Phys. A* 10, 11 (**1977**) L211-220

Stauffer, D., Coniglio, A., Adam, M.: "Gelation and critical phenomena", *Advances in Polymer Science*, 44 (**1982**) 103-158

Stieß, M.: „Mechanische Verfahrenstechnik 2" Springer, Berlin Heidelberg **1994** S. 225ff

Stieß, M.: „Mechanische Verfahrenstechnik – Partikeltechnologie 1" Springer, Berlin Heidelberg **2009**

Stöber, W., Fink, A.: "Controlled Growth of Monodisperse Silica Spheres in the Micron Size Range", *J. Coll. Interf. Sci.* 26 (**1968**) 62-69

Sutherland, D.N.: "A Theoretical Model of Floc Structure", *J. Coll. Interf. Sci.* 25 (**1967**) 373-380

Tambo, N., Hozumi, H.: "Physical Characteristics of Flocs – II. Strength of Floc", *Water Res.* 13 (**1979**) 421-427

Tanaka, T.: "Gels", *Scientific American* 244 (**1981**) 124-138

Teipel, U., Förter-Barth, U.: „Partikelcharakterisierung mittels Laserbeugungsspektroskopie und dynamischer Lichststreuung", *Schüttgut* 6, 1 (**2000**) 25-30

Verwey, E.J.W., Overbeek, J.Th.G. : "Theory of the Stability of Lyophobic Colloids" Elsevier, Amsterdam **1948**

Weinstein: „Neue amtliche Vorschriften über die Eichung von Aräometern und von Meßgeräten zur chemischen Maßanalyse.", *Zeitschrift für angewandte Chemie*. 46 (**1904**) 1745-1754

Weit, H., Schwedes, J.: „Maßstabsvergrößerung von Rührwerkskugelmühlen", *Chem.-Ing.-Tech.* 58, 10 (**1986**) 818-819

Witten, T.A., Sander, L.M.: "Diffusion-Limited Aggregation, a Kinetic Critical Phenomenon", *Phys. Rev. Lett.* 47, 19 (**1981**) 1400-1403

Yotsumoto, H., Yoon, R.H.: "Application of Extended DLVO Theory – II. Stability of Silica Suspensions", *J. Coll. Interf. Sci.* 157, 2 (**1993**) 434-441

Yoldas, B.E.: "Hydrolysis of titanium alkoxide and effects of hydrolytic polycondensation parameters", *J. Mater. Sci.* 21 (**1986**) 1087-1092

Zlokarnik, M.: „Rührtechnik; Theorie und Praxis" Springer, Berlin **1999** 73-78

Anhang

A   Stoffdaten

A.1   Wasserglas

Wasserglas ist ein Natrium- oder Kaliumsilikat, das durch das Brennen von Quarzsand mit Na_2CO_3 oder K_2CO_3 in unterschiedlichen Mengenverhältnissen bei 1300°C gewonnen wird. Anschließend erfolgt die Auflösung in überhitztem Wasser bei z.B. 150°C und 5 bar, um eine Lösung zu erhalten. Die Formel des so hergestellten Stoffs hat dann die Form: $Me_2O \cdot n\ SiO_2$.

Am weitesten verbreitet sind in Deutschland Natronwassergläser der Massenverhältnisse 1:3,4-3,5.

Die Dichte des Wasserglases und damit der Feststoffgehalt der Lösung wird in Grad Baumé (°Bé) angegeben (Weinstein (1904)).

$$°Bé = 144,3 - \frac{144,3}{\rho} \qquad \text{(A.1)}$$

Neben der Produktion von gefällter Kieselsäure wird Wasserglas verwendet zum Kitten von Keramik, Imprägnieren und Leimen von Papier, Beschweren von Seide, Strecken von Seife, Konservieren von Eiern und als Flammschutz- oder Bindemittel (Hollemann-Wiberg (1985)).

Die für die in dieser Arbeit durchgeführten Experimente verwendete Silikatlösung war ein Natronwasserglas der Firma *Degussa* (heute *Evonik*) von 37/40°Bé der Formel $Na_2O \cdot 3,3\ SiO_2$ bei einem pH-Wert von ca. 12. Für die Berechnungen wurden eine Dichte von 1,365 g/cm³ bei 20°C und ein Feststoffgehalt von 36,4% zugrunde gelegt. Damit ergibt sich ein SiO_2-Gehalt der Trockenmasse von 76,7% und der Lösung von 28%.

Zur Bestimmung der Pumpgeschwindigkeit für die Mischdüsenversuche musste die Dichte der eingesetzten Lösungen bei den jeweiligen Prozesstemperaturen bekannt sein. Sie wurde mit einem Gerät des Typs *DMA 5000* der Firma *Anton Paar*, das nach dem Biegeschwingerprinzip arbeitet, gemessen. Für die Berechnung der Gelierzeit wurde die Dichte der unterschiedlich konzentrierten Wasserglaslösungen mit einer Anpassungsfunktion aus Messwerten bei 20°C bestimmt. Daraus ergab sich die Formel $\rho = 0,9939 \cdot e^{0,3141 \cdot \xi}$, wobei ξ der Massenanteil des Wasserglases an der Mischung ist.

A.2 Schwefelsäure

Die in dieser Arbeit verwendete Schwefelsäure wurde 96%-ig von *Carl Roth GmbH + Co. KG* bezogen und für die Versuche zunächst auf 50% verdünnt.

Schwefelsäure dissoziiert in Wasser nach folgendem Gleichgewicht:

$$H_2SO_4 \rightarrow H^+ + HSO_4^-$$

$$HSO_4^- \leftrightarrow H^+ + SO_4^{2-}$$

Dabei liegt die erste Stufe immer vollständig dissoziiert vor, während für die zweite Stufe eine Dissoziationskonstante von $K_{S2} = 1,3 \cdot 10^{-2}$ gilt (s. z.B. Mortimer (1996)).

Für die Berechnungen wurde die Dichte nach der Formel $\rho = 0,998608 \cdot e^{0,69618 \cdot \xi}$ aus dem eingewogenen Schwefelsäure-Massenanteil berechnet. Die Formel ist die Anpassungsfunktion einer Reihe von Messwerten bei 20°C und weicht nur um 0,1% von der nach Laliberté (2004) berechneten Dichte für verdünnte Schwefelsäure ab.

B   Messtechnik

B.1   Rheologie

Die Viskosität η einer Suspension hängt ab von der Feststoffkonzentration, der Partikelgröße und den interpartikulären Wechselwirkungen der darin enthaltenen Partikel. Geht man von zwei planparallelen Platten im Abstand h aus, zwischen denen sich das zu untersuchende Medium befindet (s. Abbildung B.1), ist sie definiert als die Schubspannung σ, die aufgebracht werden muss um eine bestimmte Scherrate $\dot{\gamma}$ zu erzeugen. Dabei ist die untere Platte fixiert, während auf die obere eine Kraft F wirkt.

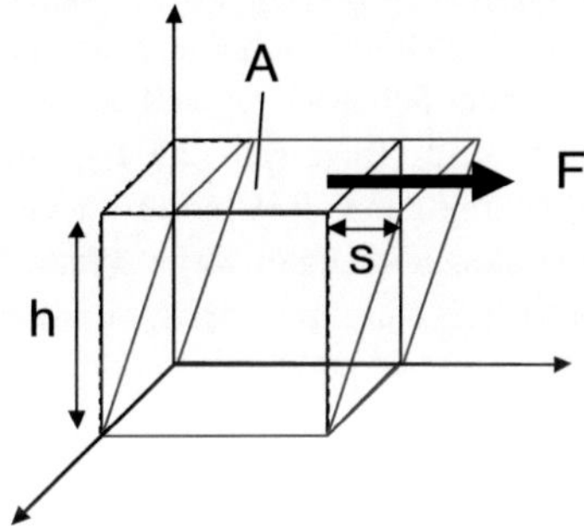

Abbildung B.1: Definition der Viskosität aus der Verschiebung zweier planparalleler Platten

Die Deformation γ ist definiert als die Verschiebungsstrecke s geteilt durch die Spalthöhe h:

$$\gamma = \frac{s}{h} \qquad\qquad \text{(B.1)}$$

Die Schubspannung σ ist definiert als die aufgebrachte Kraft F geteilt durch die Fläche A der Platte:

$$\sigma = \frac{F}{A} \qquad\qquad \text{(B.2)}$$

Für elastische Festkörper gilt das Hooke'sche Gesetz: Die Verformung ist direkt proportional zur Schubspannung, der Proportionalitätsfaktor ist der Schubmodul G:

$$G = \frac{\sigma}{\gamma} \tag{B.3}$$

Bei konstanter Spannung ist auch die Deformation konstant. Bei viskosen Flüssig-keiten ist bei konstanter Schubspannung die Deformations- oder Scherrate $\dot{\gamma}$ konstant.

$$\eta = \frac{\sigma}{\dot{\gamma}} \tag{B.4}$$

Bei Newton'schen Fluiden (z.B. Wasser) ist die Viskosität η unabhängig von der Scherrate. Suspensionen sind jedoch häufig scherverdünnend (strukturviskos), d.h. ihre Viskosität nimmt mit zunehmender Scherrate ab weil die durch die Partikel aufgebaute Struktur immer mehr zerstört wird (Buggisch (2002)). Dies ist auch bei gefälltem Siliciumdioxid nach dem Gelpunkt der Fall. Um die für die Rührerleistung benötigte Viskosität zu bestimmen, wurden mit einem Kegel-Platte-Rheometer *CVO 100* der Firma *Bohlin Instruments* (40 mm Durchmesser, s. Abbildung B.2) auf- und abstei-gende Scherratenrampen von 1-1000 s^{-1} gefahren.

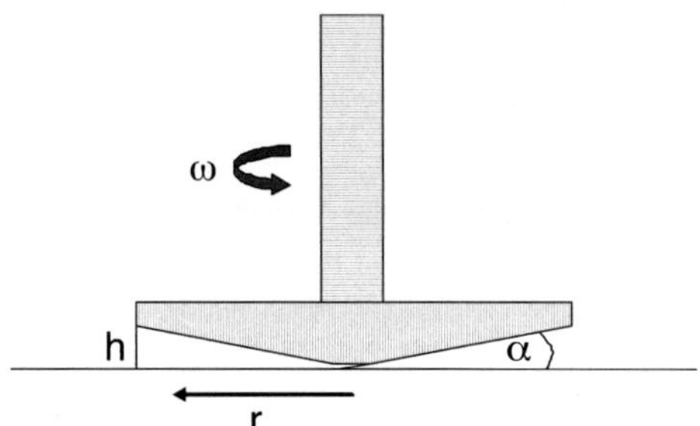

Abbildung B.2: Schematische Darstellung eines Kegel-Platte-Rheometers

Der Vorteil eines Kegel-Platte-Rheometers besteht darin, dass die Scherrate über dem Plattenradius konstant bleibt. Bei Platte-Platte-Rheometern nimmt die Umfangs-geschwindigkeit U mit dem Radius zu, während die Spaltweite konstant bleibt.

$$\dot{\gamma} = \frac{U(r)}{h(r)} \tag{B.5}$$

$$U(r) = \omega \cdot r \tag{B.6}$$

Da für kleine α (was bei einem Kegelwinkel von 4° gegeben ist) gilt:

$$h(r) = \tan\alpha \cdot r \approx \alpha \cdot r \, , \qquad\qquad \text{(B.7)}$$

kürzt sich die Radiusabhängigkeit heraus:

$$\dot{\gamma} = \frac{\omega}{\alpha} \neq f(r) \qquad\qquad \text{(B.8)}$$

Damit Partikel im Spalt nicht in der Nähe der Spitze zerdrückt werden können oder die Suspension dort an Partikeln verarmt, ist die Kegelspitze abgeplattet. Der Messspalt von 150 μm ist so gewählt, dass die Kegelspitze genau die Platte berühren würde, wenn sie nicht abgeflacht wäre.

Die Schubspannung wird vom Gerät über das Drehmoment G eingestellt.

$$G = \int\limits_{0}^{R} r \cdot \sigma \cdot 2\pi \cdot r dr \qquad\qquad \text{(B.9)}$$

Nach Integration ergibt sich:

$$\sigma = \frac{3 \cdot G}{2\pi \cdot R^{3}} \qquad\qquad \text{(B.10)}$$

Zur Charakterisierung vernetzter Gele sind die oben beschriebenen viskosimetrischen Messungen nicht geeignet, da durch die Scherung das Gelnetzwerk teilweise irreversibel zerstört wird. Um die Eigenschaften eines solchen Gels zu untersuchen, sind oszillatorische Messungen notwendig, bei denen eine sehr kleine sinusförmige Deformation auf die Probe aufgegeben wird.

$$\gamma(t) = \gamma_{max} \cdot \sin(\omega t) \qquad\qquad \text{(B.11)}$$

Die Scherrate $\dot{\gamma}$ ist dabei um $\pi/2$ gegenüber der Deformation verschoben (s. Abbildung B.3).

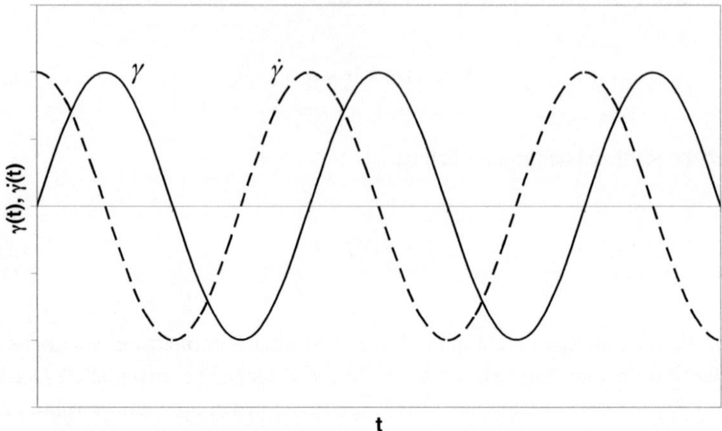

Abbildung B.3: Phasenverschiebung von Deformation γ und Scherrate $\dot{\gamma}$

Verhält sich die Probe ideal elastisch, ist die dazu notwendige Schubspannung ebenfalls sinusförmig, da maximale Auslenkung auch maximale Kraft erfordert:

$$\sigma(\omega,t) = G'(\omega) \cdot \gamma(t) = G'(\omega) \cdot \gamma_{max} \cdot \sin(\omega t) \tag{B.12}$$

Dabei ist $G'(\omega)$ der Speicher- oder elastische Modul.

Bei rein viskosen, also plastischen Proben ist die Spannung bei höchster Geschwindigkeit maximal, es gilt also:

$$\sigma(\omega,t) = \eta(\omega) \cdot \dot{\gamma}(t) = \eta(\omega) \cdot \omega \cdot \gamma_{max} \cdot \cos(\omega t) \tag{B.13}$$

Dabei kann man $\eta(\omega)\omega$ als viskosen oder Verlustmodul $G''(\omega)$ schreiben. Für ein viskoelastisches System, das teils elastische, teils viskose Eigenschaften hat, addieren sich die einzelnen Beiträge und es gilt:

$$\sigma(\omega,t) = G'(\omega) \cdot \gamma_{max} \cdot \sin(\omega t) + G''(\omega) \cdot \gamma_{max} \cdot \cos(\omega t) \tag{B.14}$$

oder: $$\sigma(\omega,t) = \sqrt{G'(\omega)^2 + G''(\omega)^2} \cdot \gamma_{max} \cdot \sin(\omega t + \delta) \tag{B.15}$$

δ ist dabei die Phasenverschiebung zwischen der aufgeprägten Sinusfunktion und der Antwort der Probe und ist ein Maß dafür, welcher Anteil überwiegt.

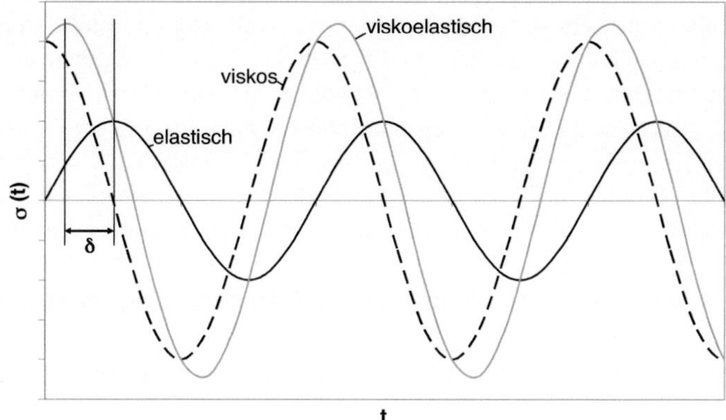

Abbildung B.4: Elastische, viskose und viskoelastische Systemantwort

$$\tan \delta = \frac{G''(\omega)}{G'(\omega)} \qquad\qquad \text{(B.16)}$$

Bei rein viskosem Verhalten wäre δ damit $\pi/2$ oder 90°, bei ideal elastischem 0°. Viskoelastische Materialien verhalten sich bei sehr langsamen Deformationen, also niedrigen Frequenzen, viskos, weil sie hier durch Kettenumlagerungen die elastische Spannung abbauen können. Bei hohen Frequenzen hingegen reagieren sie elastisch, weil bei schneller Verformung die Relaxationszeit des Materials zu lang ist (Stieß (1994)).

B.2   Statische Lichtstreuung

Beim Auftreffen von Licht auf Materie kann dieses absorbiert (= in Wärme umgewandelt) oder gestreut werden. Bedingung für die Streuung ist ein Unterschied im Brechungsindex zwischen der Materie – hier Partikeln – und dem umgebenden Medium. Bei der Lichtstreuung unterscheidet man die elastische, die nur einer Impulsänderung entspricht, und die inelastische Streuung, bei der sich zusätzlich die Energie und damit die Wellenlänge der Stahlung ändert (z.B. Raman, Lumineszenzeffekte).

Bei der elastischen Streuung verschieben die elektromagnetischen Wellen des Lichts beim Auftreffen auf Materie darin enthaltene Elektronen gegen ihre Kerne und erzeugen so oszillierende Dipole, die ihrerseits wieder Lichtwellen aussenden. Das Licht wird dadurch gebeugt, gebrochen oder reflektiert. Voraussetzung für die Nutzung dieser Effekte für die Partikelgrößenanalyse ist, dass die Streuwirkung des kontinuierlichen Mediums im Vergleich zu der der suspendierten Partikel vernachlässigbar ist. Ist das einfallende Licht monochromatisch und kohärent (Laser), so bilden sich abhängig vom Brechungsindex und den Abmessungen des Körpers charakteristische Streubilder aus. Partikel < $\lambda/20$ streuen das Licht isotrop (Rayleigh-Streuung). Bei etwas größeren Partikeln interferieren die von den Atomen ausgesandten Lichtwellen und die Streuung wird nach vorne (0°) stärker als nach hinten. Dabei klingt die Intensität des gestreuten Lichts mit zunehmendem Winkel für größere Partikel schneller ab. Die Streuung in diesem Bereich kann mit der Mie-Theorie berechnet werden, es ist jedoch die Kenntnis des komplexen Brechnungsindex mit Real- und Imaginärteil (= Absorptionsindex) des Materials notwendig. Für noch größere Partikel (> 3-4 λ) gilt, sofern sie rund und undurchsichtig sind, die geometrische Optik und es bilden sich Beugungsbilder mit Maxima und Minima (Fraunhofer-Beugung) (s. z.B. Teipel (2000)).

Die beiden letzteren Prinzipien macht sich der in dieser Arbeit zur Partikelgrößenanalyse verwendete *Mastersizer S* der Firma *Malvern Instruments* zunutze. Mit dem verwendeten He-Ne-Laser der Wellenlänge λ = 632,8 nm und der eingebauten Linse hat er einen Messbereich von 0,05-880 μm. Vor dem Durchgang durch die Messküvette mit den suspendierten Partikeln wird der Laserstrahl aufgeweitet. Durch die nachgeschaltete Fourierlinse wird das Beugungsbild eines Partikels bestimmter Form und Größe immer auf dieselbe Stelle im Detektor abgebildet, unabhängig von seiner Lage im Messvolumen. Mit 45 Fotodioden wird die Intensität des von der Probe gestreuten Lichts in Abhängigkeit des Streuwinkels θ_S gemessen (s. Abbildung B.5).

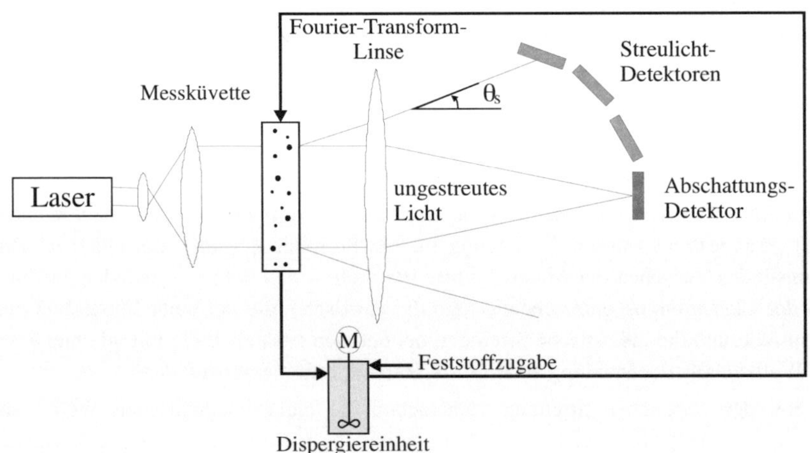

Abbildung B.5: Schematische Darstellung des Aufbaus des Mastersizer S

Für eine Messung wird über 2000 Momentaufnahmen gemittelt. Mit Hilfe des vor der Analyse anzugebenden Streumodells wird die Partikelgrößenverteilung ermittelt, deren Streubild am ehesten der gemessenen Intensitätsverteilung entspricht.

Für die in dieser Arbeit durchgeführten Messungen wurde das Standard-Wet Streumodell nach Mie für Partikel einem realen Brechungsindex von 1,5295, einem Absorptionsindex von 0,1 (undurchsichtig) in Wasser ($n = 1,33$) verwendet. Dies kommt dem Brechungsindex von SiO_2 mit 1,46 nahe genug, um korrekte Messergebnisse zu erzeugen.

Die dem Reaktor entnommene Suspension wurde in der Regel innerhalb von 10 min nach der Probenahme im *Mastersizer S* vermessen. Dazu musste die Probe meist mit VE-Wasser verdünnt werden, so dass nur 20% des einfallenden Laserlichtes abgeschattet wurden, um eine Mehrfachstreuung zu vermeiden. Dies geschah in einer Dispergierzelle, die mittels eines kleinen Rührers bei 1700 min^{-1} die Suspension durch die Messzelle pumpt. Diese Vorgehensweise birgt allerdings die Gefahr, dass sehr lockere Agglomerate durch den Rührer zerteilt oder restrukturiert werden. In den meisten Fällen hatte jedoch die Dauer der Dispergierung oder die Variation der Rührgeschwindigkeit innerhalb eines gewissen Rahmens keine Auswirkung. Jede Probe wurde dreifach vermessen.

Neben der Partikelgrößenverteilung kann man aus dem Streumuster auch Informationen über die innere Struktur der Agglomerate gewinnen. Dafür trägt man die gemessene Intensität über dem Streuvektor q auf:

$$q = |\vec{q}| = \frac{4\pi \cdot n}{\lambda} \cdot \sin\left(\frac{\theta_S}{2}\right)$$

(B.17)

Die gemessene Intensität $I(q)$ ergibt sich als die Überlagerung der Einzelintensitätsverteilungen $I_M(q)$ der im Probenvolumen enthaltenen Agglomerate der Masse M.

$$I(q) = \sum_M N(M) \cdot I_M(q)$$

(B.18)

Für $qr_g \ll 1$, also bei entweder sehr kleinen Partikeln oder sehr kleinen Streuwinkeln ist $I_M(q)$ unabhängig von q und nur proportional M^2. Dieser Bereich des Streumusters gibt also Auskunft über die Größe der Partikel.

Bei größeren Streuwinkeln ($qr_g \gg 1$) werden einzelne Bereiche der Größe q^{-1} innerhalb des Agglomerats, deren Masse m, da sie auch fraktal sind $\sim (q \cdot r_{PP})^{-d_f}$, als kohärent streuend mit der Intensität $\sim m^2$ angesehen. Untereinander streuen sie jedoch wieder inkohärent, so dass sich die Intensitäten der einzelnen Bereiche summieren. Da die Anzahl der Teilbereiche $= M/m$, ergibt sich (Lin (1990)):

$$I_M(q) \sim \frac{M}{m} \cdot m^2 \sim M \cdot (q \cdot r_{PP})^{-d_f} \tag{B.19}$$

Das bedeutet also, dass für $qr_g \gg 1$ die Intensität des Streulichts proportional q^{-d_f} ist. Man kann also aus dem linearen Bereich der logarithmischen Auftragung von I über q die fraktale Dimension ablesen (Abbildung B.6). Je breiter die Partikelgrößenverteilung jedoch ist, desto breiter wird auch der Übergangsbereich zwischen diesen beiden Extremfällen. q sollte deswegen also deutlich größer als r_{min}^{-1} sein. Für eine minimale Partikelgröße von 1 μm = 1000 nm ist diese Bedingung also ab $q > 10^{-3}$ nm^{-1} erfüllt.

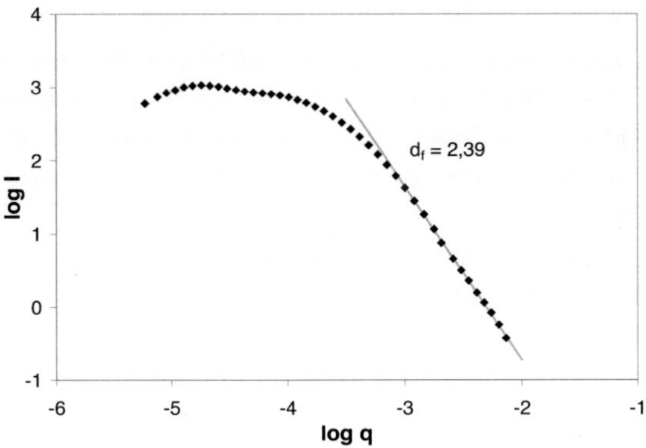

Abbildung B.6: Beispiel für die Bestimmung der fraktalen Dimension aus der Streulichtintensitätsverteilung

B.3 Dynamische Lichtstreuung

Bei der dynamischen Lichtstreuung oder auch Photonenkorrelationsspektroskopie wird aus der zeitlichen Fluktuation des von der Probe gestreuten Lichts auf den durch Brown'sche Bewegung hervorgerufenen Diffusionskoeffizienten D der Partikel geschlossen. Da kleinere Partikel schneller diffundieren als größere, kann mit der Stokes-Einstein-Gleichung die Partikelgröße berechnet werden:

$$x_h = \frac{k_B \cdot T}{3\pi \cdot \eta \cdot D} \tag{B.20}$$

Bei der so ermittelten Partikelgröße x_h handelt es sich um den hydrodynamischen Durchmesser. Der Messbereich der dynamischen Lichtstreuung erstreckt sich je nach den optischen Eigenschaften und der Dichte der Probe laut Herstellerangaben für den *Zetasizer Nano ZS*, ebenfalls von *Malvern Instruments*, von ca. 0,6 nm bis 6 μm. Die obere Grenze ist durch die Sedimentation der Probe bedingt. Bei der Fällung von Kieselsäure kann die dynamische Lichtstreuung also nur vor dem Gelpunkt zum Einsatz kommen.

Das Messprinzip beruht auf der Rayleigh-Streuung der dispergierten kolloidalen Teilchen. Da hier die Streulichtintensität in sechster Potenz mit der Partikelgröße zunimmt, dürfen die Größen der Partikel in der Probe sich nicht zu stark unterscheiden, da sonst die großen Partikel die kleinen überstrahlen. Die Probe wird mit dem kohärenten Licht eines He-Ne-Lasers (λ = 632,8 nm) bestrahlt und das Streulicht im Winkel 173° gemessen. Durch Verschieben des Fokuspunktes in der Küvette kann die Messtrecke verkürzt werden, wodurch auch höher konzentrierte Proben ohne Mehrfachstreuung vermessen werden können. Außerdem wird der Einfluss von grobkörnigeren Verunreinigungen reduziert, da diese bevorzugt nach vorne streuen.

Durch konstruktive und destruktive Interferenz des von den sich bewegenden Partikeln gestreuten Lichts kommt am Detektor ein zeitlich fluktuierendes Punktemuster an, das sich umso schneller ändert, je kleiner die Partikel sind.

Ein Korrelator vergleicht in vielen Messdurchläufen, über die dann gemittelt wird, die Intensität des Signals zu einem Zeitpunkt t mit der zu einem Zeitpunkt $t + \tau$. Dazu wird für logarithmisch größer werdende Zeitintervalle τ jeweils die Intensität am Anfang mit der am Ende des Intervalls multipliziert. Je länger das Intervall τ ist und je schneller die Partikel diffundieren, desto schlechter sind die beiden Signale korreliert. Die Autokorrelationsfunktion $g(q,\tau)$ fällt also bei kleinen Partikeln schneller ab. Über die komplexe Amplitude des elektromagnetischen Feldes lässt sich die Autokorrelationsfunktion als Funktion des Diffusionskoeffizienten darstellen (Cummins (1977), Pusey (1979, 1982)):

$$g(q,\tau) = \frac{\langle I(q,0) \cdot I(q,\tau) \rangle}{I(q,0)} = a + b \cdot e^{-2\tau D q^2} \qquad \text{(B.21)}$$

Dabei sind a und b Konstanten und q ist der aus der statischen Lichtstreuung bekannte Streuvektor, der hier wegen des fixierten Streuwinkels konstant ist. a ist die Basislinie, die dem Quadrat der mittleren Intensität, gegen das die Autokorrelationsfunktion für lange Zeitintervalle läuft, entspricht.

Das Obige gilt jedoch nur für monodisperse Partikel. Für Partikelgrößenverteilungen werden die Berechnungen noch wesentlich komplizierter. Die Gerätesoftware nimmt deshalb eine Größenverteilung der Partikel an und ermittelt die Parameter durch Anpassung an die Messung.

Die Kumulantenanalyse ist die Beschreibung der Korrelationsfunktion durch ein Polynom zweiter Ordnung. Die Berechnung der Parameter ist in der ISO-Norm 13321 festgehalten. Das Ergebnis sind der intensitätsbezogene Mittelwert der Partikelgröße

$z_{average}$ und der Polydispersitätsindex, der umso größer wird, je breiter die Verteilung ist. Für monodisperse Verteilungen ist er Null.

$z_{average}$ ist nur für runde und monodisperse Partikel im gleichen Lösungsmittel mit anderen Messungen vergleichbar, für andere Verteilungen dient er nur der Qualitätskontrolle für gleiche Proben.

Die Interpretation der Messungen durch den Zetasizer erforderte die Angabe folgender Werte für das zu messende Stoffsystem, in diesem Fall amorphes Siliciumdioxid in Wasser:

Brechungsindex Realteil: 1,460

Brechungsindex Imaginärteil: 0,01

Lösungsmittel: H_2O bei 25°C

Brechungsindex Lösungsmittel: 1,330

C   Messwerte

C.1   Rheologische Untersuchungen

Oszillationsrheometrie

Übersicht

Säure [g/g H_2O]	Silikat [g/g H_2O]	T °C	Bemerkungen	Datum	s. Seite
0,017	0,066	25	Beispielversuch Moduln	31.08.2007	114
0,427	0,16	25	Variation Säuremassenanteil	12.07.2007	115
0,303	0,152	25		11.07.2007	116
0,204	0,146	25		10.07.2007	117
0,021	0,136	25		26.07.2007	118
0,019	0,136	25		21.02.2008	119
0,018	0,072	25	Variation Silikatmassenanteil	20.06.2007	120
0,018	0,084	25		20.06.2007	121
0,021	0,061	25		15.06.2007	122
0,021	0,109	25		04.07.2007	123
0,017	0,084	25	ohne Salzzugabe	13.09.2007	124
0,017	0,084	25	+ 0,025 g NaCl/ g H_2O	14.09.2007	125
0,017	0,084	25	+ 0,05 g NaCl/ g H_2O	14.09.2007	126
0,017	0,084	25	+ 0,025 g Na_2SO_4/ g H_2O	03.07.2009	127
0,017	0,084	25	+ 0,05 g Na_2SO_4/ g H_2O	03.07.2009	128
0,017	0,084	25	m. Ionentauscher vorbeh..	03.07.2009	129
0,017	0,084	15	Temperaturvariation basisch	22.01.2008	130
0,017	0,084	35		22.01.2008	131
0,42	0,099	15	Temperaturvariation sauer	22.01.2008	132
0,42	0,099	25		22.01.2008	133
0,42	0,099	35		22.01.2008	134
0,31	0,22	25	Schubspannungsrampen	05.09.2007	135

0,017 g Säure + 0,066 g Silikat /g H_2O (31.08.2007)

t [s]	G' [Pa]	G'' [Pa]	δ [°]	t [s]	G' [Pa]	G'' [Pa]	δ [°]	t [s]	G' [Pa]	G'' [Pa]	δ [°]
77,764	1,32E+00	1,41E+00	46,9	1002,854	1,32E+04	6,15E+02	2,7	1930,753	2,11E+04	1,40E+03	3,8
86,794	4,74E+00	2,63E+00	29	1011,832	1,30E+04	3,61E+03	15,5	1939,913	1,90E+04	2,92E+03	8,7
95,75	2,28E+01	8,46E+00	20,4	1020,836	1,34E+04	7,04E+02	3	1949,003	2,05E+04	8,15E+02	2,3
105,337	5,52E+01	1,32E+01	13,5	1029,802	1,38E+04	3,66E+01	0,2	1957,994	2,09E+04	6,75E+02	1,8
114,468	9,93E+01	1,80E+01	10,3	1038,779	1,35E+04	1,53E+03	6,5	1967,034	2,05E+04	1,42E+03	4
123,391	4,80E+02	5,53E+01	6,6	1047,774	1,18E+04	3,62E+03	17	1976,111	1,88E+04	6,00E+03	17,7
132,496	2,12E+02	3,40E+01	9,1	1056,857	1,38E+04	1,10E+03	4,5	1985,109	2,08E+04	1,91E+03	5,2
141,487	3,13E+02	2,45E+01	4,5	1065,848	1,43E+04	2,02E+03	8	1994,096	2,09E+04	1,18E+03	3,2
150,496	3,97E+02	3,45E+01	5	1075,411	1,48E+04	3,92E+03	14,8	2003,147	2,03E+04	7,60E+02	2,1
159,493	4,90E+02	4,24E+01	4,9	1084,581	1,29E+04	2,73E+02	1,2	2012,116	1,94E+04	1,32E+03	3,9
168,512	6,03E+02	5,89E+01	5,6	1093,485	1,45E+04	1,26E+03	5	2021,221	2,06E+04	1,21E+03	3,3
177,528	7,05E+02	8,39E+01	6,8	1102,51	1,47E+04	1,09E+03	4,2	2030,216	2,10E+04	1,23E+03	3,4
186,612	7,66E+02	2,18E+02	15,9	1112,764	9,41E+03	2,84E+03	16,8	2039,289	2,11E+04	1,34E+03	3,6
195,64	9,16E+02	1,07E+02	6,6	1121,797	1,45E+04	9,00E+02	3,5	2048,362	2,03E+04	1,48E+03	4,2
204,654	1,05E+03	2,89E+02	15,4	1130,798	1,51E+04	1,28E+03	4,9	2057,391	2,14E+04	1,07E+03	2,9
214,126	1,20E+03	3,44E+01	1,6	1139,817	1,49E+04	2,48E+02	1	2066,524	2,09E+04	1,89E+03	5,2
223,211	1,38E+03	3,00E+02	12,2	1148,788	1,48E+04	4,56E+02	1,8	2076,781	2,09E+04	1,21E+03	3,3
232,236	1,36E+03	2,40E+01	1	1157,782	1,48E+04	1,16E+03	4,5	2085,923	2,42E+04	2,01E+03	4,8
241,25	1,46E+03	4,03E+00	0,2	1166,876	1,48E+04	1,17E+02	0,5	2095,085	1,94E+04	3,48E+03	10,2
250,316	1,67E+03	1,49E+02	5,1	1175,867	1,50E+04	5,36E+02	2	2104,012	2,18E+04	1,12E+02	0,3
259,321	1,79E+03	1,51E+02	4,8	1184,914	1,51E+04	9,94E+02	3,8	2113,039	2,12E+04	1,95E+03	5,3
268,354	1,95E+03	1,76E+02	5,2	1194,48	1,58E+04	1,72E+03	6,2	2122,179	1,98E+04	1,90E+02	0,5
277,461	2,19E+03	2,30E+02	6	1203,665	1,44E+04	9,23E+02	3,7	2130,525	2,06E+04	3,06E+01	8,51E-02
286,487	2,44E+03	2,69E+02	6,3	1212,773	1,53E+04	1,16E+03	4,3	2140,784	2,36E+04	1,69E+03	4,1
295,402	2,53E+03	2,71E+02	6,1	1221,772	1,63E+04	6,98E+02	2,5	2149,804	2,14E+04	1,28E+03	3,4
304,511	2,74E+03	3,00E+02	6,3	1230,787	1,59E+04	9,52E+02	3,4	2158,969	2,18E+04	8,73E+02	2,3
313,511	3,11E+03	1,77E+02	3,3	1239,768	1,63E+04	2,11E+02	0,7	2167,998	2,08E+04	2,58E+03	7,1
322,593	2,80E+03	6,86E+02	13,8	1248,836	1,57E+04	9,69E+02	3,5	2177,638	2,20E+04	3,72E+03	9,6
331,671	3,18E+03	7,99E+00	0,1	1257,826	1,60E+04	2,56E+02	0,9	2186,735	2,16E+04	1,30E+03	3,5
340,657	3,34E+03	2,16E+02	3,7	1266,841	1,58E+04	1,44E+03	5,2	2195,925	2,13E+04	1,44E+03	3,9
349,708	3,38E+03	2,30E+02	3,9	1275,847	1,62E+04	5,02E+02	1,8	2204,961	1,96E+04	2,91E+03	8,4
358,759	3,31E+03	1,83E+02	3,2	1285,46	1,59E+04	8,87E+02	3,2	2213,968	2,46E+04	2,48E+03	5,8
367,752	3,80E+03	2,75E+02	4,1	1294,579	1,53E+04	2,01E+02	0,8	2223,05	2,18E+04	8,25E+02	2,2
376,803	4,37E+03	9,57E+02	12,4	1303,54	1,77E+04	2,29E+03	7,4	2232,108	2,18E+04	3,87E+03	10,1
385,83	4,47E+03	6,94E+02	8,8	1312,719	1,55E+04	1,17E+03	4,3	2241,176	2,14E+04	6,53E+02	1,7
394,824	5,07E+03	1,14E+03	12,6	1321,766	1,64E+04	1,14E+03	4	2250,155	2,09E+04	8,48E+02	2,3
403,855	5,08E+03	8,87E+02	9,9	1330,757	1,64E+04	1,13E+03	3,9	2259,279	2,37E+04	2,57E+03	6,2
412,862	5,26E+03	8,03E+02	8,7	1339,853	1,22E+04	3,28E+03	15	2268,286	1,97E+04	3,61E+02	1
421,872	4,85E+03	4,50E+02	5,3	1348,897	1,66E+04	1,39E+03	4,8	2277,386	2,21E+04	1,30E+03	3,4
430,902	4,96E+03	4,45E+02	5,1	1357,868	1,54E+04	4,68E+03	16,9	2286,384	2,21E+04	1,29E+03	3,3
439,899	5,67E+03	6,62E+02	6,7	1367,431	1,68E+04	1,70E+03	5,8	2295,385	2,22E+04	1,34E+03	3,5
448,913	5,48E+03	5,55E+02	5,8	1376,609	1,55E+04	1,52E+02	0,6	2304,401	2,21E+04	1,33E+03	3,4
457,932	5,59E+03	5,41E+02	5,5	1385,57	1,67E+04	1,07E+03	3,7	2313,411	2,25E+04	1,28E+03	3,3
466,933	6,02E+03	5,88E+02	5,6	1394,63	1,82E+04	1,15E+03	3,6	2322,419	2,00E+04	1,91E+03	5,5
475,328	6,17E+03	5,73E+02	5,3	1403,797	1,70E+04	1,18E+03	4	2331,513	2,28E+04	5,41E+02	1,4
485,522	6,28E+03	4,26E+02	3,9	1412,879	1,68E+04	1,40E+03	4,8	2340,635	2,15E+04	1,63E+03	4,3
494,513	6,28E+03	5,41E+02	4,9	1421,891	1,70E+04	1,72E+03	5,8	2349,733	2,25E+04	1,61E+03	4,1
503,532	6,58E+03	4,71E+02	4,1	1430,872	1,74E+04	4,41E+02	1,5	2358,792	2,15E+04	9,11E+02	2,4
512,619	6,29E+03	8,79E+02	8	1439,861	1,39E+04	1,39E+01	4,45E-02	2367,926	2,21E+04	1,27E+03	3,3
521,717	6,02E+03	1,24E+03	11,7	1448,865	1,74E+04	8,76E+02	2,9	2376,924	2,24E+04	1,37E+03	3,5
530,624	6,30E+03	1,25E+03	11,2	1457,84	1,68E+04	2,46E+03	8,3	2385,995	2,24E+04	1,57E+03	4
539,632	6,20E+03	1,56E+03	14,1	1466,346	1,75E+04	7,92E+02	2,6	2395,062	2,24E+04	1,31E+03	3,3
548,647	6,81E+03	1,01E+03	8,4	1476,657	1,61E+04	6,18E+01	0,2	2404,121	2,25E+04	1,05E+02	0,3
558,072	6,87E+03	8,88E+02	7,4	1485,605	1,84E+04	1,53E+03	4,7	2413,176	2,25E+04	1,39E+03	3,5
567,096	7,45E+03	6,53E+02	5	1494,776	1,65E+04	1,37E+03	4,8	2422,244	2,23E+04	1,03E+03	2,6
576,186	7,71E+03	2,34E+02	1,7	1503,802	1,78E+04	1,19E+03	3,8	2432,052	2,15E+04	1,48E+03	3,9
585,288	7,84E+03	2,25E+03	16	1512,909	1,66E+04	2,38E+02	8,2	2441,05	2,29E+04	7,50E+02	1,9
594,332	8,53E+03	2,03E+03	13,4	1521,881	1,81E+04	3,42E+02	1,1	2450,045	2,17E+04	2,30E+03	6
603,975	7,78E+03	7,02E+02	5,2	1530,956	1,77E+04	3,20E+02	1	2458,567	2,26E+04	9,04E+02	2,3
613,004	8,16E+03	7,62E+02	5,3	1540,016	1,82E+04	1,83E+03	5,7	2468,754	2,03E+04	1,43E+02	0,4
622,016	8,13E+03	7,30E+02	5,1	1549,019	1,60E+04	2,50E+03	8,9	2478,89	2,26E+04	1,36E+03	3,4
631,25	8,76E+03	6,12E+01	0,4	1558,066	1,82E+04	1,38E+03	4,3	2488,049	2,33E+04	7,93E+02	2
640,287	8,22E+03	3,16E+02	2,2	1567,153	1,75E+04	1,05E+03	3,4	2497,076	2,28E+04	1,34E+03	3,4
649,444	8,96E+03	8,28E+02	5,3	1576,225	1,83E+04	1,18E+03	3,7	2506,51	2,23E+04	1,65E+03	4,2
658,626	8,91E+03	7,49E+02	4,8	1585,292	1,82E+04	1,27E+03	4	2515,514	2,06E+04	2,75E+03	7,6
667,574	8,10E+03	1,19E+03	8,4	1594,919	1,81E+04	1,35E+03	4,2	2524,602	2,33E+04	1,08E+02	0,3
676,58	8,68E+03	9,83E+02	6,5	1603,909	1,86E+04	6,13E+02	1,9	2533,746	2,25E+04	9,08E+02	2,3
685,6	8,67E+03	1,18E+03	7,7	1612,909	1,62E+04	4,51E+03	15,6	2542,895	2,26E+04	1,06E+03	2,7
694,605	8,49E+03	1,37E+03	9,1	1621,996	1,88E+04	4,29E+03	12,8	2551,905	2,44E+04	2,62E+03	6,1
703,721	8,86E+03	1,36E+03	8,7	1631,545	1,82E+04	5,68E+02	1,8	2560,901	2,35E+04	1,41E+03	3,4
712,649	1,00E+04	2,94E+02	1,7	1640,575	2,07E+04	4,64E+03	12,6	2570,119	1,97E+04	3,30E+03	9,5
721,716	9,42E+03	2,02E+03	12,1	1649,633	2,01E+04	2,00E+03	5,7	2579,113	2,30E+04	1,59E+03	4
730,716	1,00E+04	3,41E+02	1,9	1658,728	1,87E+04	1,15E+03	3,5	2588,174	2,30E+04	3,40E+03	8,4
739,188	9,87E+03	1,39E+02	0,8	1667,815	1,85E+04	1,42E+03	4,4	2597,247	2,32E+04	1,09E+03	2,7
749,415	9,97E+03	6,64E+02	3,8	1676,88	1,96E+04	2,63E+02	0,8	2606,232	2,16E+04	1,79E+03	4,7
758,546	1,01E+04	9,03E+02	5,1	1685,982	1,90E+04	1,42E+03	4,3	2615,321	2,24E+04	9,16E+02	2,3
767,664	1,02E+04	8,97E+02	5	1695,613	2,15E+04	3,71E+03	9,8	2624,32	2,17E+04	6,71E+01	0,2
777,293	1,06E+04	1,12E+03	6	1704,755	2,26E+04	1,97E+03	5	2633,336	2,30E+04	1,17E+03	2,9
786,533	1,09E+04	8,62E+02	4,5	1713,751	1,92E+04	1,24E+03	3,7	2642,342	2,02E+04	4,08E+02	1,2
795,662	1,07E+04	9,10E+02	4,9	1722,823	1,89E+04	1,47E+03	4,4	2650,719	2,43E+04	2,69E+03	6,3
804,677	1,05E+04	1,01E+03	5,5	1731,919	1,98E+04	1,23E+03	3,6	2661,012	2,63E+04	1,43E+02	0,3
813,579	1,07E+04	1,00E+03	5,3	1740,933	1,93E+04	1,29E+03	3,8	2670,093	2,34E+04	1,27E+03	3,1
822,596	1,06E+04	1,12E+03	6	1749,83	2,02E+04	4,07E+02	1,2	2679,164	2,37E+04	2,22E+02	0,5
831,608	1,08E+04	1,15E+03	6,1	1758,848	2,00E+04	7,92E+02	2,3	2688,232	2,28E+04	1,07E+03	2,7
840,62	1,12E+04	9,97E+02	5,1	1767,909	1,94E+04	1,54E+03	4,6	2697,284	2,29E+04	5,14E+02	1,3
849,733	1,08E+04	1,36E+03	7,2	1777,008	1,95E+04	1,49E+03	4,4	2706,273	1,81E+04	5,77E+03	17,7
858,751	1,06E+04	1,64E+03	8,8	1785,998	1,72E+04	7,80E+03	24,3	2715,772	2,31E+02	1,84E+00	0,5
867,662	1,18E+04	1,00E+03	4,9	1795,078	1,94E+04	8,49E+02	2,5	2724,755	1,94E+00	1,41E+00	36,1
876,676	1,11E+04	1,56E+03	8	1804,223	2,00E+04	1,36E+03	3,9	2733,963	2,36E+02	4,06E+01	9,8
885,774	1,17E+04	1,13E+03	5,5	1813,243	1,97E+04	1,37E+03	4	2743,015	2,06E+00	3,49E+00	59,4
894,696	1,14E+04	1,73E+03	8,6	1822,247	1,97E+04	1,24E+03	3,6	2752,198	2,44E+02	6,05E+01	13,9
903,719	1,23E+04	6,58E+02	3,1	1831,233	2,05E+04	1,49E+03	4,2	2761,148	1,47E+02	1,60E+02	47,4
912,685	1,26E+04	5,37E+02	2,4	1840,233	1,98E+04	1,38E+03	4	2770,22	1,64E+02	6,44E+01	21,5
921,693	1,29E+04	4,35E+02	1,9	1849,239	2,06E+04	1,41E+03	3,9	2779,229	2,12E+02	5,64E+01	14,9
930,698	1,20E+04	1,48E+03	7	1858,263	2,00E+04	1,28E+03	3,7	2788,14	2,29E+00	3,21E+00	54,4
939,728	1,22E+04	1,56E+03	7,3	1867,266	2,00E+04	1,27E+03	3,6	2797,16	2,33E+02	3,67E+01	9
948,755	1,30E+04	1,16E+03	0,5	1876,236	2,01E+04	1,72E+03	4,5	2806,171	1,76E+01	2,75E+01	57,4
957,75	1,28E+04	9,41E+02	4,2	1885,385	2,01E+04	1,29E+03	3,7	2815,67	2,81E+01	7,78E+01	70,2
966,763	1,29E+04	8,55E+02	3,8	1894,549	2,02E+04	3,74E+03	10,5	2824,771	3,68E+00	1,50E+01	76,3
975,856	1,33E+04	3,41E+03	14,4	1903,51	2,02E+04	6,82E+02	1,9	2833,831	2,15E+01	3,70E+01	59,8
984,878	1,27E+04	2,57E+02	1,2	1912,623	1,88E+04	3,62E+02	1,1	2842,904	3,10E+00	1,34E+01	77
993,85	1,33E+04	3,87E+03	16,2	1921,706	1,98E+04	1,04E+03	3	2852,1	2,77E+02	2,75E+01	5,7

0,427 g Säure + 0,160 g Silikat /g H_2O (12.07.2007)

t [s]	G' [Pa]	G'' [Pa]	δ [°]	t [s]	G' [Pa]	G'' [Pa]	δ [°]
56,746	0,93816	0,6481	34,6	816,389	75462	4361,3	3,3
68,857	0,47305	0,44014	42,9	828,408	77768	2334	1,7
80,833	0,72619	0,009964	0,8	840,511	90147	14519	9,1
92,875	2,9958	0,89532	16,6	853,18	81642	535,13	0,4
104,867	1,2855	0,15252	6,8	865,135	81074	3429,6	2,4
116,895	1,3026	0,53603	22,4	877,225	82300	2938,5	2
128,903	2,8155	0,99886	19,5	889,397	82589	2518	1,7
140,925	4,0216	0,73901	10,4	901,53	84591	2504,9	1,7
152,957	3,9582	0,69225	9,9	913,554	85691	2884,8	1,9
164,974	4,081	0,71207	9,9	925,541	87717	2608,6	1,7
177,074	4,726	0,70451	8,5	937,571	89787	1928,4	1,2
189,174	5,5965	0,74828	7,6	949,596	91192	2661,2	1,7
201,361	6,3067	1,073	9,7	961,671	92531	1503,2	0,9
213,386	7,9423	1,7513	12,4	973,716	94712	3612	2,2
225,39	13,325	3,2106	13,5	985,735	96524	3529,4	2,1
237,418	38,153	4,9767	7,4	997,757	97788	2924,9	1,7
249,444	100,7	7,4321	4,2	1009,785	99314	2789,3	1,6
261,47	215,32	12,894	3,4	1021,813	100310	2518,1	1,4
273,489	394,76	19,195	2,8	1033,842	103310	3363,2	1,9
285,508	647	22,994	2	1045,861	104010	2863,1	1,6
297,531	979,13	29,058	1,7	1057,955	106420	2821,1	1,5
309,557	1398,8	67,997	2,8	1070,122	107990	1331,8	0,7
321,548	1910,6	39,97	1,2	1082,26	108560	2934,1	1,5
333,075	2537,8	118,1	2,7	1094,355	109670	2906,5	1,5
346,226	3308	146,72	2,5	1106,578	112890	1990,2	1
358,261	4115,3	171,24	2,4	1118,654	113210	4797,3	2,4
370,314	5069,4	203,37	2,3	1130,193	114190	2077,3	1
382,434	6086,5	244,73	2,3	1143,369	115570	2735,8	1,4
394,445	7187,6	318,53	2,5	1155,642	116500	4309,6	2,1
406,446	8502,4	312,36	2,1	1167,66	120350	2071,2	1
418,484	9786,4	449,61	2,6	1179,674	121060	1587,3	0,8
430,5	11238	477,18	2,4	1191,691	121960	5109,2	2,4
442,513	12738	531,17	2,4	1203,72	123500	3646,6	1,7
454,553	14347	459,92	1,8	1215,728	124390	161,18	0,1
466,58	15986	547,99	2	1227,781	127240	5486,9	2,5
478,593	17718	811,82	2,6	1240,452	129460	3642,9	1,6
490,62	19464	641,51	1,9	1252,568	129580	3051,4	1,3
502,595	21331	917,54	2,5	1264,688	130120	5183,3	2,3
514,627	23190	853,7	2,1	1276,748	132200	6570,4	2,8
526,671	25140	951,6	2,2	1288,837	135700	6391,8	2,7
538,687	27172	1052,7	2,2	1300,947	132140	3414,9	1,5
550,681	29221	1275,1	2,5	1313,192	136630	1891,9	0,8
562,713	30829	825,51	1,5	1325,329	135370	2532,5	1,1
574,737	33023	1125,7	2	1336,833	141100	6273	2,5
586,775	35621	1366,9	2,2	1350,127	139640	3392,5	1,4
598,797	37071	1284,8	2	1362,287	142310	9736,4	3,9
610,24	44322	1459,2	1,9	1374,313	139170	334,41	0,1
623,532	41939	1421,2	1,9	1386,417	144780	4887,9	1,9
635,454	44494	1215,9	1,6	1398,443	141510	3321,9	1,3
647,469	45704	2004,2	2,5	1410,548	142060	5247,3	2,1
659,498	48263	1647	2	1422,681	142170	6735,1	2,7
671,524	50484	1367,3	1,6	1434,685	150360	3361,7	1,3
683,558	52272	2231,8	2,4	1446,709	151300	13194	5
695,571	54673	1569,5	1,6	1458,727	147330	15578	6
707,562	59225	7659,3	7,4	1471,401	151270	4821,8	1,8
719,57	58903	1570,4	1,5	1483,574	152350	4618,8	1,7
731,56	61143	1298,6	1,2	1495,663	144520	15269	6
743,57	63033	1591,7	1,4	1507,76	149200	31227	11,8
755,666	64795	1551,1	1,4	1519,858	153800	2213,8	0,8
767,693	67385	2965,5	2,5	1531,946	136120	2820,5	1,2
779,716	69326	2706,2	2,2	1544,05	130420	8698,2	3,8
791,822	71905	2462	2	1556,068	151810	6762,5	2,6
804,362	73433	2303,2	1,8	1568,228	155180	17919	6,6

0,303 g Säure + 0,152 g Silikat /g H_2O (11.07.2007)

t [s]	G' [Pa]	G'' [Pa]	δ [°]	t [s]	G' [Pa]	G'' [Pa]	δ [°]
442,913	0,91675	0,71865	38,1	1203,149	2844,5	87,787	1,8
456,089	0,67577	0,65822	44,2	1215,079	3060,1	85,288	1,6
468,117	0,31591	0,59244	61,9	1227,098	3264,7	109,35	1,9
481,153	0,49581	0,83128	59,2	1239,095	3481,8	123,53	2
493,154	0,43377	0,67747	57,4	1251,112	3722,3	112,49	1,7
505,149	0,47716	0,50258	46,5	1263,068	3961,9	128,75	1,9
517,315	0,073991	0,92135	85,4	1275,049	4212,8	126,83	1,7
529,336	0,085054	0,71234	83,2	1287,076	4472	131,53	1,7
541,362	0,052994	0,778	86,1	1299,094	4737,8	144,02	1,7
553,391	0,25517	0,8488	73,3	1311,128	5002,4	170,17	1,9
565,427	0,20286	0,86471	76,8	1323,146	5291	157,41	1,7
577,452	0,28887	0,80413	70,2	1335,241	5583,3	172,08	1,8
589,383	0,22995	0,88903	75,5	1347,264	5878,4	183,5	1,8
601,413	0,67637	0,87765	52,4	1359,283	6185,6	189,61	1,8
613,428	0,64277	0,88206	53,9	1371,321	6507,2	204,54	1,8
625,447	0,70941	0,94424	53,1	1383,335	6819,6	201,31	1,7
637,421	0,67953	0,9741	55,1	1395,374	7158,5	229,25	1,8
649,409	0,86505	0,92838	47	1407,401	7495,6	228,53	1,7
661,425	0,89976	0,99738	47,9	1419,502	7862,7	248	1,8
673,424	0,96599	1,0235	46,7	1431,592	8200,4	255,04	1,8
685,43	1,0601	1,0463	44,6	1443,618	8583,4	243,26	1,6
697,423	1,0692	1,0838	45,4	1455,706	8938,7	265,12	1,7
709,422	1,1891	1,1212	43,3	1467,884	9314,8	273	1,7
721,447	1,1786	1,1732	44,9	1480,004	9729,3	293,71	1,7
733,417	1,2972	1,3402	45,9	1492,02	10085	299,81	1,7
745,43	1,4007	1,4853	46,7	1504,033	10491	309,99	1,7
757,415	1,7036	1,6992	44,9	1516,048	10926	320,59	1,7
769,411	2,0799	1,9596	43,3	1528,143	11329	334,58	1,7
781,425	2,9291	2,3569	38,8	1540,14	11730	364,24	1,8
793,451	4,4314	2,7328	31,7	1552,164	12170	353,33	1,7
806,131	7,0371	3,3873	25,7				
818,06	11,148	3,8063	18,9				
830,086	17,136	4,2633	14				
842,108	25,543	4,7847	10,6				
854,132	37,104	5,2959	8,1				
866,165	51,944	5,8047	6,4				
878,146	70,687	6,3523	5,1				
890,112	93,73	7,2221	4,4				
902,146	120,89	8,2169	3,9				
914,162	153,12	9,4928	3,5				
926,191	190,14	11,868	3,6				
938,214	232,16	12,425	3,1				
950,239	279,07	13,964	2,9				
962,202	334,35	18,017	3,1				
974,221	391,38	17,289	2,5				
986,256	457,1	19,967	2,5				
998,265	529,05	22,3	2,4				
1010,304	613,29	29,987	2,8				
1022,393	690,32	27,594	2,3				
1034,41	783,52	29,453	2,2				
1046,435	884,49	33,291	2,2				
1058,46	989,58	35,539	2,1				
1070,562	1096,3	42,232	2,2				
1082,6	1209,7	61,762	2,9				
1094,682	1346,3	68,575	2,9				
1106,72	1473,7	46,167	1,8				
1118,826	1607,6	50,479	1,8				
1130,908	1768,1	62,461	2				
1143,123	1933,8	67,254	2				
1155,046	2102,1	67,306	1,8				
1167,072	2264,7	88,595	2,2				
1179,096	2455,9	78,704	1,8				
1191,131	2641	93,631	2				

0,204 g Säure + 0,146 g Silikat /g H_2O (10.07.2007)

t [s]	G' [Pa]	G'' [Pa]	δ [°]	t [s]	G' [Pa]	G'' [Pa]	δ [°]
2523,314	2,04E+00	8,84E-01	23,5	3039,247	1,17E+02	8,67E+00	4,2
2531,423	1,91E+00	1,05E+00	28,7	3047,195	1,25E+02	8,33E+00	3,8
2539,52	1,80E+00	9,14E-01	27,0	3055,21	1,20E+02	1,51E+01	7,2
2547,627	1,90E+00	7,11E-01	20,5	3063,224	1,18E+02	1,54E+01	7,5
2555,532	1,90E+00	6,61E-01	19,2	3071,252	1,53E+02	5,55E+00	2,1
2563,656	1,84E+00	7,39E-01	21,9	3079,255	1,39E+02	2,17E+01	8,9
2571,567	1,71E+00	9,11E-01	28,1	3087,267	1,55E+02	8,49E+00	3,1
2579,683	1,64E+00	9,53E-01	30,1	3095,355	1,60E+02	2,73E+01	9,7
2587,599	1,51E+00	9,66E-01	32,6	3103,375	1,76E+02	2,45E+01	7,9
2595,614	1,39E+00	1,07E+00	37,5	3111,366	1,78E+02	9,38E+00	3,0
2603,624	1,31E+00	1,22E+00	42,9	3119,381	1,54E+02	1,28E+02	39,8
2611,656	1,04E+00	1,37E+00	52,9	3127,41	2,05E+02	8,18E+00	2,3
2619,634	8,97E-01	1,46E+00	58,4	3135,385	2,05E+02	3,95E+01	10,9
2627,651	7,80E-01	1,46E+00	61,9	3143,392	1,92E+02	4,07E+01	11,9
2635,624	5,69E-01	1,53E+00	69,6	3151,385	2,17E+02	2,35E+01	6,2
2643,639	2,99E-01	1,66E+00	79,8	3159,469	2,11E+02	2,49E+01	6,7
2651,654	6,04E-02	1,75E+00	88,0	3167,429	2,40E+02	1,55E+00	0,4
2659,679	2,61E-01	1,79E+00	81,7	3175,431	2,39E+02	2,48E+01	5,9
2667,665	6,43E-01	1,87E+00	71,0	3183,41	2,53E+02	3,30E+01	7,4
2675,621	9,59E-01	1,99E+00	64,3	3191,451	2,46E+02	3,64E+01	8,4
2683,615	1,27E+00	2,10E+00	59,0	3199,472	3,00E+02	4,48E+01	8,5
2691,611	1,67E+00	2,20E+00	52,8	3207,424	2,99E+02	7,30E+01	13,7
2699,628	2,17E+00	2,24E+00	46,0	3215,448	3,14E+02	5,00E+01	9,0
2707,656	2,67E+00	2,31E+00	40,8	3223,459	3,15E+02	1,73E+00	0,3
2715,673	3,21E+00	2,40E+00	36,8	3231,477	3,10E+02	1,81E+01	3,3
2723,698	3,84E+00	2,49E+00	33,0	3239,462	3,29E+02	2,02E+01	3,5
2731,717	4,52E+00	2,59E+00	29,8	3247,537	3,93E+02	4,68E+01	6,8
2739,799	5,24E+00	3,28E+00	32,0	3255,558	3,71E+02	1,96E+01	3,0
2747,813	6,14E+00	2,56E+00	22,6	3263,575	3,56E+02	5,47E+00	0,9
2755,836	7,00E+00	3,50E+00	26,6	3271,665	3,75E+02	1,43E+01	2,2
2763,929	7,71E+00	1,97E+00	14,4	3279,82	4,36E+02	2,15E+01	2,8
2772,049	9,22E+00	3,92E+00	23,0	3287,861	4,13E+02	3,11E+01	4,3
2780,072	1,05E+01	4,81E+00	24,5	3295,878	4,25E+02	5,42E+01	7,3
2788,067	1,12E+01	4,16E+00	20,3	3303,885	4,42E+02	4,07E+01	5,3
2796,079	1,28E+01	3,60E+00	15,7	3311,973	4,07E+02	8,10E+01	11,2
2804,236	1,54E+01	1,93E+00	7,1	3319,986	4,98E+02	7,26E+01	8,3
2812,402	1,61E+01	4,21E+00	14,7	3328,11	4,15E+02	5,48E+01	7,5
2820,488	1,82E+01	5,07E+00	15,6	3336,115	5,05E+02	1,87E+01	2,1
2828,607	1,91E+01	4,24E+00	12,5	3344,138	5,24E+02	1,81E+01	2,0
2836,789	2,18E+01	2,59E+00	6,8	3352,156	5,30E+02	1,55E+01	1,7
2845,016	2,51E+01	6,47E+00	14,4	3360,171	5,39E+02	1,81E+01	1,9
2853,268	2,46E+01	5,36E+00	12,3	3368,276	5,82E+02	1,94E+01	1,9
2861,329	2,69E+01	9,31E+00	19,1	3376,292	5,94E+02	1,82E+01	1,8
2870,127	2,73E+01	6,26E+00	12,9	3384,233	6,08E+02	1,30E+01	1,2
2878,292	3,05E+01	7,50E+00	13,8	3392,254	6,56E+02	6,75E-01	0,1
2886,452	3,84E+01	9,88E+00	14,5	3400,276	6,73E+02	5,08E-01	0,0
2894,467	4,15E+01	8,44E+00	11,5	3408,274	7,31E+02	3,09E+01	2,4
2902,493	4,41E+01	7,12E+00	9,2	3416,354	6,80E+02	2,41E+01	2,0
2910,506	4,76E+01	7,05E+00	8,4	3424,264	7,30E+02	5,04E+00	0,4
2918,522	5,14E+01	7,07E+00	7,8	3432,354	7,78E+02	9,17E+01	6,7
2926,537	5,50E+01	7,22E+00	7,5	3440,327	7,12E+02	5,10E+01	4,1
2934,55	5,77E+01	6,79E+00	6,7	3448,409	7,75E+02	2,16E+01	1,6
2942,573	6,07E+01	6,11E+00	5,8	3456,492	6,93E+02	1,15E+02	9,4
2950,661	7,03E+01	2,59E+00	2,1	3464,462	8,09E+02	2,92E+01	2,1
2958,816	6,58E+01	5,33E+00	4,6	3472,495	7,74E+02	8,41E+01	6,2
2966,844	6,88E+01	1,72E+01	14,1	3480,505	8,63E+01	2,93E+02	73,6
2974,851	7,44E+01	1,77E+01	13,4	3488,594	8,31E+02	9,78E+00	0,7
2983,029	8,35E+01	6,69E-01	0,5	3496,695	8,23E+02	2,69E+01	1,9
2990,969	8,91E+01	7,72E+00	5,0	3504,714	8,79E+02	2,57E+01	1,7
2999,062	9,55E+01	9,13E+00	5,5	3512,81	9,73E+02	1,23E+01	0,7
3007,088	9,91E+01	7,65E+00	4,4	3520,818	9,89E+02	1,30E+01	0,8
3015,099	1,09E+02	5,75E+00	3,0	3528,831	9,79E+02	5,64E+00	0,3
3023,115	1,08E+02	7,28E+00	3,9	3536,934	1,01E+03	1,27E+02	7,2
3031,225	1,13E+02	7,82E+00	4,0				

0,021 g Säure + 0,136 g Silikat /g H_2O (26.07.2007)

t [s]	G' [Pa]	G" [Pa]	δ [°]	t [s]	G' [Pa]	G" [Pa]	δ [°]
0,7815625	2,05E+00	1,32E+00	32,8	7,79391406	2,03E+04	3,08E+03	8,6
0,89107031	4,45E-02	3,14E+00	89,2	7,90342969	2,06E+04	3,15E+03	8,7
1,00071094	6,52E+00	6,74E+00	46,0	8,01225	2,04E+04	3,35E+03	9,3
1,11032813	2,18E+01	1,30E+01	30,9	8,12179688	2,17E+04	3,28E+03	8,6
1,21986719	4,85E+01	2,20E+01	24,4	8,23592188	2,21E+04	3,46E+03	8,9
1,33017969	8,91E+01	3,32E+01	20,4	8,34553125	2,26E+04	3,52E+03	8,8
1,43963281	1,43E+02	4,52E+01	17,5	8,45515625	2,33E+04	3,30E+03	8,1
1,54928125	2,11E+02	6,05E+01	16,0	8,56474219	2,37E+04	3,50E+03	8,4
1,65960938	2,96E+02	8,07E+01	15,3	8,67489063	2,41E+04	3,51E+03	8,3
1,76915625	3,89E+02	1,00E+02	14,4	8,78509375	2,65E+04	4,26E+03	9,1
1,87808594	5,06E+02	1,25E+02	13,9	8,89471094	2,50E+04	3,62E+03	8,2
1,98825	6,29E+02	1,48E+02	13,2	9,00501563	2,55E+04	3,75E+03	8,4
2,09847656	7,69E+02	1,72E+02	12,6	9,11385938	2,59E+04	3,78E+03	8,3
2,20730469	9,20E+02	2,01E+02	12,3	9,22355469	2,66E+04	3,77E+03	8,1
2,31748438	1,08E+03	2,37E+02	12,3	9,33397656	2,69E+04	3,88E+03	8,2
2,4265625	1,26E+03	2,80E+02	12,6	9,44349219	2,73E+04	3,96E+03	8,2
2,53614063	1,45E+03	3,07E+02	11,9	9,55230469	2,80E+04	3,76E+03	7,6
2,6455	1,66E+03	3,43E+02	11,7	9,66176563	2,85E+04	3,90E+03	7,8
2,75511719	1,88E+03	3,69E+02	11,1	9,77116406	2,85E+04	4,36E+03	8,7
2,86416406	2,12E+03	3,99E+02	10,7	9,88082813	2,92E+04	3,97E+03	7,7
2,97322656	2,36E+03	4,55E+02	10,9	9,9898125	2,94E+04	4,35E+03	8,4
3,08228125	2,62E+03	5,01E+02	10,8	10,0995391	3,02E+04	3,94E+03	7,4
3,19182813	2,86E+03	5,62E+02	11,1	10,2090859	3,03E+04	4,56E+03	8,6
3,30145313	3,16E+03	5,84E+02	10,5	10,3188516	3,09E+04	3,91E+03	7,2
3,4110625	3,43E+03	6,65E+02	11,0	10,4284922	3,13E+04	4,20E+03	7,6
3,52038281	3,73E+03	7,13E+02	10,8	10,5376172	3,18E+04	3,99E+03	7,1
3,6298125	4,05E+03	7,59E+02	10,6	10,6463281	3,22E+04	4,36E+03	7,7
3,739125	4,35E+03	8,37E+02	10,9	10,7558828	3,27E+04	4,30E+03	7,5
3,848375	4,71E+03	8,42E+02	10,1	10,8646172	3,32E+04	4,37E+03	7,5
3,957875	5,06E+03	8,89E+02	10,0	10,9741953	3,32E+04	4,77E+03	8,2
4,06750781	5,42E+03	9,05E+02	9,5	11,0832734	3,39E+04	4,94E+03	8,3
4,17729688	5,75E+03	1,00E+03	9,9	11,1936094	3,46E+04	4,46E+03	7,3
4,28600781	6,11E+03	1,09E+03	10,1	11,3022422	3,48E+04	4,65E+03	7,6
4,39520313	6,44E+03	1,18E+03	10,4	11,4118984	3,46E+04	4,87E+03	8,0
4,50479688	6,88E+03	1,18E+03	9,7	11,5212734	3,53E+04	4,72E+03	7,6
4,61428125	7,25E+03	1,26E+03	9,9	11,6308125	3,52E+04	5,20E+03	8,4
4,72407813	7,64E+03	1,32E+03	9,8	11,7400859	3,59E+04	4,88E+03	7,7
4,83360938	8,06E+03	1,39E+03	9,8	11,8496641	3,63E+04	4,93E+03	7,7
4,94284375	8,46E+03	1,47E+03	9,8	11,9588672	3,64E+04	5,36E+03	8,4
5,05200781	8,92E+03	1,43E+03	9,1	12,0690625	3,69E+04	5,30E+03	8,2
5,16146094	9,31E+03	1,53E+03	9,3	12,1782578	3,70E+04	5,45E+03	8,4
5,27019531	9,77E+03	1,60E+03	9,3	12,2877578	3,77E+04	4,82E+03	7,3
5,38025	1,02E+04	1,68E+03	9,4				
5,48878906	1,07E+04	1,70E+03	9,0				
5,5984375	1,10E+04	1,83E+03	9,5				
5,70778125	1,14E+04	1,91E+03	9,5				
5,81728906	1,18E+04	2,01E+03	9,6				
5,92695313	1,24E+04	1,98E+03	9,1				
6,03661719	1,28E+04	2,01E+03	8,9				
6,14607813	1,32E+04	2,23E+03	9,6				
6,25482031	1,38E+04	2,12E+03	8,8				
6,36447656	1,41E+04	2,36E+03	9,5				
6,47420313	1,46E+04	2,27E+03	8,8				
6,57905469	1,50E+04	2,49E+03	9,4				
6,69735156	1,58E+04	2,51E+03	9,0				
6,80649219	1,61E+04	2,57E+03	9,1				
6,91603125	1,66E+04	2,67E+03	9,2				
7,02561719	1,70E+04	2,56E+03	8,5				
7,13576563	1,75E+04	2,71E+03	8,8				
7,24535938	1,80E+04	2,75E+03	8,7				
7,35471094	1,84E+04	2,81E+03	8,7				
7,46427344	1,89E+04	2,87E+03	8,6				
7,57394531	1,95E+04	3,00E+03	8,8				
7,68346875	2,00E+04	3,04E+03	8,7				

0,019 g Säure + 0,136 g Silikat /g H_2O (21.02.2008)

t [s]	G' [Pa]	G'' [Pa]	δ [°]	t [s]	G' [Pa]	G'' [Pa]	δ [°]	t [s]	G' [Pa]	G'' [Pa]	δ [°]
1991,693	1,67E+00	2,22E+00	53,0	2716,407	6,16E+01	1,19E+01	10,9	3440,495	3,31E+02	3,53E+00	0,6
2000,699	2,56E-01	1,08E-01	23,0	2725,469	6,67E+01	1,77E+01	14,9	3449,685	3,37E+02	4,51E+01	7,6
2009,724	1,08E+00	8,11E-01	36,9	2734,536	6,30E+01	1,23E+01	11,0	3458,825	3,59E+02	5,46E+01	8,6
2018,731	7,03E-01	6,05E-01	40,7	2743,615	7,00E+01	1,15E+01	9,4	3467,825	3,59E+02	5,47E+01	8,7
2027,75	8,79E-01	8,72E-01	44,8	2752,631	6,31E+01	1,39E+01	12,4	3476,74	3,68E+02	5,54E+01	8,5
2036,738	6,05E-01	4,17E-01	34,6	2761,646	6,47E+01	1,46E+01	12,7	3485,756	3,71E+02	5,58E+01	8,6
2045,75	6,30E-01	7,49E-01	49,9	2770,665	6,63E+01	1,54E+01	13,0	3494,756	3,81E+02	5,62E+01	8,4
2054,88	2,06E-01	6,35E-01	72,0	2779,672	6,79E+01	1,67E+01	13,8	3503,771	3,88E+02	5,76E+01	8,5
2063,893	2,64E-01	9,52E-01	74,5	2788,686	7,40E+01	1,42E+01	10,9	3512,784	3,92E+02	5,95E+01	8,6
2072,914	1,24E-01	7,94E-01	81,1	2797,694	7,26E+01	1,87E+01	14,4	3521,796	4,00E+02	5,96E+01	8,5
2081,93	2,96E-01	1,02E+00	73,8	2806,709	7,82E+01	1,61E+01	11,6	3530,82	4,37E+02	4,96E+01	6,5
2090,939	4,90E-01	8,37E-01	59,6	2815,698	7,59E+01	1,95E+01	14,4	3539,819	4,08E+02	6,32E+01	8,8
2099,948	6,01E-01	8,78E-01	55,6	2824,793	7,62E+01	2,13E+01	15,6	3548,843	4,56E+02	4,24E+01	5,3
2108,955	7,32E-01	1,10E+00	56,3	2833,696	7,59E+01	2,36E+01	17,3	3557,839	4,11E+02	7,13E+01	9,9
2117,971	1,08E+00	1,00E+00	42,9	2842,821	7,66E+01	2,69E+01	19,3	3566,855	3,92E+02	9,02E+01	13,0
2126,87	1,22E+00	1,23E+00	45,3	2851,72	7,81E+01	2,75E+01	19,4	3575,882	4,33E+02	6,41E+01	8,4
2135,984	1,61E+00	1,06E+00	33,5	2860,735	7,73E+01	3,13E+01	22,1	3584,9	4,15E+02	8,79E+01	12,0
2144,901	1,75E+00	1,19E+00	34,1	2869,763	8,10E+01	3,22E+01	21,7	3593,913	5,06E+02	1,27E+01	1,4
2153,921	2,07E+00	1,18E+00	29,7	2878,768	9,67E+01	1,46E+01	8,6	3602,87	5,04E+02	3,39E+01	3,8
2162,937	2,34E+00	1,32E+00	29,4	2887,751	9,25E+01	2,29E+01	13,9	3611,877	4,67E+02	6,27E+01	7,6
2171,921	2,69E+00	1,28E+00	25,4	2896,75	8,80E+01	3,06E+01	19,2	3620,892	4,43E+02	8,44E+01	10,8
2180,923	3,02E+00	1,32E+00	23,6	2905,761	9,34E+01	2,95E+01	17,5	3629,908	4,57E+02	8,12E+01	10,1
2189,937	3,40E+00	1,37E+00	21,9	2914,774	9,82E+01	2,96E+01	16,8	3638,925	5,02E+02	3,78E+01	4,3
2198,931	3,75E+00	1,42E+00	20,7	2923,794	1,04E+02	3,25E+01	17,4	3647,891	6,23E+02	1,37E+01	1,3
2207,948	4,14E+00	1,47E+00	19,5	2932,794	1,08E+02	3,37E+01	17,4	3656,976	5,95E+02	5,86E+01	5,6
2217,437	4,52E+00	1,56E+00	19,1	2942,262	1,23E+02	2,14E+01	9,9	3666,531	5,45E+02	2,88E+01	3,0
2226,438	4,93E+00	1,60E+00	18,0	2951,293	1,17E+02	2,78E+01	13,3	3675,631	6,00E+02	1,11E+02	10,5
2235,527	5,34E+00	1,68E+00	17,5	2960,356	1,23E+02	2,91E+01	13,3	3684,651	6,60E+02	1,16E+02	10,0
2244,441	5,92E+00	2,33E+00	21,5	2969,485	1,33E+02	3,04E+01	12,9	3693,708	6,46E+02	1,18E+02	10,3
2253,562	6,26E+00	1,86E+00	16,5	2978,556	1,39E+02	2,57E+01	10,4	3702,713	5,94E+02	8,25E+01	7,9
2262,557	6,75E+00	2,16E+00	17,8	2987,584	1,37E+02	2,35E+01	9,7	3711,728	5,99E+02	8,55E+01	8,1
2271,644	7,23E+00	2,50E+00	19,0	2996,742	1,39E+02	2,15E+01	8,8	3720,731	6,10E+02	8,76E+01	8,2
2280,666	7,71E+00	2,55E+00	18,3	3005,801	1,44E+02	9,39E+00	3,7	3729,748	6,17E+02	9,05E+01	8,3
2289,673	8,27E+00	2,54E+00	17,1	3014,87	1,26E+02	3,73E+01	16,5	3738,762	6,24E+02	9,24E+01	8,4
2298,687	8,87E+00	2,19E+00	13,9	3023,789	1,25E+02	4,18E+01	18,5	3747,779	6,31E+02	9,28E+01	8,4
2307,691	9,10E+00	2,59E+00	15,9	3032,783	1,26E+02	4,53E+01	19,9	3756,789	6,30E+02	9,25E+01	8,4
2316,603	9,65E+00	2,49E+00	14,5	3041,803	1,35E+02	4,29E+01	17,7	3765,802	6,40E+02	9,30E+01	8,3
2325,617	1,01E+01	2,62E+00	14,5	3050,796	1,52E+02	2,30E+01	8,6	3774,919	6,46E+02	9,31E+01	8,2
2334,621	1,09E+01	2,50E+00	13,0	3059,881	1,41E+02	3,97E+01	15,8	3783,928	6,45E+02	9,46E+01	8,4
2343,65	1,17E+01	2,21E+00	10,7	3068,79	1,47E+02	3,94E+01	15,0	3792,836	6,79E+02	8,92E+01	7,5
2352,708	1,26E+01	1,69E+00	7,6	3078,212	1,58E+02	2,98E+01	10,7	3801,854	7,00E+02	8,50E+01	6,9
2361,729	1,32E+01	1,58E+00	6,8	3087,378	1,73E+02	4,16E+00	1,4	3810,829	7,40E+02	9,99E+01	7,7
2370,785	1,43E+01	2,15E+00	8,5	3096,4	1,68E+02	4,93E+01	16,3	3819,835	7,34E+02	1,00E+02	7,8
2380,297	1,54E+01	1,77E+00	6,6	3105,474	1,79E+02	3,47E+01	11,0	3828,837	7,35E+02	1,02E+02	7,9
2389,318	1,51E+01	4,53E+00	16,7	3114,549	1,74E+02	2,29E+01	7,5	3837,856	7,53E+02	9,51E+01	7,2
2398,334	1,59E+01	4,61E+00	16,1	3123,589	1,93E+02	3,39E+01	9,9	3846,952	7,72E+02	7,50E+01	5,5
2407,499	1,66E+01	4,32E+00	14,5	3132,818	1,95E+02	2,67E+01	7,8	3855,93	7,69E+02	7,31E+01	5,4
2416,507	1,75E+01	3,92E+00	12,6	3141,801	2,05E+02	1,25E+01	3,5	3864,927	8,18E+02	5,77E+01	4,0
2425,501	1,85E+01	4,00E+00	12,2	3150,859	1,73E+02	4,57E+01	14,8	3873,915	7,72E+02	9,42E+01	7,0
2434,632	1,93E+01	4,12E+00	12,1	3159,878	1,78E+02	4,51E+01	14,2	3882,958	7,44E+02	1,24E+02	9,4
2443,642	2,01E+01	4,00E+00	11,2	3168,879	1,77E+02	4,94E+01	15,6	3892,029	8,03E+02	3,35E+01	2,4
2452,554	2,06E+01	4,33E+00	11,8	3177,803	2,24E+02	4,81E+00	1,2	3901	7,95E+02	5,44E+01	3,9
2461,682	2,21E+01	4,14E+00	10,6	3186,772	2,00E+02	3,69E+01	10,5	3910,019	8,14E+02	8,45E+01	5,9
2470,684	2,33E+01	4,19E+00	10,2	3195,771	2,25E+02	2,14E+01	5,4	3919,014	8,01E+02	6,09E+01	4,3
2480,174	2,49E+01	3,72E+00	8,5	3204,789	2,40E+02	8,08E+00	1,9	3927,992	8,62E+02	5,67E+01	3,8
2489,354	2,49E+01	1,02E+01	22,4	3213,798	2,07E+02	4,48E+01	12,2	3937,003	8,30E+02	1,15E+02	7,9
2498,385	2,80E+01	1,16E+01	22,5	3222,911	2,07E+02	5,19E+01	14,1	3946,014	8,52E+02	4,89E+01	3,3
2507,386	2,92E+01	1,17E+01	21,8	3231,833	2,18E+02	5,04E+01	13,0	3955,044	8,53E+02	8,65E+01	5,8
2516,416	3,04E+01	1,03E+01	18,7	3240,842	2,51E+02	9,43E+00	2,2	3964,04	8,43E+02	1,97E+01	1,3
2525,49	2,94E+01	7,86E+00	15,0	3249,948	2,37E+02	1,35E+00	0,3	3973,017	9,09E+02	7,97E+01	5,0
2534,588	3,11E+01	7,69E+00	13,9	3258,939	2,46E+02	3,09E+00	0,7	3982,022	8,40E+02	1,63E+02	11,0
2543,512	3,35E+01	5,70E+00	9,7	3267,944	2,49E+02	4,92E+01	11,2	3991,022	8,93E+02	6,45E+00	0,4
2552,542	3,73E+01	4,75E+00	7,3	3276,955	2,48E+02	8,16E+01	18,2	4000,068	8,91E+02	7,13E+01	4,6
2561,652	3,75E+01	5,64E+00	8,6	3285,97	2,57E+02	7,64E+01	16,6	4009,062	8,53E+02	2,08E+02	13,7
2570,68	3,88E+01	6,18E+00	9,0	3295,514	2,44E+02	5,22E+00	1,2	4018,514	8,87E+02	1,10E+02	7,1
2579,691	3,95E+01	6,69E+00	9,6	3304,558	2,91E+02	8,78E+01	16,8	4027,523	8,76E+02	1,39E+02	9,0
2589,179	4,04E+01	6,92E+00	9,7	3313,626	2,59E+02	3,41E+01	7,5	4036,627	9,20E+02	1,41E+02	8,7
2598,229	3,78E+01	1,00E+01	14,9	3322,684	2,78E+02	4,32E+01	8,8	4045,636	9,02E+02	1,35E+02	8,5
2607,242	3,85E+01	1,14E+01	16,5	3331,727	2,64E+02	4,59E+01	9,9	4054,766	9,73E+02	1,69E+02	9,8
2616,958	4,35E+01	9,60E+00	12,4	3340,841	2,75E+02	4,55E+01	9,4	4063,824	1,40E+03	3,42E+02	13,7
2625,983	4,52E+01	9,47E+00	11,8	3349,749	2,83E+02	4,65E+01	9,3	4072,888	1,03E+03	4,21E+02	22,3
2634,986	4,73E+01	9,73E+00	11,6	3358,753	2,78E+02	5,10E+01	10,4	4082,047	1,26E+03	2,43E+02	10,9
2643,994	4,89E+01	1,02E+01	11,8	3367,775	2,97E+02	4,77E+01	9,1	4091,105	1,31E+03	1,23E+02	5,4
2653,006	5,07E+01	1,05E+01	11,7	3376,789	3,35E+02	3,37E+01	5,7	4100,092	1,21E+03	7,38E+01	3,5
2662,025	5,22E+01	1,05E+01	11,4	3385,91	3,17E+02	4,48E+01	8,0	4109,135	1,19E+03	4,45E+02	20,5
2671,019	5,31E+01	1,03E+01	11,0	3394,834	3,19E+02	5,61E+01	10,0	4118,208	1,19E+03	1,65E+02	7,9
2680,082	5,20E+01	1,05E+01	11,5	3403,982	2,75E+02	1,29E+02	25,2	4127,23	1,11E+03	4,11E+01	2,1
2689,163	5,09E+01	1,29E+01	14,3	3412,945	3,43E+02	4,96E+01	8,2	4136,325	1,23E+03	1,74E+02	8,0
2698,249	4,65E+01	2,05E+01	23,8	3421,96	3,25E+02	1,03E+02	17,6	4145,394	1,23E+03	1,75E+02	8,1
2707,288	6,26E+01	6,07E+00	5,5	3431,431	3,10E+02	1,06E+02	18,9	4154,416	1,27E+03	1,68E+02	7,6

0,018 g Säure + 0,072 g Silikat /g H_2O (20.06.2007)

t [s]	G' [Pa]	G'' [Pa]	δ [°]	t [s]	G' [Pa]	G'' [Pa]	δ [°]
34,737	3,91E-02	2,45E-01	80,9	560,051	1,98E+04	1,85E+03	5,3
47,757	7,88E+00	2,71E+00	19	565,123	2,00E+04	1,84E+03	5,3
60,849	8,49E+01	1,83E+01	12,1	570,122	2,02E+04	1,79E+03	5
73,872	2,55E+02	4,57E+01	10,2	579,033	2,05E+04	1,86E+03	5,2
86,994	5,09E+02	8,44E+01	9,4	584,133	2,06E+04	1,87E+03	5,2
99,935	8,35E+02	1,30E+02	8,9	589,136	2,08E+04	1,88E+03	5,2
112,946	1,23E+03	1,81E+02	8,4	598,058	2,11E+04	1,95E+03	5,3
118,044	1,39E+03	2,06E+02	8,4	603,058	2,13E+04	1,93E+03	5,2
131,055	1,86E+03	2,60E+02	8	608,083	2,14E+04	1,97E+03	5,2
144,047	2,36E+03	3,14E+02	7,6	613,073	2,16E+04	1,97E+03	5,2
157,072	2,88E+03	3,81E+02	7,5	622,095	2,19E+04	1,96E+03	5,1
170,054	3,44E+03	4,45E+02	7,4	627,06	2,20E+04	2,10E+03	5,4
183,014	4,01E+03	5,12E+02	7,3	632,143	2,24E+04	1,89E+03	4,8
195,998	4,59E+03	5,77E+02	7,2	637,048	2,24E+04	2,04E+03	5,2
209,053	5,18E+03	6,43E+02	7,1	646,064	2,27E+04	2,00E+03	5
222,015	5,77E+03	7,27E+02	7,2	651,13	2,29E+04	2,08E+03	5,2
227,082	6,02E+03	7,19E+02	6,8	656,137	2,30E+04	2,08E+03	5,2
235,992	6,37E+03	8,09E+02	7,2	661,137	2,32E+04	2,09E+03	5,1
245,015	6,85E+03	8,04E+02	6,7	670,044	2,35E+04	2,14E+03	5,2
254,031	7,23E+03	8,99E+02	7,1	675,104	2,38E+04	2,03E+03	4,9
263,057	7,66E+03	9,05E+02	6,7	680,112	2,38E+04	2,10E+03	5
272,142	8,06E+03	9,63E+02	6,8	685,114	2,40E+04	2,05E+03	4,9
281,786	8,52E+03	9,69E+02	6,5	694,103	2,43E+04	2,07E+03	4,9
290,872	8,95E+03	1,02E+03	6,5	699,083	2,45E+04	2,10E+03	4,9
299,836	9,30E+03	1,03E+03	6,3	704,096	2,46E+04	2,10E+03	4,9
308,856	9,76E+03	1,08E+03	6,3	709,096	2,47E+04	2,16E+03	5
317,877	1,02E+04	1,11E+03	6,2	718,103	2,50E+04	2,21E+03	5
326,9	1,06E+04	1,14E+03	6,2	723,069	2,53E+04	2,04E+03	4,6
335,919	1,09E+04	1,21E+03	6,3	728,081	2,54E+04	2,17E+03	4,9
344,942	1,14E+04	1,21E+03	6,1	733,17	2,55E+04	2,24E+03	5
353,953	1,17E+04	1,26E+03	6,1	738,075	2,56E+04	2,25E+03	5
358,961	1,20E+04	1,27E+03	6	747,083	2,60E+04	2,16E+03	4,8
368,066	1,24E+04	1,28E+03	5,9	752,103	2,61E+04	2,22E+03	4,9
373,038	1,26E+04	1,33E+03	6	757,103	2,63E+04	2,23E+03	4,9
382,041	1,29E+04	1,36E+03	6	762,103	2,63E+04	2,35E+03	5,1
391,042	1,33E+04	1,34E+03	5,7	771,116	2,67E+04	2,24E+03	4,8
396,121	1,36E+04	1,35E+03	5,7	776,125	2,69E+04	2,20E+03	4,7
405,033	1,39E+04	1,44E+03	5,9	781,129	2,70E+04	2,19E+03	4,6
410,055	1,42E+04	1,37E+03	5,5	786,171	2,72E+04	2,12E+03	4,5
419,052	1,45E+04	1,47E+03	5,8	791,148	2,73E+04	2,22E+03	4,6
424,032	1,47E+04	1,48E+03	5,8	796,121	2,74E+04	2,33E+03	4,9
433,03	1,51E+04	1,49E+03	5,7	805,112	2,77E+04	2,27E+03	4,7
438,036	1,53E+04	1,48E+03	5,5	810,094	2,78E+04	2,29E+03	4,7
447,039	1,56E+04	1,55E+03	5,7	815,159	2,80E+04	2,27E+03	4,6
452,054	1,58E+04	1,60E+03	5,8	820,073	2,80E+04	2,36E+03	4,8
461,044	1,62E+04	1,56E+03	5,5	825,177	2,83E+04	2,22E+03	4,5
466,123	1,63E+04	1,62E+03	5,6	830,177	2,83E+04	2,40E+03	4,9
475,114	1,67E+04	1,61E+03	5,5	839,088	2,87E+04	2,26E+03	4,5
480,043	1,69E+04	1,63E+03	5,5	844,098	2,88E+04	2,36E+03	4,7
489,055	1,72E+04	1,68E+03	5,6	849,155	2,90E+04	2,33E+03	4,6
494,046	1,74E+04	1,68E+03	5,5	854,157	2,91E+04	2,37E+03	4,7
503,138	1,77E+04	1,74E+03	5,6	859,168	2,91E+04	2,43E+03	4,8
508,033	1,79E+04	1,69E+03	5,4	864,17	2,93E+04	2,37E+03	4,6
513,104	1,81E+04	1,74E+03	5,5	873,084	2,96E+04	2,42E+03	4,7
522,053	1,85E+04	1,72E+03	5,3	878,08	2,97E+04	2,41E+03	4,6
527,132	1,86E+04	1,83E+03	5,6	883,194	3,00E+04	2,31E+03	4,4
532,127	1,88E+04	1,75E+03	5,3	888,091	3,00E+04	2,42E+03	4,6
541,127	1,91E+04	1,84E+03	5,5	893,094	3,02E+04	2,40E+03	4,5
546,04	1,93E+04	1,86E+03	5,5	898,195	3,02E+04	2,54E+03	4,8
551,04	1,95E+04	1,85E+03	5,4	903,106	3,04E+04	2,45E+03	4,6

0,018 g Säure + 0,084 g Silikat /g H_2O (20.06.2007)

t [s]	G' [Pa]	G'' [Pa]	δ [°]	t [s]	G' [Pa]	G'' [Pa]	δ [°]
94,319	9,55E-01	4,09E-01	23,2	669,061	4,58E+03	5,05E+02	6,3
107,307	2,60E+00	7,50E-01	16,1	674,164	4,63E+03	5,18E+02	6,4
120,302	6,33E+00	1,21E+00	10,8	683,178	4,77E+03	5,30E+02	6,3
133,325	1,24E+01	2,53E+00	11,5	692,097	4,90E+03	5,47E+02	6,4
146,363	2,16E+01	4,09E+00	10,7	697,211	4,97E+03	5,60E+02	6,4
159,925	3,42E+01	6,41E+00	10,6	706,234	5,13E+03	5,61E+02	6,2
172,964	5,01E+01	9,21E+00	10,4	711,232	5,18E+03	5,83E+02	6,4
186,003	6,97E+01	1,27E+01	10,3	720,144	5,34E+03	5,74E+02	6,1
199,089	9,34E+01	1,66E+01	10,1	725,254	5,38E+03	6,14E+02	6,5
212,07	1,21E+02	2,14E+01	10	734,163	5,58E+03	5,75E+02	5,9
225,092	1,56E+02	2,68E+01	9,7	739,25	5,62E+03	6,33E+02	6,4
238,131	1,97E+02	3,35E+01	9,7	748,255	5,79E+03	6,20E+02	6,1
251,127	2,45E+02	4,09E+01	9,4	753,246	5,82E+03	6,66E+02	6,5
264,137	3,02E+02	4,89E+01	9,2	762,16	6,05E+03	6,13E+02	5,8
277,151	3,63E+02	5,89E+01	9,2	767,16	6,09E+03	6,51E+02	6,1
290,156	4,32E+02	6,68E+01	8,8	776,18	6,28E+03	6,16E+02	5,6
303,249	5,07E+02	7,90E+01	8,8	781,267	6,28E+03	7,22E+02	6,6
316,216	5,87E+02	8,72E+01	8,4	790,195	6,49E+03	6,73E+02	5,9
329,195	6,78E+02	9,97E+01	8,4	795,259	6,54E+03	7,25E+02	6,3
334,16	7,14E+02	1,02E+02	8,2	804,176	6,78E+03	6,30E+02	5,3
347,155	8,11E+02	1,15E+02	8,1	809,173	6,77E+03	7,60E+02	6,4
352,159	8,48E+02	1,19E+02	8	814,279	6,79E+03	8,34E+02	7
357,148	8,85E+02	1,25E+02	8,1	823,187	7,01E+03	8,10E+02	6,6
370,168	9,91E+02	1,36E+02	7,8	828,272	7,10E+03	8,09E+02	6,5
379,158	1,07E+03	1,48E+02	7,9	833,264	7,16E+03	8,43E+02	6,7
388,155	1,14E+03	1,57E+02	7,8	842,173	7,45E+03	7,49E+02	5,7
401,146	1,26E+03	1,70E+02	7,7	847,23	7,53E+03	7,61E+02	5,8
410,148	1,35E+03	1,77E+02	7,5	856,246	7,65E+03	8,82E+02	6,6
419,167	1,44E+03	1,87E+02	7,4	861,246	7,76E+03	8,61E+02	6,3
428,177	1,53E+03	1,95E+02	7,3	870,245	7,95E+03	8,07E+02	5,8
437,166	1,61E+03	2,10E+02	7,4	875,226	8,03E+03	8,55E+02	6,1
446,166	1,70E+03	2,22E+02	7,4	884,244	8,22E+03	8,11E+02	5,6
455,653	1,81E+03	2,33E+02	7,4	889,206	8,28E+03	8,62E+02	5,9
464,675	1,90E+03	2,40E+02	7,2	894,303	8,38E+03	8,80E+02	6
473,679	2,00E+03	2,51E+02	7,2	903,22	8,56E+03	8,87E+02	5,9
482,683	2,10E+03	2,62E+02	7,1	908,217	8,64E+03	9,28E+02	6,1
491,693	2,19E+03	2,80E+02	7,3	917,307	8,84E+03	9,18E+02	5,9
500,805	2,30E+03	2,78E+02	6,9	926,21	9,04E+03	9,16E+02	5,8
509,798	2,40E+03	2,89E+02	6,8	931,206	9,06E+03	9,91E+02	6,2
518,829	2,51E+03	3,10E+02	7	936,295	9,22E+03	9,41E+02	5,8
527,953	2,62E+03	3,15E+02	6,9	946,107	9,36E+03	9,30E+02	5,7
536,97	2,74E+03	3,27E+02	6,8	951,008	9,61E+03	1,00E+03	5,9
545,867	2,85E+03	3,42E+02	6,8	960,025	9,71E+03	9,83E+02	5,8
554,899	2,97E+03	3,61E+02	6,9	965,036	9,84E+03	1,00E+03	5,8
563,926	3,08E+03	3,64E+02	6,7	970,032	9,91E+03	9,91E+02	5,7
572,939	3,21E+03	3,85E+02	6,8	979,051	1,02E+04	1,02E+03	5,7
581,958	3,33E+03	3,87E+02	6,6	984,161	1,01E+04	1,02E+03	5,8
590,974	3,44E+03	4,00E+02	6,6	989,155	1,03E+04	1,02E+03	5,7
599,976	3,57E+03	4,15E+02	6,6	998,076	1,05E+04	1,06E+03	5,8
608,959	3,69E+03	4,33E+02	6,7	1003,081	1,06E+04	1,07E+03	5,8
613,975	3,75E+03	4,39E+02	6,7	1008,19	1,07E+04	1,08E+03	5,8
622,964	3,89E+03	4,45E+02	6,5	1013,201	1,07E+04	1,09E+03	5,8
632	4,00E+03	4,54E+02	6,5	1022,111	1,10E+04	1,10E+03	5,7
637,1	4,07E+03	4,65E+02	6,5	1027,121	1,10E+04	1,14E+03	5,9
646,122	4,22E+03	4,81E+02	6,5	1036,232	1,14E+04	1,10E+03	5,5
651,119	4,28E+03	4,89E+02	6,5	1041,141	1,13E+04	1,13E+03	5,7
660,032	4,43E+03	5,01E+02	6,4	1050,152	1,16E+04	1,12E+03	5,5

0,021 g Säure + 0,061 g Silikat /g H_2O (15.06.2007)

t [s]	G' [Pa]	G" [Pa]	δ [°]	t [s]	G' [Pa]	G" [Pa]	δ [°]
41,795	5,07E+01	8,12E+00	9,1	553,938	3,12E+04	1,67E+03	3,1
56,935	6,41E+02	7,59E+01	6,8	560,993	3,14E+04	1,63E+03	3
71,943	1,89E+03	2,05E+02	6,2	568,109	3,16E+04	1,59E+03	2,9
87,117	3,39E+03	3,43E+02	5,8	579,129	3,20E+04	1,74E+03	3,1
102,137	4,97E+03	4,50E+02	5,2	586,117	3,22E+04	1,73E+03	3,1
117,07	6,52E+03	5,36E+02	4,7	593,171	3,26E+04	1,55E+03	2,7
132,073	7,95E+03	6,37E+02	4,6	600,147	3,27E+04	1,73E+03	3
147,078	9,31E+03	7,52E+02	4,6	611,134	3,31E+04	1,77E+03	3,1
158,092	1,03E+04	8,21E+02	4,6	618,216	3,33E+04	1,73E+03	3
169,095	1,12E+04	8,35E+02	4,3	625,146	3,38E+04	1,37E+03	2,3
180,087	1,21E+04	8,64E+02	4,1	632,133	3,38E+04	1,73E+03	2,9
191,176	1,29E+04	8,88E+02	3,9	638,443	3,40E+04	1,76E+03	3
202,091	1,37E+04	9,54E+02	4	650,555	3,44E+04	1,69E+03	2,8
213,086	1,45E+04	9,93E+02	3,9	656,998	3,47E+04	1,67E+03	2,8
224,085	1,53E+04	1,02E+03	3,8	665,382	3,49E+04	1,64E+03	2,7
235,087	1,60E+04	1,07E+03	3,8	672,381	3,51E+04	1,62E+03	2,6
245,521	1,67E+04	1,13E+03	3,9	679,365	3,53E+04	1,57E+03	2,5
258,473	1,75E+04	1,13E+03	3,7	690,364	3,58E+04	1,74E+03	2,8
269,481	1,80E+04	1,19E+03	3,8	697,368	3,62E+04	1,99E+03	3,1
280,501	1,87E+04	1,18E+03	3,6	704,337	3,62E+04	1,75E+03	2,8
291,562	1,94E+04	1,20E+03	3,5	711,393	3,64E+04	1,66E+03	2,6
298,613	1,98E+04	1,21E+03	3,5	718,399	3,66E+04	1,79E+03	2,8
309,609	2,04E+04	1,26E+03	3,5	729,409	3,70E+04	1,75E+03	2,7
316,723	2,07E+04	1,24E+03	3,4	736,411	3,73E+04	1,84E+03	2,8
327,927	2,14E+04	1,34E+03	3,6	743,382	3,76E+04	1,93E+03	2,9
334,919	2,16E+04	1,30E+03	3,4	750,37	3,76E+04	1,75E+03	2,7
345,978	2,23E+04	1,32E+03	3,4	757,409	3,79E+04	1,81E+03	2,7
352,933	2,24E+04	1,29E+03	3,3	764,406	3,79E+04	1,68E+03	2,5
364,012	2,32E+04	1,34E+03	3,3	775,373	3,83E+04	1,70E+03	2,5
370,947	2,34E+04	1,37E+03	3,3	782,36	3,86E+04	1,85E+03	2,7
382,137	2,40E+04	1,37E+03	3,3	789,35	3,88E+04	1,82E+03	2,7
389,172	2,43E+04	1,38E+03	3,2	796,343	3,91E+04	2,00E+03	2,9
400,215	2,49E+04	1,43E+03	3,3	803,323	3,91E+04	1,56E+03	2,3
408,438	2,51E+04	1,40E+03	3,2	810,311	3,93E+04	1,54E+03	2,2
419,455	2,57E+04	1,41E+03	3,1	817,3	3,95E+04	2,01E+03	2,9
425,943	2,61E+04	1,45E+03	3,2	824,275	3,96E+04	1,87E+03	2,7
434,1	2,63E+04	1,42E+03	3,1	835,263	3,98E+04	1,95E+03	2,8
445,171	2,67E+04	1,61E+03	3,5	842,279	4,00E+04	1,91E+03	2,7
451,505	2,70E+04	1,54E+03	3,3	849,247	4,01E+04	1,91E+03	2,7
463,741	2,76E+04	1,50E+03	3,1	856,242	4,03E+04	1,83E+03	2,6
470,814	2,78E+04	1,36E+03	2,8	863,222	4,05E+04	1,65E+03	2,3
477,895	2,81E+04	1,51E+03	3,1	870,201	4,05E+04	1,93E+03	2,7
488,978	2,86E+04	1,50E+03	3	877,247	4,08E+04	1,48E+03	2,1
495,942	2,89E+04	1,56E+03	3,1	884,218	4,10E+04	1,55E+03	2,2
503,111	2,90E+04	1,55E+03	3	891,201	4,09E+04	2,11E+03	3
514,134	2,96E+04	1,57E+03	3	902,205	4,13E+04	1,70E+03	2,4
521,221	2,99E+04	1,79E+03	3,4	909,172	4,13E+04	2,08E+03	2,9
528,22	3,01E+04	1,53E+03	2,9	916,161	4,14E+04	2,03E+03	2,8
534,674	3,04E+04	1,59E+03	3	923,157	4,18E+04	1,77E+03	2,4
546,846	3,09E+04	1,63E+03	3	930,141	4,17E+04	2,06E+03	2,8

0,021 g Säure + 0,109 g Silikat /g H_2O (04.07.2007)

t [s]	G' [Pa]	G'' [Pa]	δ [°]	t [s]	G' [Pa]	G'' [Pa]	δ [°]
52,754	2,48E+00	1,03E+00	22,5	825,432	1,87E+04	2,27E+03	6,9
64,768	2,16E+00	9,25E-01	23,1	837,461	1,90E+04	2,27E+03	6,8
76,869	2,75E+00	3,94E+00	55	849,484	1,93E+04	2,32E+03	6,9
88,893	2,36E+01	1,10E+01	25	861,599	1,97E+04	2,35E+03	6,8
100,919	6,93E+01	2,30E+01	18,3	873,523	2,00E+04	2,36E+03	6,7
112,943	1,41E+02	3,90E+01	15,5	885,638	2,03E+04	2,39E+03	6,7
124,963	2,38E+02	5,78E+01	13,7	897,644	2,07E+04	2,44E+03	6,7
136,981	3,58E+02	7,94E+01	12,5	909,666	2,10E+04	2,44E+03	6,6
149,077	4,97E+02	1,04E+02	11,8	921,696	2,13E+04	2,56E+03	6,9
161,097	6,56E+02	1,30E+02	11,2	933,692	2,16E+04	2,55E+03	6,7
173,206	8,31E+02	1,59E+02	10,8	945,685	2,19E+04	2,54E+03	6,6
185,221	1,02E+03	1,89E+02	10,5	957,792	2,22E+04	2,66E+03	6,8
197,239	1,23E+03	2,24E+02	10,3	969,805	2,25E+04	2,57E+03	6,5
209,264	1,45E+03	2,58E+02	10,1	981,739	2,28E+04	2,85E+03	7,1
221,38	1,69E+03	2,93E+02	9,9	993,75	2,31E+04	2,75E+03	6,8
233,383	1,93E+03	3,35E+02	9,8	1005,869	2,34E+04	2,68E+03	6,5
245,573	2,20E+03	3,72E+02	9,6	1017,87	2,38E+04	2,69E+03	6,5
257,523	2,47E+03	4,11E+02	9,5	1029,852	2,41E+04	2,91E+03	6,9
269,62	2,75E+03	4,46E+02	9,2	1041,871	2,43E+04	2,71E+03	6,4
280,949	3,04E+03	4,88E+02	9,1	1053,898	2,46E+04	2,79E+03	6,5
294,099	3,34E+03	5,32E+02	9	1065,92	2,50E+04	2,87E+03	6,6
306,2	3,65E+03	5,75E+02	9	1077,949	2,52E+04	2,78E+03	6,3
318,215	3,96E+03	6,23E+02	8,9	1090,045	2,55E+04	2,88E+03	6,4
330,243	4,28E+03	6,53E+02	8,7	1102,081	2,57E+04	2,87E+03	6,4
342,241	4,61E+03	7,08E+02	8,7	1114,09	2,61E+04	2,94E+03	6,4
354,365	4,94E+03	7,53E+02	8,7	1126,103	2,64E+04	2,93E+03	6,3
366,374	5,27E+03	7,99E+02	8,6	1138,206	2,67E+04	2,94E+03	6,3
378,413	5,61E+03	8,39E+02	8,5	1150,227	2,69E+04	2,98E+03	6,3
390,512	5,95E+03	8,87E+02	8,5	1162,258	2,72E+04	2,98E+03	6,2
402,539	6,33E+03	9,17E+02	8,2	1174,356	2,75E+04	3,01E+03	6,2
414,544	6,66E+03	9,65E+02	8,2	1186,514	2,78E+04	3,04E+03	6,3
426,583	7,01E+03	1,01E+03	8,2	1198,55	2,81E+04	3,10E+03	6,3
438,535	7,36E+03	1,05E+03	8,1	1210,672	2,83E+04	3,13E+03	6,3
450,563	7,70E+03	1,10E+03	8,1	1222,697	2,86E+04	3,14E+03	6,3
462,577	8,07E+03	1,13E+03	8	1234,626	2,88E+04	3,13E+03	6,2
474,674	8,43E+03	1,16E+03	7,9	1246,708	2,92E+04	3,12E+03	6,1
486,715	8,79E+03	1,19E+03	7,7	1258,733	2,94E+04	3,16E+03	6,1
498,722	9,14E+03	1,25E+03	7,8	1270,741	2,96E+04	3,26E+03	6,3
510,683	9,50E+03	1,32E+03	7,9	1282,774	2,99E+04	3,21E+03	6,1
522,664	9,87E+03	1,33E+03	7,6	1294,874	3,02E+04	3,12E+03	5,9
534,626	1,02E+04	1,40E+03	7,8	1306,846	3,04E+04	3,32E+03	6,2
546,595	1,06E+04	1,46E+03	7,9	1318,962	3,07E+04	3,30E+03	6,1
558,624	1,10E+04	1,44E+03	7,5	1330,974	3,09E+04	3,24E+03	6
570,642	1,13E+04	1,50E+03	7,6	1342,997	3,10E+04	3,22E+03	5,9
582,665	1,17E+04	1,56E+03	7,6	1355,023	3,15E+04	3,38E+03	6,1
594,699	1,20E+04	1,55E+03	7,3	1367,119	3,17E+04	3,38E+03	6,1
606,72	1,24E+04	1,64E+03	7,6	1379,161	3,18E+04	3,45E+03	6,2
618,699	1,27E+04	1,66E+03	7,4	1391,186	3,22E+04	3,40E+03	6
630,144	1,31E+04	1,73E+03	7,5	1403,275	3,25E+04	3,31E+03	5,8
643,388	1,35E+04	1,73E+03	7,3	1415,295	3,27E+04	3,39E+03	5,9
655,422	1,38E+04	1,79E+03	7,4	1427,328	3,29E+04	3,34E+03	5,8
667,528	1,42E+04	1,82E+03	7,3	1439,428	3,31E+04	3,43E+03	5,9
679,526	1,45E+04	1,86E+03	7,3	1451,539	3,32E+04	3,37E+03	5,8
691,721	1,49E+04	1,85E+03	7,1	1463,627	3,36E+04	3,53E+03	6
704,38	1,53E+04	1,95E+03	7,3	1475,806	3,37E+04	3,65E+03	6,2
716,389	1,56E+04	1,99E+03	7,3	1487,813	3,41E+04	3,56E+03	6
728,415	1,60E+04	2,00E+03	7,1	1500,447	3,44E+04	3,69E+03	6,1
740,513	1,63E+04	2,03E+03	7,1	1512,573	3,47E+04	3,64E+03	6
752,532	1,67E+04	2,04E+03	7	1524,568	3,48E+04	3,55E+03	5,8
764,707	1,70E+04	2,07E+03	6,9	1536,752	3,51E+04	3,52E+03	5,7
776,76	1,73E+04	2,09E+03	6,9	1548,885	3,53E+04	3,78E+03	6,1
788,767	1,77E+04	2,10E+03	6,8	1560,903	3,55E+04	3,72E+03	6
800,792	1,80E+04	2,20E+03	7	1572,866	3,57E+04	3,87E+03	6,2
813,308	1,83E+04	2,19E+03	6,8	1584,847	3,59E+04	3,81E+03	6,1

0,017 g Säure + 0,084 g Silikat /g H_2O (13.09.2007)

t [s]	G' [Pa]	G" [Pa]	δ [°]	t [s]	G' [Pa]	G" [Pa]	δ [°]	t [s]	G' [Pa]	G" [Pa]	δ [°]
504,244	1,93E+00	1,15E+00	30,7	1114,944	2,48E+02	2,42E+01	5,6	1726,875	1,05E+03	9,19E+00	0,5
513,315	1,78E+00	2,21E+00	51,1	1124,009	2,43E+02	2,16E+01	5,1	1736,011	9,61E+02	4,68E+01	2,8
522,374	1,42E+00	1,11E+00	38,1	1133,007	2,90E+02	5,21E+01	10,2	1745,092	9,78E+02	4,52E+01	2,6
531,557	1,04E+00	1,35E+00	52,3	1142,093	2,67E+02	3,08E+01	6,6	1754,174	1,06E+03	1,02E+02	5,5
540,726	7,54E-01	1,46E+00	62,8	1151,274	3,13E+02	2,70E+01	4,9	1763,354	1,10E+03	3,20E+01	1,7
549,981	3,34E-01	1,49E+00	77,4	1160,49	2,59E+02	3,04E+00	0,7	1772,477	1,05E+03	8,83E+00	0,5
558,976	3,96E-03	1,90E+00	89,9	1169,647	3,41E+02	3,44E+01	5,8	1781,582	1,02E+03	3,79E+01	2,1
568,027	5,51E-01	2,06E+00	75	1178,735	3,34E+02	7,74E+00	1,3	1790,71	1,06E+03	9,03E+01	4,9
577,049	1,14E+00	2,13E+00	62	1187,78	3,10E+02	4,24E+01	7,8	1799,895	9,90E+02	2,18E+02	12,4
586,055	1,77E+00	2,51E+00	54,8	1196,778	3,13E+02	5,64E+01	10,2	1808,999	1,10E+03	3,72E+01	1,9
595,076	2,56E+00	2,63E+00	45,7	1205,801	3,21E+02	6,12E+01	10,8	1818,052	1,10E+03	1,84E+01	1
604,155	3,37E+00	2,85E+00	40,2	1214,815	3,30E+02	6,30E+01	10,8	1827,184	1,34E+03	1,98E+02	8,4
613,34	4,34E+00	3,06E+00	35,2	1223,826	3,37E+02	6,31E+01	10,6	1836,36	1,19E+03	6,94E+01	3,3
622,438	5,47E+00	3,94E+00	35,8	1233,499	3,69E+02	5,47E+01	8,4	1845,388	1,29E+03	9,34E+01	4,1
631,702	6,67E+00	3,30E+00	26,3	1242,779	3,86E+02	3,69E+01	5,5	1854,516	1,18E+03	2,16E+02	10,4
640,837	7,88E+00	4,29E+00	28,6	1251,842	4,01E+02	3,10E+01	4,4	1863,712	1,10E+03	2,17E+01	1,1
649,843	7,95E+00	7,09E+00	41,7	1260,889	1,75E+02	2,50E+02	55	1872,674	1,13E+03	6,70E+01	3,4
658,865	1,10E+01	4,49E+00	22,2	1270,142	4,15E+02	4,64E+01	6,4	1881,797	1,23E+03	1,06E+02	4,9
667,96	1,26E+01	5,09E+00	22	1279,311	4,07E+02	6,42E+01	9	1890,989	1,14E+03	3,08E+02	15,1
677,628	1,50E+01	4,97E+00	18,4	1288,448	4,38E+02	6,91E+01	9	1900,66	1,13E+03	4,24E+01	2,1
686,718	1,70E+01	4,97E+00	16,3	1297,684	4,52E+02	4,32E+01	5,5	1909,832	1,28E+03	1,16E+02	5,2
695,786	1,83E+01	6,91E+00	20,7	1306,767	4,65E+02	1,01E+01	1,2	1918,928	1,26E+03	1,25E+02	5,7
704,774	1,95E+01	1,00E+01	27,2	1315,802	4,60E+02	5,67E+01	7	1928,021	1,29E+03	3,13E+01	1,4
713,836	2,29E+01	1,19E+01	27,4	1324,816	4,64E+02	3,68E+01	4,5	1937,199	1,51E+03	2,54E+02	9,6
722,973	2,56E+01	9,39E+00	20,1	1333,909	4,40E+02	6,89E+01	8,9	1946,364	1,21E+03	1,69E+02	8
732,018	2,75E+01	8,11E+00	16,4	1342,896	4,90E+02	4,46E+01	5,2	1955,457	1,31E+03	1,86E+02	8,1
741,317	3,50E+01	2,78E+00	4,5	1352,064	5,27E+02	5,51E+01	6	1964,654	5,74E+02	1,04E+03	61,1
750,433	3,36E+01	1,03E+01	17	1361,222	5,18E+02	5,23E+01	5,8	1973,824	1,34E+03	1,25E+02	5,3
759,604	3,47E+01	8,80E+00	14,2	1370,38	5,16E+02	5,87E+01	6,5	1982,962	1,30E+03	2,15E+02	9,4
768,689	3,66E+01	1,19E+01	18	1379,593	5,17E+02	4,07E+01	4,5	1992,135	1,47E+03	3,31E+02	12,7
777,721	3,98E+01	1,55E+01	21,3	1388,756	5,53E+02	5,15E+01	5,3	2001,294	1,44E+03	1,22E+02	4,9
786,761	4,19E+01	1,83E+01	23,6	1397,915	5,57E+02	6,90E+00	0,7	2010,448	1,29E+03	2,68E+02	11,8
795,876	5,01E+01	4,77E+00	5,4	1406,95	5,39E+02	1,83E+01	2	2019,549	1,43E+03	2,98E+02	11,7
804,941	5,58E+01	1,14E+01	11,5	1415,958	5,46E+02	1,28E+01	1,3	2028,668	1,52E+03	2,03E+02	7,6
814,066	5,64E+01	1,12E+01	11,3	1425,051	6,06E+02	8,19E+01	7,7	2037,865	1,52E+03	1,32E+02	5
823,241	6,00E+01	1,19E+01	11,2	1433,633	6,11E+02	5,65E+01	5,3	2046,963	1,42E+03	1,91E+02	7,7
832,418	6,34E+01	1,10E+01	9,9	1443,791	6,31E+02	2,34E+01	2,1	2056,126	1,29E+03	9,26E+01	4,1
841,563	6,88E+01	1,23E+01	10,1	1452,883	6,30E+02	5,68E+01	5,2	2064,706	1,53E+03	1,44E+02	5,4
850,589	7,28E+01	1,33E+01	10,4	1461,948	5,96E+02	4,40E+01	4,2	2075,022	1,36E+03	2,70E+02	11,3
859,656	7,37E+01	1,71E+01	13,1	1471,015	6,73E+02	1,46E+02	12,3	2084,122	1,51E+03	1,90E+02	7,2
868,782	7,93E+01	2,57E+01	17,9	1480,197	6,64E+02	6,10E+01	5,2	2093,284	1,48E+03	1,63E+02	6,3
877,816	8,54E+01	3,68E+01	23,3	1489,361	6,76E+02	6,83E+01	5,8	2102,494	1,66E+03	8,52E+01	2,9
886,969	9,69E+01	1,99E+01	11,6	1498,67	6,51E+02	3,02E+01	2,7	2111,553	1,59E+03	2,09E+02	7,5
896,012	1,02E+02	1,72E+01	9,5	1507,783	6,88E+02	5,19E+01	4,3	2120,703	1,59E+03	1,28E+02	4,6
905,215	1,05E+02	1,33E+01	7,2	1516,794	7,35E+02	1,18E+01	0,9	2129,828	1,46E+03	7,20E+01	2,8
914,423	9,90E+01	7,62E+00	4,4	1525,891	7,36E+02	8,48E+01	6,6	2138,866	1,61E+03	1,46E+02	5,2
923,591	1,13E+02	1,65E+01	8,3	1534,945	6,81E+02	9,34E+01	7,8	2148,052	1,57E+03	3,18E+02	11,5
932,677	1,18E+02	1,81E+01	8,7	1544,083	8,29E+02	1,43E+02	9,8	2157,229	1,45E+03	3,29E+01	1,3
941,807	1,15E+02	3,03E+01	14,8	1553,286	7,44E+02	7,51E+01	5,8	2166,4	3,69E+03	5,70E+02	8,8
950,81	1,28E+02	2,43E+01	10,7	1562,464	7,70E+02	1,59E+02	11,6	2175,412	1,17E+03	1,59E+03	53,6
959,841	1,35E+02	4,83E+01	19,6	1571,553	7,18E+02	1,40E+01	1,1	2184,493	2,94E+03	8,06E+01	1,6
968,871	1,43E+02	4,72E+01	18,2	1580,66	7,47E+02	6,57E+01	5	2193,506	2,88E+03	4,07E+02	8
977,888	1,50E+02	4,56E+01	16,9	1589,784	8,45E+02	4,55E+01	3,1	2202,664	2,93E+03	9,21E+02	17,5
987,006	1,50E+02	1,97E+01	7,5	1598,897	8,41E+02	5,26E+01	3,6	2211,756	3,20E+03	4,81E+02	8,5
996,062	1,73E+02	2,22E+01	7,3	1607,946	7,70E+02	1,29E+02	9,5	2221,055	2,60E+03	3,92E+02	8,6
1005,256	1,76E+02	3,15E+00	1	1617,032	7,68E+02	4,71E+01	3,5	2230,058	2,76E+03	2,64E+02	5,5
1014,476	1,60E+02	1,05E+01	3,8	1625,571	9,73E+02	1,18E+02	6,9	2239,138	2,53E+03	1,93E+02	4,4
1023,781	1,86E+02	2,19E+01	6,7	1635,822	8,72E+02	5,08E+01	3,3	2248,23	3,03E+03	5,42E+02	10,1
1032,765	1,77E+02	3,93E+01	12,5	1644,914	9,03E+02	1,65E+01	1	2257,432	2,78E+03	2,62E+02	5,4
1041,77	1,81E+02	4,51E+01	14	1653,973	8,90E+02	3,99E+01	2,6	2266,564	2,60E+03	6,86E+02	14,8
1050,854	1,97E+02	2,23E+01	6,5	1662,965	8,72E+02	2,35E+01	1,5	2275,646	2,90E+03	9,27E+02	17,7
1059,889	2,11E+02	6,53E+01	17,2	1672,115	9,57E+02	1,21E+02	7,2	2284,839	2,89E+03	3,61E+02	7,1
1068,445	2,01E+02	2,14E+01	6,1	1681,288	9,08E+02	9,20E+01	5,8	2293,943	2,83E+03	2,73E+02	5,5
1078,74	2,36E+02	1,06E+00	0,3	1690,351	9,78E+02	2,48E+01	1,5	2303,032	2,97E+03	8,17E+01	1,6
1087,781	2,11E+02	4,60E+01	12,3	1699,486	9,25E+02	4,27E+01	2,6	2312,203	2,60E+03	1,23E+02	2,7
1096,869	2,22E+02	2,03E+01	5,2	1708,601	8,54E+02	8,13E+00	0,5	2321,291	2,12E+03	3,19E+03	56,4
1105,861	2,50E+02	3,25E+01	7,4	1717,857	9,96E+02	8,35E+01	4,8	2330,405	2,70E+03	2,93E+02	6,2

0,017 g Säure + 0,084 g Silikat + 0,025 g NaCl /g H_2O (14.09.2007)

t [s]	G' [Pa]	G'' [Pa]	δ [°]	t [s]	G' [Pa]	G'' [Pa]	δ [°]	t [s]	G' [Pa]	G'' [Pa]	δ [°]
134,664	1,73E+00	1,34E+00	37,7	690,094	5,39E+03	6,61E+02	7	1247,013	1,04E+04	1,78E+03	9,7
143,922	2,67E-01	2,78E+00	84,5	699,29	5,58E+03	7,53E+02	7,7	1256,128	9,75E+03	1,02E+03	6
152,929	2,88E+00	3,40E+00	49,7	708,433	5,08E+03	2,38E+02	2,7	1265,3	9,52E+03	1,06E+03	6,4
161,929	8,85E+00	5,72E+00	32,9	717,702	5,75E+03	6,71E+02	6,7	1274,477	1,03E+04	2,77E+03	15,1
171,001	1,76E+01	7,24E+00	22,4	726,711	6,16E+03	1,49E+02	1,4	1283,631	9,88E+03	1,01E+03	5,8
180,276	3,19E+01	8,94E+00	15,6	735,698	5,77E+03	1,13E+03	11	1292,714	9,95E+03	9,20E+02	5,3
189,397	4,76E+01	1,31E+01	15,4	744,799	5,49E+03	1,69E+03	17,1	1301,857	8,72E+03	1,85E+03	12
198,512	8,00E+01	1,64E+01	11,6	753,722	5,73E+03	1,69E+03	16,5	1310,828	9,47E+03	1,73E+03	10,3
207,429	1,32E+02	1,79E+01	7,7	762,733	5,65E+03	2,06E+03	20	1319,912	9,68E+03	3,00E+03	17,2
217,039	1,18E+02	2,75E+01	13,1	771,819	6,59E+03	7,26E+02	6,3	1329,689	1,01E+04	1,03E+03	5,8
226,209	1,44E+02	3,89E-02	1,55E-02	780,88	6,37E+03	3,12E+02	2,8	1338,783	9,89E+03	1,09E+03	6,3
235,36	1,97E+02	3,92E+01	11,3	789,994	6,51E+03	6,20E+02	5,4	1347,831	9,75E+03	1,17E+03	6,9
244,621	2,14E+02	5,10E+01	13,4	798,987	7,49E+03	9,31E+02	7,1	1356,861	1,02E+04	1,32E+03	7,4
253,549	2,32E+02	5,74E+01	13,9	808,007	7,39E+03	8,22E+02	6,3	1365,852	9,84E+03	1,89E+03	10,8
262,626	3,27E+02	3,20E+01	5,6	817,019	7,62E+03	8,32E+02	6,2	1374,947	1,06E+04	2,30E+03	12,3
271,728	3,68E+02	6,10E+01	9,4	826,152	7,49E+03	5,85E+02	4,5	1384,075	1,10E+04	1,43E+03	7,4
280,73	4,19E+02	8,69E+01	11,7	835,421	7,11E+03	5,40E+01	0,4	1392,584	1,12E+04	1,03E+03	5,2
289,75	4,46E+02	4,26E+01	5,5	844,543	7,31E+03	7,70E+02	6	1402,845	9,92E+03	1,36E+03	7,8
298,181	5,24E+02	8,03E+01	8,7	853,709	7,88E+03	2,79E+02	2	1411,775	1,20E+04	2,01E+02	1
308,609	6,03E+02	8,40E+01	7,9	862,798	7,57E+03	2,13E+03	15,7	1420,869	9,83E+03	1,66E+03	9,6
317,612	6,96E+02	1,63E+01	1,3	871,841	7,97E+03	2,26E+03	15,8	1429,918	1,05E+04	3,71E+02	2
326,605	7,38E+02	4,65E+01	3,6	880,93	8,91E+03	2,00E+03	12,7	1438,911	1,06E+04	1,81E+03	9,7
335,614	7,89E+02	8,31E+01	6	889,978	8,61E+03	1,19E+03	7,8	1447,939	1,08E+04	1,25E+03	6,6
344,699	8,53E+02	3,26E+00	0,2	899,06	8,61E+03	8,41E+02	5,6	1456,373	1,07E+04	2,58E+03	13,6
353,77	9,08E+02	6,97E+01	4,4	908,332	8,59E+03	1,88E+02	1,3	1466,835	1,15E+04	8,66E+02	4,3
362,829	9,78E+02	9,16E+01	5,3	917,532	8,64E+03	1,14E+03	7,5	1475,837	1,08E+04	1,31E+03	6,9
371,968	1,12E+03	1,41E+02	7,2	926,667	8,60E+03	8,40E+02	5,6	1484,828	1,15E+04	4,94E+02	2,5
380,974	1,21E+03	1,40E+02	6,6	936,361	7,99E+03	8,34E+01	0,6	1493,936	1,04E+04	1,84E+03	10
390,066	2,06E+03	4,27E+02	11,7	945,68	8,68E+03	8,94E+02	5,9	1503,564	1,35E+04	4,49E+03	18,3
399,109	1,20E+03	1,03E+03	40,8	954,683	8,14E+03	1,51E+03	10,5	1512,683	1,14E+04	1,05E+03	5,3
408,12	1,91E+03	3,74E+02	11,1	964,379	9,31E+03	2,71E+03	16,2	1521,801	1,04E+04	1,73E+03	9,4
417,222	1,94E+03	7,83E+02	22	973,391	9,35E+03	4,72E+03	26,8	1530,219	1,08E+04	1,77E+03	9,3
426,319	2,40E+03	6,53E+02	15,2	982,545	9,21E+03	8,95E+02	5,5	1540,422	1,08E+04	2,92E+03	15
435,419	2,42E+03	3,23E+02	7,6	991,706	9,66E+03	6,35E+02	3,8	1550,116	1,22E+04	1,55E+03	7,2
444,505	2,33E+03	3,08E+02	7,5	1000,797	1,17E+04	2,23E+03	10,7	1559,134	1,17E+04	1,22E+03	5,9
453,683	2,47E+03	2,90E+02	6,7	1009,796	3,46E+02	2,31E+03	81,5	1568,152	1,18E+04	1,16E+03	5,6
462,728	2,50E+03	7,36E+02	16,4	1018,8	8,44E+03	1,41E+03	9,5	1577,172	1,10E+04	9,32E+02	4,8
471,916	2,49E+03	2,53E+02	5,8	1027,89	9,90E+03	2,11E+03	12	1586,371	1,15E+04	1,37E+03	6,8
481,074	2,90E+03	2,76E+02	5,4	1036,87	8,37E+03	2,56E+03	17	1595,661	1,22E+04	1,84E+03	8,6
490,172	2,59E+03	8,00E+02	17,2	1045,888	9,42E+03	1,08E+03	6,5	1604,834	1,18E+04	1,07E+03	5,1
499,274	3,11E+03	9,18E+02	16,4	1054,906	8,58E+03	1,95E+03	12,8	1613,832	1,19E+04	9,99E+02	4,8
508,319	2,77E+03	6,65E+01	1,4	1064,048	1,00E+04	1,44E+03	8,2	1622,896	1,11E+04	2,41E+03	12,3
517,338	3,41E+03	6,04E+02	10	1073,814	8,57E+03	9,31E+02	6,2	1631,931	1,17E+04	1,87E+03	9,1
526,456	3,51E+03	4,23E+02	6,9	1082,811	8,32E+03	2,78E+03	18,5	1641,397	1,23E+04	4,17E+02	1,9
535,569	3,16E+03	5,85E+02	10,5	1091,859	8,37E+03	2,34E+03	15,6	1650,485	1,63E+00	2,30E+03	90
544,756	3,65E+03	6,91E+02	10,7	1100,94	9,81E+03	2,69E+03	15,3	1659,529	1,20E+04	3,24E+03	15,1
553,923	3,87E+03	4,80E+02	7,1	1109,991	8,87E+03	1,23E+03	7,9	1668,782	1,28E+04	1,51E+03	6,7
563,025	3,88E+03	4,24E+02	6,2	1118,991	8,71E+03	7,90E+02	5,2	1677,942	1,15E+04	1,23E+03	6,1
572,135	4,20E+03	4,03E+01	0,6	1128,026	8,94E+03	1,07E+03	6,8	1686,936	1,15E+04	1,61E+03	8
581,239	4,03E+03	3,91E+02	5,5	1137,037	1,02E+04	1,85E+03	10,3	1695,938	1,17E+04	1,48E+03	7,2
590,355	4,17E+03	4,76E+02	6,5	1146,119	9,06E+03	9,78E+02	6,2	1704,368	1,20E+04	5,82E+02	2,8
599,394	4,21E+03	4,04E+02	5,5	1155,302	8,99E+03	1,18E+03	7,5	1714,607	1,12E+04	6,22E+02	3,2
608,474	4,27E+03	4,93E+02	6,6	1164,516	1,00E+04	1,89E+03	10,7	1723,82	1,32E+04	1,30E+03	5,6
617,664	4,24E+03	9,24E+02	12,3	1173,763	9,23E+03	9,98E+02	6,2	1732,996	8,21E+02	2,01E+03	67,8
626,759	4,47E+03	2,15E+02	2,8	1182,759	8,76E+03	1,45E+03	9,4	1741,405	1,19E+04	1,99E+03	9,5
635,827	4,59E+03	1,98E+02	2,5	1192,44	9,65E+03	1,89E+03	11,1	1751,702	1,95E+04	4,18E+03	12,1
644,883	4,46E+03	1,82E+02	2,3	1201,614	9,18E+03	9,74E+02	6,1	1760,963	1,19E+04	1,24E+03	5,9
653,943	4,82E+03	4,84E+02	5,7	1210,769	9,33E+03	8,25E+02	5,1				
662,991	5,24E+03	5,68E+02	6,2	1219,86	8,81E+03	2,93E+03	18,4				
671,999	5,32E+03	5,82E+02	6,3	1228,919	9,29E+03	8,65E+02	5,3				
681,032	5,31E+03	5,80E+02	6,2	1237,992	1,02E+04	2,21E+03	12,3				

0,017 g Säure + 0,084 g Silikat + 0,05 g NaCl /g H_2O (14.09.2007)

t [s]	G' [Pa]	G" [Pa]	δ [°]	t [s]	G' [Pa]	G" [Pa]	δ [°]
262,277	2,16E+00	9,30E-01	23,3	706,898	6,29E+02	6,90E+01	6,3
271,261	1,75E+00	1,06E+00	31,2	715,806	6,33E+02	7,77E+01	7
280,286	1,04E+00	1,57E+00	56,6	724,826	7,17E+02	5,44E+01	4,3
289,267	2,22E-01	1,99E+00	83,7	733,837	7,13E+02	5,81E+01	4,7
298,252	1,03E+00	2,60E+00	68,4	742,92	7,54E+02	1,13E+00	8,59E-02
307,221	2,73E+00	2,88E+00	46,5	751,91	7,53E+02	6,42E+01	4,9
316,241	4,84E+00	3,25E+00	33,9	760,917	7,74E+02	5,73E+01	4,2
325,246	7,58E+00	4,32E+00	29,6	769,972	8,22E+02	9,68E+01	6,7
334,26	1,10E+01	4,69E+00	23,1	778,944	8,19E+02	3,70E+01	2,6
343,407	1,55E+01	4,82E+00	17,3	788,607	8,23E+02	6,20E+01	4,3
352,506	1,98E+01	8,64E+00	23,5	797,751	8,93E+02	9,57E+01	6,1
361,674	2,33E+01	7,75E+00	18,4	806,818	9,74E+02	6,39E+01	3,8
370,803	2,81E+01	8,81E+00	17,4	815,899	9,69E+02	8,19E+01	4,8
379,811	3,82E+01	8,76E+00	12,9	825,466	9,50E+02	9,71E+01	5,8
388,828	4,62E+01	9,33E+00	11,4	834,556	9,80E+02	3,34E+01	2
398,398	5,10E+01	1,76E+01	19,1	843,617	1,02E+03	8,74E+01	4,9
407,498	6,03E+01	2,06E+01	18,9	852,693	1,07E+03	1,10E+02	5,9
416,624	6,54E+01	1,27E+01	11	861,783	1,13E+03	1,05E+02	5,3
425,74	8,14E+01	1,44E+01	10	870,845	1,14E+03	1,10E+02	5,5
434,751	9,29E+01	1,59E+01	9,7	879,93	1,18E+03	8,10E+01	3,9
443,757	1,06E+02	1,75E+01	9,3	888,981	1,19E+03	3,28E+01	1,6
452,781	1,11E+02	1,87E+01	9,6	898,12	1,32E+03	3,53E+02	14,9
461,759	1,23E+02	2,00E+01	9,3	907,636	1,11E+03	1,16E+01	0,6
470,767	1,22E+02	2,71E+01	12,5	916,73	2,46E+03	3,76E+02	8,7
479,861	1,29E+02	3,08E+01	13,4	925,832	1,32E+03	1,35E+02	5,8
488,852	1,63E+02	6,13E+00	2,2	934,912	1,40E+03	2,47E+00	0,1
497,839	1,62E+02	4,05E+01	14	943,388	1,37E+03	2,43E+01	1
506,849	1,72E+02	5,07E+01	16,5	953,621	1,39E+03	1,08E+02	4,4
515,867	1,87E+02	5,22E+01	15,6	962,742	1,49E+03	1,53E+02	5,9
524,891	2,05E+02	5,38E+01	14,7	971,851	1,52E+03	1,26E+02	4,7
534,339	2,19E+02	5,11E+01	13,2	980,919	1,37E+03	2,83E+02	11,6
543,503	2,32E+02	1,95E+00	0,5	989,958	1,41E+03	3,18E+02	12,7
552,657	2,51E+02	3,16E+01	7,2	999,043	1,57E+03	1,77E+02	6,4
561,705	3,01E+02	4,23E+01	8	1008,122	1,47E+03	2,58E+01	1
570,768	3,29E+02	2,37E+01	4,1	1017,312	1,58E+03	1,77E+02	6,4
579,855	3,18E+02	4,25E+01	7,6	1026,309	1,71E+03	1,56E+02	5,2
588,845	3,49E+02	1,05E+01	1,7	1035,33	1,79E+03	1,47E+02	4,7
597,924	2,27E+02	1,23E+02	28,5	1044,452	1,63E+03	3,13E+02	10,9
606,842	3,87E+02	4,55E+01	6,7	1053,578	1,79E+03	5,10E+02	15,9
615,867	4,04E+02	4,41E+01	6,2	1062,637	1,79E+03	2,04E+02	6,5
624,878	3,89E+02	9,66E+01	13,9	1072,394	1,92E+03	1,21E+02	3,6
633,278	3,99E+02	1,15E+02	16,1	1081,521	1,65E+03	5,83E+02	19,5
643,556	4,51E+02	1,93E+01	2,5	1090,604	1,83E+03	3,34E+02	10,3
652,575	4,67E+02	4,16E+01	5,1	1099,632	2,05E+03	5,53E+02	15,1
661,597	5,05E+02	5,83E+01	6,6	1108,707	2,16E+03	3,86E+02	10,1
670,83	5,46E+02	5,95E+01	6,2	1117,748	1,90E+03	1,70E+02	5,1
679,851	5,42E+02	6,44E+01	6,8	1126,913	2,06E+03	1,94E+02	5,4
688,872	5,60E+02	6,80E+01	6,9	1135,906	2,23E+03	3,64E+01	0,9
697,879	6,04E+02	7,09E+01	6,7	1145,022	2,06E+03	3,06E+02	8,5

0,017 g Säure + 0,084 g Silikat + 0,025 g Na_2SO_4 /g H_2O (03.07.2009)

t [s]	G' [Pa]	G" [Pa]	δ [°]	t [s]	G' [Pa]	G" [Pa]	δ [°]	t [s]	G' [Pa]	G" [Pa]	δ [°]
326,398	1,74E+00	1,10E+00	32,3	1008,025	1,13E+03	1,19E+02	6	1687,959	3,70E+03	3,66E+02	5,6
336,616	1,13E+00	1,41E+00	51,3	1018,352	1,13E+03	1,15E+02	5,8	1698,232	3,75E+03	3,74E+02	5,7
346,866	4,17E-01	1,77E+00	76,8	1028,697	1,19E+03	1,40E+02	6,7	1708,494	3,79E+03	3,75E+02	5,6
357,166	5,86E-01	2,18E+00	75	1039,116	1,18E+03	1,56E+02	7,5	1718,755	3,84E+03	3,85E+02	5,7
367,409	1,92E+00	2,61E+00	53,7	1049,261	1,26E+03	1,63E+02	7,4	1729,015	3,86E+03	3,78E+02	5,6
377,915	3,69E+00	3,05E+00	39,5	1059,563	1,29E+03	1,31E+02	5,8	1739,263	3,92E+03	4,01E+02	5,8
388,144	5,86E+00	3,63E+00	31,8	1069,796	1,29E+03	1,17E+02	5,2	1750,105	3,96E+03	3,96E+02	5,7
398,995	8,85E+00	4,21E+00	25,4	1080,074	1,36E+03	1,43E+02	6	1760,37	4,02E+03	4,23E+02	6
409,214	1,22E+01	4,88E+00	21,9	1090,294	1,41E+03	1,99E+02	8	1770,627	4,04E+03	4,01E+02	5,7
419,528	1,60E+01	5,66E+00	19,5	1100,691	1,41E+03	1,79E+02	7,2	1781,15	4,09E+03	4,06E+02	5,7
429,836	2,04E+01	6,37E+00	17,3	1110,904	1,45E+03	1,63E+02	6,4	1791,623	4,13E+03	4,08E+02	5,6
440,068	2,55E+01	7,17E+00	15,7	1121,557	1,49E+03	1,60E+02	6,1	1801,914	4,18E+03	4,11E+02	5,6
449,992	3,09E+01	7,85E+00	14,3	1131,862	1,50E+03	1,54E+02	5,9	1812,255	4,24E+03	4,07E+02	5,5
460,25	3,69E+01	8,88E+00	13,5	1142,109	1,55E+03	1,87E+02	6,9	1822,453	4,27E+03	4,28E+02	5,7
470,546	4,40E+01	9,78E+00	12,5	1152,588	1,58E+03	1,90E+02	6,9	1832,716	4,30E+03	4,29E+02	5,7
480,877	5,11E+01	1,10E+01	12,2	1162,858	1,63E+03	1,77E+02	6,2	1843,094	4,35E+03	4,29E+02	5,6
491,691	5,94E+01	1,18E+01	11,2	1173,127	1,68E+03	1,58E+02	5,4	1853,274	4,39E+03	4,40E+02	5,7
502,097	6,86E+01	1,30E+01	10,7	1183,089	1,74E+03	1,49E+02	4,9	1864,218	4,45E+03	4,41E+02	5,7
512,315	7,78E+01	1,44E+01	10,5	1193,4	1,73E+03	1,87E+02	6,2	1874,423	4,49E+03	4,46E+02	5,7
522,62	8,73E+01	1,58E+01	10,3	1203,791	1,79E+03	2,30E+02	7,3	1884,692	4,54E+03	4,32E+02	5,4
532,871	9,77E+01	1,73E+01	10	1214,136	1,78E+03	2,09E+02	6,7	1895,019	4,56E+03	4,37E+02	5,5
543,159	1,09E+02	1,83E+01	9,5	1224,255	1,84E+03	2,05E+02	6,4	1905,483	4,61E+03	4,34E+02	5,4
553,374	1,20E+02	2,00E+01	9,5	1234,504	1,88E+03	2,04E+02	6,2	1915,733	4,65E+03	4,50E+02	5,5
563,695	1,32E+02	2,13E+01	9,1	1244,768	1,91E+03	1,60E+02	4,8	1926,05	4,69E+03	4,53E+02	5,5
574,038	1,45E+02	2,29E+01	8,9	1255,012	1,96E+03	2,10E+02	6,1	1936,268	4,75E+03	4,43E+02	5,3
584,168	1,56E+02	2,01E+01	7,3	1265,259	2,00E+03	2,62E+02	7,4	1946,586	4,79E+03	4,63E+02	5,5
594,383	1,72E+02	2,62E+01	8,6	1275,223	2,09E+03	2,73E+02	7,4	1956,796	4,83E+03	4,64E+02	5,5
604,64	1,86E+02	2,55E+01	7,8	1285,152	2,12E+03	2,13E+02	5,7	1967,056	4,87E+03	4,70E+02	5,5
614,963	2,01E+02	2,93E+01	8,3	1295,4	2,14E+03	2,22E+02	5,9	1977,284	4,91E+03	4,77E+02	5,5
625,143	2,14E+02	2,28E+01	6,1	1305,659	2,19E+03	2,28E+02	5,9	1987,544	4,95E+03	4,70E+02	5,4
634,844	2,37E+02	3,21E+01	7,7	1316,026	2,23E+03	2,35E+02	6	1997,917	5,00E+03	4,96E+02	5,7
646,308	2,48E+02	3,43E+01	7,9	1325,731	2,28E+03	2,74E+02	6,8	2008,278	5,05E+03	4,79E+02	5,4
657,122	2,67E+02	4,03E+01	8,6	1337,093	2,29E+03	2,50E+02	6,2	2018,439	5,08E+03	4,71E+02	5,3
667,393	2,85E+02	3,84E+01	7,7	1347,359	2,33E+03	2,38E+02	5,8	2029	5,13E+03	4,96E+02	5,5
677,703	3,03E+02	4,25E+01	8	1357,631	2,41E+03	2,09E+02	5	2039,329	5,17E+03	4,88E+02	5,4
687,968	3,18E+02	4,62E+01	8,3	1367,949	2,41E+03	2,50E+02	5,9	2049,734	5,20E+03	4,97E+02	5,5
698,231	3,43E+02	5,09E+01	8,4	1378,13	2,45E+03	2,70E+02	6,3	2060,15	5,25E+03	5,01E+02	5,4
708,549	3,58E+02	4,79E+01	7,6	1388,427	2,52E+03	2,81E+02	6,3	2070,385	5,30E+03	5,05E+02	5,4
718,911	3,90E+02	4,75E+01	6,9	1398,797	2,54E+03	2,90E+02	6,5	2080,285	5,34E+03	5,07E+02	5,4
729,176	4,03E+02	5,18E+01	7,3	1409,144	2,57E+03	2,66E+02	5,9	2090,561	5,38E+03	5,21E+02	5,5
739,101	4,14E+02	7,67E+01	10,5	1419,425	2,59E+03	2,53E+02	5,6	2101,107	5,43E+03	5,07E+02	5,3
749,512	3,81E+02	9,64E+01	14,2	1429,812	2,66E+03	3,18E+02	6,8	2111,379	5,47E+03	4,88E+02	5,1
760,064	4,65E+02	5,84E+01	7,2	1440,045	2,70E+03	2,76E+02	5,8	2121,532	5,50E+03	5,08E+02	5,3
770,286	4,76E+02	5,07E+01	6,1	1450,319	2,74E+03	2,95E+02	6,1	2131,844	5,55E+03	5,25E+02	5,4
780,719	5,11E+02	3,63E+01	4,1	1460,238	2,75E+03	3,39E+02	7	2142,113	5,58E+03	5,27E+02	5,4
790,907	5,31E+02	6,63E+01	7,1	1470,455	2,83E+03	2,98E+02	6	2152,423	5,64E+03	5,38E+02	5,4
801,233	5,57E+02	7,14E+01	7,3	1480,716	2,86E+03	2,97E+02	5,9	2162,346	5,67E+03	5,51E+02	5,5
811,461	5,94E+02	6,65E+01	6,4	1490,957	2,88E+03	2,87E+02	5,7	2172,661	5,72E+03	5,44E+02	5,4
821,706	6,04E+02	6,38E+01	6	1501,348	2,89E+03	1,90E+02	3,8	2182,931	5,77E+03	5,42E+02	5,4
831,967	6,55E+02	6,40E+01	5,6	1511,617	2,96E+03	3,10E+02	6	2193,301	5,80E+03	5,52E+02	5,4
842,234	6,63E+02	9,37E+01	8	1521,923	3,04E+03	3,28E+02	6,2	2203,505	5,84E+03	5,31E+02	5,2
852,555	6,84E+02	7,88E+01	6,6	1532,199	3,03E+03	3,56E+02	6,7	2213,766	5,88E+03	5,64E+02	5,5
862,808	6,91E+02	7,27E+01	6	1542,51	3,08E+03	3,19E+02	5,9	2224,031	5,94E+03	5,61E+02	5,4
873,081	7,41E+02	8,32E+01	6,4	1552,973	3,21E+03	3,56E+02	6,3	2234,504	5,97E+03	5,41E+02	5,2
883,033	7,38E+02	1,15E+02	8,8	1563,853	3,21E+03	3,11E+02	5,5	2244,716	6,02E+03	5,68E+02	5,4
893,968	7,77E+02	9,73E+01	7,1	1574,237	3,27E+03	3,20E+02	5,6	2255,134	6,07E+03	5,76E+02	5,4
904,193	8,19E+02	1,00E+02	7	1584,414	3,29E+03	3,31E+02	5,7	2265,341	6,10E+03	5,65E+02	5,3
914,397	8,45E+02	1,01E+02	6,8	1594,691	3,33E+03	3,44E+02	5,9	2275,554	6,15E+03	5,75E+02	5,3
924,603	8,73E+02	1,14E+02	7,5	1604,934	3,40E+03	3,68E+02	6,2	2285,823	6,18E+03	5,75E+02	5,3
934,868	9,15E+02	1,10E+02	6,9	1615,197	3,40E+03	3,60E+02	6	2296,108	6,23E+03	5,76E+02	5,3
945,685	9,35E+02	1,12E+02	6,8	1625,468	3,45E+03	3,48E+02	5,8	2306,45	6,28E+03	5,93E+02	5,4
956,068	9,71E+02	1,09E+02	6,4	1635,676	3,51E+03	3,35E+02	5,5	2316,721	6,32E+03	5,84E+02	5,3
966,419	9,97E+02	1,16E+02	6,6	1645,997	3,53E+03	3,49E+02	5,6	2326,983	6,36E+03	6,06E+02	5,4
976,683	1,03E+03	1,25E+02	6,9	1656,423	3,60E+03	3,99E+02	6,3	2337,283	6,41E+03	5,85E+02	5,2
986,957	1,04E+03	1,23E+02	6,7	1666,729	3,63E+03	3,60E+02	5,7	2347,514	6,44E+03	5,89E+02	5,2
996,589	1,08E+03	1,36E+02	7,1	1677,597	3,66E+03	3,71E+02	5,8	2357,44	6,48E+03	6,22E+02	5,5

0,017 g Säure + 0,084 g Silikat + 0,05 g Na$_2$SO$_4$ /g H$_2$O (03.07.2009)

t [s]	G' [Pa]	G'' [Pa]	δ [°]	t [s]	G' [Pa]	G'' [Pa]	δ [°]	t [s]	G' [Pa]	G'' [Pa]	δ [°]
83,981	1,42E+01	5,50E+00	21,2	854,952	1,78E+04	1,77E+03	5,7	1628,286	2,88E+04	2,59E+03	5,1
94,289	4,75E+01	1,44E+01	16,9	865,274	1,80E+04	1,87E+03	5,9	1638,623	2,90E+04	2,49E+03	4,9
104,564	1,02E+02	2,07E+01	11,5	875,521	1,81E+04	1,82E+03	5,7	1648,842	2,91E+04	2,59E+03	5,1
114,472	1,73E+02	3,44E+01	11,3	885,889	1,83E+04	1,81E+03	5,6	1659,161	2,93E+04	2,49E+03	4,9
124,694	2,67E+02	5,35E+01	11,3	896,247	1,86E+04	1,84E+03	5,7	1669,412	2,94E+04	2,41E+03	4,7
134,916	3,75E+02	6,80E+01	10,3	906,574	1,87E+04	1,87E+03	5,7	1679,758	2,95E+04	2,45E+03	4,7
145,208	5,05E+02	8,76E+01	9,8	916,739	1,90E+04	1,87E+03	5,6	1689,804	2,97E+04	2,46E+03	4,7
155,479	6,46E+02	1,15E+02	10,1	926,951	1,91E+04	1,85E+03	5,5	1699,969	2,97E+04	2,54E+03	4,9
165,808	8,16E+02	1,33E+02	9,3	937,417	1,94E+04	2,04E+03	6	1710,227	2,97E+04	2,48E+03	4,8
176,078	9,91E+02	1,65E+02	9,4	947,662	1,96E+04	1,83E+03	5,3	1720,537	2,99E+04	2,52E+03	4,8
186,397	1,18E+03	1,83E+02	8,8	957,89	1,97E+04	1,93E+03	5,6	1730,859	3,00E+04	2,40E+03	4,6
196,548	1,40E+03	1,98E+02	8,1	968,198	1,99E+04	1,90E+03	5,5	1741,77	3,01E+04	2,44E+03	4,6
206,492	1,60E+03	2,43E+02	8,6	978,559	2,01E+04	1,89E+03	5,4	1752,085	3,03E+04	2,55E+03	4,8
216,918	1,82E+03	2,79E+02	8,7	989,433	2,03E+04	1,97E+03	5,6	1762,398	3,03E+04	2,52E+03	4,8
227,285	2,08E+03	3,17E+02	8,7	999,64	2,04E+04	2,01E+03	5,6	1772,672	3,04E+04	2,54E+03	4,8
237,568	2,31E+03	3,52E+02	8,7	1010,059	2,06E+04	1,98E+03	5,5	1782,935	3,05E+04	2,36E+03	4,4
247,508	2,55E+03	3,76E+02	8,4	1020,269	2,08E+04	2,02E+03	5,6	1793,199	3,06E+04	2,53E+03	4,7
257,834	2,82E+03	4,04E+02	8,2	1030,544	2,10E+04	1,99E+03	5,4	1803,477	3,07E+04	2,48E+03	4,6
268,324	3,09E+03	4,34E+02	8	1040,818	2,12E+04	2,07E+03	5,6	1813,766	3,07E+04	2,55E+03	4,8
278,616	3,36E+03	4,64E+02	7,9	1050,726	2,13E+04	2,10E+03	5,6	1824,094	3,08E+04	2,46E+03	4,6
288,888	3,60E+03	5,02E+02	7,9	1060,423	2,15E+04	2,06E+03	5,5	1834,4	3,10E+04	2,37E+03	4,4
299,186	3,90E+03	5,25E+02	7,7	1071,813	2,17E+04	2,12E+03	5,6	1844,711	3,10E+04	2,58E+03	4,8
309,494	4,18E+03	5,67E+02	7,7	1082,028	2,18E+04	2,03E+03	5,3	1854,991	3,12E+04	2,61E+03	4,8
319,783	4,46E+03	6,00E+02	7,7	1092,538	2,20E+04	2,07E+03	5,4	1864,916	3,12E+04	2,58E+03	4,7
330,285	4,77E+03	6,29E+02	7,5	1102,8	2,22E+04	2,08E+03	5,4	1875,176	3,12E+04	2,52E+03	4,6
340,52	5,07E+03	6,56E+02	7,4	1112,722	2,23E+04	2,06E+03	5,3	1885,478	3,14E+04	2,75E+03	5
350,825	5,35E+03	7,00E+02	7,5	1122,925	2,25E+04	2,07E+03	5,3	1895,797	3,84E+04	4,79E+03	7,1
361,078	5,63E+03	7,42E+02	7,5	1133,235	2,26E+04	2,15E+03	5,4	1905,968	3,16E+04	2,54E+03	4,6
371,351	5,92E+03	7,48E+02	7,2	1143,545	2,28E+04	2,10E+03	5,3	1915,931	3,17E+04	2,58E+03	4,7
381,669	6,21E+03	7,83E+02	7,2	1153,776	2,30E+04	2,04E+03	5,1	1925,839	3,18E+04	2,52E+03	4,5
391,926	6,51E+03	8,19E+02	7,2	1164,098	2,31E+04	2,14E+03	5,3	1936,546	3,18E+04	2,50E+03	4,5
402,29	6,78E+03	8,48E+02	7,1	1174,551	2,33E+04	2,14E+03	5,3	1946,756	3,19E+04	2,58E+03	4,6
412,559	7,08E+03	8,90E+02	7,2	1184,826	2,34E+04	2,20E+03	5,4	1957,085	3,20E+04	2,53E+03	4,5
422,528	7,35E+03	9,23E+02	7,2	1195,039	2,35E+04	2,16E+03	5,2	1967,394	3,21E+04	2,62E+03	4,7
432,847	7,65E+03	9,29E+02	6,9	1205,342	2,38E+04	2,31E+03	5,5	1977,708	3,21E+04	2,61E+03	4,6
443,198	7,93E+03	9,60E+02	6,9	1215,726	2,38E+04	2,19E+03	5,3	1988,078	3,22E+04	2,53E+03	4,5
453,614	8,22E+03	9,96E+02	6,9	1225,99	2,41E+04	2,21E+03	5,3	1998,3	3,24E+04	2,62E+03	4,6
463,565	8,50E+03	1,03E+03	6,9	1236,395	2,42E+04	2,20E+03	5,2	2008,6	3,25E+04	2,69E+03	4,7
473,805	8,77E+03	1,03E+03	6,7	1246,669	2,43E+04	2,22E+03	5,2	2018,855	3,27E+04	2,41E+03	4,2
484,054	9,06E+03	1,07E+03	6,7	1256,973	2,45E+04	2,20E+03	5,1	2029,136	3,26E+04	2,56E+03	4,5
494,321	9,34E+03	1,09E+03	6,7	1267,236	2,46E+04	2,27E+03	5,3	2039,456	3,27E+04	2,70E+03	4,7
505,242	9,62E+03	1,13E+03	6,7	1277,501	2,47E+04	2,20E+03	5,1	2049,722	3,27E+04	2,58E+03	4,5
515,547	9,88E+03	1,17E+03	6,7	1287,777	2,49E+04	2,17E+03	5	2060,58	3,29E+04	2,59E+03	4,5
525,87	1,02E+04	1,18E+03	6,6	1298,014	2,50E+04	2,21E+03	5,1	2070,854	3,30E+04	2,62E+03	4,6
536,087	1,04E+04	1,22E+03	6,7	1308,407	2,52E+04	2,34E+03	5,3	2081,161	3,32E+04	2,70E+03	4,6
546,342	1,07E+04	1,20E+03	6,4	1318,713	2,54E+04	2,20E+03	5	2091,377	3,31E+04	2,64E+03	4,6
556,608	1,10E+04	1,25E+03	6,5	1328,933	2,54E+04	2,26E+03	5,1	2101,645	3,30E+04	2,54E+03	4,4
566,944	1,12E+04	1,26E+03	6,4	1339,399	2,56E+04	2,25E+03	5	2112,209	3,32E+04	2,61E+03	4,5
577,238	1,15E+04	1,32E+03	6,5	1349,607	2,57E+04	2,27E+03	5	2122,473	3,34E+04	2,53E+03	4,3
587,546	1,18E+04	1,30E+03	6,3	1359,878	2,59E+04	2,36E+03	5,2	2132,785	3,34E+04	2,64E+03	4,5
597,877	1,20E+04	1,33E+03	6,3	1370,137	2,60E+04	2,31E+03	5,1	2143,006	3,35E+04	2,59E+03	4,4
608,183	1,23E+04	1,37E+03	6,4	1380,4	2,61E+04	2,29E+03	5	2152,927	3,36E+04	2,65E+03	4,5
618,57	1,26E+04	1,38E+03	6,3	1390,68	2,63E+04	2,27E+03	4,9	2164,08	3,37E+04	2,81E+03	4,8
628,766	1,28E+04	1,38E+03	6,2	1401,235	2,63E+04	2,36E+03	5,1	2174,343	3,38E+04	2,57E+03	4,4
639,086	1,30E+04	1,47E+03	6,4	1411,543	2,65E+04	2,33E+03	5	2184,659	3,40E+04	2,73E+03	4,6
649,344	1,33E+04	1,46E+03	6,3	1421,807	2,66E+04	2,33E+03	5	2194,938	3,39E+04	2,70E+03	4,6
659,625	1,35E+04	1,41E+03	5,9	1432,026	2,67E+04	2,37E+03	5,1	2205,189	3,39E+04	2,60E+03	4,4
669,574	1,37E+04	1,50E+03	6,2	1442,319	2,69E+04	2,22E+03	4,7	2214,656	3,40E+04	2,63E+03	4,4
679,9	1,40E+04	1,49E+03	6,1	1452,794	2,70E+04	2,34E+03	5	2224,864	3,41E+04	2,69E+03	4,5
690,209	1,42E+04	1,53E+03	6,2	1463,019	2,71E+04	2,38E+03	5	2235,187	3,43E+04	2,73E+03	4,5
700,507	1,45E+04	1,56E+03	6,1	1473,288	2,72E+04	2,38E+03	5	2245,413	3,42E+04	2,68E+03	4,5
710,791	1,47E+04	1,56E+03	6,1	1483,586	2,74E+04	2,37E+03	4,9	2255,957	3,43E+04	2,80E+03	4,7
721,063	1,49E+04	1,57E+03	6	1493,874	2,75E+04	2,45E+03	5,1	2266,195	3,45E+04	2,74E+03	4,5
731,326	1,51E+04	1,60E+03	6	1504,185	2,75E+04	2,39E+03	5	2276,57	3,44E+04	2,45E+03	4,1
741,886	1,54E+04	1,60E+03	5,9	1514,475	2,78E+04	2,41E+03	5	2286,909	3,63E+04	7,22E+02	1,1
752,189	1,56E+04	1,68E+03	6,1	1524,768	2,78E+04	2,35E+03	4,8	2296,968	3,47E+04	2,64E+03	4,4
762,449	1,59E+04	1,64E+03	5,9	1535,088	2,79E+04	2,37E+03	4,8	2307,148	3,47E+04	2,72E+03	4,5
772,747	1,61E+04	1,62E+03	5,8	1545,334	2,80E+04	2,46E+03	5	2317,455	3,46E+04	2,89E+03	4,8
782,947	1,63E+04	1,68E+03	5,9	1555,653	2,82E+04	2,43E+03	4,9	2327,721	3,47E+04	2,64E+03	4,4
793,249	1,65E+04	1,73E+03	6	1566,012	2,83E+04	2,44E+03	4,9	2338,29	3,49E+04	2,69E+03	4,4
803,556	1,68E+04	1,67E+03	5,7	1576,763	2,85E+04	2,32E+03	4,7	2348,552	3,49E+04	2,94E+03	4,8
813,847	1,69E+04	1,75E+03	5,9	1587,109	2,85E+04	2,39E+03	4,8	2358,853	3,51E+04	2,65E+03	4,3
824,148	1,71E+04	1,73E+03	5,8	1597,509	2,87E+04	2,49E+03	5	2369,151	3,50E+04	2,62E+03	4,3
834,451	1,73E+04	1,76E+03	5,8	1607,734	2,87E+04	2,45E+03	4,9	2379,406	3,51E+04	2,80E+03	4,6
844,727	1,76E+04	1,80E+03	5,9	1618,005	2,89E+04	2,50E+03	5	2389,748	3,52E+04	2,67E+03	4,3

0,017 g Säure + 0,084 g Silikat /g H_2O, Silikatlösung mit Ionentauscher vorbehandelt (03.07.2009)

t [s]	G' [Pa]	G" [Pa]	δ [°]	t [s]	G' [Pa]	G" [Pa]	δ [°]	t [s]	G' [Pa]	G" [Pa]	δ [°]
83,769	2,11E+01	7,42E+00	19,4	854,213	1,34E+04	1,23E+03	5,2	1627,402	2,19E+04	1,64E+03	4,3
94,082	6,04E+01	1,48E+01	13,8	864,509	1,35E+04	1,20E+03	5,1	1637,825	2,20E+04	1,69E+03	4,4
104,317	1,20E+02	2,42E+01	11,4	874,772	1,37E+04	1,25E+03	5,2	1648,132	2,20E+04	1,79E+03	4,7
114,282	1,93E+02	3,80E+01	11,1	884,995	1,38E+04	1,22E+03	5	1658,439	2,21E+04	1,65E+03	4,3
124,228	2,88E+02	4,46E+01	8,8	895,342	1,40E+04	1,26E+03	5,2	1668,718	2,22E+04	1,72E+03	4,4
134,498	3,93E+02	6,52E+01	9,4	905,675	1,41E+04	1,27E+03	5,1	1678,977	2,22E+04	1,64E+03	4,2
145,717	5,12E+02	8,96E+01	9,9	915,915	1,43E+04	1,30E+03	5,2	1689,423	2,24E+04	1,66E+03	4,2
155,983	6,52E+02	9,80E+01	8,6	926,171	1,45E+04	1,30E+03	5,1	1699,73	2,24E+04	1,79E+03	4,6
166,258	8,07E+02	1,02E+02	7,2	936,458	1,46E+04	1,25E+03	4,9	1709,971	2,25E+04	1,63E+03	4,1
176,561	9,48E+02	1,37E+02	8,3	946,779	1,47E+04	1,31E+03	5,1	1720,402	2,64E+04	1,78E+03	3,9
186,821	1,11E+03	1,60E+02	8,2	957,157	1,49E+04	1,32E+03	5,1	1730,017	2,26E+04	1,72E+03	4,3
197,138	1,30E+03	1,78E+02	7,8	967,416	1,50E+04	1,33E+03	5,1	1741,718	2,27E+04	1,70E+03	4,3
207,448	1,44E+03	1,80E+02	7,1	977,727	1,51E+04	1,34E+03	5,1	1751,937	2,28E+04	1,71E+03	4,3
217,718	1,66E+03	2,04E+02	7	987,977	1,52E+04	1,40E+03	5,2	1762,186	2,28E+04	1,70E+03	4,3
227,994	1,82E+03	2,40E+02	7,5	998,238	1,54E+04	1,34E+03	5	1772,508	2,29E+04	1,66E+03	4,1
238,255	2,02E+03	2,51E+02	7,1	1008,473	1,55E+04	1,32E+03	4,8	1782,827	2,30E+04	1,73E+03	4,3
248,311	2,19E+03	3,02E+02	7,8	1018,731	1,57E+04	1,36E+03	5	1793,184	2,30E+04	1,72E+03	4,3
258,474	2,42E+03	3,34E+02	7,9	1029,137	1,58E+04	1,36E+03	4,9	1803,614	2,31E+04	1,78E+03	4,4
269,053	2,60E+03	3,29E+02	7,2	1039,404	1,59E+04	1,39E+03	5	1813,819	2,32E+04	1,71E+03	4,2
279,317	2,82E+03	3,34E+02	6,8	1049,671	1,61E+04	1,40E+03	5	1824,129	2,32E+04	1,85E+03	4,5
289,227	3,00E+03	3,86E+02	7,3	1059,943	1,62E+04	1,34E+03	4,7	1834,439	2,33E+04	1,74E+03	4,3
299,486	3,23E+03	4,11E+02	7,3	1070,244	1,63E+04	1,38E+03	4,8	1844,708	2,36E+04	2,24E+03	5,4
309,706	3,44E+03	4,14E+02	6,9	1080,521	1,64E+04	1,44E+03	5	1854,983	2,35E+04	1,71E+03	4,1
320,227	3,63E+03	4,44E+02	7	1090,447	1,65E+04	1,42E+03	4,9	1865,243	2,36E+04	1,80E+03	4,3
330,377	3,85E+03	4,66E+02	6,9	1101,034	1,67E+04	1,38E+03	4,7	1875,504	2,36E+04	1,73E+03	4,2
340,592	4,07E+03	4,85E+02	6,8	1111,35	1,68E+04	1,42E+03	4,8	1885,729	2,37E+04	1,82E+03	4,4
350,914	4,28E+03	5,11E+02	6,8	1121,626	1,69E+04	1,45E+03	4,9	1895,946	2,37E+04	1,73E+03	4,2
361,164	4,49E+03	5,29E+02	6,7	1131,891	1,71E+04	1,38E+03	4,6	1906,299	2,39E+04	1,79E+03	4,3
372,043	4,70E+03	5,45E+02	6,6	1142,15	1,72E+04	1,47E+03	4,9	1916,879	2,39E+04	1,71E+03	4,1
382,849	4,94E+03	5,56E+02	6,4	1152,481	1,72E+04	1,48E+03	4,9	1927,215	2,40E+04	1,78E+03	4,3
393,117	5,14E+03	5,84E+02	6,5	1162,626	1,74E+04	1,44E+03	4,7	1937,56	2,41E+04	1,74E+03	4,1
403,632	5,35E+03	6,10E+02	6,5	1173,164	1,75E+04	1,47E+03	4,8	1947,823	2,41E+04	1,76E+03	4,2
413,902	5,57E+03	6,19E+02	6,3	1183,476	1,76E+04	1,46E+03	4,7	1958,189	2,42E+04	1,79E+03	4,2
424,153	5,77E+03	6,44E+02	6,4	1193,068	1,77E+04	1,40E+03	4,5	1968,567	2,43E+04	1,74E+03	4,1
434,435	5,99E+03	6,65E+02	6,3	1204,586	1,79E+04	1,45E+03	4,7	1978,669	2,43E+04	1,78E+03	4,2
444,645	6,19E+03	6,79E+02	6,3	1215,001	1,80E+04	1,55E+03	4,9	1988,892	2,43E+04	1,77E+03	4,2
454,847	6,40E+03	7,03E+02	6,3	1225,262	1,81E+04	1,49E+03	4,7	1999,335	2,44E+04	1,77E+03	4,2
465,123	6,62E+03	7,21E+02	6,2	1235,543	1,82E+04	1,50E+03	4,7	2009,604	2,45E+04	1,75E+03	4,1
475,391	6,82E+03	7,41E+02	6,2	1245,457	1,83E+04	1,54E+03	4,8	2019,927	2,72E+04	2,10E+03	4,4
485,608	7,03E+03	7,47E+02	6,1	1255,151	1,84E+04	1,50E+03	4,7	2030,229	2,46E+04	1,78E+03	4,1
495,878	7,23E+03	7,43E+02	5,9	1266,549	1,85E+04	1,57E+03	4,9	2040,627	2,47E+04	1,75E+03	4,1
506,3	7,37E+03	8,69E+02	6,7	1276,459	1,86E+04	1,54E+03	4,7	2050,867	2,48E+04	1,83E+03	4,2
516,598	7,63E+03	8,08E+02	6	1286,76	1,88E+04	1,50E+03	4,6	2061,226	2,48E+04	1,81E+03	4,2
526,858	7,82E+03	8,28E+02	6	1297,022	1,88E+04	1,60E+03	4,9	2071,537	2,48E+04	1,81E+03	4,2
537,125	8,00E+03	8,29E+02	5,9	1307,285	1,89E+04	1,54E+03	4,6	2081,864	2,49E+04	1,75E+03	4
547,438	8,22E+03	8,33E+02	5,8	1318,105	1,90E+04	1,49E+03	4,5	2092,168	2,50E+04	1,75E+03	4
557,362	8,41E+03	8,47E+02	5,8	1329,011	1,92E+04	1,45E+03	4,3	2102,454	2,52E+04	1,76E+03	4
567,289	8,59E+03	8,88E+02	5,9	1339,331	1,92E+04	1,56E+03	4,6	2112,758	2,51E+04	1,90E+03	4,3
577,84	8,79E+03	9,00E+02	5,8	1349,607	1,94E+04	1,53E+03	4,5	2122,681	2,51E+04	1,89E+03	4,3
588,145	8,98E+03	9,03E+02	5,7	1359,924	1,95E+04	1,51E+03	4,4	2132,942	2,53E+04	1,80E+03	4,1
598,471	9,17E+03	9,21E+02	5,7	1369,859	1,95E+04	1,58E+03	4,6	2143,24	2,53E+04	1,59E+03	3,6
608,693	9,36E+03	9,37E+02	5,7	1379,858	1,97E+04	1,54E+03	4,5	2153,68	2,46E+04	2,31E+03	5,4
618,91	9,54E+03	9,45E+02	5,7	1390,25	1,98E+04	1,61E+03	4,7	2163,933	2,54E+04	1,78E+03	4
629,136	9,73E+03	9,73E+02	5,7	1400,463	1,99E+04	1,54E+03	4,4	2174,192	2,55E+04	1,78E+03	4
639,386	9,91E+03	9,84E+02	5,7	1410,794	1,99E+04	1,57E+03	4,5	2184,456	2,54E+04	1,75E+03	3,9
649,344	1,01E+04	9,90E+02	5,6	1421,096	2,00E+04	1,52E+03	4,3	2194,818	2,56E+04	1,81E+03	4,1
659,663	1,03E+04	1,01E+03	5,6	1431,484	2,01E+04	1,59E+03	4,5	2205,09	2,56E+04	1,84E+03	4,1
669,988	1,04E+04	1,02E+03	5,6	1442,054	2,02E+04	1,63E+03	4,6	2215,447	2,57E+04	1,79E+03	4
680,287	1,06E+04	1,04E+03	5,6	1452,262	2,04E+04	1,62E+03	4,5	2225,812	2,58E+04	1,86E+03	4,1
690,574	1,08E+04	1,06E+03	5,6	1462,698	2,03E+04	1,28E+03	3,6	2236,031	2,58E+04	1,79E+03	4
700,862	1,10E+04	1,05E+03	5,5	1472,933	2,04E+04	1,63E+03	4,6	2246,593	2,59E+04	1,80E+03	4
711,168	1,11E+04	1,07E+03	5,5	1483,176	2,06E+04	1,65E+03	4,6	2256,855	2,59E+04	1,83E+03	4
721,448	1,13E+04	1,05E+03	5,3	1493,543	2,07E+04	1,62E+03	4,5	2267,171	2,59E+04	1,82E+03	4
731,378	1,15E+04	1,08E+03	5,4	1503,733	2,08E+04	1,68E+03	4,6	2277,492	2,60E+04	1,82E+03	4
741,781	1,17E+04	1,10E+03	5,4	1513,989	2,09E+04	1,57E+03	4,3	2287,759	2,61E+04	1,92E+03	4,2
752,043	1,18E+04	1,09E+03	5,3	1524,29	2,10E+04	1,60E+03	4,4	2297,725	2,61E+04	1,64E+03	3,6
762,461	1,20E+04	1,15E+03	5,5	1534,52	2,11E+04	1,59E+03	4,3	2308,284	2,62E+04	1,81E+03	4
772,381	1,22E+04	1,11E+03	5,2	1544,839	2,11E+04	1,64E+03	4,4	2318,596	2,62E+04	1,84E+03	4
782,684	1,23E+04	1,14E+03	5,3	1555,158	2,12E+04	1,68E+03	4,5	2328,865	2,63E+04	1,89E+03	4,1
792,919	1,25E+04	1,17E+03	5,4	1565,515	2,12E+04	1,73E+03	4,7	2339,086	2,63E+04	1,83E+03	4
803,268	1,26E+04	1,17E+03	5,3	1576,335	2,14E+04	1,62E+03	4,3	2349,388	2,63E+04	1,80E+03	3,9
813,53	1,28E+04	1,21E+03	5,4	1586,603	2,15E+04	1,74E+03	4,6	2359,714	2,64E+04	1,82E+03	4
823,449	1,29E+04	1,15E+03	5,1	1596,521	2,16E+04	1,57E+03	4,2	2370,421	2,65E+04	1,80E+03	3,9
833,68	1,31E+04	1,20E+03	5,3	1606,774	2,17E+04	1,63E+03	4,3	2381,008	2,65E+04	1,85E+03	4
843,92	1,32E+04	1,19E+03	5,1	1617,156	2,17E+04	1,55E+03	4,1	2391,302	2,66E+04	1,78E+03	3,8

0,017 g Säure + 0,084 g Silikat /g H_2O 15°C (22.01.2008)

t [s]	G' [Pa]	G'' [Pa]	δ [°]	t [s]	G' [Pa]	G'' [Pa]	δ [°]
393,861	2,15E+00	9,16E-01	23,1	801,314	2,12E+02	3,61E+01	9,7
402,841	1,88E+00	1,10E+00	30,3	810,33	2,36E+02	2,71E+01	6,6
412,444	1,53E+00	1,29E+00	40,1	819,935	2,54E+02	3,07E+01	6,9
421,52	1,04E+00	2,63E+00	68,5	829,062	2,34E+02	1,07E+01	2,6
430,52	5,38E-01	1,76E+00	73	838,094	2,48E+02	6,36E+01	14,4
439,543	1,09E-01	2,05E+00	87	847,187	2,96E+02	2,88E+01	5,6
448,556	9,59E-01	2,31E+00	67,5	856,304	3,07E+02	2,96E+01	5,5
457,636	1,95E+00	2,63E+00	53,5	865,318	3,15E+02	2,93E+01	5,3
466,546	3,20E+00	2,83E+00	41,5	874,331	3,28E+02	3,02E+01	5,3
476,047	4,81E+00	2,92E+00	31,3	883,337	3,43E+02	3,17E+01	5,3
485,07	6,55E+00	4,50E+00	34,5	892,357	3,50E+02	3,34E+01	5,5
494,14	8,46E+00	3,24E+00	20,9	901,264	3,54E+02	3,54E+01	5,7
503,156	1,07E+01	4,36E+00	22,1	910,279	3,58E+02	3,71E+01	5,9
512,266	1,33E+01	4,70E+00	19,5	919,292	3,79E+02	3,64E+01	5,5
521,268	1,63E+01	4,98E+00	17	928,303	4,03E+02	3,41E+01	4,8
530,278	1,93E+01	5,39E+00	15,6	937,317	4,17E+02	3,60E+01	4,9
539,292	2,29E+01	5,63E+00	13,8	946,334	4,45E+02	2,97E+01	3,8
548,307	2,74E+01	5,68E+00	11,7	955,355	4,50E+02	3,73E+01	4,7
557,214	3,25E+01	5,61E+00	9,8	964,376	4,40E+02	5,14E+01	6,7
566,322	3,70E+01	6,11E+00	9,4	973,379	5,26E+02	8,53E+00	0,9
575,243	4,17E+01	6,75E+00	9,2	982,476	4,84E+02	1,12E+02	13
584,362	4,52E+01	7,68E+00	9,6	991,488	2,93E+02	2,55E+02	41,1
593,371	4,79E+01	9,39E+00	11,1	1000,466	5,26E+02	4,67E+01	5,1
602,397	4,93E+01	1,28E+01	14,5	1009,432	5,58E+02	2,31E+01	2,4
611,305	4,94E+01	1,54E+01	17,3	1018,413	5,92E+02	2,32E+01	2,2
620,297	7,25E+01	6,96E+00	5,5	1028,102	5,91E+02	1,13E+02	10,8
629,383	7,51E+01	9,55E+00	7,2	1037,112	5,96E+02	8,48E+01	8,1
638,394	7,34E+01	1,40E+01	10,8	1046,13	5,91E+02	5,67E+01	5,5
647,307	7,73E+01	1,70E+01	12,4	1055,242	5,54E+02	7,82E+00	0,8
655,777	8,53E+01	2,03E+01	13,4	1064,248	6,17E+02	5,01E+01	4,6
665,944	8,98E+01	3,61E+01	21,9	1073,273	6,35E+02	5,20E+01	4,7
674,944	9,57E+01	4,03E+01	22,9	1082,284	6,58E+02	5,36E+01	4,7
684,098	1,02E+02	7,41E+00	4,2	1091,293	6,74E+02	5,42E+01	4,6
693,286	1,22E+02	1,50E+01	7	1100,401	6,83E+02	5,64E+01	4,7
702,33	1,30E+02	1,61E+01	7,1	1109,412	7,03E+02	5,56E+01	4,5
711,236	1,35E+02	1,77E+01	7,5	1118,422	7,50E+02	4,88E+01	3,7
720,247	1,36E+02	2,06E+01	8,6	1127,44	7,59E+02	4,75E+01	3,6
729,26	1,41E+02	2,26E+01	9,2	1136,457	8,02E+02	3,18E+01	2,3
738,249	1,60E+02	1,82E+01	6,5	1145,878	7,75E+02	5,82E+01	4,3
747,244	1,66E+02	2,00E+01	6,8	1154,893	7,97E+02	5,74E+01	4,1
756,251	1,80E+02	2,12E+01	6,7	1163,906	8,34E+02	4,29E+01	2,9
765,261	1,95E+02	1,96E+01	5,7	1172,91	8,04E+02	7,68E+01	5,5
774,285	1,79E+02	2,61E+01	8,3	1182,081	8,89E+02	1,26E+02	8,1
783,299	3,41E+02	1,75E+02	27,2	1191,109	7,81E+02	1,04E+02	7,6
792,312	2,26E+02	2,47E+01	6,2	1200,256	7,81E+02	3,12E+01	2,3

0,017 g Säure + 0,084 g Silikat /g H_2O 35°C (22.01.2008)

t [s]	G' [Pa]	G'' [Pa]	δ [°]	t [s]	G' [Pa]	G'' [Pa]	δ [°]
274,079	6,29E-01	8,24E-01	52,6	739,646	4,07E+02	3,11E+01	4,4
283,087	1,64E-01	9,79E-01	80,5	748,723	3,90E+02	4,99E+01	7,3
292,071	3,63E-01	1,16E+00	72,7	757,63	3,93E+02	5,60E+01	8,1
301,065	1,21E+00	1,36E+00	48,5	766,636	3,98E+02	6,14E+01	8,8
310,035	2,05E+00	1,52E+00	36,6	775,624	4,07E+02	6,57E+01	9,2
319,052	3,04E+00	1,66E+00	28,7	786,263	4,34E+02	7,71E+01	10,1
328,056	4,27E+00	1,88E+00	23,8	795,299	4,58E+02	5,33E+01	6,6
333,077	5,05E+00	2,16E+00	23,2	804,362	4,56E+02	9,10E+00	1,1
342,076	6,42E+00	2,90E+00	24,3	813,445	4,67E+02	2,56E+01	3,1
351,091	7,79E+00	3,28E+00	22,8	822,489	5,19E+02	7,91E+01	8,7
360,1	9,98E+00	3,21E+00	17,8	831,496	5,39E+02	8,49E+01	8,9
369,156	1,28E+01	2,68E+00	11,8	840,504	5,40E+02	7,45E+01	7,8
378,19	1,47E+01	3,98E+00	15,1	849,506	5,54E+02	7,32E+01	7,5
387,319	1,64E+01	6,25E+00	20,9	858,516	5,66E+02	7,19E+01	7,2
396,369	2,01E+01	9,01E+00	24,1	867,528	5,94E+02	7,91E+01	7,6
405,373	2,38E+01	1,10E+01	24,8	876,541	6,06E+02	8,08E+01	7,6
414,427	2,77E+01	9,55E+00	19	885,575	6,12E+02	7,94E+01	7,4
423,551	3,04E+01	8,99E+00	16,5	894,693	6,34E+02	8,32E+01	7,5
432,532	3,30E+01	8,71E+00	14,8	903,7	6,55E+02	8,47E+01	7,4
441,564	4,19E+01	8,20E+00	11,1	912,712	6,81E+02	8,75E+01	7,3
450,686	4,53E+01	9,31E+00	11,6	921,72	6,99E+02	8,99E+01	7,3
459,695	4,76E+01	1,17E+01	13,8	930,721	7,22E+02	9,14E+01	7,2
468,72	4,80E+01	1,46E+01	16,9	939,635	7,35E+02	9,23E+01	7,2
477,639	5,03E+01	1,73E+01	19	948,646	7,54E+02	9,18E+01	6,9
486,639	5,72E+01	1,78E+01	17,3	957,712	8,07E+02	6,27E+01	4,4
495,657	6,45E+01	1,95E+01	16,8	966,719	8,35E+02	4,45E+01	3,1
504,653	6,90E+01	2,77E+01	21,9	975,735	8,44E+02	5,24E+01	3,6
513,666	8,79E+01	1,93E+01	12,4	984,718	9,08E+02	4,23E+01	2,7
522,688	1,03E+02	1,67E+01	9,2	993,709	8,75E+02	7,61E+01	5
531,749	9,54E+01	2,65E+01	15,5	1002,734	9,57E+02	4,36E+00	0,3
540,663	1,15E+02	1,82E+01	9	1011,787	9,57E+02	8,10E+00	0,5
549,72	1,24E+02	1,40E+01	6,4	1020,772	1,00E+03	6,51E+01	3,7
558,791	1,15E+02	3,93E+01	18,9	1029,779	8,90E+02	1,68E+02	10,7
567,712	1,44E+02	1,25E+01	5	1038,79	9,84E+02	2,82E+01	1,6
576,716	1,55E+02	7,34E+00	2,7	1047,831	9,28E+02	2,19E+02	13,3
585,689	1,56E+02	3,42E+01	12,4	1056,904	1,00E+03	9,12E+01	5,2
594,687	1,97E+02	1,99E+00	0,6	1066,025	1,13E+03	2,71E+02	13,5
603,753	1,90E+02	2,89E+01	8,6	1075,116	9,88E+02	1,10E+02	6,4
613,248	1,93E+02	2,70E+01	8	1084,211	1,04E+03	1,27E+02	7
622,428	1,80E+02	9,13E+00	2,9	1093,221	1,13E+03	9,47E+01	4,8
631,529	2,14E+02	3,37E+01	8,9	1102,228	1,02E+03	1,67E+02	9,3
640,631	2,41E+02	4,07E+01	9,6	1111,24	1,17E+03	8,79E+01	4,3
649,642	2,48E+02	4,06E+01	9,3	1120,253	1,22E+03	5,22E+01	2,4
658,65	2,53E+02	3,95E+01	8,9	1129,34	1,11E+03	2,46E+02	12,5
667,641	2,59E+02	3,98E+01	8,7	1138,369	1,16E+03	7,69E+01	3,8
676,539	2,71E+02	4,08E+01	8,5	1147,448	1,20E+03	2,82E+01	1,4
685,555	2,89E+02	4,26E+01	8,4	1156,565	8,37E+02	8,68E+02	46
694,628	3,14E+02	4,21E+01	7,6	1165,612	1,28E+03	1,79E+02	7,9
703,646	2,99E+02	5,23E+01	9,9	1175,184	1,30E+03	1,49E+02	6,5
712,76	3,08E+02	5,80E+01	10,7	1184,193	1,33E+03	1,56E+02	6,7
721,673	3,83E+02	1,60E+01	2,4	1193,211	1,40E+03	1,36E+02	5,6
730,742	3,55E+02	4,72E+01	7,6	1202,23	1,45E+03	1,22E+02	4,8

0,42 g Säure + 0,099 g Silikat /g H$_2$O 15°C (22.01.2008)

t [s]	G' [Pa]	G'' [Pa]	δ [°]	t [s]	G' [Pa]	G'' [Pa]	δ [°]
202,291	1,79E-01	5,34E-01	71,5	802,283	8,13E-01	1,87E+00	66,5
211,259	4,96E-01	5,26E-01	46,6	811,276	8,37E-01	1,86E+00	65,7
220,265	6,37E-01	5,78E-01	42,2	820,277	8,24E-01	1,85E+00	66
229,275	9,15E-01	5,99E-01	33,2	829,381	7,90E-01	1,89E+00	67,3
238,25	9,91E-01	6,81E-01	34,5	838,292	8,76E-01	1,84E+00	64,5
247,257	1,27E+00	6,61E-01	27,6	847,301	8,83E-01	1,97E+00	65,9
256,263	1,26E+00	8,04E-01	32,6	856,29	9,41E-01	1,98E+00	64,6
265,279	1,47E+00	7,41E-01	26,7	865,276	8,96E-01	1,95E+00	65,4
274,291	1,52E+00	7,96E-01	27,7	874,292	9,33E-01	1,97E+00	64,7
283,264	1,68E+00	7,91E-01	25,3	883,284	1,09E+00	2,12E+00	62,8
292,262	1,79E+00	7,94E-01	23,9	892,381	1,07E+00	2,16E+00	63,7
301,29	1,77E+00	8,85E-01	26,6	901,279	1,10E+00	2,15E+00	63
310,307	1,88E+00	8,70E-01	24,8	910,286	1,11E+00	2,26E+00	64
319,743	1,97E+00	8,56E-01	23,5	919,28	1,27E+00	2,28E+00	60,8
328,766	1,82E+00	1,20E+00	33,4	928,277	1,34E+00	2,39E+00	60,8
337,787	1,79E+00	9,83E-01	28,8	937,361	1,37E+00	2,32E+00	59,4
346,87	1,89E+00	9,35E-01	26,3	946,299	1,41E+00	2,33E+00	58,9
355,869	1,81E+00	1,05E+00	30,2	955,915	1,50E+00	2,45E+00	58,5
364,944	1,86E+00	9,45E-01	26,9	965,026	1,62E+00	2,42E+00	56,2
373,95	1,80E+00	1,21E+00	33,9	974,002	1,63E+00	2,48E+00	56,7
382,95	1,84E+00	1,02E+00	29	983,055	1,84E+00	2,75E+00	56,2
391,929	1,87E+00	1,04E+00	29,2	992,069	2,06E+00	2,77E+00	53,3
400,942	1,91E+00	1,07E+00	29,2	1001,076	2,41E+00	2,94E+00	50,7
409,965	1,70E+00	1,66E+00	44,3	1010,103	2,74E+00	3,08E+00	48,3
419,028	1,63E+00	1,24E+00	37,3	1019,108	3,31E+00	3,17E+00	43,8
428,055	1,46E+00	1,49E+00	45,4	1028,229	4,09E+00	3,49E+00	40,4
437,071	1,57E+00	1,20E+00	37,4	1037,148	5,15E+00	3,41E+00	33,5
446,072	1,69E+00	1,20E+00	35,3	1046,15	6,33E+00	4,24E+00	33,8
455,09	1,63E+00	1,31E+00	38,7	1055,154	7,56E+00	5,35E+00	35,3
464,095	1,73E+00	1,17E+00	34,1	1064,702	9,38E+00	5,29E+00	29,4
473,112	1,76E+00	1,14E+00	32,9	1073,851	1,17E+01	6,54E+00	29,2
482,136	5,32E-01	3,40E+00	81,1	1082,848	1,41E+01	5,75E+00	22,2
491,114	4,33E-01	1,92E+00	77,3	1092,005	1,46E+01	5,41E+00	20,3
500,213	5,77E-02	1,71E+00	88,1	1101,144	1,81E+01	6,83E+00	20,7
509,221	1,54E-01	1,89E+00	85,3	1110,689	2,44E+01	8,46E+00	19,1
518,241	1,01E-01	1,85E+00	86,9	1119,753	3,08E+01	1,06E+01	19
527,252	2,86E-02	2,28E+00	89,3	1128,839	3,40E+01	6,61E+00	11
536,264	1,58E-01	1,82E+00	85	1137,97	3,60E+01	6,15E+00	9,7
545,279	2,43E-01	1,97E+00	83	1147,033	4,30E+01	6,65E+00	8,8
554,289	5,47E-01	2,01E+00	74,8	1156,053	4,57E+01	1,27E+01	15,6
563,301	6,11E-01	1,91E+00	72,2	1165,057	4,91E+01	1,74E+01	19,5
572,209	6,32E-01	1,96E+00	72,1	1174,083	5,66E+01	1,77E+01	17,4
577,216	6,79E-01	1,94E+00	70,7	1183,093	6,75E+01	1,65E+01	13,8
586,241	7,52E-01	1,89E+00	68,4	1192,601	8,40E+01	5,63E+00	3,8
595,246	6,53E-01	1,71E+00	69,1	1201,701	9,45E+01	2,36E+01	14
604,273	6,83E-01	1,71E+00	68,2	1210,701	1,04E+02	3,79E+01	20,1
613,286	6,73E-01	1,71E+00	68,6	1219,714	1,15E+02	2,54E+01	12,5
622,291	6,20E-01	1,61E+00	69	1228,785	1,27E+02	1,30E+01	5,8
631,305	6,17E-01	1,63E+00	69,3	1237,861	1,37E+02	9,19E+00	3,8
640,295	6,07E-01	1,69E+00	70,3	1246,926	1,43E+02	1,04E+01	4,2
649,3	6,95E-01	1,76E+00	68,4	1255,946	1,46E+02	1,30E+01	5,1
658,284	6,58E-01	1,68E+00	68,6	1264,959	1,64E+02	1,27E+01	4,4
667,304	6,78E-01	1,70E+00	68,3	1274,074	1,89E+02	1,06E+01	3,2
676,291	6,96E-01	1,66E+00	67,3	1283,002	1,91E+02	1,83E+01	5,5
685,288	7,50E-01	1,70E+00	66,2	1292,105	1,93E+02	2,75E+01	8,1
694,298	7,70E-01	1,76E+00	66,3	1301,117	2,28E+02	1,77E+01	4,4
703,305	7,89E-01	1,83E+00	66,6	1310,031	2,53E+02	1,30E+01	2,9
712,293	8,61E-01	1,79E+00	64,3	1319,038	2,53E+02	3,48E+01	7,8
721,289	7,64E-01	1,81E+00	67,1	1328,062	2,98E+02	2,24E+00	0,4
730,291	8,19E-01	1,77E+00	65,2	1337,036	3,29E+02	1,27E+01	2,2
739,28	9,25E-01	1,79E+00	62,7	1346,033	3,37E+02	1,28E+01	2,2
748,271	8,35E-01	1,80E+00	65,1	1355,048	3,34E+02	3,72E+01	6,3
757,277	8,41E-01	1,91E+00	66,3	1364,048	6,70E+01	7,04E+01	46,4
766,366	8,10E-01	1,82E+00	66	1373,082	4,21E+02	1,16E-01	1,58E-02
775,277	8,54E-01	1,88E+00	65,6	1382,096	4,41E+02	1,33E+01	1,7
784,268	8,11E-01	2,07E+00	68,7	1391,111	4,39E+02	4,92E+01	6,4
793,382	7,60E-01	1,79E+00	67	1400,117	4,72E+02	1,98E+01	2,4

0,42 g Säure + 0,099 g Silikat /g H_2O 25°C (22.01.2008)

t [s]	G' [Pa]	G" [Pa]	δ [°]	t [s]	G' [Pa]	G" [Pa]	δ [°]	t [s]	G' [Pa]	G" [Pa]	δ [°]
184,015	2,29E-01	5,75E-01	68,3	726,016	3,67E+01	6,40E+00	9,9	1269,669	3,66E+03	9,85E+01	1,5
193,027	9,70E-02	5,12E-01	79,3	735,017	4,60E+01	6,70E+00	8,3	1278,738	3,99E+03	2,69E+01	0,4
202,031	5,13E-01	5,46E-01	46,8	744,093	5,19E+01	5,74E+00	6,3	1287,755	4,13E+03	1,99E+00	2,75E-02
211,044	7,73E-01	5,88E-01	37,3	753,198	6,41E+01	4,56E+00	4,1	1296,766	4,00E+03	1,18E+02	1,7
220,05	1,02E+00	6,83E-01	33,7	762,178	7,56E+01	5,05E+00	3,8	1305,781	4,16E+03	8,30E+01	1,1
229,035	1,25E+00	6,98E-01	29,1	771,195	8,31E+01	1,10E+01	7,5	1314,791	4,26E+03	1,00E+02	1,4
238,04	1,46E+00	7,18E-01	26,2	780,209	8,63E+01	1,89E+01	12,3	1323,791	4,78E+03	3,88E+02	4,6
247,039	1,52E+00	8,30E-01	28,6	789,223	1,08E+02	1,62E+01	8,6	1332,963	4,61E+03	3,82E+02	4,7
256,057	1,66E+00	7,46E-01	24,2	798,238	1,36E+02	3,56E+00	1,5	1341,976	4,37E+03	4,35E+02	5,7
265,063	1,57E+00	1,18E+00	36,9	807,251	1,31E+02	3,48E+01	14,8	1351,077	4,70E+03	1,50E+02	1,8
274,081	1,60E+00	9,17E-01	29,8	816,263	1,69E+02	1,98E+01	6,7	1360,277	4,45E+03	1,05E+02	1,3
283,08	1,83E+00	8,06E-01	23,8	825,291	2,01E+02	5,49E+00	1,6	1369,226	4,86E+03	1,40E+02	1,6
292,112	1,84E+00	8,99E-01	26,1	834,265	1,06E+02	1,49E+02	54,6	1378,304	5,28E+03	1,21E+02	1,3
301,121	1,91E+00	8,55E-01	24,1	843,255	2,52E+02	1,88E+01	4,3	1387,367	5,37E+03	5,69E+02	6
310,132	1,81E+00	1,09E+00	31,1	852,318	2,74E+02	5,71E+01	11,8	1396,461	4,90E+03	5,44E+02	6,3
319,15	1,77E+00	9,15E-01	27,4	861,284	3,04E+02	1,26E+01	2,4	1405,367	5,09E+03	5,05E+02	5,7
328,168	1,84E+00	1,01E+00	28,7	870,294	3,50E+02	7,80E+00	1,3	1414,395	5,37E+03	1,98E+02	2,1
337,186	1,88E+00	8,96E-01	25,5	879,39	3,19E+02	7,48E+01	13,2	1423,404	5,34E+03	5,85E+02	6,2
346,196	1,83E+00	1,17E+00	32,5	888,369	4,26E+02	1,86E+01	2,5	1432,487	5,34E+03	8,70E+02	9,2
355,193	1,78E+00	9,72E-01	28,6	896,827	4,30E+02	2,70E+01	3,6	1441,517	5,33E+03	7,53E+02	8
364,204	1,68E+00	1,21E+00	35,8	906,958	4,90E+02	1,88E+01	2,2	1450,603	5,21E+03	3,15E+02	3,5
373,22	1,56E+00	9,98E-01	32,6	916,033	5,04E+02	1,66E+00	0,2	1459,566	5,52E+03	3,50E+02	3,6
382,242	1,73E+00	1,01E+00	30,4	925,077	5,79E+02	2,06E+01	2	1468,618	6,70E+03	7,55E+02	6,4
391,257	1,72E+00	1,03E+00	30,9	934,077	6,25E+02	1,97E+01	1,8	1477,704	5,77E+03	9,87E+01	1
400,283	1,74E+00	1,05E+00	31,1	943,096	6,77E+02	2,35E+01	2	1486,779	6,33E+03	1,62E+02	1,5
409,296	1,61E+00	1,10E+00	34,2	952,207	7,33E+02	2,36E+01	1,8	1495,84	6,96E+03	3,22E+02	2,7
418,298	1,59E+00	1,09E+00	34,5	961,231	7,95E+02	2,68E+01	1,9	1505,014	6,53E+03	1,84E+02	1,6
427,955	1,67E+00	1,16E+00	34,7	970,247	8,54E+02	2,31E+01	1,6	1514,026	6,82E+03	7,64E+02	6,4
436,971	1,67E+00	1,35E+00	38,9	979,254	9,28E+02	2,17E+01	1,3	1523,166	6,73E+03	1,87E+02	1,6
445,988	1,73E+00	1,29E+00	36,9	988,265	9,92E+02	1,99E+01	1,2	1532,372	6,90E+03	1,88E+02	1,6
455,006	1,80E+00	1,31E+00	36,1	997,174	1,09E+03	1,22E+00	6,41E-02	1541,276	6,84E+03	2,40E+02	2
464,015	1,81E+00	1,24E+00	34,4	1006,272	1,15E+03	2,01E+01	1	1550,354	7,26E+03	9,17E+01	0,7
473,023	1,69E+00	1,66E+00	44,5	1015,255	1,06E+03	1,52E+02	8,2	1559,349	6,72E+03	5,77E+02	4,9
482,034	1,44E+00	1,31E+00	42,3	1024,275	1,35E+03	1,96E+02	8,3	1568,445	7,99E+03	3,32E+02	2,4
491,042	1,61E+00	1,29E+00	38,8	1033,321	1,33E+03	4,32E+01	1,9	1577,468	6,95E+03	6,62E+02	5,4
500,055	1,70E+00	1,34E+00	38,3	1042,299	1,47E+03	2,94E+02	11,3	1586,503	6,73E+03	1,09E+03	9,2
509,146	1,92E+00	1,41E+00	36,2	1051,375	1,48E+03	2,15E+01	0,8	1595,533	7,11E+03	1,32E+03	10,5
518,222	2,14E+00	1,34E+00	32,1	1060,458	1,63E+03	2,77E+02	9,7	1604,446	7,58E+03	9,76E+02	7,3
527,217	2,48E+00	1,47E+00	30,7	1069,576	1,54E+03	3,75E+01	1,4	1613,479	7,72E+03	9,23E+02	6,8
536,216	2,65E+00	1,36E+00	27,1	1078,638	1,86E+03	5,11E+01	1,6	1622,924	8,27E+03	2,03E+02	1,4
545,222	3,08E+00	1,50E+00	26	1087,671	1,77E+03	5,34E+01	1,7	1632,043	8,36E+03	1,64E+03	11,1
554,227	3,25E+00	1,38E+00	23	1096,671	1,91E+03	4,08E+01	1,2	1641,211	8,24E+03	1,86E+02	1,3
563,223	3,57E+00	1,40E+00	21,4	1105,678	2,02E+03	3,00E+01	0,8	1650,366	8,59E+03	8,18E+01	0,5
572,212	3,87E+00	1,43E+00	20,2	1114,704	2,15E+03	3,91E+00	0,1	1659,43	8,67E+03	6,20E+01	0,4
581,218	4,21E+00	1,49E+00	19,5	1123,112	2,24E+03	1,69E+01	0,4	1668,981	8,78E+03	8,22E+02	5,3
590,288	4,58E+00	1,54E+00	18,6	1133,343	2,11E+03	3,18E+02	8,6	1678,087	8,91E+03	5,39E+02	3,5
599,243	5,03E+00	1,60E+00	17,6	1142,413	2,33E+03	1,83E+02	4,5	1687,203	8,31E+03	3,60E+01	0,2
608,237	5,65E+00	1,69E+00	16,7	1151,495	2,00E+03	3,00E+02	8,5	1696,287	9,42E+03	2,25E+02	1,4
617,324	6,33E+00	2,04E+00	17,9	1160,62	2,21E+03	2,65E+00	6,87E-02	1705,401	9,19E+03	2,32E+02	1,4
626,334	6,67E+00	3,13E+00	25,2	1169,672	2,58E+03	7,42E+01	1,6	1714,317	9,40E+03	2,74E+02	1,7
635,258	7,91E+00	1,97E+00	14	1178,745	2,94E+03	1,01E+02	2	1723,434	9,09E+03	3,60E+02	2,3
644,271	8,46E+00	2,44E+00	16,1	1187,769	3,06E+03	1,68E+02	3,2	1732,441	9,10E+03	3,83E+02	2,4
653,281	8,90E+00	3,18E+00	19,7	1196,778	3,20E+03	2,72E+02	4,9	1741,455	9,40E+03	3,70E+02	2,3
662,294	9,74E+00	3,47E+00	19,6	1205,874	3,31E+03	4,19E+02	7,2	1750,472	9,31E+03	4,82E+02	3
671,297	1,12E+01	3,67E+00	18,2	1214,812	2,98E+03	2,09E+02	4	1759,381	9,87E+03	2,19E+02	1,3
680,775	1,46E+01	1,55E+00	6,1	1223,807	3,47E+03	5,55E+02	9,1	1768,968	9,96E+03	1,14E+02	0,7
689,945	1,67E+01	3,89E+00	13,1	1232,918	3,51E+03	3,60E+02	5,9	1778,152	9,43E+03	3,64E+02	2,2
698,909	2,09E+01	5,85E+00	15,7	1241,959	3,33E+03	1,25E+02	2,2	1787,241	9,76E+03	1,26E+02	0,7
707,91	2,60E+01	9,28E+00	19,7	1251,547	3,11E+03	1,96E+02	3,6	1796,323	1,03E+04	2,64E+02	1,5
716,936	3,19E+01	1,05E+01	18,3	1260,599	3,25E+03	3,57E+01	0,6	1805,448	1,02E+04	2,89E+02	1,6

0,42 g Säure + 0,099 g Silikat /g H_2O 35°C (22.01.2008)

t [s]	G' [Pa]	G" [Pa]	δ [°]	t [s]	G' [Pa]	G" [Pa]	δ [°]	t [s]	G' [Pa]	G" [Pa]	δ [°]
165,628	1,09E+00	4,81E-01	23,9	663,07	1,20E+03	3,20E+02	14,9	1163,143	1,01E+04	6,41E+02	3,6
174,642	1,47E+00	5,83E-01	21,6	672,102	1,21E+03	9,94E+01	4,7	1172,254	9,63E+03	6,77E+02	4
183,646	1,76E+00	5,80E-01	18,2	681,114	1,32E+03	8,87E+01	3,8	1181,428	1,03E+04	3,18E+02	1,8
192,656	1,72E+00	1,07E+00	31,9	690,115	1,33E+03	1,58E+02	6,8	1190,454	1,07E+04	2,93E+02	1,6
201,66	1,65E+00	8,33E-01	26,8	699,219	1,92E+03	2,21E+02	6,6	1199,461	1,10E+04	2,77E+02	1,4
210,669	1,98E+00	6,31E-01	17,7	708,229	1,74E+03	5,80E+01	1,9	1208,474	1,05E+04	5,05E+02	2,7
219,695	2,30E+00	5,76E-01	14,1	718,456	2,00E+03	3,79E+01	1,1	1217,582	9,59E+03	9,77E+02	5,8
228,706	2,54E+00	6,51E-01	14,4	727,003	1,98E+03	9,71E+01	2,8	1226,606	1,13E+04	2,97E+02	1,5
237,722	2,67E+00	6,05E-01	12,7	737,142	1,82E+03	2,89E+02	9	1235,617	1,16E+04	1,38E+02	0,7
246,733	2,73E+00	6,37E-01	13,1	746,24	2,21E+03	7,03E+01	1,8	1244,624	1,07E+04	1,05E+03	5,6
255,708	2,69E+00	6,63E-01	13,9	755,252	2,34E+03	5,68E+01	1,4	1253,545	1,16E+04	5,56E+02	2,7
264,71	2,49E+00	6,74E-01	15,2	764,236	2,82E+03	1,68E+02	3,4	1262,555	1,24E+04	2,21E+02	1
273,721	1,72E+00	8,03E-01	25	773,265	3,06E+03	1,92E+02	3,6	1271,592	1,28E+04	7,70E+02	3,5
282,732	1,88E+00	1,11E+00	30,5	782,369	2,62E+03	2,81E+01	0,6	1280,573	1,19E+04	7,41E+02	3,5
291,744	2,13E+00	9,87E-01	24,9	791,417	3,01E+03	1,02E+02	1,9	1289,584	1,14E+04	1,52E+03	7,6
300,752	2,44E+00	2,73E+00	48,3	800,411	2,93E+03	2,41E+02	4,7	1298,613	1,26E+04	2,53E+02	1,2
309,831	7,07E-01	1,44E+00	63,8	809,487	3,04E+03	4,34E+02	8,1	1307,679	1,25E+04	2,37E+03	10,8
318,737	1,15E+00	1,47E+00	52	818,51	3,12E+03	7,48E+02	13,5	1316,09	1,29E+04	5,27E+02	2,3
327,743	1,83E+00	1,50E+00	39,4	828,032	3,72E+03	6,34E+02	9,7	1326,382	1,38E+04	8,10E+02	3,4
336,765	2,50E+00	1,67E+00	33,8	837,199	3,40E+03	5,71E+02	9,5	1335,488	1,32E+04	3,66E+02	1,6
346,318	2,99E+00	1,58E+00	27,9	846,158	3,34E+03	6,03E+02	10,2	1344,576	1,34E+04	3,55E+02	1,5
355,333	3,75E+00	1,57E+00	22,7	855,268	3,59E+03	4,48E+02	7,1	1353,59	1,37E+04	3,11E+02	1,3
364,34	4,55E+00	1,60E+00	19,4	864,233	4,40E+03	2,12E+02	2,8	1362,576	1,33E+04	8,39E+02	3,6
373,366	5,41E+00	1,54E+00	15,9	873,243	5,25E+03	1,02E+02	1,1	1371,572	1,34E+04	4,67E+02	2
382,487	6,25E+00	1,80E+00	16,1	882,27	2,28E+03	4,03E+03	60,5	1380,659	1,41E+04	3,80E+02	1,5
391,496	7,36E+00	2,28E+00	17,2	891,277	4,82E+03	1,32E+02	1,6	1389,579	1,35E+04	8,02E+02	3,4
400,509	8,42E+00	2,04E+00	13,6	900,29	5,42E+03	2,82E+02	3	1398,574	1,46E+04	9,30E+01	0,4
409,412	9,36E+00	2,21E+00	13,3	909,305	5,53E+03	2,33E+02	2,4	1407,568	1,59E+04	7,71E+02	2,8
418,429	1,11E+01	1,75E+00	8,9	918,409	4,97E+03	5,42E+01	0,6	1416,55	1,51E+04	5,63E+01	0,2
427,491	1,32E+01	1,48E+00	6,4	927,412	5,96E+03	1,58E+01	0,2	1425,617	1,53E+04	5,91E+02	2,2
436,507	1,53E+01	2,15E+00	8	936,468	5,86E+03	4,27E+00	4,17E-02	1434,597	1,48E+04	4,58E+02	1,8
445,485	1,79E+01	3,43E+00	10,8	945,529	6,05E+03	9,88E+01	0,9	1443,667	1,37E+04	1,36E+03	5,7
454,499	2,21E+01	5,50E+00	14	954,575	6,02E+03	4,80E+02	4,6	1452,627	1,58E+04	6,96E+02	2,5
463,516	2,26E+01	1,20E+01	28	963,578	6,17E+03	3,41E+02	3,2	1461,692	1,59E+04	4,25E+01	0,2
472,516	3,42E+01	4,39E+00	7,3	972,664	5,95E+03	7,55E+02	7,2	1470,6	1,60E+04	2,93E+02	1
481,529	4,79E+01	5,08E+00	6,1	981,712	5,70E+03	6,02E+02	6	1479,661	1,63E+04	1,71E+03	6
490,541	6,11E+01	1,40E+01	12,9	990,714	7,11E+03	7,91E+02	6,3	1488,64	1,57E+04	5,55E+02	2
500,134	8,83E+01	1,56E+01	10	999,802	6,43E+03	1,47E+01	0,1	1497,638	1,63E+04	1,04E+03	3,7
509,215	8,71E+01	4,86E+00	3,2	1008,871	6,99E+03	2,11E+02	1,7	1506,661	1,60E+04	6,20E+02	2,2
518,277	1,34E+02	7,11E+00	3	1017,87	7,44E+03	2,20E+02	1,7	1515,661	1,54E+04	1,38E+03	5,1
527,299	1,57E+02	9,25E+00	3,4	1026,885	7,51E+03	2,04E+02	1,6	1524,682	1,63E+04	5,18E+02	1,8
536,3	2,00E+02	9,00E+00	2,6	1035,881	7,78E+03	2,16E+02	1,6	1533,769	1,67E+04	1,93E+03	6,6
545,314	2,29E+02	1,10E+01	2,8	1044,87	7,48E+03	1,92E+02	1,5	1542,769	1,65E+04	3,94E+03	13,4
554,319	2,61E+02	1,79E+01	3,9	1053,863	8,22E+03	2,58E+02	1,8	1552,323	1,76E+04	2,10E+03	6,8
563,337	3,27E+02	1,26E+01	2,2	1062,876	8,37E+03	2,34E+02	1,6	1561,475	1,46E+04	2,12E+02	0,8
572,365	4,18E+02	1,21E+01	1,7	1071,88	8,28E+03	2,43E+02	1,7	1570,596	1,70E+04	4,08E+02	1,4
581,474	4,39E+02	1,75E+01	2,3	1080,9	8,51E+03	2,34E+02	1,6	1579,585	1,69E+04	8,25E+02	2,8
590,401	5,45E+02	2,76E+01	2,9	1089,903	1,01E+04	2,56E+02	1,4	1588,661	1,66E+04	1,62E+03	5,6
599,478	5,73E+02	1,67E+02	16,2	1098,979	1,15E+03	3,34E+00	0,2	1597,05	1,71E+04	8,58E+02	2,9
608,458	6,50E+02	9,19E+00	0,8	1107,936	8,96E+03	2,91E+02	1,9	1607,304	1,65E+04	3,10E+03	10,7
617,43	7,95E+02	1,45E+02	10,3	1117,19	9,50E+03	7,14E+02	4,3	1616,404	1,88E+04	1,21E+03	3,7
626,473	7,81E+02	7,04E+01	5,2	1126,201	9,39E+03	7,89E+02	4,8	1625,471	1,95E+04	1,15E+03	3,4
635,446	9,40E+02	9,33E+01	5,7	1135,862	1,44E+04	6,07E+03	22,8	1634,488	1,77E+04	4,29E+02	1,4
644,423	9,69E+02	5,65E+01	3,3	1144,939	9,63E+03	3,22E+02	1,9	1643,751	1,81E+04	4,01E+02	1,3
652,844	1,14E+03	4,30E+01	2,2	1154,03	1,03E+04	7,32E+01	0,4	1652,663	1,81E+04	7,22E+02	2,3

Schubspannungsrampen

0,31 g Säure + 0,22 g Silikat /g H_2O (05.09.2007)

7,5 min		8 min		10 min		20 min		30 min	
σ [Pa]	γ []	σ [Pa]	γ []	σ [Pa]	γ []	σ [Pa]	γ []	σ [Pa]	γ []
1,49E+02	5,04E-01	1,50E+02	3,57E-01	1,49E+02	4,43E-02	1,50E+02	5,42E-03	1,49E+02	2,92E-03
2,45E+02	6,13E-01	2,46E+02	4,55E-01	2,47E+02	6,65E-02	2,47E+02	8,52E-03	2,49E+02	4,63E-03
3,45E+02	6,87E-01	3,44E+02	5,26E-01	3,43E+02	8,83E-02	3,44E+02	1,17E-02	3,47E+02	6,10E-03
4,43E+02	7,45E-01	4,42E+02	5,83E-01	4,41E+02	1,09E-01	4,42E+02	1,43E-02	4,43E+02	7,67E-03
5,41E+02	7,93E-01	5,40E+02	6,29E-01	5,41E+02	1,29E-01	5,40E+02	1,78E-02	5,41E+02	8,92E-03
6,38E+02	8,32E-01	6,40E+02	6,66E-01	6,39E+02	1,49E-01	6,38E+02	2,09E-02	6,38E+02	1,11E-02
7,36E+02	8,66E-01	7,37E+02	6,98E-01	7,37E+02	1,68E-01	7,36E+02	2,38E-02	7,37E+02	1,26E-02
8,34E+02	8,95E-01	8,34E+02	7,26E-01	8,34E+02	1,84E-01	8,33E+02	2,73E-02	8,37E+02	1,44E-02
9,32E+02	9,21E-01	9,32E+02	7,51E-01	9,33E+02	2,01E-01	9,31E+02	3,07E-02	9,34E+02	1,59E-02
1,03E+03	9,46E-01	1,03E+03	7,75E-01	1,03E+03	2,16E-01	1,03E+03	3,36E-02	1,03E+03	1,74E-02
1,13E+03	9,67E-01	1,13E+03	7,96E-01	1,13E+03	2,30E-01	1,13E+03	3,74E-02	1,13E+03	1,89E-02
1,23E+03	9,88E-01	1,23E+03	8,15E-01	1,23E+03	2,43E-01	1,23E+03	4,06E-02	1,23E+03	2,13E-02
1,33E+03	1,01E+00	1,33E+03	8,33E-01	1,32E+03	2,55E-01	1,32E+03	4,36E-02	1,33E+03	2,23E-02
1,42E+03	1,02E+00	1,42E+03	8,49E-01	1,42E+03	2,67E-01	1,42E+03	4,74E-02	1,42E+03	2,41E-02
1,52E+03	1,04E+00	1,52E+03	8,65E-01	1,52E+03	2,78E-01	1,52E+03	5,07E-02	1,52E+03	2,65E-02
1,62E+03	1,06E+00	1,62E+03	8,81E-01	1,62E+03	2,88E-01	1,62E+03	5,36E-02	1,62E+03	2,75E-02
1,72E+03	1,08E+00	1,72E+03	8,99E-01	1,72E+03	2,98E-01	1,72E+03	5,75E-02	1,72E+03	2,99E-02
1,81E+03	-2,60E+03	1,81E+03	9,21E-01	1,81E+03	3,08E-01	1,81E+03	6,07E-02	1,82E+03	3,14E-02
1,91E+03	-1,15E+04	1,91E+03	9,67E-01	1,91E+03	3,17E-01	1,91E+03	6,37E-02	1,91E+03	3,33E-02
		2,01E+03	7,30E+03	2,01E+03	3,26E-01	2,01E+03	6,78E-02	2,01E+03	3,46E-02
		2,11E+03	1,62E+04	2,11E+03	3,35E-01	2,11E+03	7,08E-02	2,11E+03	3,73E-02
				2,21E+03	3,43E-01	2,21E+03	7,36E-02	2,21E+03	3,86E-02
				2,30E+03	3,50E-01	2,30E+03	7,77E-02	2,30E+03	4,00E-02
				2,40E+03	3,58E-01	2,40E+03	8,07E-02	2,40E+03	4,24E-02
				2,50E+03	2,87E+03	2,50E+03	8,35E-02	2,50E+03	4,35E-02
				2,60E+03	2,87E+03	2,60E+03	2,85E+03	2,60E+03	4,65E-02
				2,70E+03	2,87E+03	2,70E+03	5,00E+03	2,70E+03	4,76E-02
				2,79E+03	2,87E+03	2,79E+03	5,00E+03	2,80E+03	4,92E-02
				2,89E+03	2,87E+03	2,89E+03	5,00E+03	2,90E+03	5,19E-02
				2,99E+03	2,87E+03	2,99E+03	5,00E+03	2,99E+03	5,28E-02
				3,09E+03	2,87E+03	3,09E+03	5,00E+03	3,09E+03	5,43E-02
				3,19E+03	2,87E+03	3,19E+03	5,00E+03	3,19E+03	5,73E-02
				3,28E+03	2,87E+03	3,28E+03	5,00E+03	3,29E+03	5,87E-02
				3,38E+03	2,87E+03	3,38E+03	5,00E+03	3,38E+03	5,98E-02
				3,48E+03	2,87E+03	3,48E+03	5,00E+03	3,48E+03	6,15E-02
				3,58E+03	2,87E+03	3,58E+03	5,00E+03	3,58E+03	6,38E-02
				3,68E+03	2,87E+03	3,68E+03	5,00E+03	3,68E+03	6,54E-02
				3,77E+03	2,87E+03	3,78E+03	5,00E+03	3,78E+03	6,82E-02
				3,87E+03	2,87E+03	3,87E+03	5,00E+03	3,87E+03	6,89E-02
				3,97E+03	2,87E+03	3,97E+03	5,00E+03	3,97E+03	7,06E-02
				4,07E+03	2,87E+03	4,07E+03	5,00E+03	4,07E+03	7,36E-02
				4,17E+03	2,87E+03	4,17E+03	5,00E+03	4,17E+03	7,54E-02
				4,27E+03	2,87E+03	4,26E+03	5,00E+03	4,27E+03	7,58E-02
				4,36E+03	2,87E+03	4,36E+03	5,00E+03	4,37E+03	7,89E-02
				4,46E+03	2,87E+03	4,46E+03	5,00E+03	4,46E+03	7,95E-02
				4,56E+03	2,87E+03	4,56E+03	5,00E+03	4,56E+03	8,14E-02
				4,66E+03	2,87E+03	4,66E+03	5,00E+03	4,66E+03	8,42E-02
				4,76E+03	2,87E+03	4,75E+03	5,00E+03	4,76E+03	8,50E-02
				4,85E+03	2,87E+03	4,85E+03	5,00E+03	4,85E+03	8,68E-02
				4,95E+03	2,87E+03	4,95E+03	5,00E+03	4,95E+03	8,95E-02

Viskosimetrie

Die folgenden Versuche lieferten die in die Energieeintragsberechnungen eingehenden Viskositätsdaten. Die ausgegrauten Bereiche markieren den jeweils verwendeten Scherratenbereich. Für den verdünnten Versuch wurde von einer konstanten Viskosität von 0,004 Pas ausgegangen.

basisch 60 min 19.08.2008		sauer 85 min 21.11.2008		80°C 10 min 08.06.2009		+ Salz 20 min 10.06.2009	
Scherrate [1/s]	Viskosität [Pas]	Scherrate [1/s]	Viskosität [Pas]	Scherrate [1/s]	Viskosität [Pas]	Scherrate [1/s]	Viskosität [Pas]
8,66E+00	6,26E-01	1,01E+01	3,87E+00	1,10E+01	8,75E-01	8,69E+00	3,35E-01
1,14E+01	4,85E-01	1,26E+01	3,04E+00	1,23E+01	7,10E-01	1,12E+01	2,44E-01
1,42E+01	3,91E-01	1,47E+01	2,84E+00	1,49E+01	6,70E-01	1,46E+01	1,83E-01
1,67E+01	3,00E-01	1,62E+01	2,54E+00	1,77E+01	5,12E-01	1,66E+01	1,66E-01
1,87E+01	2,48E-01	1,81E+01	2,31E+00	2,06E+01	5,21E-01	1,88E+01	1,48E-01
2,24E+01	2,18E-01	2,24E+01	1,92E+00	2,34E+01	5,02E-01	2,23E+01	1,32E-01
2,61E+01	1,96E-01	2,68E+01	1,70E+00	2,72E+01	4,79E-01	2,59E+01	1,20E-01
2,85E+01	1,82E-01	3,08E+01	1,57E+00	3,08E+01	4,29E-01	3,02E+01	1,10E-01
3,61E+01	1,64E-01	3,65E+01	1,25E+00	3,72E+01	4,00E-01	3,54E+01	1,02E-01
4,04E+01	1,52E-01	4,15E+01	1,22E+00	4,30E+01	3,64E-01	4,15E+01	9,54E-02
4,83E+01	1,48E-01	5,27E+01	9,26E-01	4,86E+01	3,79E-01	4,67E+01	9,39E-02
5,56E+01	1,48E-01	5,78E+01	9,19E-01	4,75E+01	3,59E-01	5,58E+01	9,16E-02
6,41E+01	1,54E-01	6,68E+01	8,63E-01	7,41E+01	2,76E-01	6,61E+01	8,42E-02
7,69E+01	1,50E-01	7,51E+01	7,60E-01	6,83E+01	2,09E-01	7,56E+01	7,01E-02
9,02E+01	1,28E-01	9,43E+01	6,15E-01	8,12E+01	2,10E-01	8,89E+01	5,97E-02
1,05E+02	1,05E-01	1,15E+02	5,55E-01	9,87E+01	1,77E-01	1,01E+02	5,63E-02
1,21E+02	9,05E-02	1,06E+02	6,35E-01	1,16E+02	1,12E-01	1,19E+02	5,76E-02
1,41E+02	7,93E-02	1,38E+02	5,05E-01	1,48E+02	1,26E-01	1,38E+02	5,89E-02
1,64E+02	7,23E-02	1,60E+02	4,79E-01	1,54E+02	9,04E-02	1,59E+02	6,39E-02
1,89E+02	6,48E-02	1,90E+02	4,25E-01	1,87E+02	1,01E-01	1,90E+02	6,29E-02
2,23E+02	5,87E-02	2,29E+02	3,75E-01	2,18E+02	6,97E-02	2,30E+02	5,42E-02
2,63E+02	5,41E-02	2,63E+02	3,41E-01	2,63E+02	6,73E-02	2,60E+02	4,79E-02
3,03E+02	5,14E-02	3,02E+02	3,14E-01	2,79E+02	6,48E-02	3,01E+02	4,37E-02
3,53E+02	4,71E-02	3,54E+02	2,83E-01	3,66E+02	5,51E-02	3,54E+02	3,99E-02
4,15E+02	4,37E-02	4,16E+02	2,57E-01	4,22E+02	5,03E-02	4,10E+02	3,85E-02
4,79E+02	4,30E-02	4,81E+02	2,36E-01	4,93E+02	4,61E-02	4,75E+02	3,49E-02
5,68E+02	3,93E-02	5,64E+02	2,14E-01	5,66E+02	4,27E-02	5,63E+02	3,37E-02
6,56E+02	3,78E-02	6,53E+02	1,98E-01	6,58E+02	4,05E-02	6,53E+02	3,15E-02
7,65E+02	3,61E-02	7,64E+02	1,81E-01	7,62E+02	3,79E-02	7,63E+02	3,02E-02
8,89E+02	3,46E-02	8,80E+02	1,69E-01	8,97E+02	3,62E-02	8,84E+02	2,91E-02
8,85E+02	2,61E-02	9,16E+02	1,57E-01	8,88E+02	2,83E-02	9,04E+02	2,09E-02
7,91E+02	2,81E-02	7,96E+02	1,68E-01	7,83E+02	3,19E-02	8,02E+02	2,16E-02
6,99E+02	2,81E-02	6,84E+02	1,82E-01	6,95E+02	3,23E-02	7,06E+02	2,13E-02
6,00E+02	2,90E-02	5,88E+02	1,98E-01	6,01E+02	3,35E-02	6,06E+02	2,18E-02
5,13E+02	3,08E-02	5,06E+02	2,17E-01	5,06E+02	3,77E-02	5,17E+02	2,31E-02
4,39E+02	3,29E-02	4,51E+02	2,31E-01	4,47E+02	4,13E-02	4,43E+02	2,45E-02
3,79E+02	3,59E-02	3,91E+02	2,51E-01	3,86E+02	4,51E-02	3,79E+02	2,66E-02
3,32E+02	3,71E-02	3,30E+02	2,79E-01	3,37E+02	4,95E-02	3,26E+02	2,96E-02
2,87E+02	4,02E-02	2,85E+02	3,06E-01	2,89E+02	5,61E-02	2,86E+02	3,08E-02
2,46E+02	4,48E-02	2,43E+02	3,41E-01	2,47E+02	6,41E-02	2,47E+02	3,44E-02
2,10E+02	4,84E-02	2,14E+02	3,70E-01	2,12E+02	7,23E-02	2,13E+02	3,76E-02
1,82E+02	5,32E-02	1,80E+02	4,18E-01	1,82E+02	8,28E-02	1,82E+02	4,24E-02
1,56E+02	6,07E-02	1,54E+02	4,65E-01	1,54E+02	9,90E-02	1,57E+02	4,58E-02
1,34E+02	6,88E-02	1,32E+02	5,18E-01	1,33E+02	1,13E-01	1,37E+02	5,19E-02
1,14E+02	7,98E-02	1,13E+02	5,84E-01	1,15E+02	1,33E-01	1,15E+02	6,12E-02
9,93E+01	9,14E-02	9,69E+01	6,52E-01	1,03E+02	1,73E-01	9,86E+01	7,09E-02
8,49E+01	1,08E-01	8,35E+01	7,31E-01	7,55E+01	1,59E-01	8,51E+01	8,27E-02
7,57E+01	1,23E-01	7,15E+01	8,26E-01	6,40E+01	2,58E-01	7,20E+01	9,92E-02
6,31E+01	1,70E-01	6,17E+01	9,24E-01	6,23E+01	2,25E-01	6,27E+01	1,19E-01
5,22E+01	1,98E-01	5,27E+01	1,05E+00	5,42E+01	2,48E-01	5,50E+01	1,44E-01
4,32E+01	2,51E-01	4,51E+01	1,19E+00	3,74E+01	3,87E-01	4,35E+01	1,81E-01
3,97E+01	2,63E-01	3,89E+01	1,35E+00	3,66E+01	4,19E-01	3,79E+01	1,94E-01
3,31E+01	2,87E-01	3,26E+01	1,56E+00	3,26E+01	4,55E-01	3,29E+01	2,12E-01
2,77E+01	3,16E-01	2,86E+01	1,75E+00	2,75E+01	5,00E-01	2,90E+01	2,19E-01
2,39E+01	3,24E-01	2,43E+01	2,01E+00	2,31E+01	5,51E-01	2,56E+01	2,27E-01
2,12E+01	3,17E-01	2,11E+01	2,28E+00	2,21E+01	5,76E-01	2,11E+01	2,51E-01
1,77E+01	3,74E-01	1,79E+01	2,62E+00	1,71E+01	7,04E-01	1,77E+01	2,88E-01
1,50E+01	4,02E-01	1,53E+01	3,00E+00	1,51E+01	6,74E-01	1,56E+01	3,06E-01
1,36E+01	4,18E-01	1,34E+01	3,39E+00	1,28E+01	8,73E-01	1,31E+01	3,34E-01
1,11E+01	4,61E-01	1,12E+01	3,97E+00	1,20E+01	7,78E-01	1,18E+01	3,15E-01

C.2 Semi-batch-Prozess

Übersicht

Säure [g/h]	Wasserglas [g/h]	T [°C]	Bemerkungen	Datum	s. Seite
256	986	83	SiO_2-Standard	03.03.2008	139
256	986	83	SiO_2-Standard	03.04.2008	140
256	983	83	SiO_2-Standard	15.12.2008	141
256	983	83	SiO_2-Standard	13.02.2009	142
128	511	83	halbe Geschwindigkeit	16.04.2007	143
256	983	21	Raumtemperatur	05.12.2007	144
256	983	83	Abbruch nach 45 min	06.02.2009	145
256	1022	83	Zugabeabbruch am Gelpunkt, weitergerührt mit 700/min	06.09.2006	145
256	983	83	Zugabeabbruch am Gelpunkt, weitergerührt mit 400/min	30.01.2009	146
256	983	83	nach Gelpunkt nur Salzzugabe, weitergerührt mit 800/min	27.02.2009	147
256	986	83	durchgängig 800/min	28.07.2009	148

SiO$_2$-Standard (03.03.2008)

vor dem Gelpunkt:

t [min]	$x_{50,3}$ [nm]	$Z_{average}$ [nm]
33	481,0	594,9
32	109,0	473,7
31	105,7	227,4
30	31,7	180,6
29	27,3	123,6
27	23,8	67,73
25	30,6	48,43
20	16,7	326,7

nach dem Gelpunkt:

t [min]	$x_{50,3}$ [µm]	$x_{1,2}$ [µm]	d_f
34	61,17	47,77	2,14
40	64,55	41,04	2,20
50	67,05	32,35	2,19
60	58,94	28,42	2,15
70	53,37	25,01	2,10
80	51,77	22,83	2,06
90	50,79	21,01	2,14

t [min]	34	40	50	60	70	80	90
x [µm]	q_3 [1/µm]						
0,0539	0	0	0	0	0	0	0
0,0629	0	0	0	0	0	0	0
0,0733	0	0	0	0	0	0	0
0,0854	0	0	0	0	0	0	0
0,0994	0	0	0	0	0	0	0
0,1158	0	0	0	0	0	0	0
0,1349	0	0	0	0	0	0	0
0,1572	0	0	0	0	0	0	0
0,1832	0	0	0	0	0	0	0
0,2134	0	0	0	0	0	0	0
0,2486	0	0	0	0	0	0	0
0,2896	0	0	0	0	0	0	0
0,3373	0	0	0	0	0	0	0
0,393	0	0	0	0	0	0	0
0,4578	0	0	0	0	0	0	0
0,5333	0	0	0	0	0	0	0
0,6214	0	0	0	0	0	0	0
0,7239	0	0	0	0	0	0	0
0,8433	0	0	0	0	0	0,000001	0
0,9825	0	0	0	0,000001	0,000001	0,000005	0,000004
1,1446	0	0	0,000003	0,000006	0,00001	0,00003	0,000026
1,3335	0	0,000001	0,000018	0,000031	0,000049	0,000118	0,000118
1,5535	0	0,000005	0,000064	0,000112	0,000177	0,000358	0,000399
1,8098	0	0,000021	0,000179	0,000328	0,000511	0,000898	0,001072
2,1084	0,000001	0,000066	0,000411	0,000764	0,001161	0,001838	0,002232
2,4563	0,000003	0,000166	0,000807	0,001503	0,002246	0,003308	0,004028
2,8616	0,000009	0,00035	0,001403	0,002583	0,003777	0,00528	0,006385
3,3338	0,000024	0,000636	0,002215	0,00403	0,005756	0,00773	0,009175
3,8838	0,000051	0,001043	0,003242	0,005811	0,008112	0,010527	0,012281
4,5247	0,000097	0,001569	0,004436	0,00775	0,010593	0,013374	0,015328
5,2712	0,000168	0,002212	0,005749	0,009743	0,013013	0,016051	0,01809
6,141	0,000283	0,002976	0,007163	0,011727	0,0153	0,018414	0,020429
7,1542	0,000463	0,003826	0,008557	0,013445	0,017087	0,020081	0,021841
8,3346	0,000744	0,004729	0,009825	0,014713	0,018178	0,020863	0,02221
9,7099	0,001178	0,005682	0,01097	0,015641	0,018741	0,020935	0,021785
11,312	0,001781	0,006605	0,011826	0,015966	0,018503	0,020104	0,020396
13,1785	0,002592	0,007493	0,012406	0,015842	0,017718	0,018674	0,018454
15,3529	0,00361	0,008295	0,012651	0,01525	0,016437	0,016774	0,01615
17,8862	0,004815	0,008965	0,012537	0,014235	0,014779	0,014585	0,013693
20,8374	0,006147	0,009454	0,012071	0,012873	0,012878	0,012289	0,011257
24,2756	0,007498	0,009716	0,011287	0,011265	0,010874	0,010043	0,008977
28,2811	0,008743	0,009726	0,010269	0,009562	0,008924	0,007992	0,006974
32,9474	0,009749	0,009486	0,009127	0,007914	0,00716	0,006238	0,005321
38,3837	0,010379	0,009024	0,007974	0,006451	0,005675	0,004839	0,004049
44,717	0,010535	0,008384	0,006905	0,005256	0,004518	0,003808	0,003153
52,0953	0,010199	0,00763	0,005985	0,004368	0,003699	0,003128	0,002602
60,6911	0,009454	0,006822	0,005224	0,003757	0,003171	0,002738	0,002328
70,7051	0,008455	0,006012	0,004613	0,003378	0,00288	0,002569	0,002263
82,3714	0,007406	0,005249	0,00412	0,003163	0,002753	0,002545	0,002336
95,9627	0,005898	0,004566	0,00371	0,003047	0,002721	0,002597	0,002492
111,7965	0,004449	0,003812	0,003351	0,002964	0,002716	0,002667	0,002675
130,243	0,00315	0,00307	0,00289	0,002809	0,002698	0,002705	0,002825
151,7331	0,002071	0,002357	0,002349	0,002489	0,002491	0,002548	0,002746
176,769	0,001252	0,001711	0,001774	0,00203	0,002115	0,002201	0,002419
205,9359	0,000682	0,001159	0,001229	0,001501	0,001624	0,001717	0,001897
239,9153	0,000322	0,000723	0,000772	0,000996	0,001114	0,001193	0,00131
279,5013	0,00012	0,000405	0,00043	0,000583	0,000668	0,000721	0,000786
325,619	0	0,000163	0,000203	0,000292	0,000327	0,00036	0,000402
379,3462	0	0	0,000071	0,000111	0,000069	0,000086	0,000161
441,9383	0	0	0	0	0	0	0
514,8581	0	0	0	0	0	0	0
599,8098	0	0	0	0	0	0	0
698,7783	0	0	0	0	0	0	0
814,0767	0	0	0	0	0	0	0

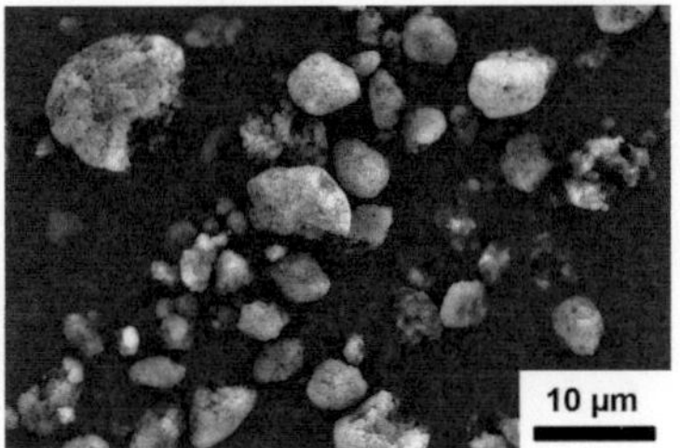

SiO$_2$-Standard (03.04.2008)

vor dem Gelpunkt:

t [min]	x$_{50,3}$ [nm]	Z$_{average}$ [nm]
33	560,9	636,5
32	532,2	483,1
30	494,1	239,2
28	34,4	95,3
25	24,8	49,2
20	18,2	26,2

nach dem Gelpunkt:

t [min]	x$_{50,3}$ [μm]	x$_{1,2}$ [μm]	d$_f$
33	72,26	52,85	1,96
40	89,59	43,43	2,25
50	87,89	33,94	2,28
60	86,14	29,64	2,30
70	76,17	25,77	2,37
80	79,99	23,42	2,36
90	68,95	20,59	2,38

t [min]	33	40	50	60	70	80	90
x [μm]	q$_3$ [1/μm]						
0,0539	0	0	0	0	0	0	0
0,0629	0	0	0	0	0	0	0
0,0733	0	0	0	0	0	0	0
0,0854	0	0	0	0	0	0	0
0,0994	0	0	0	0	0	0	0
0,1158	0	0	0	0	0	0	0
0,1349	0	0	0	0	0	0	0
0,1572	0	0	0	0	0	0	0
0,1832	0	0	0	0	0	0	0
0,2134	0	0	0	0	0	0	0
0,2486	0	0	0	0	0	0	0
0,2896	0	0	0	0	0	0	0
0,3373	0	0	0	0	0	0	0
0,393	0	0	0	0	0	0	0
0,4578	0	0	0	0	0	0	0
0,5333	0	0	0	0	0	0	0
0,6214	0	0	0	0	0	0	0
0,7239	0	0	0	0	0	0	0
0,8433	0	0	0	0	0	0	0,000002
0,9825	0	0	0	0	0,000001	0,000003	0,000015
1,1446	0	0	0,000002	0,000002	0,000012	0,000023	0,000089
1,3335	0	0,000003	0,000013	0,00002	0,000072	0,000126	0,000355
1,5535	0	0,000016	0,000062	0,000103	0,00029	0,000463	0,001026
1,8098	0,000001	0,000062	0,000223	0,000388	0,000873	0,001325	0,002446
2,1084	0,000006	0,000181	0,000578	0,001	0,001916	0,002753	0,004621
2,4563	0,000018	0,000416	0,001207	0,002038	0,003526	0,004857	0,007656
2,8616	0,000043	0,000807	0,002137	0,003463	0,005573	0,007422	0,011121
3,3338	0,000088	0,00136	0,003362	0,00517	0,007899	0,010285	0,01495
3,8838	0,000158	0,002071	0,004814	0,007101	0,010401	0,013259	0,018785
4,5247	0,000262	0,00285	0,006301	0,00896	0,012699	0,015945	0,02198
5,2712	0,000415	0,003659	0,007697	0,0106	0,014679	0,018122	0,024445
6,141	0,000652	0,004501	0,009018	0,012021	0,016235	0,019696	0,025863
7,1542	0,001008	0,005269	0,010062	0,012937	0,017069	0,020294	0,026016
8,3346	0,001528	0,005938	0,010774	0,013316	0,017169	0,019974	0,024957
9,7099	0,002267	0,006588	0,011329	0,013463	0,016859	0,019098	0,02317
11,312	0,003224	0,007127	0,011559	0,013166	0,015978	0,017583	0,020698
13,1785	0,004415	0,007641	0,011621	0,012693	0,014835	0,015799	0,017997
15,3529	0,0058	0,008093	0,01147	0,012034	0,013484	0,013866	0,015252
17,8862	0,007306	0,008438	0,011077	0,011189	0,011982	0,011887	0,012618
20,8374	0,008822	0,00861	0,010419	0,010159	0,01038	0,009945	0,010197
24,2756	0,0102	0,008538	0,009496	0,008953	0,00874	0,008109	0,008057
28,2811	0,011286	0,00819	0,008368	0,007643	0,007159	0,006458	0,006251
32,9474	0,011942	0,007584	0,00714	0,006332	0,005732	0,005056	0,004805
38,3837	0,012071	0,006797	0,00594	0,005131	0,004538	0,003943	0,003719
44,717	0,011634	0,005941	0,004884	0,004129	0,003622	0,003131	0,002973
52,0953	0,010702	0,005139	0,004061	0,003393	0,003004	0,002618	0,002529
60,6911	0,009422	0,004464	0,00348	0,002917	0,002645	0,002353	0,002325
70,7051	0,008006	0,003956	0,00313	0,002675	0,002499	0,002288	0,002296
82,3714	0,006668	0,003607	0,002957	0,002612	0,002504	0,002359	0,002377
95,9627	0,005054	0,00338	0,002901	0,002675	0,002605	0,002514	0,002513
111,7965	0,003636	0,003224	0,002897	0,002802	0,002739	0,002693	0,002658
130,243	0,002459	0,003086	0,00289	0,00292	0,002845	0,002835	0,002764
151,7331	0,001555	0,002935	0,002845	0,002981	0,002885	0,0029	0,00265
176,769	0,000911	0,002566	0,002543	0,002717	0,0026	0,002623	0,002317
205,9359	0,000487	0,002065	0,002073	0,002215	0,002102	0,002121	0,00182
239,9153	0,000234	0,001506	0,001517	0,001592	0,001502	0,001512	0,001267
279,5013	0,000098	0,000981	0,000983	0,000998	0,000936	0,000936	0,000768
325,619	0,000036	0,000575	0,000555	0,000542	0,0005	0,000492	0,000385
379,3462	0	0,000264	0,000229	0,000246	0,000218	0,000207	0,000095
441,9383	0	0,00003	0	0,000023	0,000006	0	0
514,8581	0	0	0	0	0	0	0
599,8098	0	0	0	0	0	0	0
698,7783	0	0	0	0	0	0	0
814,0767	0	0	0	0	0	0	0

SiO$_2$-Standard (15.12.2008)

vor dem Gelpunkt:

t [min]	$x_{50,3}$ [nm]	$Z_{average}$ [nm]
32	344,5	412,9
31	13,4	276,3
30	266,3	198,3
29	28,0	115,3
28	35,3	100,5
27	25,9	76,1
25	25,3	50,1
20	17,1	23,3

nach dem Gelpunkt:

t [min]	$x_{50,3}$ [µm]	$x_{1,2}$ [µm]	d_f
33	70,97	53,37	1,67
40	61,69	39,13	2,24
50	68,34	34,37	2,32
60	67,33	30,20	2,41
70	69,31	26,87	2,46
80	65,44	23,24	2,48
90	61,41	21,73	2,50

Ultraschall nach 90 min:

e_v [MJ/m³]	$x_{50,3}$ [µm]
138,3	13,88
276,7	10,22
415,0	7,28
553,3	5,49
691,6	4,52

t [min]	33	40	50	60	70	80	90
x [µm]	q_3 [1/µm]						
0,0525	0	0	0	0	0	0	0
0,0579	0	0	0	0	0	0	0
0,0638	0	0	0	0	0	0	0
0,0704	0	0	0	0	0	0	0
0,0776	0	0	0	0	0	0	0
0,0856	0	0	0	0	0	0	0
0,0944	0	0	0	0	0	0	0
0,1041	0	0	0	0	0	0	0
0,1148	0	0	0	0	0	0	0
0,1265	0	0	0	0	0	0	0
0,1395	0	0	0	0	0	0	0
0,1539	0	0	0	0	0	0	0
0,1697	0	0	0	0	0	0	0
0,1871	0	0	0	0	0	0	0
0,2063	0	0	0	0	0	0	0
0,2275	0	0	0	0	0	0	0
0,2508	0	0	0	0	0	0	0
0,2766	0	0	0	0	0	0	0
0,305	0	0	0	0	0	0	0
0,3363	0	0	0	0	0	0	0
0,3708	0	0	0	0	0	0	0
0,4089	0	0	0	0	0	0	0
0,4509	0	0	0	0	0	0	0
0,4972	0	0	0	0	0	0	0
0,5482	0	0	0	0	0	0	0
0,6045	0	0	0	0	0	0	0
0,6666	0	0	0	0	0	0	0
0,735	0	0	0	0	0	0	0
0,8105	0	0	0	0	0	0,000003	0,000001
0,8937	0	0	0	0	0	0,000009	0,000003
0,9855	0	0	0,000002	0	0,000002	0,000027	0,000012
1,0867	0	0	0,000006	0	0,000005	0,00007	0,000039
1,1983	0	0	0,000019	0,000003	0,000022	0,000153	0,000108
1,3213	0	0,000002	0,000046	0,000009	0,000057	0,000301	0,000253
1,457	0	0,000005	0,000097	0,000025	0,000121	0,000552	0,000526
1,6066	0,000001	0,000015	0,000183	0,000076	0,000294	0,000901	0,00097
1,7715	0,000002	0,000034	0,000317	0,000185	0,00059	0,00141	0,001678
1,9534	0,000005	0,00007	0,00052	0,000385	0,000957	0,002255	0,002839
2,154	0,00001	0,000128	0,000774	0,000676	0,001595	0,002927	0,003748
2,3751	0,000017	0,000217	0,001089	0,001096	0,002462	0,003949	0,005174
2,619	0,000028	0,000348	0,001568	0,001798	0,00305	0,005309	0,007004
2,8879	0,000041	0,000513	0,001992	0,00242	0,00433	0,006558	0,008617
3,1845	0,000055	0,000712	0,002463	0,003153	0,005493	0,008029	0,010539
3,5114	0,000069	0,001017	0,003176	0,004322	0,006742	0,009601	0,012533
3,872	0,000083	0,001323	0,003786	0,005325	0,008139	0,011193	0,014485
4,2695	0,000097	0,001601	0,004465	0,006411	0,009481	0,012727	0,016321
4,7079	0,000113	0,002075	0,005173	0,007477	0,01075	0,014162	0,017982
5,1913	0,000137	0,002477	0,005884	0,00849	0,011944	0,015465	0,019426
5,7244	0,00018	0,002944	0,006608	0,009521	0,013079	0,016621	0,020641
6,3121	0,00024	0,00346	0,007329	0,0105	0,014083	0,017573	0,021549
6,9602	0,000335	0,004004	0,008041	0,011367	0,01491	0,018292	0,022112
7,6749	0,000532	0,004545	0,008691	0,012013	0,015449	0,01867	0,022211
8,4629	0,00071	0,005109	0,009302	0,012574	0,015818	0,018793	0,021989
9,3319	0,000981	0,005703	0,009874	0,013123	0,016081	0,018707	0,021536
10,2901	0,001409	0,006281	0,010365	0,013468	0,01609	0,018339	0,020746
11,3466	0,001845	0,006838	0,010767	0,013636	0,015877	0,017726	0,019681
12,5117	0,002403	0,007398	0,011097	0,013743	0,015543	0,016949	0,018467
13,7963	0,003052	0,007925	0,011313	0,013727	0,01505	0,016011	0,01712
15,2129	0,003768	0,008404	0,011409	0,01357	0,014406	0,014943	0,015683
16,7749	0,004546	0,008824	0,01138	0,013273	0,013633	0,013786	0,014203
18,4973	0,005366	0,009175	0,01122	0,012835	0,012747	0,012572	0,012718
20,3966	0,006201	0,009446	0,010934	0,012261	0,01177	0,011335	0,011259
22,4909	0,007027	0,009627	0,010526	0,011551	0,010719	0,010101	0,009852
24,8002	0,007802	0,009704	0,010006	0,010729	0,009629	0,008899	0,008527
27,3466	0,008485	0,009674	0,009393	0,009825	0,008535	0,007758	0,00731
30,1545	0,009055	0,009543	0,008716	0,008879	0,00747	0,0067	0,006214
33,2507	0,009488	0,00932	0,008003	0,007933	0,006468	0,005743	0,00525
36,6648	0,00977	0,009018	0,007282	0,007021	0,005555	0,004899	0,004423
40,4295	0,00989	0,008648	0,006584	0,006173	0,004748	0,004177	0,003733
44,5807	0,009853	0,00823	0,005931	0,005415	0,004063	0,003581	0,003178
49,1581	0,009651	0,007776	0,005347	0,004777	0,003517	0,003115	0,002756
54,2055	0,009306	0,007299	0,004842	0,004252	0,003096	0,002769	0,002452
59,7712	0,008843	0,006812	0,004417	0,003832	0,002789	0,002528	0,00225
65,9084	0,008287	0,006331	0,004073	0,003519	0,002588	0,002383	0,002137
72,6757	0,007652	0,005856	0,0038	0,003296	0,002476	0,002313	0,002094
80,1379	0,006978	0,005402	0,003589	0,003147	0,002435	0,002305	0,002109
88,3663	0,006377	0,005	0,003423	0,003058	0,002445	0,002333	0,002159
97,4395	0,005704	0,00459	0,003284	0,003007	0,00249	0,002383	0,002236
107,4444	0,004857	0,004121	0,003161	0,002975	0,002555	0,002441	0,002323
118,4765	0,004042	0,003639	0,003058	0,002961	0,002609	0,002484	0,002398
130,6414	0,003308	0,003158	0,002939	0,002915	0,00266	0,002519	0,002468
144,0554	0,00263	0,002672	0,002759	0,002779	0,002718	0,002556	0,002542
158,8467	0,002034	0,002203	0,002524	0,002556	0,002669	0,002502	0,002516
175,1567	0,001527	0,001765	0,002247	0,002264	0,002494	0,002346	0,002374
193,1414	0,001112	0,001367	0,001936	0,001921	0,002241	0,002126	0,002156
212,9727	0,000779	0,001023	0,001612	0,001559	0,001927	0,001858	0,001876
234,8402	0,000522	0,000735	0,001292	0,001206	0,001575	0,001557	0,001555
258,9531	0,000344	0,000493	0,000993	0,000888	0,001216	0,001247	0,001226
285,5418	0,0002	0,000321	0,000725	0,000615	0,000886	0,000948	0,000909
314,8605	0,000068	0,000207	0,000497	0,000395	0,000613	0,000679	0,000629
347,1897	0,000007	0,000048	0,000325	0,000253	0,000413	0,000458	0,000426
382,8383	0	0	0,000156	0,000126	0,000207	0,000267	0,000215
422,1472	0	0	0,000007	0,000006	0,00001	0,000093	0,000011
465,4923	0	0	0	0	0	0,000008	0
513,288	0	0	0	0	0	0	0
565,9913	0	0	0	0	0	0	0
624,1059	0	0	0	0	0	0	0
688,1877	0	0	0	0	0	0	0
758,8492	0	0	0	0	0	0	0
836,766	0	0	0	0	0	0	0

SiO$_2$-Standard (13.02.2009)

vor dem Gelpunkt:

t [min]	$x_{50,3}$ [nm]	$z_{average}$ [nm]
32	369,1	245,4
31	55,9	203,4
29	35,0	96,9
26	27,7	49,6
23	20,7	31,3
22	18,9	27,2
21	17,6	24,1
20	16,9	22,6
18	14,1	19,8
15	12,7	16,6

nach dem Gelpunkt:

t [min]	$x_{50,3}$ [µm]	$x_{1,2}$ [µm]	d_f
33	38,33	31,42	2,30
40	50,40	34,25	2,32
50	46,93	29,58	2,32
60	42,45	25,77	2,28
70	38,66	23,18	2,26
80	35,69	21,19	2,28
90	33,50	19,80	2,24

Ultraschall:

e_V [MJ/m³]	90 min $x_{50,3}$ [µm]	stabilisiert $x_{50,3}$ [µm]
138,3	15,87	17,81
276,7	10,95	11,99
415,0	7,76	8,35
553,3	6,07	6,07

BET-Oberfläche:

	90 min	stabilisiert
a [m²/g]	141	179

t [min]	33	40	50	60	70	80	90
x [µm]	q_3 [1/µm]						
0,0525	0	0	0	0	0	0	0
0,0579	0	0	0	0	0	0	0
0,0638	0	0	0	0	0	0	0
0,0704	0	0	0	0	0	0	0
0,0776	0	0	0	0	0	0	0
0,0856	0	0	0	0	0	0	0
0,0944	0	0	0	0	0	0	0
0,1041	0	0	0	0	0	0	0
0,1148	0	0	0	0	0	0	0
0,1265	0	0	0	0	0	0	0
0,1395	0	0	0	0	0	0	0
0,1539	0	0	0	0	0	0	0
0,1697	0	0	0	0	0	0	0
0,1871	0	0	0	0	0	0	0
0,2063	0	0	0	0	0	0	0
0,2275	0	0	0	0	0	0	0
0,2508	0	0	0	0	0	0	0
0,2766	0	0	0	0	0	0	0
0,305	0	0	0	0	0	0	0
0,3363	0	0	0	0	0	0	0
0,3708	0	0	0	0	0	0	0
0,4089	0	0	0	0	0	0	0
0,4509	0	0	0	0	0	0	0
0,4972	0	0	0	0	0	0	0
0,5482	0	0	0	0	0	0	0
0,6045	0	0	0	0	0	0	0
0,6666	0	0	0	0	0	0	0
0,735	0	0	0	0	0	0	0
0,8105	0	0	0	0	0	0	0,000001
0,8937	0	0	0	0	0,000001	0,000002	0,000004
0,9855	0	0	0	0,000002	0,000003	0,000005	0,000011
1,0867	0	0	0,000001	0,000005	0,000008	0,000013	0,00003
1,1983	0	0	0,000004	0,000015	0,000023	0,000036	0,000068
1,3213	0	0	0,00001	0,000035	0,000053	0,000083	0,000148
1,457	0	0,000001	0,000025	0,000077	0,000107	0,000167	0,000307
1,6066	0	0,000003	0,000053	0,000145	0,000211	0,000328	0,00052
1,7715	0	0,00001	0,000101	0,000257	0,000372	0,000576	0,000858
1,9534	0	0,000026	0,000178	0,000447	0,000583	0,000901	0,001553
2,154	0,000001	0,000056	0,000303	0,000696	0,000975	0,001498	0,002128
2,3751	0,000002	0,000109	0,000479	0,001024	0,001525	0,00233	0,003082
2,619	0,000005	0,000207	0,000691	0,001591	0,001924	0,002925	0,004453
2,8879	0,000011	0,000341	0,001017	0,00211	0,002857	0,00429	0,005819
3,1845	0,000021	0,000515	0,001486	0,002737	0,003779	0,005597	0,007496
3,5114	0,000038	0,000845	0,001815	0,00378	0,004883	0,007123	0,009458
3,872	0,000062	0,001193	0,002535	0,004777	0,006228	0,008942	0,011623
4,2695	0,000094	0,001528	0,003254	0,005942	0,007671	0,01082	0,013842
4,7079	0,000145	0,002152	0,004025	0,007231	0,009211	0,012762	0,016088
5,1913	0,000217	0,002709	0,004937	0,008599	0,010829	0,014736	0,018306
5,7244	0,000304	0,003372	0,005941	0,010052	0,012502	0,016687	0,02043
6,3121	0,00051	0,00412	0,007017	0,01154	0,014165	0,018532	0,022358
6,9602	0,000824	0,004918	0,008159	0,013029	0,01577	0,020215	0,024026
7,6749	0,001076	0,005714	0,009265	0,014366	0,017138	0,021506	0,025192
8,4629	0,001733	0,00653	0,010359	0,015591	0,018317	0,022492	0,025958
9,3319	0,002492	0,007367	0,011435	0,016698	0,019309	0,0232	0,026362
10,2901	0,003408	0,008148	0,012381	0,017533	0,019937	0,023421	0,026204
11,3466	0,004515	0,008864	0,013177	0,018082	0,020203	0,023183	0,025538
12,5117	0,005832	0,009551	0,013852	0,0184	0,020178	0,022612	0,024514
13,7963	0,00731	0,010161	0,014332	0,018411	0,019803	0,021669	0,023123
15,2129	0,0089	0,010683	0,014601	0,018122	0,0191	0,020402	0,021437
16,7749	0,010554	0,011119	0,014659	0,017556	0,018116	0,018891	0,019553
18,4973	0,012227	0,011467	0,014511	0,01675	0,016909	0,017215	0,017565
20,3966	0,013856	0,011731	0,014175	0,015749	0,015541	0,015452	0,015554
22,4909	0,015355	0,011912	0,013671	0,014601	0,014075	0,013675	0,013594
24,8002	0,016618	0,012006	0,013029	0,013365	0,012584	0,011959	0,011755
27,3466	0,017554	0,012007	0,012283	0,0121	0,011134	0,010366	0,010092
30,1545	0,018092	0,011923	0,011478	0,010864	0,009781	0,008941	0,008638
33,2507	0,018217	0,011751	0,010649	0,009698	0,008563	0,007707	0,007402
36,6648	0,017921	0,011489	0,009827	0,008634	0,007504	0,006672	0,006385
40,4295	0,017157	0,011133	0,009034	0,00769	0,006612	0,005833	0,005573
44,5807	0,016151	0,010691	0,008287	0,006874	0,005884	0,005173	0,004943
49,1581	0,015169	0,010172	0,007598	0,006187	0,005311	0,004675	0,004471
54,2055	0,013518	0,009569	0,006967	0,005612	0,004865	0,004303	0,004121
59,7712	0,01122	0,008935	0,00639	0,005132	0,00452	0,004032	0,003866
65,9084	0,009027	0,008371	0,005864	0,004731	0,004258	0,003837	0,003679
72,6757	0,007033	0,007652	0,005396	0,004387	0,00404	0,003682	0,003531
80,1379	0,005237	0,006683	0,004974	0,004085	0,003853	0,003551	0,003405
88,3663	0,003761	0,005702	0,004536	0,003821	0,00371	0,00346	0,003298
97,4395	0,002568	0,004747	0,004073	0,00355	0,003548	0,003346	0,00316
107,4444	0,001632	0,003816	0,00359	0,003228	0,00331	0,003151	0,002946
118,4765	0,001021	0,002955	0,003084	0,00286	0,002999	0,00288	0,002663
130,6414	0,000523	0,002186	0,002568	0,002456	0,00263	0,002546	0,002325
144,0554	0,000031	0,00152	0,002061	0,002034	0,002218	0,002163	0,00195
158,8467	0	0,001019	0,001591	0,001615	0,001795	0,001765	0,001564
175,1567	0	0,000568	0,001173	0,001229	0,001389	0,001378	0,001201
193,1414	0	0,000064	0,000817	0,000905	0,001022	0,001025	0,000899
212,9727	0	0	0,000537	0,000635	0,000712	0,000723	0,000644
234,8402	0	0	0,000301	0,000407	0,000453	0,000471	0,000427
258,9531	0	0	0,000046	0,000202	0,000217	0,000253	0,000249
285,5418	0	0	0	0,000054	0,000052	0,00008	0,000092
314,8605	0	0	0	0,000001	0,000001	0,000001	0,000002
347,1897	0	0	0	0	0	0	0
382,8383	0	0	0	0	0	0	0
422,1472	0	0	0	0	0	0	0
465,4923	0	0	0	0	0	0	0
513,288	0	0	0	0	0	0	0
565,9913	0	0	0	0	0	0	0
624,1059	0	0	0	0	0	0	0
688,1877	0	0	0	0	0	0	0
758,8492	0	0	0	0	0	0	0
836,766	0	0	0	0	0	0	0

Halbe Geschwindigkeit (16.04.2007)

t [min]	$x_{50,3}$ [μm]	$x_{1,2}$ [μm]	d_r
62	57,06	45,06	2,05
70	66,31	44,03	2,20
80	61,51	37,00	2,26
100	61,73	30,21	2,24
120	58,49	26,04	2,24
150	47,46	21,02	2,18
180	41,79	18,48	2,13

t [min]	62	70	80	100	120	150	180
x [μm]	q_3 [1/μm]						
0,0539	0	0	0	0	0	0	0
0,0629	0	0	0	0	0	0	0
0,0733	0	0	0	0	0	0	0
0,0854	0	0	0	0	0	0	0
0,0994	0	0	0	0	0	0	0
0,1158	0	0	0	0	0	0	0
0,1349	0	0	0	0	0	0	0
0,1572	0	0	0	0	0	0	0
0,1832	0	0	0	0	0	0	0
0,2134	0	0	0	0	0	0	0
0,2486	0	0	0	0	0	0	0
0,2896	0	0	0	0	0	0	0
0,3373	0	0	0	0	0	0	0
0,393	0	0	0	0	0	0	0
0,4578	0	0	0	0	0	0	0
0,5333	0	0	0	0	0	0	0
0,6214	0	0	0	0	0	0	0
0,7239	0	0	0	0	0	0	0
0,8433	0	0	0	0	0	0	0,000002
0,9825	0	0	0	0	0,000001	0,000004	0,000013
1,1446	0	0	0	0,000005	0,000005	0,000026	0,000065
1,3335	0	0	0,000004	0,000026	0,000026	0,000109	0,000242
1,5535	0	0,000001	0,000021	0,000094	0,000106	0,000349	0,0007
1,8098	0	0,000006	0,000079	0,000265	0,00033	0,000915	0,001677
2,1084	0	0,000026	0,000218	0,000609	0,000819	0,001958	0,003339
2,4563	0,000002	0,000085	0,000493	0,001208	0,001707	0,003649	0,005837
2,8616	0,000009	0,0002	0,000929	0,002084	0,003029	0,005964	0,009118
3,3338	0,000028	0,000407	0,001552	0,003261	0,004825	0,008928	0,013022
3,8838	0,000066	0,000712	0,002339	0,004707	0,007041	0,012326	0,01737
4,5247	0,000132	0,001112	0,003247	0,006339	0,009477	0,015874	0,021636
5,2712	0,00025	0,001624	0,004235	0,008033	0,011906	0,019188	0,025426
6,141	0,000417	0,002193	0,00525	0,00973	0,014251	0,022004	0,02835
7,1542	0,000678	0,002824	0,006242	0,011253	0,016085	0,023821	0,029738
8,3346	0,001034	0,003448	0,007158	0,01246	0,017192	0,024364	0,029402
9,7099	0,001564	0,004087	0,007994	0,01336	0,017718	0,023866	0,027717
11,312	0,002241	0,004677	0,008704	0,0138	0,017416	0,02223	0,024764
13,1785	0,003125	0,005256	0,009298	0,013839	0,016562	0,019921	0,021223
15,3529	0,004218	0,005823	0,009762	0,01347	0,015239	0,017223	0,017524
17,8862	0,005478	0,006378	0,010084	0,012725	0,013574	0,014418	0,014005
20,8374	0,006863	0,006914	0,010252	0,011674	0,011727	0,011741	0,010897
24,2756	0,008269	0,0074	0,010253	0,010412	0,009848	0,009358	0,008315
28,2811	0,009579	0,007807	0,010085	0,009071	0,008102	0,00738	0,006311
32,9474	0,010688	0,008103	0,009758	0,007787	0,006621	0,005851	0,004866
38,3837	0,011439	0,008248	0,009284	0,00667	0,005471	0,004761	0,003914
44,717	0,011686	0,008211	0,008687	0,005785	0,004665	0,004057	0,003363
52,0953	0,011391	0,007977	0,007996	0,005144	0,004163	0,003661	0,003107
60,6911	0,010667	0,007562	0,007248	0,004704	0,003891	0,003481	0,00305
70,7051	0,009698	0,006995	0,00649	0,004402	0,003771	0,003436	0,003106
82,3714	0,007826	0,00634	0,005772	0,004171	0,003728	0,003456	0,003208
95,9627	0,005875	0,005682	0,004872	0,003961	0,003708	0,003482	0,003307
111,7965	0,004055	0,00469	0,003933	0,003742	0,003664	0,003385	0,003252
130,243	0,002524	0,003647	0,002993	0,003272	0,003321	0,00305	0,002952
151,7331	0,001392	0,002635	0,002118	0,002641	0,002735	0,002505	0,002416
176,769	0,000647	0,001753	0,001372	0,001942	0,002028	0,001849	0,001771
205,9359	0,000221	0,001059	0,000795	0,001283	0,001337	0,00121	0,001151
239,9153	0,000016	0,000568	0,000354	0,000772	0,000778	0,000692	0,000658
279,5013	0	0,000257	0,000022	0,00038	0,000388	0,000296	0,000319
325,619	0	0,000086	0	0,000084	0,000151	0	0,000117
379,3462	0	0	0	0	0	0	0
441,9383	0,000008	0	0	0	0	0	0
514,8581	0,000025	0	0	0	0	0	0
599,8098	0,000029	0	0	0	0	0	0
698,7783	0,000022	0	0	0	0	0	0
814,0767	0,000011	0	0	0	0	0	0

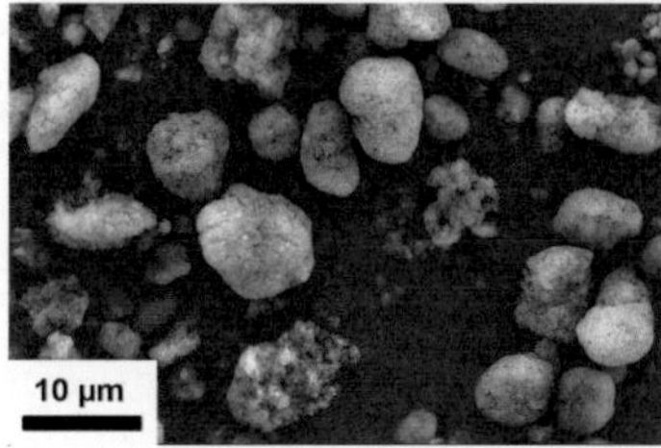

Raumtemperatur (05.12.2007)

t [min]	$x_{50,3}$ [μm]	$x_{1,2}$ [μm]	d_f
50	141,45	53,35	2,22
60	113,12	43,85	2,28
70	122,91	39,97	2,37
80	116,86	34,92	2,32
90	114,89	32,36	2,24

BET-Oberfläche:

a [m²/g]	583

50min

Ende

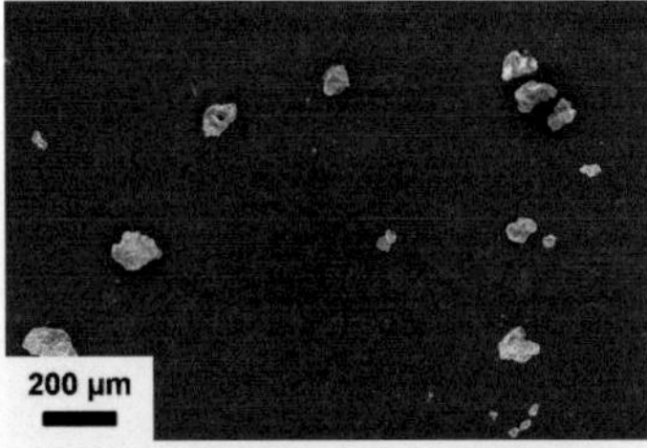

t [min]	50	60	70	80	90
x [μm]			q_3 [1/μm]		
0,0539	0	0	0	0	0
0,0629	0	0	0	0	0
0,0733	0	0	0	0	0
0,0854	0	0	0	0	0
0,0994	0	0	0	0	0
0,1158	0	0	0	0	0
0,1349	0	0	0	0	0
0,1572	0	0	0	0	0
0,1832	0	0	0	0	0
0,2134	0	0	0	0	0
0,2486	0	0	0	0	0
0,2896	0	0	0	0	0
0,3373	0	0	0	0	0
0,393	0	0	0	0	0
0,4578	0	0	0	0	0
0,5333	0	0	0	0	0
0,6214	0	0	0	0	0
0,7239	0	0	0	0	0
0,8433	0	0,000003	0,000019	0,000055	0,000147
0,9825	0,000001	0,000014	0,000072	0,000175	0,000347
1,1446	0,000005	0,000054	0,000205	0,000424	0,000658
1,3335	0,000017	0,000151	0,000453	0,000828	0,00112
1,5535	0,000044	0,000336	0,000835	0,001391	0,001772
1,8098	0,000102	0,000641	0,001371	0,002117	0,002653
2,1084	0,000206	0,001033	0,001974	0,002886	0,003746
2,4563	0,000375	0,001512	0,00264	0,003708	0,005035
2,8616	0,000626	0,002036	0,003323	0,004522	0,006436
3,3338	0,000978	0,002609	0,004038	0,005345	0,007861
3,8838	0,001433	0,003217	0,004766	0,006153	0,009186
4,5247	0,001982	0,003848	0,005492	0,006933	0,010296
5,2712	0,002615	0,004506	0,006222	0,007675	0,01112
6,141	0,003317	0,005209	0,006953	0,008371	0,011609
7,1542	0,004045	0,005926	0,007637	0,008965	0,011746
8,3346	0,004756	0,006623	0,008227	0,00941	0,011556
9,7099	0,005431	0,007314	0,008721	0,009705	0,011111
11,312	0,006011	0,007901	0,009029	0,009777	0,010461
13,1785	0,006481	0,008368	0,009141	0,009636	0,00968
15,3529	0,006812	0,008652	0,009027	0,009276	0,008826
17,8862	0,006978	0,008705	0,008681	0,008719	0,007942
20,8374	0,006962	0,008505	0,008127	0,008007	0,007068
24,2756	0,006757	0,008056	0,007408	0,007195	0,006234
28,2811	0,006375	0,007403	0,006592	0,006348	0,005467
32,9474	0,005853	0,006617	0,005753	0,005525	0,004786
38,3837	0,005238	0,005778	0,004953	0,004771	0,004201
44,717	0,004587	0,004958	0,004239	0,004113	0,003715
52,0953	0,003953	0,004219	0,003639	0,003563	0,00332
60,6911	0,003372	0,003589	0,003157	0,003115	0,003
70,7051	0,002871	0,003083	0,002785	0,002758	0,002736
82,3714	0,002458	0,002694	0,002503	0,002474	0,00251
95,9627	0,002132	0,002402	0,002288	0,002245	0,002304
111,7965	0,00188	0,002177	0,002114	0,002052	0,002106
130,243	0,001687	0,001989	0,001958	0,001878	0,001912
151,7331	0,001538	0,001818	0,001801	0,001711	0,00172
176,769	0,00142	0,001654	0,001645	0,001553	0,001536
205,9359	0,001323	0,001495	0,001489	0,001401	0,001363
239,9153	0,001235	0,001345	0,001341	0,001261	0,001204
279,5013	0,001153	0,001159	0,001165	0,00111	0,001062
325,619	0,001075	0,000965	0,000987	0,000958	0,000929
379,3462	0,000967	0,00077	0,000809	0,000803	0,000798
441,9383	0,000833	0,000584	0,000634	0,000648	0,000663
514,8581	0,000672	0,000415	0,000468	0,000495	0,000521
599,8098	0,000497	0,00027	0,000319	0,00035	0,000377
698,7783	0,000316	0,000154	0,00019	0,000217	0,000236
814,0767	0,000145	0,000065	0,000084	0,000098	0,000107

Abbruch nach 45 min (06.02.2009)

vor dem Gelpunkt:

t [min]	$x_{50,3}$ [nm]	$Z_{average}$ [nm]
31	442,4	294,3
30	44,3	155,0
29	27,7	130,5
27	22,4	71,6
25	22,2	47,5
23	21,1	32,7
21	19,7	28,1
19	18,1	22,8

Ultraschall

ε_v [MJ/m^3]	$x_{50,3}$ [μm]
0	51,4611667
138326	19,5076333
276652	6,19106667
414978	1,6039
553304	0,696
691631	0,55015

BET-Oberfläche:

a [m^2/g]	213

Zugabeabbruch am Gelpunkt, weitergerührt mit 700 min^{-1} (06.09.2006)

t [min]	$x_{50,3}$ [μm]	$x_{1,2}$ [μm]	d_f
35	76,97	54,23	1,86
40	92,32	56,29	1,85
50	87,33	49,20	2,06
60	85,52	44,81	2,13
80	92,39	42,27	2,19
120	94,38	39,35	2,29
240	87,43	35,09	2,52

t [min]	35	40	50	60	80	120	240
x [μm]	q_3 [1/μm]						
0,0539	0	0	0	0	0	0	0
0,0629	0	0	0	0	0	0	0
0,0733	0	0	0	0	0	0	0
0,0854	0	0	0	0	0	0	0
0,0994	0	0	0	0	0	0	0
0,1158	0	0	0	0	0	0	0
0,1349	0	0	0	0	0	0	0
0,1572	0	0	0	0	0	0	0
0,1832	0	0	0	0	0	0	0
0,2134	0	0	0	0	0	0	0
0,2486	0	0	0	0	0	0	0
0,2896	0	0	0	0	0	0	0
0,3373	0	0	0	0	0	0	0
0,393	0	0	0	0	0	0	0
0,4578	0	0	0	0	0	0	0
0,5333	0	0	0	0	0	0	0
0,6214	0	0	0	0	0	0	0
0,7239	0	0	0	0	0	0	0
0,8433	0	0	0	0	0	0,000003	0
0,9825	0	0	0	0,000001	0,000004	0,00002	0,000002
1,1446	0	0	0,000002	0,000009	0,000025	0,000085	0,000021
1,3335	0	0	0,00001	0,000039	0,000091	0,000252	0,000107
1,5535	0,000002	0	0,00004	0,000121	0,000246	0,000585	0,000365
1,8098	0,000006	0,000015	0,000118	0,000295	0,000537	0,001127	0,000993
2,1084	0,000017	0,000045	0,000272	0,000595	0,000987	0,001875	0,001938
2,4563	0,000039	0,000115	0,000524	0,001029	0,001593	0,002793	0,003242
2,8616	0,000078	0,000238	0,000871	0,00157	0,002291	0,003773	0,004729
3,3338	0,000135	0,000419	0,00129	0,002182	0,003035	0,004722	0,006158
3,8838	0,000216	0,000652	0,001743	0,002809	0,003747	0,005534	0,007501
4,5247	0,000331	0,000925	0,00219	0,003383	0,004352	0,006147	0,00839
5,2712	0,0005	0,001229	0,00261	0,003883	0,004829	0,006535	0,008917
6,141	0,000737	0,001559	0,002989	0,004292	0,005172	0,006731	0,009039
7,1542	0,001074	0,001927	0,003342	0,004624	0,005406	0,006782	0,008833
8,3346	0,001521	0,002344	0,003687	0,00491	0,005574	0,006759	0,008455
9,7099	0,002114	0,002836	0,004066	0,005205	0,005744	0,006739	0,008148
11,312	0,002833	0,003409	0,004496	0,005534	0,005946	0,006755	0,007876
13,1785	0,003672	0,004061	0,004989	0,005922	0,006208	0,006822	0,007721
15,3529	0,004592	0,004768	0,005528	0,006357	0,006519	0,00691	0,007638
17,8862	0,005552	0,005486	0,006074	0,006805	0,006843	0,006969	0,007562
20,8374	0,00649	0,00615	0,006574	0,007213	0,007133	0,006944	0,007432
24,2756	0,007322	0,00669	0,006965	0,00752	0,007336	0,006795	0,007187
28,2811	0,007975	0,007043	0,007198	0,007679	0,007414	0,006508	0,006822
32,9474	0,008394	0,007172	0,007244	0,007661	0,007351	0,006106	0,006371
38,3837	0,008541	0,007069	0,007105	0,007466	0,007154	0,00564	0,005891
44,717	0,008406	0,006762	0,006808	0,007118	0,006847	0,005175	0,005446
52,0953	0,008017	0,006305	0,006398	0,00666	0,006464	0,004769	0,005085
60,6911	0,007423	0,005765	0,005924	0,006134	0,006035	0,004454	0,004812
70,7051	0,00669	0,005201	0,005423	0,005582	0,005581	0,00423	0,004617
82,3714	0,005892	0,004656	0,004921	0,005034	0,00512	0,004069	0,004466
95,9627	0,005102	0,004147	0,004432	0,004513	0,004665	0,003932	0,004326
111,7965	0,004373	0,003678	0,003964	0,004029	0,004229	0,003787	0,004154
130,243	0,003494	0,003245	0,003525	0,003444	0,003624	0,003615	0,00392
151,7331	0,002669	0,002854	0,002962	0,002818	0,002946	0,003233	0,003297
176,769	0,001929	0,00239	0,002367	0,002181	0,002244	0,002702	0,002527
205,9359	0,001309	0,001906	0,001774	0,001575	0,001577	0,002085	0,001748
239,9153	0,000824	0,001428	0,001231	0,001045	0,001007	0,001468	0,00108
279,5013	0,000472	0,000985	0,000774	0,000634	0,000565	0,000923	0,000586
325,619	0,000239	0,000609	0,000426	0,000319	0,000228	0,000503	0,000264
379,3462	0,0001	0,000321	0,000161	0,00008	0	0,000183	0,000022
441,9383	0	0,000101	0	0	0	0	0
514,8581	0	0	0	0	0	0	0
599,8098	0	0	0	0	0	0	0
698,7783	0	0	0	0	0	0	0
814,0767	0	0	0	0	0	0	0

500 µm

20 µm

300 nm

Zugabeabbruch am Gelpunkt, weitergerührt mit 400 min^{-1} (30.01.2009)

vor dem Gelpunkt:

t [min]	$x_{50,3}$ [nm]	$Z_{average}$ [nm]
31	289,3	195,3
29	36,2	106,6
27	29,4	67,9
26	31,1	53,1
25	23,9	43,8
24	17,8	40,0
22	20,1	31,1
20	19,1	26,7

nach dem Gelpunkt:

t [min]	$x_{50,3}$ [µm]	$x_{1,2}$ [µm]	d_f
33	54,16	40,84	2,24
40	60,44	43,30	2,21
50	62,18	43,40	2,17
60	60,08	41,21	2,14
70	63,77	42,66	2,12
80	63,58	42,01	2,12
90	68,76	44,82	2,20

Ultraschall:

	33 min	90 min
E_V [MJ/m³]	$x_{50,3}$ [µm]	$x_{50,3}$ [µm]
138,3	34,78	24,15
276,7	4,00	3,71
415,0	3,30	0,53
553,3	3,60	0,47

BET-Oberfläche:

	33 min	90 min
a [m²/g]	186	188

t [min]	33	40	50	60	70	80	90
x [µm]	q_3 [1/µm]						
0,0525	0	0	0	0	0	0	0
0,0579	0	0	0	0	0	0	0
0,0638	0	0	0	0	0	0	0
0,0704	0	0	0	0	0	0	0
0,0776	0	0	0	0	0	0	0
0,0856	0	0	0	0	0	0	0
0,0944	0	0	0	0	0	0	0
0,1041	0	0	0	0	0	0	0
0,1148	0	0	0	0	0	0	0
0,1265	0	0	0	0	0	0	0
0,1395	0	0	0	0	0	0	0
0,1539	0	0	0	0	0	0	0
0,1697	0	0	0	0	0	0	0
0,1871	0	0	0	0	0	0	0
0,2063	0	0	0	0	0	0	0
0,2275	0	0	0	0	0	0	0
0,2508	0	0	0	0	0	0	0
0,2766	0	0	0	0	0	0	0
0,305	0	0	0	0	0	0	0
0,3363	0	0	0	0	0	0	0
0,3708	0	0	0	0	0	0	0
0,4089	0	0	0	0	0	0	0
0,4509	0	0	0	0	0	0	0
0,4972	0	0	0	0	0	0	0
0,5482	0	0	0	0	0	0	0
0,6045	0	0	0	0	0	0	0
0,6666	0	0	0	0	0	0	0
0,735	0	0	0	0	0	0	0
0,8105	0	0	0	0	0	0	0
0,8937	0	0	0	0	0	0	0
0,9855	0	0	0	0	0	0	0
1,0867	0	0	0	0	0	0	0
1,1983	0	0	0	0	0	0,000001	0
1,3213	0	0	0	0	0,000002	0,000003	0,000002
1,457	0	0	0,000001	0,000002	0,000007	0,000009	0,000007
1,6066	0	0	0,000002	0,000007	0,000016	0,000023	0,000017
1,7715	0	0,000001	0,000006	0,000018	0,000036	0,000049	0,000037
1,9534	0	0,000004	0,000016	0,000041	0,000075	0,000097	0,000076
2,154	0,000001	0,000012	0,000036	0,000081	0,000136	0,000171	0,000137
2,3751	0,000002	0,000031	0,000071	0,000145	0,000223	0,000276	0,000223
2,619	0,000006	0,000066	0,000129	0,000242	0,00035	0,000423	0,000349
2,8879	0,000014	0,000126	0,000215	0,000366	0,000504	0,000599	0,0005
3,1845	0,00003	0,000219	0,000334	0,000515	0,000679	0,000797	0,000669
3,5114	0,000055	0,000337	0,000484	0,000745	0,000932	0,001072	0,000915
3,872	0,000099	0,000508	0,000687	0,000976	0,001181	0,001338	0,001157
4,2695	0,000167	0,000755	0,000958	0,001177	0,001391	0,001563	0,001364
4,7079	0,000252	0,000925	0,001148	0,001517	0,001726	0,001909	0,001695
5,1913	0,000378	0,001232	0,001473	0,001799	0,001998	0,002184	0,001964
5,7244	0,000597	0,001561	0,001822	0,002117	0,002299	0,002484	0,002263
6,3121	0,000768	0,00188	0,002162	0,002467	0,002623	0,002804	0,002588
6,9602	0,001078	0,002257	0,002561	0,002837	0,002962	0,003133	0,002931
7,6749	0,00148	0,002653	0,002965	0,003214	0,003303	0,003462	0,003274
8,4629	0,001908	0,003081	0,0034	0,003621	0,003672	0,003817	0,003644
9,3319	0,002458	0,003552	0,003885	0,004066	0,004078	0,004208	0,004055
10,2901	0,003085	0,004057	0,004379	0,004529	0,004501	0,004615	0,004477
11,3466	0,003782	0,004601	0,004888	0,005011	0,004943	0,00504	0,004915
12,5117	0,004573	0,005202	0,005445	0,005539	0,005428	0,005507	0,005395
13,7963	0,005426	0,005847	0,00603	0,006092	0,005934	0,005995	0,005898
15,2129	0,006318	0,006525	0,006632	0,006659	0,006449	0,006489	0,006411
16,7749	0,007228	0,007233	0,007245	0,007234	0,006965	0,006982	0,006926
18,4973	0,008131	0,007954	0,00786	0,007804	0,007467	0,007458	0,007434
20,3966	0,009001	0,008669	0,008462	0,008352	0,00794	0,007901	0,007919
22,4909	0,00981	0,009362	0,009037	0,008865	0,008368	0,008295	0,008369
24,8002	0,010516	0,009993	0,009555	0,009313	0,008726	0,008615	0,008761
27,3466	0,011084	0,010527	0,009988	0,009672	0,008994	0,008843	0,009074
30,1545	0,011497	0,010942	0,010323	0,00993	0,009164	0,008973	0,009303
33,2507	0,011737	0,011214	0,010542	0,010074	0,009229	0,008999	0,009438
36,6648	0,011788	0,011322	0,01063	0,010093	0,009186	0,008921	0,009473
40,4295	0,011643	0,011253	0,010574	0,009983	0,009034	0,008742	0,009405
44,5807	0,011309	0,011007	0,010374	0,009748	0,008783	0,008474	0,009235
49,1581	0,01079	0,010579	0,01002	0,009385	0,008437	0,008122	0,00896
54,2055	0,010132	0,010009	0,009548	0,008926	0,008013	0,007704	0,008591
59,7712	0,009364	0,009325	0,008974	0,008387	0,007531	0,007237	0,008144
65,9084	0,008512	0,008546	0,008311	0,007782	0,007013	0,006735	0,007639
72,6757	0,007702	0,007804	0,007674	0,007202	0,006469	0,006217	0,007082
80,1379	0,006942	0,0071	0,007062	0,006647	0,005927	0,005696	0,006506
88,3663	0,005983	0,006163	0,006224	0,005921	0,005446	0,005178	0,006002
97,4395	0,00497	0,005146	0,005291	0,005123	0,004939	0,0047	0,005433
107,4444	0,004068	0,004226	0,004418	0,004373	0,004341	0,004267	0,004694
118,4765	0,003252	0,00338	0,003589	0,003654	0,003748	0,003772	0,00395
130,6414	0,002524	0,002618	0,002822	0,002975	0,003186	0,003239	0,003247
144,0554	0,001901	0,001961	0,002143	0,002354	0,002649	0,002738	0,00258
158,8467	0,001391	0,001417	0,001573	0,001808	0,002154	0,00227	0,001982
175,1567	0,000984	0,000983	0,001105	0,001344	0,001709	0,001836	0,001467
193,1414	0,00066	0,000662	0,000726	0,000964	0,00132	0,001446	0,001043
212,9727	0,000439	0,000397	0,000472	0,000655	0,000989	0,001107	0,000701
234,8402	0,000286	0,000168	0,000294	0,000418	0,000716	0,00082	0,000441
258,9531	0,000093	0,00002	0,000049	0,000275	0,000498	0,000579	0,000281
285,5418	0,00003	0	0	0,000126	0,00033	0,000395	0,000125
314,8605	0,000001	0	0	0,000002	0,000191	0,000249	0,000002
347,1897	0	0	0	0	0,00004	0,000056	0
382,8383	0	0	0	0	0	0	0
422,1472	0	0	0	0	0	0	0
465,4923	0	0	0	0	0	0	0
513,288	0	0	0	0	0	0	0
565,9913	0	0	0	0	0	0	0
624,1059	0	0	0	0	0	0	0
688,1877	0	0	0	0	0	0	0
758,8492	0	0	0	0	0	0	0
836,766	0	0	0	0	0	0	0

Nach Gelpunkt nur Salzzugabe, weitergerührt mit 800 min^{-1} (27.02.2009)

vor dem Gelpunkt:

t [min]	$x_{50,3}$ [nm]	$z_{average}$ [nm]
31	31,8	148,6
29	35,1	90,5
27	25,7	76,0
25	25,9	42,1
23	20,2	31,1
20	16,9	22,9
17	14,1	18,5
15	12,5	16,6
12	11,7	14,9
10	11,0	14,1

nach dem Gelpunkt:

t [min]	$x_{50,3}$ [µm]	$x_{1,2}$ [µm]	d_f
33	41,67	33,01	2,31
40	52,00	36,44	2,31
50	53,11	35,91	2,35
60	53,20	35,35	2,40
70	49,81	33,58	2,41
80	53,48	34,95	2,42
90	54,43	35,07	2,43

Ultraschall:

	33 min	90 min	stabilisiert
E_V [MJ/m³] $x_{50,3}$ [µm]	$x_{50,3}$ [µm]	$x_{50,3}$ [µm]	$x_{50,3}$ [µm]
138,3	42,06	26,48	30,65
276,7	21,23	7,58	7,68
415,0	7,93	0,85	1,16

t [min]	33	40	50	60	70	80	90
x [µm]	q_3 [1/µm]						
0,0525	0	0	0	0	0	0	0
0,0579	0	0	0	0	0	0	0
0,0638	0	0	0	0	0	0	0
0,0704	0	0	0	0	0	0	0
0,0776	0	0	0	0	0	0	0
0,0856	0	0	0	0	0	0	0
0,0944	0	0	0	0	0	0	0
0,1041	0	0	0	0	0	0	0
0,1148	0	0	0	0	0	0	0
0,1265	0	0	0	0	0	0	0
0,1395	0	0	0	0	0	0	0
0,1539	0	0	0	0	0	0	0
0,1697	0	0	0	0	0	0	0
0,1871	0	0	0	0	0	0	0
0,2063	0	0	0	0	0	0	0
0,2275	0	0	0	0	0	0	0
0,2508	0	0	0	0	0	0	0
0,2766	0	0	0	0	0	0	0
0,305	0	0	0	0	0	0	0
0,3363	0	0	0	0	0	0	0
0,3708	0	0	0	0	0	0	0
0,4089	0	0	0	0	0	0	0
0,4509	0	0	0	0	0	0	0
0,4972	0	0	0	0	0	0	0
0,5482	0	0	0	0	0	0	0
0,6045	0	0	0	0	0	0	0
0,6666	0	0	0	0	0	0	0
0,735	0	0	0	0	0	0	0
0,8105	0	0	0	0	0	0	0
0,8937	0	0	0	0	0	0	0
0,9855	0	0	0	0	0	0	0
1,0867	0	0	0	0	0	0	0
1,1983	0	0	0	0	0	0	0
1,3213	0	0	0	0	0	0	0
1,457	0	0	0	0,000001	0	0	0
1,6066	0	0	0,000001	0,000002	0,000002	0,000001	0,000001
1,7715	0,000001	0,000002	0,000005	0,000008	0,000006	0,000002	0,000004
1,9534	0,000002	0,000007	0,000018	0,000023	0,000021	0,00001	0,000014
2,154	0,000005	0,000021	0,000045	0,000058	0,000054	0,00003	0,00004
2,3751	0,00001	0,000051	0,000099	0,000124	0,000121	0,000076	0,000097
2,619	0,00002	0,000107	0,000207	0,00025	0,000259	0,000185	0,000223
2,8879	0,000038	0,000206	0,00036	0,000429	0,000455	0,000346	0,000408
3,1845	0,000065	0,000362	0,000565	0,000665	0,00072	0,000573	0,000666
3,5114	0,000128	0,000567	0,000955	0,001104	0,001228	0,001064	0,001196
3,872	0,000225	0,00087	0,001363	0,001559	0,00176	0,001593	0,001759
4,2695	0,00035	0,001312	0,001733	0,001968	0,002238	0,002067	0,002265
4,7079	0,000636	0,001615	0,002402	0,002696	0,003089	0,002924	0,003169
5,1913	0,001	0,00216	0,002952	0,003279	0,003764	0,003595	0,003874
5,7244	0,001342	0,002741	0,003574	0,003934	0,004515	0,004358	0,004668
6,3121	0,002149	0,003289	0,004234	0,004618	0,005294	0,005153	0,005486
6,9602	0,002986	0,00391	0,004884	0,005274	0,006034	0,005887	0,006237
7,6749	0,003988	0,004504	0,005465	0,005844	0,00665	0,006452	0,006818
8,4629	0,005228	0,0051	0,006026	0,006382	0,007225	0,006972	0,007342
9,3319	0,00669	0,005721	0,006591	0,006914	0,0078	0,007516	0,007868
10,2901	0,008239	0,006304	0,007077	0,007354	0,008261	0,00789	0,00823
11,3466	0,009856	0,00686	0,007506	0,007729	0,008645	0,008144	0,008476
12,5117	0,01159	0,00744	0,007946	0,008112	0,009055	0,008429	0,008745
13,7963	0,013308	0,00802	0,008373	0,008482	0,009461	0,0087	0,008999
15,2129	0,01493	0,008597	0,008784	0,008838	0,009862	0,008946	0,009234
16,7749	0,016392	0,009173	0,009191	0,009193	0,010271	0,009186	0,009473
18,4973	0,017624	0,009746	0,009594	0,009552	0,010691	0,00943	0,009726
20,3966	0,018568	0,010305	0,009989	0,00991	0,01111	0,009676	0,009991
22,4909	0,01916	0,010839	0,010367	0,010263	0,011519	0,009918	0,010263
24,8002	0,019353	0,011316	0,010708	0,01059	0,011884	0,010141	0,010524
27,3466	0,019134	0,011706	0,010987	0,010868	0,012176	0,010326	0,010754
30,1545	0,018525	0,011991	0,011191	0,011082	0,012374	0,010465	0,010938
33,2507	0,017591	0,012148	0,0113	0,011213	0,012453	0,010545	0,011056
36,6648	0,016397	0,012155	0,011299	0,01124	0,012391	0,010549	0,011087
40,4295	0,014977	0,011989	0,011165	0,011143	0,012187	0,010459	0,011003
44,5807	0,013508	0,011658	0,010904	0,010921	0,011832	0,010276	0,010801
49,1581	0,012191	0,01117	0,010517	0,010572	0,011315	0,009996	0,010476
54,2055	0,01059	0,010525	0,009998	0,010086	0,010805	0,009604	0,010011
59,7712	0,008717	0,009804	0,009412	0,009527	0,010209	0,00915	0,009466
65,9084	0,007043	0,009154	0,008882	0,009023	0,009172	0,008741	0,008968
72,6757	0,005585	0,008283	0,008146	0,008293	0,007937	0,008123	0,008238
80,1379	0,004301	0,00708	0,007099	0,007227	0,006709	0,007187	0,007166
88,3663	0,003235	0,005904	0,006038	0,006135	0,005501	0,006194	0,006067
97,4395	0,002367	0,004794	0,005009	0,005071	0,004354	0,005193	0,004994
107,4444	0,001672	0,00374	0,004009	0,004037	0,003314	0,004191	0,00395
118,4765	0,001113	0,002839	0,003089	0,003086	0,002414	0,003243	0,002998
130,6414	0,000705	0,002085	0,002274	0,002251	0,001661	0,002395	0,002162
144,0554	0,000454	0,00143	0,001577	0,001548	0,001053	0,001679	0,001452
158,8467	0,000145	0,00091	0,001049	0,001002	0,000639	0,001102	0,000966
175,1567	0	0,000461	0,000637	0,00052	0,000333	0,000671	0,000578
193,1414	0	0,000049	0,000238	0,000057	0,000037	0,000396	0,000115
212,9727	0	0	0,00002	0	0	0,000142	0,00001
234,8402	0	0	0	0	0	0	0
258,9531	0	0	0	0	0	0	0
285,5418	0	0	0	0	0	0	0
314,8605	0	0	0	0	0	0	0
347,1897	0	0	0	0	0	0	0
382,8383	0	0	0	0	0	0	0
422,1472	0	0	0	0	0	0	0
465,4923	0	0	0	0	0	0	0
513,288	0	0	0	0	0	0	0
565,9913	0	0	0	0	0	0	0
624,1059	0	0	0	0	0	0	0
688,1877	0	0	0	0	0	0	0
758,8492	0	0	0	0	0	0	0
836,766	0	0	0	0	0	0	0

Durchgängig 800 min^{-1} (28.07.2009)

vor dem Gelpunkt:

t [min]	x50,3 [nm]	Z$_{average}$ [nm]
30	67,4	153,1
28	24,8	80,7
26	25,1	51,0
25	23,4	44,3
24	26,8	38,6
22	17,2	28,9
20	17,3	23,3
18	13,5	19,0
15	12,3	15,9

nach dem Gelpunkt:

t [min]	x50,3 [µm]	x1,2 [µm]	d$_f$
33	41,73	33,32	2,04
40	46,09	34,39	2,19
50	42,27	30,32	2,22
60	37,86	26,58	2,21
70	33,83	23,60	2,20
80	30,65	21,40	2,21
90	28,61	19,63	2,20

BET-Oberfläche:

	stabilisiert
a [m²/g]	160

t [min]	33	40	50	60	70	80	90
x [µm]	q$_3$ [1/µm]						
0,0525	0	0	0	0	0	0	0
0,0579	0	0	0	0	0	0	0
0,0638	0	0	0	0	0	0	0
0,0704	0	0	0	0	0	0	0
0,0776	0	0	0	0	0	0	0
0,0856	0	0	0	0	0	0	0
0,0944	0	0	0	0	0	0	0
0,1041	0	0	0	0	0	0	0
0,1148	0	0	0	0	0	0	0
0,1265	0	0	0	0	0	0	0
0,1395	0	0	0	0	0	0	0
0,1539	0	0	0	0	0	0	0
0,1697	0	0	0	0	0	0	0
0,1871	0	0	0	0	0	0	0
0,2063	0	0	0	0	0	0	0
0,2275	0	0	0	0	0	0	0
0,2508	0	0	0	0	0	0	0
0,2766	0	0	0	0	0	0	0
0,305	0	0	0	0	0	0	0
0,3363	0	0	0	0	0	0	0
0,3708	0	0	0	0	0	0	0
0,4089	0	0	0	0	0	0	0
0,4509	0	0	0	0	0	0	0
0,4972	0	0	0	0	0	0	0
0,5482	0	0	0	0	0	0	0
0,6045	0	0	0	0	0	0	0
0,6666	0	0	0	0	0	0	0
0,735	0	0	0	0	0	0	0
0,8105	0	0	0	0	0	0,000001	0,000003
0,8937	0	0	0	0	0	0,000003	0,000009
0,9855	0	0	0	0	0,000001	0,000006	0,000016
1,0867	0	0	0	0	0,000002	0,000011	0,000029
1,1983	0	0	0	0,000001	0,000006	0,000022	0,000051
1,3213	0	0	0	0,000002	0,000013	0,000041	0,000088
1,457	0	0	0	0,000006	0,000028	0,000076	0,000143
1,6066	0,000001	0	0,000002	0,000018	0,000055	0,000128	0,000248
1,7715	0,000004	0,000002	0,000008	0,000043	0,000102	0,000209	0,000408
1,9534	0,00001	0,000007	0,000023	0,000086	0,000193	0,000351	0,000617
2,154	0,000025	0,000023	0,000057	0,000176	0,000327	0,00056	0,00104
2,3751	0,000052	0,000056	0,000119	0,000325	0,000533	0,00088	0,001657
2,619	0,000091	0,000114	0,000235	0,000504	0,000932	0,001472	0,002124
2,8879	0,000146	0,000215	0,000399	0,000816	0,001307	0,002023	0,00327
3,1845	0,000217	0,000371	0,000617	0,00131	0,001819	0,002749	0,004486
3,5114	0,000299	0,000566	0,001008	0,00165	0,002714	0,003978	0,005926
3,872	0,000386	0,000841	0,001414	0,002442	0,00361	0,005194	0,007677
4,2695	0,000474	0,001235	0,001803	0,003245	0,004711	0,006723	0,009632
4,7079	0,000585	0,001508	0,00253	0,004128	0,005992	0,008427	0,011728
5,1913	0,000699	0,001996	0,003174	0,005182	0,007402	0,010233	0,01392
5,7244	0,000791	0,002499	0,003911	0,00632	0,008917	0,012188	0,016199
6,3121	0,000946	0,002975	0,004736	0,007536	0,010506	0,014192	0,018423
6,9602	0,001131	0,003539	0,005628	0,008834	0,012153	0,016174	0,020504
7,6749	0,001365	0,004107	0,006517	0,0101	0,0137	0,017955	0,022242
8,4629	0,001696	0,004709	0,007435	0,011348	0,015164	0,019566	0,023673
9,3319	0,002154	0,005373	0,008389	0,012567	0,016526	0,02098	0,024776
10,2901	0,002745	0,006073	0,009318	0,013672	0,017665	0,022011	0,025383
11,3466	0,003483	0,006819	0,010215	0,014643	0,018562	0,022656	0,025516
12,5117	0,0044	0,007652	0,011114	0,015508	0,019258	0,022996	0,02528
13,7963	0,005483	0,008549	0,011968	0,016206	0,019683	0,022959	0,024648
15,2129	0,006708	0,009498	0,012763	0,016728	0,01984	0,022568	0,023682
16,7749	0,008055	0,010488	0,01349	0,017075	0,019747	0,021874	0,022461
18,4973	0,009487	0,011493	0,014131	0,017246	0,019427	0,020933	0,021066
20,3966	0,010955	0,012474	0,014667	0,017243	0,018908	0,019805	0,019565
22,4909	0,012408	0,013397	0,01508	0,017073	0,018221	0,018546	0,018024
24,8002	0,013765	0,014204	0,015341	0,016736	0,017391	0,017212	0,016494
27,3466	0,014943	0,01484	0,015425	0,016238	0,016449	0,015855	0,01502
30,1545	0,015865	0,01526	0,01532	0,015592	0,015444	0,014524	0,013635
33,2507	0,016485	0,015457	0,015039	0,014827	0,014391	0,013241	0,012349
36,6648	0,016764	0,015422	0,014595	0,013969	0,013315	0,012024	0,011165
40,4295	0,016615	0,015095	0,013959	0,013007	0,01234	0,010931	0,010111
44,5807	0,016211	0,014623	0,013252	0,012041	0,01135	0,009901	0,009138
49,1581	0,015754	0,014174	0,01261	0,011181	0,01012	0,008819	0,00816
54,2055	0,014504	0,013117	0,011557	0,010064	0,008834	0,007747	0,007199
59,7712	0,012459	0,011422	0,010066	0,008668	0,007589	0,006716	0,006263
65,9084	0,010341	0,009649	0,008549	0,007308	0,006373	0,005709	0,005342
72,6757	0,008282	0,007894	0,007064	0,006017	0,005219	0,004741	0,004449
80,1379	0,00633	0,006188	0,005625	0,004792	0,004152	0,003824	0,003598
88,3663	0,004685	0,004668	0,004336	0,003705	0,003214	0,002986	0,002814
97,4395	0,003321	0,003357	0,003199	0,002751	0,002391	0,00225	0,002124
107,4444	0,002173	0,002255	0,002227	0,001935	0,001687	0,00163	0,001545
118,4765	0,001149	0,001343	0,001523	0,001326	0,00116	0,001118	0,001064
130,6414	0,000357	0,000567	0,000819	0,000737	0,000652	0,000675	0,00065
144,0554	0,000014	0,00003	0,00005	0,000105	0,000109	0,000275	0,00028
158,8467	0	0	0	0,000006	0,000016	0,000044	0,000051
175,1567	0	0	0	0	0	0	0
193,1414	0	0	0	0	0	0	0
212,9727	0	0	0	0	0	0	0
234,8402	0	0	0	0	0	0	0
258,9531	0	0	0	0	0	0	0
285,5418	0	0	0	0	0	0	0
314,8605	0	0	0	0	0	0	0
347,1897	0	0	0	0	0	0	0
382,8383	0	0	0	0	0	0	0
422,1472	0	0	0	0	0	0	0
465,4923	0	0	0	0	0	0	0
513,288	0	0	0	0	0	0	0
565,9913	0	0	0	0	0	0	0
624,1059	0	0	0	0	0	0	0
688,1877	0	0	0	0	0	0	0
758,8492	0	0	0	0	0	0	0
836,766	0	0	0	0	0	0	0

C.3 Batch-Prozess

Übersicht basische Versuche

Säure [g/g H_2O]	Silikat [g/g H_2O]	T °C	Bemerkungen	Datum	s. Seite
0,016	0,136	20	400/min	29.04.2008	151
0,016	0,103	20	400/min	20.05.2008	152
0,016	0,084	20	400/min	22.04.2008	153
0,017	0,084	20	400/min	14.10.2008	154
0,019	0,136	20	400/min	21.04.2008	155
0,019	0,136	20	600/min	23.05.2008	156
0,019	0,136	20	800/min	21.05.2008	157
0,019	0,136	40	400/min	07.05.2008	158
0,019	0,136	50	400/min	09.06.2008	159
0,019	0,136	60	400/min	04.06.2008	160
0,019	0,136	70	400/min	10.06.2008	161
0,019	0,136	80	400/min	12.06.2008	162
0,019	0,136	80	600/min	08.06.2009	163
0,019	0,136	80	800/min	27.05.2008	164
0,019	0,136	20	400/min; Wasserglas mit Ionentauscher versetzt	08.12.2008	165
0,019	0,136	20	400/min; + 8,23 g NaCl auf 3000 g H_2O	03.06.2008	166
0,019	0,136	20	400/min; + 12,35 g NaCl auf 3000 g H_2O	16.06.2008	167
0,019	0,136	20	400/min; + 16,46 g NaCl auf 3000 g H_2O	13.06.2008	168
0,019	0,136	20	400/min; + 10 g Na_2SO_4 auf 3000 g H_2O	13.06.2008	169
0,019	0,136	20	400/min; + 40 g Na_2SO_4 auf 3000 g H_2O	29.05.2008	170
0,019	0,136	20	400/min; + 20 g Na_2SO_4 auf 3000 g H_2O	28.05.2008	171
0,019	0,136	20	600/min; + 20 g Na_2SO_4 auf 3000 g H_2O	12.06.2009	172
0,019	0,136	20	800/min; + 20 g Na_2SO_4 auf 3000 g H_2O	10.06.2009	173
0,019	0,136	20	400/min; nach Gelpunkt 1:4 verdünnt	04.06.2009	174
0,019	0,136	20	600/min; nach Gelpunkt 1:4 verdünnt	09.06.2009	175
0,019	0,136	20	800/min; nach Gelpunkt 1:4 verdünnt	05.06.2009	176
0,019	0,136	20	Taylor-Couette, 200/min	17.06.2008	177
0,019	0,136	20	Taylor-Couette, 400/min	11.06.2009	178
0,019	0,136	20	Taylor-Couette, 600/min	19.06.2008	179
0,019	0,136	20	Taylor-Couette, 800/min	18.06.2008	180
0,019	0,136	20	Taylor-Couette, 1000/min	19.08.2008	181
0,019	0,136	20	Taylor-Couette, 800-200/min	23.06.2008	182
0,019	0,136	20	Taylor-Couette, 200-800/min	20.06.2008	183
0,019	0,136	20	Taylor-Couette, erst nach Gelpunkt 400/min	25.06.2008	184

Übersicht saure Versuche

Säure [g/g H₂O]	Silikat [g/g H₂O]	T °C	Bemerkungen	Datum	s. Seite
0,25	0,103	20	400/min	15.10.2008	185
0,30	0,084	20	400/min	20.10.2008	186
0,35	0,084	20	400/min	05.05.2008	187
0,25	0,084	20	400/min	14.05.2008	188
0,25	0,084	20	600/min	26.05.2008	189
0,25	0,084	20	800/min	23.05.2008	190
0,25	0,084	60	400/min	08.05.2008	191
0,25	0,084	80	400/min	27.05.2008	192
0,25	0,084	20	Taylor-Couette, 200/min	17.06.2008	193
0,25	0,084	20	Taylor-Couette, 400/min	11.06.2009	194
0,25	0,084	20	Taylor-Couette, 600/min	19.06.2008	195
0,25	0,084	20	Taylor-Couette, 800/min	18.06.2008	196
0,25	0,084	20	Taylor-Couette, 1000/min	21.11.2008	197
0,25	0,084	20	Taylor-Couette, 800-200/min	23.06.2008	198
0,25	0,084	20	Taylor-Couette, 200-800/min	20.06.2008	199

Rührkessel 0,016 g H_2SO_4 + 0,136 g Natriumsilikat/g H_2O (29.04.2008)

t [min]	$x_{50,3}$ [µm]	$x_{90,3}$ [µm]	$x_{1,2}$ [µm]	d'
270	46,13	90,73	15,93	1,90
300	63,12	120,75	16,64	1,88
330	66,38	136,07	18,23	2,29
400	63,05	138,96	17,11	2,33
450	59,84	137,96	16,87	2,14

t [min]	270	300	330	400	450
x [µm]	q_3 [1/µm]				
0,0525	0	0	0	0	0
0,0579	0	0	0	0	0
0,0638	0	0	0	0	0
0,0704	0	0	0	0	0
0,0776	0	0	0	0	0
0,0856	0	0	0	0	0
0,0944	0	0	0	0	0
0,1041	0	0	0	0	0
0,1148	0	0	0	0	0
0,1265	0	0	0	0	0
0,1395	0	0	0	0	0
0,1539	0	0	0	0	0
0,1697	0	0	0	0	0
0,1871	0	0	0	0	0
0,2063	0	0	0	0	0
0,2275	0	0	0	0	0
0,2508	0	0	0	0	0
0,2766	0	0	0	0	0
0,305	0	0	0	0	0
0,3363	0	0	0	0	0
0,3708	0	0	0	0	0
0,4089	0	0	0	0	0
0,4509	0	0	0	0	0
0,4972	0	0	0	0	0
0,5482	0	0	0	0	0
0,6045	0	0	0	0	0
0,6666	0	0	0	0	0
0,735	0	0	0	0	0
0,8105	0	0,000003	0	0	0
0,8937	0	0,000008	0	0	0
0,9855	0	0,000016	0	0	0
1,0867	0	0,000029	0	0	0
1,1983	0	0,000049	0	0	0
1,3213	0	0,000075	0	0	0
1,457	0,000004	0,000109	0	0	0
1,6066	0,000012	0,000151	0	0	0
1,7715	0,000023	0,000197	0	0	0
1,9534	0,00005	0,000238	0	0	0
2,154	0,000098	0,000276	0	0	0
2,3751	0,000167	0,000309	0	0	0
2,619	0,000264	0,000332	0	0	0
2,8879	0,000383	0,000344	0	0	0
3,1845	0,000515	0,000346	0	0	0
3,5114	0,000657	0,000336	0	0	0
3,872	0,000816	0,000319	0	0	0
4,2695	0,000994	0,000304	0	0,000024	0,000055
4,7079	0,001127	0,00029	0,000003	0,000072	0,00014
5,1913	0,001303	0,000279	0,000046	0,000129	0,00026
5,7244	0,001487	0,000276	0,000089	0,000224	0,000564
6,3121	0,00167	0,000291	0,000152	0,000475	0,000813
6,9602	0,001889	0,000324	0,000281	0,000856	0,00133
7,6749	0,002143	0,000369	0,000578	0,001149	0,002051
8,4629	0,002464	0,000463	0,000841	0,001891	0,002826
9,3319	0,002876	0,000584	0,00124	0,002622	0,003789
10,2901	0,003372	0,00075	0,001869	0,003469	0,004863
11,3466	0,003961	0,000974	0,002474	0,00444	0,005997
12,5117	0,004674	0,001268	0,003209	0,00547	0,007172
13,7963	0,005499	0,001647	0,004004	0,006498	0,008303
15,2129	0,00643	0,002118	0,004814	0,007484	0,009342
16,7749	0,007468	0,00269	0,005623	0,008385	0,010243
18,4973	0,008601	0,003362	0,006401	0,00916	0,010967
20,3966	0,0098	0,004121	0,007121	0,009783	0,011491
22,4909	0,011033	0,00495	0,00777	0,010242	0,011803
24,8002	0,012228	0,005807	0,008325	0,010527	0,011904
27,3466	0,013307	0,006648	0,008772	0,010642	0,011808
30,1545	0,0142	0,007444	0,009114	0,010616	0,011553
33,2507	0,014827	0,008166	0,009353	0,010475	0,011177
36,6648	0,015118	0,008788	0,00949	0,010241	0,010713
40,4295	0,015047	0,009301	0,00953	0,009937	0,010193
44,5807	0,0146	0,009692	0,009476	0,00958	0,009639
49,1581	0,013789	0,009928	0,009318	0,009176	0,009067
54,2055	0,012927	0,010044	0,009079	0,008742	0,008495
59,7712	0,011918	0,010023	0,008761	0,008281	0,007926
65,9084	0,010279	0,009807	0,00836	0,007788	0,007357
72,6757	0,008457	0,009536	0,007972	0,007332	0,00684
80,1379	0,006795	0,009184	0,007584	0,006897	0,00636
88,3663	0,005295	0,008298	0,006926	0,006275	0,005753
97,4395	0,003984	0,007111	0,006103	0,005531	0,005063
107,4444	0,002888	0,005908	0,005256	0,00476	0,004356
118,4765	0,001963	0,004715	0,004387	0,003966	0,003633
130,6414	0,001271	0,003589	0,003526	0,003179	0,00292
144,0554	0,000847	0,002596	0,002716	0,002438	0,002246
158,8467	0,000278	0,001762	0,002016	0,001797	0,001664
175,1567	0	0,001128	0,001435	0,001267	0,001182
193,1414	0	0,000742	0,000955	0,000833	0,000784
212,9727	0	0,000294	0,000523	0,000433	0,000424
234,8402	0	0	0,000162	0,000098	0,000123
258,9531	0	0	0,000011	0	0,000007
285,5418	0	0	0	0	0
314,8605	0	0	0	0	0
347,1897	0	0	0	0	0
382,8383	0	0	0	0	0
422,1472	0	0	0	0	0
465,4923	0	0	0	0	0
513,288	0	0	0	0	0
565,9913	0	0	0	0	0
624,1059	0	0	0	0	0
688,1877	0	0	0	0	0
758,8492	0	0	0	0	0
836,766	0	0	0	0	0

Rührkessel 0,016 g H_2SO_4 + 0,103 g Natriumsilikat/g H_2O (20.05.2008)

t [min]	$X_{50,3}$ [µm]	$X_{90,3}$ [µm]	$X_{1,2}$ [µm]	d_r
150	69,57	127,41	58,96	2,10
170	78,01	142,05	61,50	2,02
200	85,82	167,50	60,42	2,16
220	86,30	171,61	57,24	2,20
250	85,39	171,10	53,43	2,14

Ultraschall

E_V [MJ/m³]	$X_{50,3}$ [µm]
138,3	27,92
276,7	5,60
415,0	1,32
553,3	0,72
691,6	0,61

t [min]	150	170	200	220	250
x [µm]	q_3 [1/µm]				
0,0525	0	0	0	0	0
0,0579	0	0	0	0	0
0,0638	0	0	0	0	0
0,0704	0	0	0	0	0
0,0776	0	0	0	0	0
0,0856	0	0	0	0	0
0,0944	0	0	0	0	0
0,1041	0	0	0	0	0
0,1148	0	0	0	0	0
0,1265	0	0	0	0	0
0,1395	0	0	0	0	0
0,1539	0	0	0	0	0
0,1697	0	0	0	0	0
0,1871	0	0	0	0	0
0,2063	0	0	0	0	0
0,2275	0	0	0	0	0
0,2508	0	0	0	0	0
0,2766	0	0	0	0	0
0,305	0	0	0	0	0
0,3363	0	0	0	0	0
0,3708	0	0	0	0	0
0,4089	0	0	0	0	0
0,4509	0	0	0	0	0
0,4972	0	0	0	0	0
0,5482	0	0	0	0	0
0,6045	0	0	0	0	0
0,6666	0	0	0	0	0
0,735	0	0	0	0	0
0,8105	0	0	0	0	0
0,8937	0	0	0	0	0
0,9855	0	0	0	0	0
1,0867	0	0	0	0	0
1,1983	0	0	0	0	0
1,3213	0	0	0	0	0,000002
1,457	0	0	0	0	0,000002
1,6066	0	0	0	0	0,000004
1,7715	0	0	0	0	0,000005
1,9534	0	0	0	0	0,000007
2,154	0	0	0	0	0,00001
2,3751	0	0	0	0	0,000013
2,619	0,000001	0	0	0	0,000016
2,8879	0,000001	0	0	0	0,000019
3,1845	0,000004	0	0	0	0,000022
3,5114	0,000008	0	0	0	0,000024
3,872	0,000016	0	0	0	0,000025
4,2695	0,000027	0,000032	0	0,000008	0,00003
4,7079	0,000044	0,000076	0	0,000017	0,000057
5,1913	0,000064	0,000105	0	0,000027	0,000116
5,7244	0,000089	0,000152	0,000006	0,000069	0,000211
6,3121	0,000114	0,000208	0,00003	0,000134	0,00046
6,9602	0,000137	0,000274	0,000067	0,000256	0,000838
7,6749	0,000154	0,00037	0,000121	0,000556	0,001113
8,4629	0,000163	0,000454	0,000265	0,000824	0,001788
9,3319	0,00017	0,000565	0,000514	0,001239	0,002394
10,2901	0,000204	0,000725	0,000698	0,001887	0,003009
11,3466	0,000253	0,000885	0,001183	0,002493	0,003664
12,5117	0,000353	0,001095	0,001699	0,003218	0,004339
13,7963	0,00058	0,001358	0,002291	0,003992	0,005032
15,2129	0,000886	0,001674	0,002992	0,004774	0,005748
16,7749	0,001321	0,002056	0,003745	0,005555	0,006488
18,4973	0,001891	0,002508	0,004516	0,006289	0,007215
20,3966	0,002588	0,00302	0,005258	0,00693	0,007875
22,4909	0,003419	0,003584	0,005907	0,007424	0,008384
24,8002	0,004367	0,004175	0,006394	0,007721	0,008651
27,3466	0,005405	0,004765	0,006677	0,007801	0,008625
30,1545	0,006523	0,005348	0,006755	0,007683	0,008308
33,2507	0,007677	0,005916	0,00667	0,00742	0,00778
36,6648	0,008811	0,006468	0,006475	0,007076	0,007145
40,4295	0,009842	0,007009	0,006246	0,006728	0,006524
44,5807	0,010686	0,007537	0,006049	0,006434	0,006003
49,1581	0,011234	0,008021	0,005938	0,006236	0,005644
54,2055	0,011473	0,008452	0,005917	0,006131	0,005441
59,7712	0,011382	0,008796	0,005974	0,006104	0,005372
65,9084	0,010932	0,008993	0,006095	0,006135	0,00542
72,6757	0,010367	0,008962	0,006246	0,00619	0,005546
80,1379	0,009719	0,008727	0,006393	0,006236	0,005708
88,3663	0,008522	0,008462	0,006451	0,006198	0,005821
97,4395	0,007081	0,007885	0,006471	0,00613	0,005914
107,4444	0,005738	0,006795	0,006427	0,006016	0,005942
118,4765	0,004474	0,005603	0,005966	0,00553	0,005569
130,6414	0,003335	0,004454	0,005164	0,004749	0,004855
144,0554	0,002385	0,003366	0,004262	0,003901	0,004013
158,8467	0,001609	0,00244	0,003359	0,003063	0,003152
175,1567	0,001025	0,001692	0,002519	0,002291	0,002351
193,1414	0,00067	0,001097	0,001805	0,001638	0,001676
212,9727	0,000264	0,000702	0,00122	0,001105	0,001128
234,8402	0	0,000431	0,000774	0,000699	0,000715
258,9531	0	0,000071	0,000505	0,000451	0,00047
285,5418	0	0	0,000229	0,000202	0,000216
314,8605	0	0	0,000004	0,000004	0,000004
347,1897	0	0	0	0	0
382,8383	0	0	0	0	0
422,1472	0	0	0	0	0
465,4923	0	0	0	0	0
513,288	0	0	0	0	0
565,9913	0	0	0	0	0
624,1059	0	0	0	0	0
688,1877	0	0	0	0	0
758,8492	0	0	0	0	0
836,766	0	0	0	0	0

Rührkessel 0,016 g H$_2$SO$_4$ + 0,084 g Natriumsilikat/g H$_2$O (22.04.2008)

t [min]	$x_{50,3}$ [µm]	$x_{90,3}$ [µm]	$x_{1,2}$ [µm]	d_f
35	78,84	141,48	21,20	2,25
40	83,98	148,74	20,61	2,19
50	85,61	152,22	19,59	2,15
70	83,09	151,69	18,78	2,26
100	76,96	149,29	16,72	2,30

Ultraschall

ε_v [MJ/m³]	$x_{50,3}$ [µm]
138,3	24,16
276,7	7,53
415,0	1,43
553,3	0,64
691,6	0,61

BET-Oberfläche

	100 min
a [m²/g]	217

t [min]	35	40	50	70	100
x [µm]	q_3 [1/µm]				
0,0525	0	0	0	0	0
0,0579	0	0	0	0	0
0,0638	0	0	0	0	0
0,0704	0	0	0	0	0
0,0776	0	0	0	0	0
0,0856	0	0	0	0	0
0,0944	0	0	0	0	0
0,1041	0	0	0	0	0
0,1148	0	0	0	0	0
0,1265	0	0	0	0	0
0,1395	0	0	0	0	0
0,1539	0	0	0	0	0
0,1697	0	0	0	0	0
0,1871	0	0	0	0	0
0,2063	0	0	0	0	0
0,2275	0	0	0	0	0
0,2508	0	0	0	0	0
0,2766	0	0	0	0	0
0,305	0	0	0	0	0
0,3363	0	0	0	0	0
0,3708	0	0	0	0	0
0,4089	0	0	0	0	0
0,4509	0	0	0	0	0
0,4972	0	0	0	0	0
0,5482	0	0	0	0	0
0,6045	0	0	0	0	0
0,6666	0	0	0	0	0
0,735	0	0	0	0	0
0,8105	0	0	0	0	0
0,8937	0	0	0	0	0
0,9855	0	0	0	0	0
1,0867	0	0	0	0	0
1,1983	0	0	0	0	0
1,3213	0	0	0	0	0
1,457	0	0	0	0	0
1,6066	0	0	0	0	0
1,7715	0	0	0	0	0
1,9534	0	0	0	0	0
2,154	0	0	0	0	0
2,3751	0	0	0	0	0
2,619	0	0	0	0	0
2,8879	0	0	0	0	0
3,1845	0	0	0	0	0
3,5114	0	0	0	0	0,000003
3,872	0	0	0,000001	0	0,000026
4,2695	0	0,000001	0,000001	0,000001	0,000057
4,7079	0	0,000002	0,000003	0,000005	0,000123
5,1913	0	0,000005	0,000006	0,000012	0,000228
5,7244	0	0,000009	0,000012	0,000026	0,000369
6,3121	0	0,000016	0,000022	0,000055	0,000619
6,9602	0	0,000027	0,000038	0,000102	0,000951
7,6749	0	0,000042	0,000061	0,000163	0,001179
8,4629	0	0,00006	0,000094	0,000271	0,001673
9,3319	0	0,000077	0,000135	0,000429	0,002091
10,2901	0	0,000091	0,000179	0,000535	0,002506
11,3466	0	0,000094	0,000224	0,000769	0,002929
12,5117	0,000098	0,00009	0,000275	0,000993	0,003327
13,7963	0,000235	0,000124	0,000316	0,001231	0,003689
15,2129	0,000328	0,000186	0,000396	0,001509	0,004021
16,7749	0,000494	0,000295	0,000518	0,001817	0,004331
18,4973	0,000903	0,00058	0,000711	0,002168	0,004638
20,3966	0,001396	0,00095	0,000993	0,002568	0,004953
22,4909	0,00207	0,001463	0,001371	0,003027	0,005297
24,8002	0,002916	0,002109	0,001832	0,003544	0,005677
27,3466	0,003895	0,002867	0,002363	0,00411	0,00609
30,1545	0,004985	0,003751	0,002968	0,004731	0,00654
33,2507	0,006136	0,004762	0,003651	0,005398	0,007014
36,6648	0,00729	0,005899	0,004416	0,006103	0,007494
40,4295	0,008381	0,007143	0,005267	0,006828	0,007953
44,5807	0,009334	0,008426	0,006179	0,007538	0,00836
49,1581	0,010044	0,009618	0,007089	0,008164	0,008658
54,2055	0,01051	0,01061	0,007946	0,008663	0,008821
59,7712	0,010707	0,011283	0,008676	0,008997	0,008834
65,9084	0,010592	0,011489	0,009176	0,009131	0,008694
72,6757	0,010392	0,01118	0,009356	0,009027	0,008384
80,1379	0,010103	0,010468	0,009262	0,008741	0,007958
88,3663	0,009157	0,009728	0,009117	0,008468	0,007582
97,4395	0,007859	0,008647	0,008616	0,007914	0,007001
107,4444	0,006571	0,007004	0,007532	0,006866	0,006028
118,4765	0,005291	0,005394	0,006293	0,00572	0,005004
130,6414	0,004075	0,004004	0,005064	0,004612	0,004034
144,0554	0,002993	0,002824	0,003883	0,003552	0,003111
158,8467	0,002084	0,001873	0,002859	0,002634	0,002312
175,1567	0,001321	0,001177	0,002015	0,001876	0,001651
193,1414	0,000654	0,000755	0,001336	0,001248	0,001103
212,9727	0,000167	0,000294	0,000873	0,000682	0,000612
234,8402	0	0	0,000549	0,00021	0,000203
258,9531	0	0	0,00013	0,000014	0,000016
285,5418	0	0	0,000008	0	0
314,8605	0	0	0	0	0
347,1897	0	0	0	0	0
382,8383	0	0	0	0	0
422,1472	0	0	0	0	0
465,4923	0	0	0	0	0
513,288	0	0	0	0	0
565,9913	0	0	0	0	0
624,1059	0	0	0	0	0
688,1877	0	0	0	0	0
758,8492	0	0	0	0	0
836,766	0	0	q_3 [1/µm]	0	0

Rührkessel 0,017 g H_2SO_4 + 0,084 g Natriumsilikat/g H_2O (14.10.2008)

t [min]	$x_{50,3}$ [µm]	$x_{90,3}$ [µm]	$x_{1,2}$ [µm]	d_r
5	102,49	200,51	80,56	2,21
10	95,97	192,94	70,58	2,11
20	100,58	219,22	65,21	2,11
30	106,21	241,82	60,00	2,18
60	105,13	231,63	53,36	2,30

Ultraschall

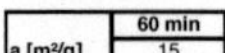

e_V [MJ/m³]	60 min $x_{50,3}$ [µm]	stabilisiert $x_{50,3}$ [µm]
138,3	30,24	31,27
276,7	16,07	17,69
415,0	7,09	10,57
553,3	2,49	5,79

BET-Oberfläche

a [m²/g]	60 min
	15

t [min]	5	10	20	30	60
x [µm]			q_3 [1/µm]		
0,0525	0	0	0	0	0
0,0579	0	0	0	0	0
0,0638	0	0	0	0	0
0,0704	0	0	0	0	0
0,0776	0	0	0	0	0
0,0856	0	0	0	0	0
0,0944	0	0	0	0	0
0,1041	0	0	0	0	0
0,1148	0	0	0	0	0
0,1265	0	0	0	0	0
0,1395	0	0	0	0	0
0,1539	0	0	0	0	0
0,1697	0	0	0	0	0
0,1871	0	0	0	0	0
0,2063	0	0	0	0	0
0,2275	0	0	0	0	0
0,2508	0	0	0	0	0
0,2766	0	0	0	0	0
0,305	0	0	0	0	0
0,3363	0	0	0	0	0
0,3708	0	0	0	0	0
0,4089	0	0	0	0	0
0,4509	0	0	0	0	0
0,4972	0	0	0	0	0
0,5482	0	0	0	0	0
0,6045	0	0	0	0	0
0,6666	0	0	0	0	0
0,735	0	0	0	0	0
0,8105	0	0	0	0	0
0,8937	0	0	0	0	0
0,9855	0	0	0	0	0
1,0867	0	0	0	0	0
1,1983	0	0	0	0	0
1,3213	0	0	0	0	0
1,457	0	0	0	0	0
1,6066	0	0	0	0	0,000002
1,7715	0	0	0	0	0,000004
1,9534	0	0	0	0	0,000009
2,154	0	0	0	0	0,000021
2,3751	0	0	0	0	0,000043
2,619	0	0	0	0	0,000081
2,8879	0	0,000002	0	0	0,000151
3,1845	0,000001	0,000004	0	0,000036	0,000267
3,5114	0,000002	0,000008	0	0,000066	0,000407
3,872	0,000005	0,00002	0	0,000097	0,000621
4,2695	0,000012	0,00004	0,000031	0,000186	0,000964
4,7079	0,000025	0,000074	0,000084	0,000315	0,00121
5,1913	0,000045	0,000123	0,000135	0,000522	0,001705
5,7244	0,000074	0,000194	0,000219	0,00089	0,002219
6,3121	0,000111	0,000279	0,000397	0,001168	0,002727
6,9602	0,000154	0,000384	0,000646	0,001647	0,003339
7,6749	0,000197	0,000532	0,000826	0,002231	0,003893
8,4629	0,000237	0,000654	0,001248	0,002762	0,004447
9,3319	0,000271	0,0008	0,001634	0,003363	0,005043
10,2901	0,000293	0,000995	0,002052	0,003955	0,005554
11,3466	0,000311	0,001162	0,002512	0,004504	0,005976
12,5117	0,000333	0,001356	0,002976	0,005005	0,006359
13,7963	0,000363	0,001565	0,003419	0,005415	0,006646
15,2129	0,000429	0,001787	0,003826	0,005723	0,006819
16,7749	0,000543	0,002031	0,004182	0,00592	0,006873
18,4973	0,000727	0,002302	0,004478	0,006011	0,006805
20,3966	0,000996	0,002602	0,004711	0,006005	0,006624
22,4909	0,001367	0,00294	0,004886	0,00592	0,006348
24,8002	0,001842	0,003314	0,00501	0,005777	0,006005
27,3466	0,002415	0,003719	0,005094	0,005597	0,00563
30,1545	0,003082	0,004155	0,005157	0,005409	0,005262
33,2507	0,003824	0,004612	0,005214	0,005233	0,004934
36,6648	0,004614	0,005078	0,005273	0,005083	0,004672
40,4295	0,005424	0,005541	0,005343	0,004973	0,004483
44,5807	0,006215	0,005981	0,005426	0,004905	0,004373
49,1581	0,006916	0,006362	0,005509	0,004871	0,00434
54,2055	0,007497	0,006671	0,005584	0,004865	0,004365
59,7712	0,007923	0,006889	0,00564	0,004873	0,00443
65,9084	0,008152	0,006996	0,005662	0,00488	0,004525
72,6757	0,00819	0,006978	0,005636	0,004871	0,004625
80,1379	0,008054	0,006844	0,005558	0,004835	0,004715
88,3663	0,007726	0,006599	0,00542	0,004749	0,00477
97,4395	0,007356	0,00625	0,005219	0,004617	0,004766
107,4444	0,006985	0,005822	0,004964	0,004437	0,004691
118,4765	0,006231	0,005433	0,004733	0,0042	0,004595
130,6414	0,005222	0,004961	0,004431	0,003949	0,004388
144,0554	0,004264	0,004228	0,003923	0,003723	0,003947
158,8467	0,00337	0,003472	0,003367	0,003368	0,003419
175,1567	0,002558	0,00279	0,002832	0,002898	0,002884
193,1414	0,001874	0,002163	0,002313	0,002442	0,002357
212,9727	0,001307	0,001616	0,001834	0,002008	0,001866
234,8402	0,000827	0,001159	0,001411	0,001599	0,001431
258,9531	0,000387	0,00078	0,001049	0,001233	0,001059
285,5418	0,000086	0,000444	0,00075	0,000911	0,000754
314,8605	0,000001	0,000155	0,000514	0,000638	0,000515
347,1897	0	0,000016	0,000333	0,000436	0,00033
382,8383	0	0	0,000157	0,000231	0,000197
422,1472	0	0	0,000007	0,000028	0,000113
465,4923	0	0	0	0,000001	0,000029
513,288	0	0	0	0	0
565,9913	0	0	0	0	0
624,1059	0	0	0	0	0
688,1877	0	0	0	0	0
758,8492	0	0	0	0	0
836,766	0	0	0	0	0

Rührkessel 0,136 g Silikat + 0,019 g H_2SO_4/g H_2O; 400 min^{-1}; 20°C (21.04.08)

t [min]	$x_{50,3}$ [µm]	$x_{90,3}$ [µm]	$x_{1,2}$ [µm]	d_f
35	98,87	186,17	19,24	2,04
40	116,03	232,49	18,86	1,99
50	104,51	251,29	18,65	1,96
60	97,00	251,90	18,57	2,15
80	96,39	260,28	17,06	2,14
100	81,47	249,54	16,28	2,20

Ultraschall

ε_v [MJ/m³]	$x_{50,3}$ [µm]
138,3	26,26
276,7	17,27
415,0	11,32
553,3	7,16
691,6	4,28
830,0	2,71

t [min] x [µm]	35	40	50	60	80	100
			q_3 [1/µm]			
0,0525	0	0	0	0	0	0
0,0579	0	0	0	0	0	0
0,0638	0	0	0	0	0	0
0,0704	0	0	0	0	0	0
0,0776	0	0	0	0	0	0
0,0856	0	0	0	0	0	0
0,0944	0	0	0	0	0	0
0,1041	0	0	0	0	0	0
0,1148	0	0	0	0	0	0
0,1265	0	0	0	0	0	0
0,1395	0	0	0	0	0	0
0,1539	0	0	0	0	0	0
0,1697	0	0	0	0	0	0
0,1871	0	0	0	0	0	0
0,2063	0	0	0	0	0	0
0,2275	0	0	0	0	0	0
0,2508	0	0	0	0	0	0
0,2766	0	0	0	0	0	0
0,305	0	0	0	0	0	0
0,3363	0	0	0	0	0	0
0,3708	0	0	0	0	0	0
0,4089	0	0	0	0	0	0
0,4509	0	0	0	0	0	0
0,4972	0	0	0	0	0	0
0,5482	0	0	0	0	0	0
0,6045	0	0	0	0	0	0
0,6666	0	0	0	0	0	0
0,735	0	0	0	0	0	0
0,8105	0	0	0	0	0	0
0,8937	0	0	0	0	0	0,000001
0,9855	0	0	0	0	0,000001	0,000001
1,0867	0	0	0,000002	0	0,000002	0,000002
1,1983	0	0	0,000007	0	0,000004	0,000003
1,3213	0	0,000001	0,000015	0	0,000007	0,000003
1,457	0	0,000003	0,000031	0	0,00001	0,000003
1,6066	0	0,000006	0,00006	0	0,000013	0,000003
1,7715	0	0,000013	0,000102	0	0,000016	0,000004
1,9534	0	0,000025	0,000159	0	0,000017	0,000009
2,154	0	0,000043	0,000228	0	0,000018	0,000019
2,3751	0	0,000066	0,000303	0	0,000018	0,000044
2,619	0	0,000094	0,000376	0	0,000022	0,00011
2,8879	0	0,000124	0,000439	0	0,000032	0,000213
3,1845	0	0,000151	0,000484	0	0,000056	0,000368
3,5114	0	0,000175	0,000503	0	0,00012	0,000735
3,872	0	0,000193	0,000499	0	0,000225	0,001147
4,2695	0,000006	0,000204	0,000476	0,000072	0,000372	0,001589
4,7079	0,000019	0,000217	0,000435	0,000162	0,000709	0,002482
5,1913	0,000035	0,000237	0,000406	0,000208	0,001133	0,003346
5,7244	0,000062	0,00027	0,00043	0,000312	0,001517	0,004444
6,3121	0,0001	0,000349	0,00047	0,000592	0,002399	0,005702
6,9602	0,000149	0,000469	0,00061	0,001011	0,00325	0,007035
7,6749	0,000207	0,000568	0,000845	0,001332	0,004236	0,008336
8,4629	0,00027	0,000791	0,001189	0,002131	0,005371	0,009636
9,3319	0,000333	0,001022	0,001654	0,002921	0,006589	0,010918
10,2901	0,000396	0,001282	0,002234	0,003837	0,007781	0,011999
11,3466	0,000448	0,001583	0,002918	0,004895	0,008913	0,012867
12,5117	0,000493	0,001924	0,0037	0,006033	0,009993	0,013585
13,7963	0,000544	0,002293	0,004539	0,007178	0,010923	0,01406
15,2129	0,000594	0,002683	0,005398	0,008272	0,011667	0,014273
16,7749	0,000662	0,003086	0,006238	0,009248	0,012201	0,014226
18,4973	0,000763	0,003487	0,007009	0,010031	0,012481	0,013914
20,3966	0,000908	0,003868	0,00767	0,010568	0,012483	0,013345
22,4909	0,001117	0,004214	0,008177	0,01081	0,012187	0,012532
24,8002	0,001402	0,004505	0,008492	0,010739	0,011601	0,011519
27,3466	0,001766	0,004729	0,008596	0,010366	0,010763	0,010366
30,1545	0,002215	0,004888	0,008493	0,00974	0,009734	0,009138
33,2507	0,002742	0,004992	0,008209	0,008926	0,008589	0,007903
36,6648	0,003336	0,005049	0,007778	0,007994	0,007402	0,00672
40,4295	0,003983	0,005072	0,007244	0,007018	0,006245	0,005638
44,5807	0,004657	0,005079	0,006659	0,00607	0,005186	0,004697
49,1581	0,005309	0,005081	0,006076	0,005221	0,004301	0,003938
54,2055	0,005913	0,005084	0,005529	0,004498	0,003591	0,003351
59,7712	0,006436	0,005089	0,005044	0,003915	0,003053	0,002925
65,9084	0,006837	0,005103	0,004641	0,003485	0,002692	0,002648
72,6757	0,007085	0,00512	0,00432	0,003194	0,002481	0,002497
80,1379	0,007179	0,005138	0,004076	0,003022	0,002394	0,002447
88,3663	0,007111	0,005137	0,00389	0,002943	0,002406	0,002472
97,4395	0,006885	0,005107	0,003746	0,00293	0,002493	0,00255
107,4444	0,006529	0,005025	0,003624	0,002955	0,00263	0,002656
118,4765	0,006198	0,004841	0,003494	0,002979	0,002765	0,002752
130,6414	0,005731	0,0046	0,003369	0,003002	0,002899	0,002838
144,0554	0,004894	0,004356	0,003264	0,003033	0,003037	0,002914
158,8467	0,004005	0,003903	0,003056	0,002954	0,003026	0,002843
175,1567	0,003199	0,003274	0,002738	0,002748	0,002845	0,002617
193,1414	0,002458	0,002659	0,00238	0,002464	0,002557	0,002315
212,9727	0,0018	0,002087	0,001999	0,002126	0,002194	0,001963
234,8402	0,001252	0,00157	0,001613	0,001758	0,001789	0,00159
258,9531	0,000847	0,001133	0,001247	0,001391	0,001389	0,001232
285,5418	0,000402	0,000774	0,000913	0,001043	0,00102	0,000906
314,8605	0,000022	0,000493	0,000625	0,000736	0,000705	0,000629
347,1897	0	0,000314	0,000407	0,000506	0,000475	0,000429
382,8383	0	0,000156	0,000195	0,000277	0,000238	0,000219
422,1472	0	0,000008	0,000009	0,000051	0,000012	0,000011
465,4923	0	0	0	0,000011	0	0
513,288	0	0	0	0	0	0
565,9913	0	0	0	0	0	0
624,1059	0	0	0	0	0	0
688,1877	0	0	0	0	0	0
758,8492	0	0	0	0	0	0
836,766	0	0	0	0	0	0

Rührkessel 0,136 g Silikat + 0,019 g H_2SO_4/g H_2O; 600min^{-1} (23.05.2008)

t [min]	$x_{50,3}$ [µm]	$x_{90,3}$ [µm]	$x_{1,2}$ [µm]	d_f
35	102,19	367,87	55,00	1,89
40	78,18	167,70	45,32	2,24
50	74,56	168,22	39,72	2,22
60	75,76	164,47	41,61	2,21
80	76,82	157,24	40,89	2,23
100	70,67	158,26	33,56	2,25

Ultraschall

E_V [MJ/m³]	$x_{50,3}$ [µm]
138,3	22,92
276,7	14,31
415,0	7,39
553,3	3,47
691,6	1,58

t [min]	35	40	50	60	80	100
x [µm]	q_3 [1/µm]					
0,0525	0	0	0	0	0	0
0,0579	0	0	0	0	0	0
0,0638	0	0	0	0	0	0
0,0704	0	0	0	0	0	0
0,0776	0	0	0	0	0	0
0,0856	0	0	0	0	0	0
0,0944	0	0	0	0	0	0
0,1041	0	0	0	0	0	0
0,1148	0	0	0	0	0	0
0,1265	0	0	0	0	0	0
0,1395	0	0	0	0	0	0
0,1539	0	0	0	0	0	0
0,1697	0	0	0	0	0	0
0,1871	0	0	0	0	0	0
0,2063	0	0	0	0	0	0
0,2275	0	0	0	0	0	0
0,2508	0	0	0	0	0	0
0,2766	0	0	0	0	0	0
0,305	0	0	0	0	0	0
0,3363	0	0	0	0	0	0
0,3708	0	0	0	0	0	0
0,4089	0	0	0	0	0	0
0,4509	0	0	0	0	0	0
0,4972	0	0	0	0	0	0
0,5482	0	0	0	0	0	0
0,6045	0	0	0	0	0	0
0,6666	0	0	0	0	0	0
0,735	0	0	0	0	0	0
0,8105	0	0	0	0	0	0
0,8937	0	0	0	0	0,000001	0
0,9855	0	0	0	0	0,000002	0
1,0867	0	0	0	0	0,000002	0
1,1983	0	0	0	0	0,000004	0,000001
1,3213	0	0	0	0	0,000007	0,000003
1,457	0	0	0	0	0,000011	0,000007
1,6066	0	0	0	0	0,000018	0,00002
1,7715	0	0	0	0	0,000028	0,000045
1,9534	0	0	0	0	0,000047	0,000085
2,154	0	0	0	0	0,000074	0,000163
2,3751	0	0	0	0	0,000112	0,000289
2,619	0	0	0,00002	0,000043	0,000176	0,000428
2,8879	0	0	0,000087	0,000184	0,000256	0,000682
3,1845	0	0	0,000128	0,000245	0,000359	0,001104
3,5114	0,000021	0,000016	0,000195	0,000345	0,000631	0,001407
3,872	0,000149	0,000117	0,000385	0,000586	0,000946	0,002146
4,2695	0,000219	0,000197	0,000773	0,001022	0,00125	0,002893
4,7079	0,000319	0,000436	0,001058	0,001334	0,001877	0,003708
5,1913	0,000538	0,000767	0,001713	0,001996	0,002505	0,00469
5,7244	0,000974	0,001072	0,002506	0,002752	0,00323	0,005788
6,3121	0,001309	0,001794	0,003355	0,003514	0,004035	0,006973
6,9602	0,001924	0,002496	0,004384	0,004407	0,004883	0,008207
7,6749	0,002699	0,00331	0,005457	0,005308	0,00566	0,009311
8,4629	0,003437	0,004209	0,00654	0,006182	0,00649	0,010439
9,3319	0,004295	0,005111	0,007594	0,006999	0,007437	0,011665
10,2901	0,005163	0,005958	0,00853	0,007704	0,008276	0,012672
11,3466	0,005991	0,006704	0,0093	0,008265	0,009021	0,013452
12,5117	0,00677	0,007317	0,009886	0,008667	0,009782	0,014124
13,7963	0,00743	0,007746	0,010226	0,008879	0,010408	0,014504
15,2129	0,007944	0,007987	0,010321	0,008909	0,010828	0,014522
16,7749	0,008295	0,00805	0,010185	0,008777	0,011002	0,014151
18,4973	0,00848	0,007961	0,009852	0,008517	0,010874	0,013405
20,3966	0,008511	0,007754	0,009368	0,008168	0,010434	0,012338
22,4909	0,008411	0,007479	0,008791	0,00778	0,009719	0,011043
24,8002	0,008211	0,00718	0,008182	0,007396	0,008838	0,009667
27,3466	0,007947	0,006897	0,007595	0,007053	0,007914	0,008348
30,1545	0,007661	0,006669	0,007081	0,006786	0,007075	0,007204
33,2507	0,007384	0,006516	0,006669	0,006607	0,006391	0,006289
36,6648	0,007137	0,006445	0,006372	0,006519	0,005903	0,005626
40,4295	0,006934	0,006452	0,00619	0,006513	0,005614	0,005206
44,5807	0,006774	0,006519	0,006106	0,006568	0,005506	0,004998
49,1581	0,006642	0,006612	0,006091	0,006645	0,005543	0,004959
54,2055	0,006521	0,006699	0,006109	0,006712	0,005696	0,005046
59,7712	0,006391	0,006757	0,006133	0,006747	0,005929	0,005221
65,9084	0,006231	0,006769	0,006142	0,006733	0,0062	0,005443
72,6757	0,006034	0,006703	0,006098	0,006638	0,006416	0,005635
80,1379	0,005794	0,006577	0,006011	0,006482	0,006558	0,005779
88,3663	0,005486	0,006473	0,005945	0,006357	0,006689	0,005917
97,4395	0,005184	0,006208	0,005732	0,006068	0,006562	0,005828
107,4444	0,004904	0,005638	0,005242	0,005467	0,005979	0,005346
118,4765	0,004407	0,004951	0,004631	0,004761	0,005141	0,004666
130,6414	0,003755	0,004219	0,003967	0,004025	0,00419	0,003884
144,0554	0,003116	0,003455	0,003268	0,003268	0,003222	0,003043
158,8467	0,002509	0,002724	0,002586	0,002555	0,002357	0,002271
175,1567	0,001948	0,002056	0,001966	0,001911	0,001636	0,001613
193,1414	0,00146	0,001463	0,001444	0,001348	0,00106	0,001069
212,9727	0,001055	0,001001	0,00101	0,00092	0,000683	0,000695
234,8402	0,000734	0,000616	0,000643	0,000562	0,000428	0,000434
258,9531	0,00049	0,000131	0,00031	0,000091	0,000071	0,000095
285,5418	0,000315	0	0,000076	0	0	0
314,8605	0,000197	0	0,000001	0	0	0
347,1897	0,000123	0	0	0	0	0
382,8383	0,00008	0	0	0	0	0
422,1472	0,000057	0	0	0	0	0
465,4923	0,000045	0	0	0	0	0
513,288	0,00004	0	0	0	0	0
565,9913	0,000037	0	0	0	0	0
624,1059	0,000033	0	0	0	0	0
688,1877	0,000028	0	0	0	0	0
758,8492	0,000017	0	0	0	0	0
836,766	0,000012	0	0	0	0	0

Rührkessel 0,136 g Silikat + 0,019 g H_2SO_4/g H_2O; 800min^{-1} (21.05.2008)

t [min]	$x_{50,3}$ [µm]	$x_{90,3}$ [µm]	$x_{1,2}$ [µm]	d_r
35	64,34	109,23	55,98	2,04
40	65,45	111,97	56,34	2,05
50	59,31	104,55	45,72	2,45
60	56,00	100,68	40,08	2,44
80	53,39	98,30	35,63	2,28
100	51,44	95,89	33,09	2,22

Ultraschall

ε_v [MJ/m³]	$x_{50,3}$ [µm]
138,3	20,86
276,7	11,79
415,0	5,46
553,3	2,32
691,6	1,46

t [min]	35	40	50	60	80	100
x [µm]			q_3 [1/µm]			
0,0525	0	0	0	0	0	0
0,0579	0	0	0	0	0	0
0,0638	0	0	0	0	0	0
0,0704	0	0	0	0	0	0
0,0776	0	0	0	0	0	0
0,0856	0	0	0	0	0	0
0,0944	0	0	0	0	0	0
0,1041	0	0	0	0	0	0
0,1148	0	0	0	0	0	0
0,1265	0	0	0	0	0	0
0,1395	0	0	0	0	0	0
0,1539	0	0	0	0	0	0
0,1697	0	0	0	0	0	0
0,1871	0	0	0	0	0	0
0,2063	0	0	0	0	0	0
0,2275	0	0	0	0	0	0
0,2508	0	0	0	0	0	0
0,2766	0	0	0	0	0	0
0,305	0	0	0	0	0	0
0,3363	0	0	0	0	0	0
0,3708	0	0	0	0	0	0
0,4089	0	0	0	0	0	0
0,4509	0	0	0	0	0	0
0,4972	0	0	0	0	0	0
0,5482	0	0	0	0	0	0
0,6045	0	0	0	0	0	0
0,6666	0	0	0	0	0	0
0,735	0	0	0	0	0	0
0,8105	0	0	0	0	0	0
0,8937	0	0	0	0	0	0
0,9855	0	0	0	0	0	0
1,0867	0	0	0	0	0	0
1,1983	0	0	0	0	0	0
1,3213	0	0	0	0	0	0
1,457	0,000001	0	0	0	0	0
1,6066	0,000001	0	0	0	0	0,000001
1,7715	0,000001	0	0	0	0,000001	0,000001
1,9534	0,000001	0	0	0	0,000001	0,000001
2,154	0,000001	0	0	0	0,000001	0,000003
2,3751	0,000001	0	0	0	0,000003	0,000006
2,619	0,000001	0,000004	0	0	0,000002	0,000012
2,8879	0,000003	0,000023	0	0	0,000013	0,000051
3,1845	0,000007	0,000043	0,000001	0,000002	0,000049	0,000153
3,5114	0,000015	0,000075	0,000003	0,000002	0,000099	0,00032
3,872	0,000028	0,00012	0,000006	0,000009	0,000259	0,000679
4,2695	0,000045	0,000175	0,000013	0,000037	0,00064	0,001352
4,7079	0,000068	0,000239	0,000035	0,000067	0,000929	0,001815
5,1913	0,000095	0,00031	0,000073	0,000162	0,001639	0,002766
5,7244	0,000125	0,000386	0,000123	0,000459	0,002576	0,003887
6,3121	0,000155	0,000458	0,000276	0,000715	0,003637	0,005035
6,9602	0,000179	0,000519	0,000526	0,001327	0,004907	0,006345
7,6749	0,000188	0,000556	0,00074	0,002215	0,006142	0,007526
8,4629	0,000186	0,00056	0,001327	0,003231	0,007477	0,008796
9,3319	0,000176	0,000532	0,001968	0,004507	0,008953	0,01025
10,2901	0,00015	0,000481	0,002717	0,005738	0,010086	0,011297
11,3466	0,000151	0,000451	0,003538	0,006799	0,010827	0,011898
12,5117	0,000227	0,000502	0,00434	0,007656	0,011299	0,01223
13,7963	0,000317	0,000693	0,005038	0,008164	0,01134	0,012112
15,2129	0,000615	0,001041	0,005606	0,008329	0,010995	0,011593
16,7749	0,001053	0,001543	0,006044	0,008237	0,010431	0,010876
18,4973	0,001643	0,002173	0,006386	0,008024	0,009827	0,010146
20,3966	0,002421	0,002906	0,006675	0,007804	0,00931	0,009535
22,4909	0,003373	0,003744	0,006981	0,00769	0,008984	0,009146
24,8002	0,004494	0,004707	0,007375	0,007765	0,008906	0,009032
27,3466	0,005768	0,005815	0,007913	0,008077	0,009093	0,009203
30,1545	0,00721	0,00713	0,008662	0,008671	0,009551	0,009656
33,2507	0,008779	0,008642	0,009616	0,009522	0,01022	0,010328
36,6648	0,010409	0,010304	0,01073	0,010571	0,011023	0,011134
40,4295	0,01196	0,011961	0,011869	0,011681	0,011854	0,011963
44,5807	0,013282	0,013425	0,01287	0,012674	0,012539	0,012629
49,1581	0,014173	0,014436	0,013511	0,013303	0,01286	0,012906
54,2055	0,014482	0,014804	0,013632	0,013416	0,013015	0,012993
59,7712	0,014288	0,014595	0,01329	0,013059	0,012778	0,012668
65,9084	0,013839	0,014058	0,012701	0,01242	0,011481	0,011272
72,6757	0,012582	0,012662	0,01139	0,011038	0,00964	0,009357
80,1379	0,010398	0,010324	0,009276	0,008852	0,007724	0,007414
88,3663	0,008259	0,008093	0,007262	0,006796	0,005913	0,005619
97,4395	0,006349	0,006147	0,005503	0,005038	0,004315	0,004067
107,4444	0,004658	0,004455	0,003975	0,00356	0,003003	0,002809
118,4765	0,00321	0,003013	0,002678	0,002356	0,00195	0,001812
130,6414	0,002105	0,001934	0,001707	0,001474	0,001182	0,001087
144,0554	0,001391	0,001275	0,00111	0,000923	0,000703	0,00063
158,8467	0,000523	0,000415	0,000358	0,000289	0,000212	0,000186
175,1567	0,000034	0	0	0	0	0
193,1414	0	0	0	0	0	0
212,9727	0	0	0	0	0	0
234,8402	0	0	0	0	0	0
258,9531	0	0	0	0	0	0
285,5418	0	0	0	0	0	0
314,8605	0	0	0	0	0	0
347,1897	0	0	0	0	0	0
382,8383	0	0	0	0	0	0
422,1472	0	0	0	0	0	0
465,4923	0	0	0	0	0	0
513,288	0	0	0	0	0	0
565,9913	0	0	0	0	0	0
624,1059	0	0	0	0	0	0
688,1877	0	0	0	0	0	0
758,8492	0	0	0	0	0	0
836,766	0	0	0	0	0	0

0,136 g Silikat + 0,019 g H_2SO_4/g H_2O; 40°C; 400 min^{-1} (07.05.2008)

t [min]	$x_{50,3}$ [µm]	$x_{90,3}$ [µm]	d_r
30	64,79	110,65	2,16
40	89,78	273,93	1,96
50	101,54	362,06	1,90
60	92,74	370,11	2,03
80	99,93	407,04	2,04
100	97,29	379,65	2,06

Ultraschall

e_v [MJ/m³]	$x_{50,3}$ [µm]
138,3	23,05
276,7	11,46
415,0	6,74
553,3	3,56
691,6	1,52
830,0	0,92

BET-Oberfläche

a [m²/g]	88

t [min]	30	40	50	60	80	100
x [µm]	q_3 [1/µm]					
0,0525	0	0	0	0	0	0
0,0579	0	0	0	0	0	0
0,0638	0	0	0	0	0	0
0,0704	0	0	0	0	0	0
0,0776	0	0	0	0	0	0
0,0856	0	0	0	0	0	0
0,0944	0	0	0	0	0	0
0,1041	0	0	0	0	0	0
0,1148	0	0	0	0	0	0
0,1265	0	0	0	0	0	0
0,1395	0	0	0	0	0	0
0,1539	0	0	0	0	0	0
0,1697	0	0	0	0	0	0
0,1871	0	0	0	0	0	0
0,2063	0	0	0	0	0	0
0,2275	0	0	0	0	0	0
0,2508	0	0	0	0	0	0
0,2766	0	0	0	0	0	0
0,305	0	0	0	0	0	0
0,3363	0	0	0	0	0	0
0,3708	0	0	0	0	0	0
0,4089	0	0	0	0	0	0
0,4509	0	0	0	0	0	0
0,4972	0	0	0	0	0	0
0,5482	0	0	0	0	0	0
0,6045	0	0	0	0	0	0
0,6666	0	0	0	0	0	0
0,735	0	0	0	0	0	0
0,8105	0	0	0	0	0,000004	0,000002
0,8937	0	0	0	0,000001	0,00001	0,000004
0,9855	0	0	0	0,000004	0,000016	0,000008
1,0867	0	0	0	0,00001	0,000024	0,000012
1,1983	0	0	0,000001	0,00002	0,000032	0,000016
1,3213	0	0,000001	0,000004	0,000035	0,000039	0,000021
1,457	0	0,000002	0,00001	0,000055	0,000044	0,000026
1,6066	0	0,000005	0,000022	0,000081	0,000047	0,000034
1,7715	0	0,000011	0,00004	0,000112	0,000048	0,000046
1,9534	0	0,000023	0,000068	0,000138	0,000047	0,000065
2,154	0	0,00004	0,000104	0,000162	0,000047	0,000097
2,3751	0,000002	0,000065	0,000147	0,000184	0,00005	0,000147
2,619	0,000006	0,000097	0,000196	0,000201	0,000064	0,000231
2,8879	0,000012	0,000137	0,000247	0,000212	0,000091	0,000341
3,1845	0,000022	0,000183	0,000295	0,000221	0,000139	0,000482
3,5114	0,000039	0,000234	0,000341	0,00023	0,000221	0,000735
3,872	0,000062	0,000293	0,000385	0,000247	0,000337	0,001002
4,2695	0,000093	0,000356	0,000427	0,000284	0,000482	0,001263
4,7079	0,000137	0,000422	0,000466	0,000335	0,000736	0,001753
5,1913	0,000191	0,000497	0,000511	0,000423	0,001032	0,002211
5,7244	0,000255	0,000601	0,00058	0,000597	0,001285	0,00277
6,3121	0,000358	0,000691	0,000652	0,000743	0,001811	0,003404
6,9602	0,000494	0,000827	0,000774	0,001011	0,002299	0,00409
7,6749	0,000605	0,001001	0,00095	0,001376	0,002862	0,0048
8,4629	0,000865	0,001196	0,001178	0,001776	0,003507	0,005537
9,3319	0,00116	0,001446	0,001481	0,00228	0,004196	0,006285
10,2901	0,001541	0,001742	0,001861	0,002863	0,004903	0,006999
11,3466	0,002032	0,002086	0,002317	0,003512	0,005611	0,007665
12,5117	0,002645	0,00249	0,00286	0,004233	0,006317	0,008293
13,7963	0,003377	0,002944	0,003476	0,00499	0,00698	0,008842
15,2129	0,004222	0,003441	0,004154	0,00576	0,007581	0,009299
16,7749	0,005177	0,003975	0,004884	0,006517	0,008104	0,009657
18,4973	0,006235	0,004534	0,005642	0,007225	0,008528	0,009897
20,3966	0,007369	0,0051	0,006399	0,007849	0,008837	0,010007
22,4909	0,008559	0,005658	0,007125	0,008357	0,009016	0,009979
24,8002	0,009752	0,00618	0,007771	0,008715	0,009051	0,009805
27,3466	0,010889	0,006637	0,008294	0,008899	0,008937	0,009489
30,1545	0,011922	0,007014	0,008662	0,008905	0,008683	0,009046
33,2507	0,012784	0,007294	0,008856	0,008738	0,008304	0,008493
36,6648	0,013408	0,007464	0,008861	0,008408	0,007814	0,007852
40,4295	0,013725	0,007517	0,008675	0,007927	0,007231	0,007139
44,5807	0,013713	0,007454	0,008316	0,007325	0,006581	0,006383
49,1581	0,013352	0,00727	0,007808	0,00664	0,005894	0,00562
54,2055	0,012668	0,006991	0,007195	0,005907	0,005196	0,004875
59,7712	0,011793	0,006633	0,006518	0,005164	0,004515	0,004171
65,9084	0,010942	0,006212	0,005818	0,004451	0,003876	0,003538
72,6757	0,009726	0,005752	0,005135	0,003798	0,003299	0,002989
80,1379	0,008024	0,005271	0,004494	0,003221	0,002795	0,002531
88,3663	0,006426	0,00479	0,003923	0,002741	0,002379	0,002173
97,4395	0,005008	0,004324	0,003425	0,002355	0,002048	0,001904
107,4444	0,003746	0,003881	0,002999	0,002057	0,001796	0,001714
118,4765	0,00269	0,003462	0,002635	0,001833	0,001614	0,001587
130,6414	0,001833	0,003078	0,002328	0,001673	0,001491	0,001511
144,0554	0,00115	0,002734	0,002074	0,001571	0,001416	0,001481
158,8467	0,000698	0,002399	0,001857	0,001514	0,001379	0,001482
175,1567	0,00037	0,002074	0,001677	0,001486	0,001367	0,001504
193,1414	0,000041	0,00178	0,001542	0,001476	0,001373	0,00154
212,9727	0	0,001512	0,001422	0,001489	0,001393	0,00158
234,8402	0	0,001267	0,001295	0,00151	0,001414	0,001603
258,9531	0	0,001043	0,001159	0,00149	0,001406	0,00157
285,5418	0	0,000841	0,001011	0,001413	0,001353	0,001471
314,8605	0	0,000664	0,000854	0,001281	0,001252	0,001309
347,1897	0	0,00051	0,000696	0,001101	0,001109	0,0011
382,8383	0	0,00038	0,000543	0,000891	0,000937	0,000867
422,1472	0	0,000273	0,000402	0,000672	0,000752	0,000634
465,4923	0	0,00019	0,000282	0,000475	0,000574	0,000436
513,288	0	0,000127	0,000187	0,000311	0,000416	0,000272
565,9913	0	0,000076	0,00011	0,000179	0,000284	0,000127
624,1059	0	0,000024	0,000035	0,000055	0,000175	0,000028
688,1877	0	0	0	0	0,000083	0
758,8492	0	0	0	0	0,00001	0
836,766	0	0	0	0	0	0

0,136 g Silikat + 0,019 g H_2SO_4/g H_2O; 50°C; 400 min^{-1} (09.06.2008)

t [min]	$x_{50,3}$ [µm]	$x_{90,3}$ [µm]	d_f
25	44,38	83,80	2,14
30	62,57	134,01	2,08
50	82,48	315,25	2,00
80	110,70	372,24	2,09
100	111,33	365,18	2,06
140	130,26	351,79	2,13

Ultraschall

ε_v [MJ/m³]	$x_{50,3}$ [µm]
138,3	34,73
276,7	16,39
415,0	7,43
553,3	1,97
691,6	0,91
830,0	0,65

BET-Oberfläche

a [m²/g]	141

t [min]	25	30	50	80	100	140
x [µm]			q_3 [1/µm]			
0,0525	0	0	0	0	0	0
0,0579	0	0	0	0	0	0
0,0638	0	0	0	0	0	0
0,0704	0	0	0	0	0	0
0,0776	0	0	0	0	0	0
0,0856	0	0	0	0	0	0
0,0944	0	0	0	0	0	0
0,1041	0	0	0	0	0	0
0,1148	0	0	0	0	0	0
0,1265	0	0	0	0	0	0
0,1395	0	0	0	0	0	0
0,1539	0	0	0	0	0	0
0,1697	0	0	0	0	0	0
0,1871	0	0	0	0	0	0
0,2063	0	0	0	0	0	0
0,2275	0	0	0	0	0	0
0,2508	0	0	0	0	0	0
0,2766	0	0	0	0	0	0
0,305	0	0	0	0	0	0
0,3363	0	0	0	0	0	0
0,3708	0	0	0	0	0	0
0,4089	0	0	0	0	0	0
0,4509	0	0	0	0	0	0
0,4972	0	0	0	0	0	0
0,5482	0	0	0	0	0	0
0,6045	0	0	0	0	0	0
0,6666	0	0	0	0,000001	0	0
0,735	0	0	0	0,000004	0	0
0,8105	0	0	0	0,000009	0	0
0,8937	0	0	0,000001	0,000015	0,000001	0,000001
0,9855	0	0	0,000004	0,000019	0,000003	0,000004
1,0867	0	0	0,000011	0,000022	0,000007	0,00001
1,1983	0	0	0,000024	0,000023	0,000015	0,000025
1,3213	0	0	0,000044	0,000023	0,00003	0,000054
1,457	0	0	0,000072	0,000024	0,000056	0,000107
1,6066	0	0	0,00011	0,000029	0,0001	0,000197
1,7715	0,000006	0	0,000154	0,000042	0,000162	0,000322
1,9534	0,000013	0,000001	0,000201	0,000065	0,000236	0,000472
2,154	0,000024	0,000002	0,000249	0,000105	0,000362	0,0007
2,3751	0,000043	0,000006	0,000294	0,000167	0,000554	0,001041
2,619	0,000071	0,000012	0,000333	0,000255	0,000754	0,001479
2,8879	0,000106	0,000023	0,000367	0,000366	0,001029	0,001845
3,1845	0,000148	0,000042	0,000398	0,000508	0,001415	0,002289
3,5114	0,000194	0,000069	0,000428	0,000752	0,001677	0,002911
3,872	0,000245	0,00011	0,000473	0,001004	0,002177	0,003408
4,2695	0,0003	0,000168	0,000553	0,001234	0,002689	0,004015
4,7079	0,000355	0,000236	0,000635	0,001666	0,003203	0,004607
5,1913	0,000424	0,000329	0,0008	0,00208	0,00377	0,005159
5,7244	0,000545	0,000489	0,001028	0,002541	0,00439	0,005767
6,3121	0,000655	0,000614	0,001321	0,003066	0,005022	0,006347
6,9602	0,000872	0,000832	0,001716	0,003654	0,005652	0,006854
7,6749	0,001204	0,001114	0,002199	0,004248	0,006257	0,007304
8,4629	0,001636	0,001419	0,002773	0,004857	0,006844	0,007721
9,3319	0,002242	0,001813	0,003434	0,005482	0,007401	0,008099
10,2901	0,003023	0,002268	0,004166	0,006089	0,007891	0,008389
11,3466	0,003982	0,002782	0,004948	0,006665	0,00831	0,008601
12,5117	0,005139	0,003379	0,005769	0,007217	0,008674	0,008771
13,7963	0,006461	0,004041	0,006581	0,007708	0,008953	0,008871
15,2129	0,007914	0,004755	0,007353	0,008128	0,009142	0,008896
16,7749	0,009471	0,005514	0,008055	0,00847	0,009235	0,008849
18,4973	0,011075	0,006302	0,008653	0,008716	0,009227	0,008726
20,3966	0,012658	0,007096	0,009124	0,008854	0,009113	0,008528
22,4909	0,01415	0,007876	0,009448	0,008874	0,00889	0,008251
24,8002	0,015441	0,008603	0,009607	0,008766	0,008559	0,007897
27,3466	0,016436	0,009245	0,009593	0,008531	0,008129	0,00747
30,1545	0,017057	0,009783	0,009416	0,008177	0,007617	0,00698
33,2507	0,017289	0,010193	0,009093	0,007721	0,007044	0,00644
36,6648	0,017132	0,010455	0,008646	0,007178	0,006427	0,005862
40,4295	0,016542	0,010553	0,008101	0,006568	0,005788	0,005258
44,5807	0,015727	0,010485	0,007488	0,005916	0,005151	0,004649
49,1581	0,014929	0,010238	0,006835	0,005252	0,004541	0,004065
54,2055	0,013482	0,009848	0,006174	0,004601	0,003973	0,003503
59,7712	0,011398	0,009332	0,005528	0,003986	0,003459	0,003
65,9084	0,009378	0,008698	0,004919	0,003431	0,003011	0,002627
72,6757	0,007511	0,008075	0,004363	0,002949	0,002632	0,002207
80,1379	0,005792	0,007468	0,003866	0,002548	0,002324	0,001712
88,3663	0,004331	0,006595	0,003437	0,002235	0,002088	0,00149
97,4395	0,003119	0,005608	0,003071	0,002001	0,001918	0,001439
107,4444	0,002142	0,004687	0,002765	0,001837	0,001806	0,001414
118,4765	0,001394	0,003818	0,002513	0,001731	0,001739	0,001435
130,6414	0,000689	0,003013	0,002297	0,001668	0,001706	0,001499
144,0554	0,00004	0,002294	0,002101	0,001638	0,001696	0,001597
158,8467	0	0,001687	0,001958	0,001633	0,001701	0,001717
175,1567	0	0,001193	0,001851	0,001642	0,001714	0,00186
193,1414	0	0,000806	0,001729	0,001652	0,001726	0,002032
212,9727	0	0,000511	0,001588	0,001676	0,001745	0,002177
234,8402	0	0,000301	0,001427	0,001698	0,001756	0,002246
258,9531	0	0,000171	0,001245	0,001644	0,00169	0,0022
285,5418	0	0,000068	0,001049	0,00152	0,001557	0,002024
314,8605	0	0,000001	0,000848	0,001346	0,001376	0,001728
347,1897	0	0	0,000651	0,001135	0,001158	0,00136
382,8383	0	0	0,000472	0,000906	0,000922	0,000979
422,1472	0	0	0,000323	0,000681	0,000687	0,000639
465,4923	0	0	0,000204	0,000483	0,000483	0,000374
513,288	0	0	0,000099	0,000324	0,000314	0,000166
565,9913	0	0	0,000008	0,000201	0,000176	0,000013
624,1059	0	0	0	0,000066	0,000052	0
688,1877	0	0	0	0	0	0
758,8492	0	0	0	0	0	0
836,766	0	0	0	0	0	0

0,136 g Silikat + 0,019 g H_2SO_4/g H_2O; 60°C; 400 min⁻¹ (04.06.2008)

t [min]	$x_{50,3}$ [µm]	$x_{90,3}$ [µm]	d_r
20	75,92	192,91	2,12
30	78,42	286,13	2,03
40	99,79	468,26	2,05
60	140,67	506,11	2,17
80	192,12	505,64	2,18
100	218,94	499,86	2,22

Ultraschall

e_V [MJ/m³]	$x_{50,3}$ [µm]
138,3	25,28
276,7	15,92
415,0	5,94
553,3	1,85
691,6	0,80
830,0	0,56

BET-Oberfläche

a [m²/g]	117

t [min]	20	30	40	60	80	100
x [µm]	q_3 [1/µm]					
0,0525	0	0	0	0	0	0
0,0579	0	0	0	0	0	0
0,0638	0	0	0	0	0	0
0,0704	0	0	0	0	0	0
0,0776	0	0	0	0	0	0
0,0856	0	0	0	0	0	0
0,0944	0	0	0	0	0	0
0,1041	0	0	0	0	0	0
0,1148	0	0	0	0	0	0
0,1265	0	0	0	0	0	0
0,1395	0	0	0	0	0	0
0,1539	0	0	0	0	0	0
0,1697	0	0	0	0	0	0
0,1871	0	0	0	0	0	0
0,2063	0	0	0	0	0	0
0,2275	0	0	0	0	0	0
0,2508	0	0	0	0	0	0
0,2766	0	0	0	0	0	0
0,305	0	0	0	0	0	0
0,3363	0	0	0	0	0	0
0,3708	0	0	0	0	0	0
0,4089	0	0	0	0	0	0
0,4509	0	0	0	0	0	0
0,4972	0	0	0	0	0	0
0,5482	0	0	0	0	0	0
0,6045	0	0	0	0	0	0
0,6666	0	0	0	0	0	0
0,735	0	0	0	0	0	0
0,8105	0	0	0,000001	0	0,000004	0
0,8937	0	0	0,000002	0,000001	0,000007	0
0,9855	0	0	0,000006	0,000002	0,000009	0,000002
1,0867	0	0	0,000011	0,000004	0,000009	0,000007
1,1983	0	0,000001	0,00002	0,000006	0,000012	0,000024
1,3213	0	0,000002	0,000032	0,000007	0,00002	0,000059
1,457	0	0,000004	0,000047	0,000008	0,000042	0,000124
1,6066	0	0,00001	0,000064	0,00001	0,000088	0,00025
1,7715	0,000001	0,000019	0,000082	0,000015	0,000172	0,000441
1,9534	0,000002	0,000033	0,000098	0,000029	0,000322	0,000685
2,154	0,000006	0,000054	0,000112	0,000057	0,000526	0,001095
2,3751	0,000015	0,000081	0,000125	0,00011	0,0008	0,001641
2,619	0,000032	0,000114	0,00014	0,000212	0,001268	0,002016
2,8879	0,000057	0,000152	0,000161	0,000354	0,001687	0,002824
3,1845	0,000095	0,000195	0,000194	0,000543	0,002171	0,003545
3,5114	0,000144	0,000247	0,000255	0,00089	0,002928	0,00429
3,872	0,000207	0,000306	0,000345	0,001254	0,003573	0,005104
4,2695	0,000282	0,00037	0,000463	0,001606	0,004286	0,005881
4,7079	0,000361	0,000472	0,000683	0,002263	0,005014	0,006609
5,1913	0,000451	0,00059	0,000946	0,002845	0,00571	0,007272
5,7244	0,000571	0,000705	0,001177	0,003536	0,006364	0,007845
6,3121	0,000667	0,000939	0,001664	0,004293	0,006951	0,00831
6,9602	0,000809	0,001186	0,002128	0,005062	0,007467	0,008672
7,6749	0,000987	0,001498	0,002667	0,00578	0,007868	0,008894
8,4629	0,001181	0,00189	0,003293	0,006466	0,008167	0,009002
9,3319	0,00143	0,002358	0,003976	0,007116	0,008365	0,009006
10,2901	0,001734	0,002895	0,004686	0,00764	0,008461	0,008915
11,3466	0,002095	0,003496	0,005403	0,00804	0,008465	0,008745
12,5117	0,002529	0,004169	0,006124	0,008357	0,008396	0,00852
13,7963	0,003026	0,004887	0,0068	0,008563	0,008256	0,008248
15,2129	0,003577	0,005629	0,007405	0,008661	0,008059	0,007944
16,7749	0,004177	0,006376	0,007918	0,008662	0,007818	0,007622
18,4973	0,004808	0,007099	0,008318	0,00857	0,007543	0,007287
20,3966	0,005451	0,007769	0,00859	0,008392	0,00724	0,006945
22,4909	0,006086	0,008357	0,008725	0,008134	0,006914	0,006597
24,8002	0,006682	0,008827	0,008716	0,007802	0,006565	0,006238
27,3466	0,007207	0,00915	0,008567	0,007409	0,006194	0,005867
30,1545	0,00764	0,009314	0,008293	0,006967	0,005802	0,00548
33,2507	0,007964	0,009319	0,007914	0,006488	0,005389	0,005076
36,6648	0,008164	0,009165	0,00745	0,005981	0,004959	0,004655
40,4295	0,008231	0,008862	0,006918	0,005453	0,004514	0,004221
44,5807	0,008169	0,008432	0,006341	0,004915	0,004059	0,003778
49,1581	0,007974	0,007901	0,005745	0,00438	0,003603	0,003335
54,2055	0,007669	0,0073	0,005147	0,003858	0,003161	0,002908
59,7712	0,007274	0,006658	0,004565	0,003361	0,002738	0,002503
65,9084	0,006812	0,006005	0,004017	0,0029	0,002332	0,00212
72,6757	0,006307	0,005368	0,003513	0,002485	0,002003	0,001818
80,1379	0,005781	0,00476	0,00306	0,002122	0,001733	0,00158
88,3663	0,005256	0,004202	0,002668	0,00182	0,00135	0,001228
97,4395	0,004743	0,003696	0,002333	0,001576	0,001037	0,000948
107,4444	0,004251	0,003242	0,002053	0,001386	0,000949	0,000901
118,4765	0,003806	0,002838	0,001823	0,001247	0,000926	0,000919
130,6414	0,00338	0,002479	0,001637	0,001151	0,00093	0,000961
144,0554	0,002936	0,002163	0,001492	0,001093	0,000983	0,001052
158,8467	0,00252	0,001893	0,001381	0,001066	0,00107	0,00117
175,1567	0,002142	0,001664	0,001296	0,001065	0,001175	0,001303
193,1414	0,001788	0,001461	0,001232	0,00108	0,001293	0,001442
212,9727	0,001463	0,001278	0,00118	0,00111	0,001407	0,001568
234,8402	0,001166	0,001109	0,001135	0,001149	0,001513	0,001681
258,9531	0,000895	0,000948	0,001106	0,001191	0,001622	0,0018
285,5418	0,000654	0,000795	0,001073	0,00124	0,001682	0,00185
314,8605	0,000452	0,000651	0,001021	0,001288	0,001659	0,001783
347,1897	0,000303	0,000515	0,00095	0,001282	0,001561	0,001634
382,8383	0,000151	0,000394	0,000859	0,001214	0,001401	0,001424
422,1472	0,000007	0,000293	0,000751	0,001093	0,00119	0,001168
465,4923	0	0,000207	0,000632	0,000932	0,000957	0,000897
513,288	0	0,000134	0,000509	0,000745	0,000722	0,000642
565,9913	0	0,000074	0,000391	0,000552	0,000508	0,000435
624,1059	0	0,000022	0,000287	0,000387	0,000332	0,000285
688,1877	0	0	0,000196	0,000252	0,000193	0,00016
758,8492	0	0	0,000111	0,000124	0,000078	0,000022
836,766	0	0	0,000059	0,000046	0,000012	0

0,136 g Silikat + 0,019 g H_2SO_4/g H_2O; 70°C; 400 min^{-1} (10.06.2008)

t [min]	$x_{50,3}$ [µm]	$x_{90,3}$ [µm]	d_r
10	75,86	188,49	2,16
20	77,95	359,96	2,10
30	100,33	475,50	2,15
40	147,64	587,40	2,19
80	160,36	546,56	2,35
160	167,21	518,28	2,67

Ultraschall

E_V [MJ/m³]	$x_{50,3}$ [µm]
138,3	27,02
276,7	15,92
415,0	3,14
553,3	1,52
691,6	0,52

BET-Oberfläche

a [m²/g]	163

t [min]	10	20	30	40	80	160
x [µm]	q_3 [1/µm]					
0,0525	0	0	0	0	0	0
0,0579	0	0	0	0	0	0
0,0638	0	0	0	0	0	0
0,0704	0	0	0	0	0	0
0,0776	0	0	0	0	0	0
0,0856	0	0	0	0	0	0
0,0944	0	0	0	0	0	0
0,1041	0	0	0	0	0	0
0,1148	0	0	0	0	0	0
0,1265	0	0	0	0	0	0
0,1395	0	0	0	0	0	0
0,1539	0	0	0	0	0	0
0,1697	0	0	0	0	0	0
0,1871	0	0	0	0	0	0
0,2063	0	0	0	0	0	0
0,2275	0	0	0	0	0	0
0,2508	0	0	0	0	0	0
0,2766	0	0	0	0	0	0
0,305	0	0	0	0	0	0
0,3363	0	0	0	0	0	0
0,3708	0	0	0	0	0	0
0,4089	0	0	0	0	0	0
0,4509	0	0	0	0	0	0
0,4972	0	0	0	0	0	0
0,5482	0	0	0	0	0	0
0,6045	0	0	0	0	0	0
0,6666	0	0	0	0	0	0
0,735	0	0	0	0	0	0
0,8105	0	0	0,000001	0,000001	0	0,000001
0,8937	0	0	0,000003	0,000001	0	0,000007
0,9855	0	0,000001	0,000007	0,000003	0	0,000028
1,0867	0	0,000004	0,000012	0,000004	0,000001	0,000077
1,1983	0	0,000008	0,000019	0,000006	0,000004	0,000176
1,3213	0	0,000016	0,000027	0,000007	0,000014	0,000356
1,457	0	0,000027	0,000034	0,000007	0,000039	0,00066
1,6066	0	0,000043	0,000039	0,000008	0,000094	0,001065
1,7715	0	0,000064	0,000044	0,000012	0,0002	0,001625
1,9534	0	0,000087	0,000046	0,000026	0,000398	0,002518
2,154	0	0,000114	0,000054	0,000057	0,000675	0,00321
2,3751	0	0,000146	0,000074	0,000117	0,001064	0,00415
2,619	0	0,000184	0,000116	0,00024	0,001764	0,005308
2,8879	0,000001	0,000235	0,000201	0,000419	0,002393	0,006219
3,1845	0,000002	0,000306	0,000346	0,000661	0,003113	0,007164
3,5114	0,000005	0,000391	0,000536	0,001121	0,004247	0,008024
3,872	0,000012	0,000527	0,000836	0,001604	0,00518	0,008739
4,2695	0,000023	0,000749	0,001307	0,002064	0,006145	0,009277
4,7079	0,000041	0,000919	0,001639	0,002924	0,00706	0,009646
5,1913	0,000071	0,001257	0,002287	0,00368	0,007865	0,009857
5,7244	0,000122	0,001666	0,003019	0,004551	0,008561	0,009929
6,3121	0,000189	0,002119	0,003756	0,005486	0,009114	0,009879
6,9602	0,000284	0,002685	0,004623	0,00642	0,009506	0,009734
7,6749	0,000463	0,003321	0,005503	0,007247	0,00967	0,009497
8,4629	0,00062	0,004027	0,006394	0,007997	0,009703	0,009216
9,3319	0,000851	0,004798	0,007286	0,008672	0,009669	0,008924
10,2901	0,001202	0,005604	0,008096	0,009161	0,009498	0,00862
11,3466	0,001545	0,006421	0,008799	0,00947	0,009227	0,00832
12,5117	0,001981	0,007245	0,009403	0,009656	0,008935	0,008045
13,7963	0,002482	0,008021	0,009853	0,009693	0,008609	0,007787
15,2129	0,00303	0,008723	0,010142	0,009593	0,008255	0,007543
16,7749	0,003626	0,009327	0,010271	0,009379	0,007888	0,007311
18,4973	0,00426	0,009807	0,010245	0,00907	0,007513	0,007082
20,3966	0,004912	0,010145	0,010076	0,008683	0,007133	0,00685
22,4909	0,005567	0,01033	0,009776	0,008232	0,006747	0,006608
24,8002	0,006195	0,010347	0,009362	0,007734	0,006357	0,006347
27,3466	0,006766	0,010197	0,008855	0,007206	0,005963	0,006061
30,1545	0,007267	0,009894	0,008283	0,006666	0,005567	0,005747
33,2507	0,007679	0,009456	0,007669	0,006126	0,005172	0,005406
36,6648	0,007985	0,008903	0,007033	0,005595	0,004779	0,005041
40,4295	0,008171	0,008259	0,006391	0,00508	0,004388	0,004654
44,5807	0,008233	0,007554	0,005759	0,004586	0,004003	0,004252
49,1581	0,008158	0,006819	0,005152	0,00412	0,003628	0,003843
54,2055	0,007961	0,00608	0,004579	0,003681	0,003265	0,003437
59,7712	0,007655	0,005362	0,004044	0,003271	0,002917	0,003043
65,9084	0,007248	0,004687	0,003555	0,002892	0,002591	0,002672
72,6757	0,006759	0,004071	0,003115	0,002543	0,002291	0,002332
80,1379	0,006214	0,003523	0,002724	0,002226	0,002018	0,002031
88,3663	0,005641	0,003052	0,002385	0,001945	0,001779	0,001776
97,4395	0,005057	0,002654	0,002095	0,001701	0,001576	0,00157
107,4444	0,00448	0,002325	0,001851	0,001491	0,001408	0,001412
118,4765	0,003964	0,002055	0,00165	0,001318	0,001276	0,001302
130,6414	0,003459	0,001834	0,001485	0,001179	0,001176	0,001234
144,0554	0,002894	0,001657	0,001351	0,00107	0,001108	0,001203
158,8467	0,002371	0,0015	0,001246	0,000992	0,001067	0,001201
175,1567	0,001924	0,001371	0,001164	0,000941	0,001049	0,001218
193,1414	0,001535	0,001301	0,0011	0,000912	0,001048	0,001246
212,9727	0,001206	0,001248	0,00105	0,000901	0,001061	0,001277
234,8402	0,000934	0,001185	0,001009	0,000904	0,001083	0,001305
258,9531	0,000712	0,00111	0,000973	0,000915	0,001108	0,001333
285,5418	0,000535	0,001018	0,00094	0,000931	0,00114	0,001339
314,8605	0,000396	0,000906	0,000906	0,000949	0,001173	0,001307
347,1897	0,00029	0,000778	0,000862	0,000965	0,00118	0,001235
382,8383	0,000209	0,00064	0,000802	0,000968	0,00115	0,001125
422,1472	0,000148	0,0005	0,000728	0,000942	0,001081	0,000985
465,4923	0,000103	0,000367	0,000642	0,000888	0,000973	0,000829
513,288	0,00007	0,000252	0,000546	0,000806	0,00083	0,000665
565,9913	0,00005	0,000168	0,000444	0,000698	0,000664	0,000503
624,1059	0,000029	0,000066	0,000346	0,000578	0,000498	0,000365
688,1877	0,000015	0,000002	0,000252	0,000444	0,000343	0,000251
758,8492	0,000004	0	0,000154	0,000281	0,0002	0,000143
836,766	0	0	0,00009	0,000168	0,000112	0,000076

$0{,}136$ g Silikat $+ 0{,}019$ g H_2SO_4/g H_2O; 80°C; 400 min^{-1} (12.06.2008)

t [min]	$x_{50,3}$ [µm]	$x_{90,3}$ [µm]	d_r
10	86,69	329,34	2,13
20	82,89	392,57	2,16
30	109,88	510,82	2,21
40	148,34	555,63	2,30
60	140,65	518,30	2,27
100	157,39	601,26	2,35

Ultraschall

ε_v [MJ/m³]	$x_{50,3}$ [µm]
138,3	50,51
276,7	39,29
415,0	5,32
553,3	1,34
691,6	1,42
830,0	0,63

BET-Oberfläche

a [m²/g]	149

t [min]	10	20	30	40	60	100
x [µm]	q_3 [1/µm]					
0,0525	0	0	0	0	0	0
0,0579	0	0	0	0	0	0
0,0638	0	0	0	0	0	0
0,0704	0	0	0	0	0	0
0,0776	0	0	0	0	0	0
0,0856	0	0	0	0	0	0
0,0944	0	0	0	0	0	0
0,1041	0	0	0	0	0	0
0,1148	0	0	0	0	0	0
0,1265	0	0	0	0	0	0
0,1395	0	0	0	0	0	0
0,1539	0	0	0	0	0	0
0,1697	0	0	0	0	0	0
0,1871	0	0	0	0	0	0
0,2063	0	0	0	0	0	0
0,2275	0	0	0	0	0	0
0,2508	0	0	0	0	0	0
0,2766	0	0	0	0	0	0
0,305	0	0	0	0	0	0
0,3363	0	0	0	0	0	0
0,3708	0	0	0	0	0	0
0,4089	0	0	0	0	0	0
0,4509	0	0	0	0	0	0
0,4972	0	0	0	0	0	0
0,5482	0	0	0	0	0	0
0,6045	0	0	0	0	0	0
0,6666	0	0	0	0	0	0
0,735	0	0	0	0	0	0
0,8105	0	0,000001	0,000002	0	0	0
0,8937	0	0,000002	0,000004	0	0	0
0,9855	0	0,000005	0,000005	0	0	0
1,0867	0	0,000009	0,000005	0	0	0
1,1983	0	0,000015	0,000005	0	0,000002	0,000004
1,3213	0	0,000021	0,000005	0	0,000006	0,000012
1,457	0	0,000027	0,000004	0,000001	0,000021	0,000027
1,6066	0,000001	0,000031	0,000007	0,000006	0,000055	0,000098
1,7715	0,000002	0,000034	0,000017	0,00002	0,000123	0,000225
1,9534	0,000004	0,000036	0,000039	0,000044	0,000251	0,000363
2,154	0,000008	0,000043	0,000096	0,000114	0,000449	0,000744
2,3751	0,000016	0,000059	0,0002	0,000245	0,000754	0,001378
2,619	0,000025	0,000092	0,000337	0,000406	0,001298	0,001787
2,8879	0,000037	0,000159	0,00059	0,000709	0,001788	0,002744
3,1845	0,000053	0,000274	0,000996	0,001208	0,002396	0,003725
3,5114	0,000073	0,000425	0,001273	0,001549	0,003372	0,004698
3,872	0,000097	0,000669	0,001925	0,00236	0,004221	0,005705
4,2695	0,000127	0,001058	0,002569	0,003141	0,005184	0,006682
4,7079	0,000179	0,001334	0,003258	0,003943	0,006139	0,007473
5,1913	0,000251	0,00188	0,004061	0,004859	0,007029	0,008078
5,7244	0,000332	0,002494	0,004899	0,005794	0,007893	0,008648
6,3121	0,000485	0,003118	0,005753	0,006705	0,008664	0,009048
6,9602	0,000705	0,003868	0,006621	0,007563	0,009301	0,009208
7,6749	0,000866	0,00465	0,007418	0,008248	0,009745	0,009178
8,4629	0,001236	0,005457	0,008147	0,008823	0,010058	0,009068
9,3319	0,00162	0,006279	0,0088	0,009315	0,010269	0,008931
10,2901	0,00206	0,007071	0,00933	0,009609	0,010314	0,008685
11,3466	0,002575	0,007806	0,009731	0,009733	0,010225	0,008374
12,5117	0,003164	0,008483	0,010022	0,009771	0,010071	0,008087
13,7963	0,003802	0,009051	0,010175	0,009694	0,009836	0,007801
15,2129	0,004473	0,009495	0,010201	0,009508	0,009533	0,007508
16,7749	0,005161	0,009808	0,010109	0,009239	0,009181	0,007217
18,4973	0,005841	0,00998	0,00991	0,008902	0,008792	0,006928
20,3966	0,006486	0,010013	0,009617	0,008507	0,008374	0,006637
22,4909	0,007074	0,00991	0,009244	0,008065	0,007934	0,006339
24,8002	0,00757	0,009674	0,0088	0,007587	0,007475	0,006031
27,3466	0,00795	0,009317	0,008301	0,007086	0,007003	0,005714
30,1545	0,008206	0,008859	0,007762	0,006573	0,006523	0,005388
33,2507	0,008329	0,008322	0,007197	0,006058	0,00604	0,005056
36,6648	0,008318	0,007725	0,00662	0,005549	0,005559	0,00472
40,4295	0,008175	0,007089	0,006041	0,005048	0,005081	0,00438
44,5807	0,007917	0,006435	0,005471	0,004563	0,004613	0,004039
49,1581	0,007559	0,005785	0,004921	0,004101	0,004162	0,003701
54,2055	0,007122	0,005155	0,004398	0,003662	0,003729	0,003366
59,7712	0,006625	0,004558	0,003909	0,00325	0,00332	0,003037
65,9084	0,00609	0,004008	0,00346	0,00287	0,002942	0,002718
72,6757	0,005535	0,003513	0,003056	0,002525	0,0026	0,002411
80,1379	0,004979	0,003074	0,002697	0,002215	0,002295	0,002119
88,3663	0,004441	0,002696	0,002387	0,001944	0,002032	0,00185
97,4395	0,003931	0,002376	0,002123	0,00171	0,001812	0,001606
107,4444	0,003455	0,002108	0,001902	0,00151	0,001631	0,001389
118,4765	0,003018	0,001887	0,001719	0,001344	0,001486	0,001201
130,6414	0,002624	0,001706	0,001571	0,001209	0,001375	0,001047
144,0554	0,00227	0,001559	0,001455	0,001108	0,001297	0,000925
158,8467	0,00195	0,001442	0,001363	0,001036	0,001245	0,000839
175,1567	0,001664	0,001344	0,001291	0,000989	0,001213	0,000786
193,1414	0,00142	0,001253	0,001233	0,000963	0,001196	0,00076
212,9727	0,001213	0,001185	0,001182	0,000953	0,001189	0,000757
234,8402	0,001035	0,001138	0,001136	0,000956	0,001188	0,000771
258,9531	0,000881	0,001084	0,0011	0,000967	0,001193	0,0008
285,5418	0,000747	0,001017	0,001057	0,000984	0,001189	0,000836
314,8605	0,00063	0,000937	0,000995	0,001004	0,001161	0,000876
347,1897	0,000526	0,000842	0,000917	0,001018	0,001104	0,000933
382,8383	0,000434	0,000736	0,000822	0,001012	0,001015	0,000989
422,1472	0,000352	0,00062	0,000714	0,000974	0,000897	0,001023
465,4923	0,00028	0,000505	0,000599	0,000906	0,000759	0,001027
513,288	0,000217	0,000393	0,000483	0,000804	0,00061	0,000993
565,9913	0,000164	0,000291	0,00037	0,000667	0,00046	0,000908
624,1059	0,00012	0,000206	0,00027	0,000518	0,000328	0,00078
688,1877	0,000082	0,000134	0,000184	0,000365	0,000216	0,000607
758,8492	0,000047	0,000066	0,000103	0,000213	0,000111	0,000381
836,766	0,000025	0,000025	0,000053	0,000116	0,000046	0,000222

0,136 g Silikat + 0,019 g H_2SO_4/g H_2O; 80°C; 600 min^{-1} (08.06.2009)

t [min]	X50,3 [µm]	X90,3 [µm]	dt
8	85,87	315,47	2,08
10	99,15	373,92	2,05
20	148,98	444,43	2,30
40	215,10	492,91	2,53
60	229,29	474,04	2,51
90	247,38	475,39	2,62

Ultraschall

ev [MJ/m³]	X50,3 [µm]
138,3	23,13
276,7	12,59
415,0	4,99
553,3	1,52

t [min]	8	10	20	40	60	90
x [µm]	q3 [1/µm]					
0,0525	0	0	0	0	0	0
0,0579	0	0	0	0	0	0
0,0638	0	0	0	0	0	0
0,0704	0	0	0	0	0	0
0,0776	0	0	0	0	0	0
0,0856	0	0	0	0	0	0
0,0944	0	0	0	0	0	0
0,1041	0	0	0	0	0	0
0,1148	0	0	0	0	0	0
0,1265	0	0	0	0	0	0
0,1395	0	0	0	0	0	0
0,1539	0	0	0	0	0	0
0,1697	0	0	0	0	0	0
0,1871	0	0	0	0	0	0
0,2063	0	0	0	0	0	0
0,2275	0	0	0	0	0	0
0,2508	0	0	0	0	0	0
0,2766	0	0	0	0	0	0
0,305	0	0	0	0	0	0
0,3363	0	0	0	0	0	0
0,3708	0	0	0	0	0	0
0,4089	0	0	0	0	0	0
0,4509	0	0	0	0	0	0
0,4972	0	0	0	0	0	0
0,5482	0	0	0	0	0	0
0,6045	0	0	0	0	0	0
0,6666	0	0	0	0	0	0
0,735	0	0	0	0	0	0
0,8105	0	0	0	0	0	0,000008
0,8937	0	0	0	0	0,000002	0,000029
0,9855	0	0	0	0	0,000006	0,000076
1,0867	0	0,000001	0	0,000001	0,000018	0,000165
1,1983	0,000001	0,000003	0	0,000006	0,000051	0,000341
1,3213	0,000003	0,000008	0,000001	0,000018	0,000115	0,000604
1,457	0,000007	0,000016	0,000003	0,000049	0,000228	0,000943
1,6066	0,000014	0,000027	0,000009	0,00011	0,000432	0,001511
1,7715	0,000025	0,000043	0,000025	0,000224	0,000733	0,002189
1,9534	0,000043	0,000066	0,000057	0,000434	0,001111	0,002679
2,154	0,000068	0,000095	0,000124	0,000725	0,001698	0,003689
2,3751	0,000098	0,000128	0,000236	0,001115	0,00244	0,004485
2,619	0,000136	0,000169	0,000384	0,001755	0,002935	0,005284
2,8879	0,000178	0,000215	0,000636	0,002319	0,003916	0,006085
3,1845	0,000224	0,00027	0,001017	0,002934	0,004727	0,006799
3,5114	0,000281	0,00035	0,001278	0,003894	0,005519	0,00742
3,872	0,000349	0,000452	0,001878	0,004685	0,006336	0,007936
4,2695	0,000422	0,000571	0,002466	0,005478	0,007026	0,008312
4,7079	0,00054	0,000774	0,003077	0,006219	0,007595	0,008557
5,1913	0,00068	0,001012	0,003778	0,006872	0,00805	0,008679
5,7244	0,000813	0,001225	0,00451	0,007446	0,008391	0,008688
6,3121	0,001084	0,001657	0,005252	0,007919	0,008612	0,008596
6,9602	0,001369	0,002079	0,005991	0,008274	0,008716	0,008424
7,6749	0,001719	0,002569	0,006647	0,008449	0,008673	0,008167
8,4629	0,002151	0,003147	0,007247	0,008526	0,008545	0,00786
9,3319	0,002661	0,003793	0,007797	0,008554	0,00837	0,007522
10,2901	0,003231	0,004474	0,008224	0,008453	0,008115	0,007161
11,3466	0,003854	0,005174	0,008531	0,008253	0,007804	0,00679
12,5117	0,004536	0,005901	0,008759	0,008025	0,007481	0,006427
13,7963	0,005243	0,006605	0,008878	0,00775	0,007139	0,006072
15,2129	0,00595	0,007257	0,008888	0,00743	0,00678	0,00573
16,7749	0,00663	0,007829	0,008797	0,007078	0,006414	0,005402
18,4973	0,007257	0,008295	0,008611	0,006701	0,006043	0,005087
20,3966	0,007804	0,008635	0,008337	0,006304	0,005667	0,004782
22,4909	0,008246	0,008831	0,007981	0,005889	0,005285	0,004481
24,8002	0,008552	0,008866	0,007552	0,005459	0,004897	0,004176
27,3466	0,008706	0,008739	0,007061	0,005017	0,004503	0,003865
30,1545	0,008705	0,008463	0,006524	0,00457	0,004102	0,003542
33,2507	0,008555	0,008057	0,005956	0,004121	0,003698	0,003207
36,6648	0,008268	0,007545	0,005371	0,003676	0,003295	0,002861
40,4295	0,007861	0,006951	0,004784	0,003238	0,002896	0,002507
44,5807	0,00736	0,006307	0,004209	0,002816	0,00251	0,002154
49,1581	0,006795	0,005648	0,003667	0,002422	0,002152	0,001818
54,2055	0,006196	0,005001	0,003165	0,002062	0,001812	0,001495
59,7712	0,00559	0,004388	0,002715	0,001744	0,001517	0,001213
65,9084	0,005004	0,003831	0,002327	0,001476	0,001327	0,00103
72,6757	0,004457	0,003346	0,002007	0,001265	0,001075	0,000803
80,1379	0,003961	0,002935	0,001754	0,001112	0,000736	0,000514
88,3663	0,003525	0,002603	0,00157	0,001018	0,000633	0,000448
97,4395	0,003149	0,002343	0,001447	0,000977	0,000672	0,000522
107,4444	0,002825	0,002144	0,001376	0,000984	0,00072	0,000618
118,4765	0,002546	0,001993	0,001348	0,00103	0,000808	0,000766
130,6414	0,002306	0,001881	0,001352	0,001105	0,000935	0,000961
144,0554	0,002102	0,001801	0,00138	0,001203	0,001089	0,00119
158,8467	0,001923	0,001741	0,001422	0,001312	0,00126	0,00143
175,1567	0,001766	0,001694	0,001468	0,001426	0,001437	0,001668
193,1414	0,00163	0,001655	0,001515	0,001535	0,001606	0,00189
212,9727	0,001497	0,001611	0,001552	0,001638	0,001761	0,002071
234,8402	0,001358	0,001547	0,001581	0,001725	0,00189	0,002216
258,9531	0,00121	0,001452	0,001619	0,001781	0,00197	0,002373
285,5418	0,001054	0,001322	0,001609	0,001828	0,002038	0,002408
314,8605	0,000893	0,001165	0,001514	0,001854	0,002083	0,002243
347,1897	0,000734	0,000989	0,001374	0,001746	0,001942	0,001987
382,8383	0,000582	0,000805	0,001198	0,001535	0,001669	0,001679
422,1472	0,000442	0,000622	0,000993	0,001285	0,001365	0,001338
465,4923	0,000319	0,000464	0,000786	0,001026	0,00106	0,001005
513,288	0,000218	0,000333	0,00059	0,000775	0,000774	0,000708
565,9913	0,000146	0,000224	0,000415	0,00055	0,00053	0,000469
624,1059	0,000052	0,000128	0,000284	0,000377	0,000343	0,000285
688,1877	0	0,000049	0,000169	0,000227	0,000193	0,00014
758,8492	0	0,000005	0,000024	0,000047	0,000042	0,000017
836,766	0	0	0	0,000001	0,000005	0

$0{,}136$ g Silikat $+ 0{,}019$ g H_2SO_4/g H_2O; 80°C; 800 min^{-1} (27.05.2008)

t [min]	$x_{50,3}$ [µm]	$x_{90,3}$ [µm]	d_r
20	81,00	172,81	2,02
40	84,58	167,26	2,07
60	88,87	161,11	2,34
80	89,00	175,18	2,36
100	91,55	163,96	2,39

Ultraschall

ε_v [MJ/m³]	$x_{50,3}$ [µm]
138,3	17,86
276,7	11,35
415,0	2,22
553,3	1,32
691,6	0,55
830,0	0,42

t [min]	20	40	60	80	100
x [µm]	q_3 [1/µm]				
0,0525	0	0	0	0	0
0,0579	0	0	0	0	0
0,0638	0	0	0	0	0
0,0704	0	0	0	0	0
0,0776	0	0	0	0	0
0,0856	0	0	0	0	0
0,0944	0	0	0	0	0
0,1041	0	0	0	0	0
0,1148	0	0	0	0	0
0,1265	0	0	0	0	0
0,1395	0	0	0	0	0
0,1539	0	0	0	0	0
0,1697	0	0	0	0	0
0,1871	0	0	0	0	0
0,2063	0	0	0	0	0
0,2275	0	0	0	0	0
0,2508	0	0	0	0	0
0,2766	0	0	0	0	0
0,305	0	0	0	0	0
0,3363	0	0	0	0	0
0,3708	0	0	0	0	0
0,4089	0	0	0	0	0
0,4509	0	0	0	0	0
0,4972	0	0	0	0	0
0,5482	0	0	0	0	0
0,6045	0	0	0	0	0
0,6666	0	0	0	0	0
0,735	0	0	0	0	0
0,8105	0	0	0	0,000037	0,000002
0,8937	0,000001	0,000001	0,000001	0,000101	0,000009
0,9855	0,000005	0,000002	0,000004	0,000201	0,000033
1,0867	0,000013	0,000007	0,000014	0,000364	0,000098
1,1983	0,000032	0,000026	0,000052	0,000611	0,000244
1,3213	0,000066	0,000064	0,00014	0,00093	0,000483
1,457	0,000122	0,000131	0,000307	0,001299	0,000815
1,6066	0,000204	0,000266	0,000563	0,001786	0,001257
1,7715	0,000315	0,000474	0,000948	0,002302	0,001836
1,9534	0,000459	0,000718	0,001552	0,002653	0,002599
2,154	0,000624	0,001078	0,002001	0,003222	0,003163
2,3751	0,000808	0,001528	0,002575	0,003592	0,003848
2,619	0,001036	0,001855	0,003183	0,00388	0,004489
2,8879	0,001231	0,002529	0,003539	0,004109	0,004759
3,1845	0,001423	0,002987	0,003885	0,004257	0,004937
3,5114	0,001683	0,003368	0,004207	0,004354	0,005067
3,872	0,001911	0,003749	0,004465	0,004425	0,005134
4,2695	0,002174	0,004078	0,004622	0,004486	0,0051
4,7079	0,002481	0,004395	0,004787	0,004581	0,005072
5,1913	0,00284	0,00471	0,005	0,004734	0,005105
5,7244	0,003268	0,005011	0,005249	0,004966	0,005208
6,3121	0,003771	0,005322	0,005524	0,005283	0,005373
6,9602	0,004358	0,00566	0,005832	0,00569	0,005605
7,6749	0,004993	0,005974	0,006161	0,006149	0,005901
8,4629	0,005681	0,006334	0,006546	0,006645	0,006271
9,3319	0,006406	0,006779	0,006997	0,007151	0,006705
10,2901	0,007121	0,007223	0,007464	0,007617	0,007158
11,3466	0,007797	0,007668	0,007944	0,008007	0,007615
12,5117	0,008422	0,00816	0,008464	0,008297	0,00808
13,7963	0,008936	0,008631	0,008958	0,008439	0,008484
15,2129	0,009312	0,009033	0,009372	0,008422	0,008775
16,7749	0,00953	0,009317	0,009644	0,008244	0,008891
18,4973	0,009578	0,009426	0,009698	0,00792	0,008808
20,3966	0,009462	0,009326	0,009499	0,00748	0,008497
22,4909	0,009196	0,008997	0,009042	0,006966	0,007909
24,8002	0,008808	0,008473	0,008337	0,006426	0,007288
27,3466	0,008335	0,007815	0,007488	0,005911	0,006671
30,1545	0,007829	0,007116	0,006796	0,005473	0,005453
33,2507	0,00733	0,006449	0,005962	0,005143	0,004276
36,6648	0,006874	0,005877	0,004744	0,004943	0,003889
40,4295	0,006489	0,005433	0,004057	0,004879	0,003757
44,5807	0,006188	0,00513	0,003936	0,00494	0,003712
49,1581	0,005968	0,004968	0,003919	0,005095	0,00383
54,2055	0,005816	0,004923	0,004027	0,005307	0,004083
59,7712	0,005711	0,004973	0,004277	0,005537	0,004444
65,9084	0,005629	0,005103	0,004646	0,005742	0,004901
72,6757	0,005553	0,005289	0,005119	0,005896	0,005433
80,1379	0,005469	0,005503	0,005669	0,005985	0,006001
88,3663	0,005331	0,005664	0,006167	0,00595	0,006464
97,4395	0,005198	0,005812	0,006652	0,005891	0,00688
107,4444	0,005071	0,005904	0,007025	0,005822	0,007174
118,4765	0,0047	0,005564	0,006634	0,005392	0,006717
130,6414	0,004126	0,004856	0,005594	0,004678	0,005647
144,0554	0,003496	0,004004	0,00432	0,003913	0,004396
158,8467	0,002844	0,003108	0,003077	0,003143	0,003192
175,1567	0,002204	0,002259	0,002005	0,002395	0,002145
193,1414	0,001622	0,001557	0,001196	0,001714	0,001324
212,9727	0,001129	0,000993	0,000676	0,00118	0,000783
234,8402	0,000718	0,000515	0,000362	0,000736	0,000438
258,9531	0,000344	0,000074	0,000055	0,000183	0,000068
285,5418	0,000082	0	0	0,000022	0
314,8605	0,000001	0	0	0	0
347,1897	0	0	0	0	0
382,8383	0	0	0	0	0
422,1472	0	0	0	0	0
465,4923	0	0	0	0	0
513,288	0	0	0	0	0
565,9913	0	0	0	0	0
624,1059	0	0	0	0	0
688,1877	0	0	0	0	0
758,8492	0	0	0	0	0
836,766	0	0	0	0	0

0,136 g Silikat + 0,019 g H_2SO_4/g H_2O; Wasserglas mit Ionentauscher (08.12.2008)

t [min]	$x_{50,3}$ [µm]	$x_{90,3}$ [µm]	d_t
25	126,11	419,97	2,41
30	127,26	455,57	2,44
40	114,15	460,86	2,42
60	98,05	413,36	2,51
90	106,52	492,40	2,57

Ultraschall

e_V [MJ/m³]	$x_{50,3}$ [µm]
138,3	30,34
276,7	21,90
415,0	15,94

t [min]	25	30	40	60	90
x [µm]	q_3 [1/µm]				
0,0525	0	0	0	0	0
0,0579	0	0	0	0	0
0,0638	0	0	0	0	0
0,0704	0	0	0	0	0
0,0776	0	0	0	0	0
0,0856	0	0	0	0	0
0,0944	0	0	0	0	0
0,1041	0	0	0	0	0
0,1148	0	0	0	0	0
0,1265	0	0	0	0	0
0,1395	0	0	0	0	0
0,1539	0	0	0	0	0
0,1697	0	0	0	0	0
0,1871	0	0	0	0	0
0,2063	0	0	0	0	0
0,2275	0	0	0	0	0
0,2508	0	0	0	0	0
0,2766	0	0	0	0	0
0,305	0	0	0	0	0
0,3363	0	0	0	0	0
0,3708	0	0	0	0	0
0,4089	0	0	0	0	0
0,4509	0	0	0	0	0
0,4972	0	0	0	0	0
0,5482	0	0	0	0	0
0,6045	0	0	0	0	0
0,6666	0	0	0	0	0
0,735	0	0	0	0	0
0,8105	0	0	0	0	0
0,8937	0	0	0	0	0
0,9855	0	0	0	0	0,000001
1,0867	0	0	0	0,000001	0,000002
1,1983	0	0	0	0,000003	0,000008
1,3213	0	0	0,000001	0,00001	0,000021
1,457	0	0,000002	0,000004	0,000024	0,00005
1,6066	0,000001	0,000006	0,000013	0,000058	0,000111
1,7715	0,000005	0,000017	0,000031	0,000119	0,000217
1,9534	0,000014	0,00004	0,000065	0,000213	0,000384
2,154	0,000034	0,000082	0,000124	0,000363	0,000608
2,3751	0,000069	0,000149	0,000215	0,000576	0,000898
2,619	0,000125	0,000257	0,000352	0,000818	0,001316
2,8879	0,00021	0,000396	0,000525	0,00114	0,001675
3,1845	0,000331	0,000567	0,000735	0,001556	0,002057
3,5114	0,000475	0,000835	0,001056	0,001836	0,002615
3,872	0,000669	0,001103	0,001374	0,002357	0,003056
4,2695	0,00094	0,001345	0,001655	0,002809	0,003511
4,7079	0,001131	0,001762	0,002128	0,003234	0,003963
5,1913	0,00146	0,002111	0,002521	0,003706	0,004408
5,7244	0,001813	0,002507	0,002967	0,0042	0,00488
6,3121	0,002156	0,002938	0,003455	0,004716	0,005383
6,9602	0,002559	0,00339	0,003964	0,00526	0,005913
7,6749	0,002978	0,003844	0,004458	0,005777	0,006411
8,4629	0,003414	0,004308	0,004965	0,006308	0,006927
9,3319	0,003867	0,004778	0,005495	0,00687	0,007483
10,2901	0,004323	0,005234	0,005995	0,007388	0,007988
11,3466	0,004772	0,005667	0,006457	0,007854	0,008434
12,5117	0,005214	0,00608	0,006904	0,008297	0,008852
13,7963	0,005623	0,006444	0,00729	0,008661	0,009182
15,2129	0,005986	0,006747	0,007598	0,008925	0,009401
16,7749	0,006293	0,006981	0,007817	0,00908	0,009499
18,4973	0,006534	0,007134	0,007936	0,009116	0,00947
20,3966	0,006699	0,007204	0,007949	0,009031	0,009315
22,4909	0,006786	0,007186	0,007856	0,00883	0,009041
24,8002	0,006786	0,00708	0,007658	0,00852	0,008658
27,3466	0,0067	0,006889	0,007366	0,008116	0,008188
30,1545	0,006535	0,006626	0,007	0,007641	0,007655
33,2507	0,006302	0,006305	0,006579	0,007119	0,007085
36,6648	0,006012	0,00594	0,006124	0,006572	0,006499
40,4295	0,005679	0,005546	0,005652	0,006018	0,005916
44,5807	0,005319	0,005139	0,005183	0,005475	0,005352
49,1581	0,004944	0,004733	0,004732	0,004961	0,004824
54,2055	0,00457	0,00434	0,004308	0,004481	0,004335
59,7712	0,004207	0,003968	0,003915	0,004039	0,003888
65,9084	0,003865	0,003626	0,003561	0,003643	0,003488
72,6757	0,003551	0,003317	0,003247	0,003293	0,003134
80,1379	0,003266	0,003042	0,002971	0,002985	0,002822
88,3663	0,003012	0,002801	0,002729	0,002717	0,00255
97,4395	0,002786	0,002589	0,002518	0,002483	0,002313
107,4444	0,002586	0,002404	0,002331	0,002278	0,002105
118,4765	0,002407	0,002239	0,002162	0,002094	0,00192
130,6414	0,002243	0,00209	0,002009	0,001929	0,001756
144,0554	0,002093	0,001956	0,001868	0,001782	0,001612
158,8467	0,001953	0,001832	0,001738	0,001649	0,001485
175,1567	0,00182	0,001716	0,001616	0,001528	0,001372
193,1414	0,001692	0,001605	0,001501	0,001416	0,001272
212,9727	0,001575	0,001503	0,001396	0,001316	0,001181
234,8402	0,001465	0,001407	0,001298	0,001224	0,001098
258,9531	0,001338	0,001301	0,001199	0,00113	0,001028
285,5418	0,001202	0,001187	0,001098	0,001034	0,000963
314,8605	0,001065	0,001069	0,000996	0,000936	0,000895
347,1897	0,000928	0,000947	0,000893	0,000833	0,000824
382,8383	0,000792	0,000823	0,000789	0,000728	0,000749
422,1472	0,000659	0,000698	0,000684	0,000622	0,000667
465,4923	0,000535	0,000577	0,000579	0,000518	0,000582
513,288	0,000421	0,000462	0,000477	0,000417	0,000493
565,9913	0,000318	0,000355	0,000378	0,000324	0,000402
624,1059	0,000231	0,000262	0,000289	0,000241	0,000314
688,1877	0,000158	0,000182	0,000206	0,000168	0,000228
758,8492	0,000089	0,000106	0,000125	0,0001	0,000139
836,766	0,000047	0,000059	0,000072	0,000057	0,000081

0,136 g Silikat + 0,019 g H_2SO_4/g H_2O + 8,23 g NaCl; 400 min^{-1} (03.06.2008)

t [min]	$x_{50,3}$ [µm]	$x_{90,3}$ [µm]	d_f
15	79,15	150,39	2,04
20	130,85	297,52	2,09
30	146,95	361,17	1,97
40	138,57	370,89	2,10
60	140,86	366,57	2,15
100	149,73	372,31	2,15

Ultraschall

e_v [MJ/m³]	$x_{50,3}$ [µm]
138,3	23,77
276,7	15,43
415,0	8,84
553,3	4,57
691,6	2,37
830,0	0,79

t [min]	15	20	30	40	60	100
x [µm]	q_3 [1/µm]					
0,0525	0	0	0	0	0	0
0,0579	0	0	0	0	0	0
0,0638	0	0	0	0	0	0
0,0704	0	0	0	0	0	0
0,0776	0	0	0	0	0	0
0,0856	0	0	0	0	0	0
0,0944	0	0	0	0	0	0
0,1041	0	0	0	0	0	0
0,1148	0	0	0	0	0	0
0,1265	0	0	0	0	0	0
0,1395	0	0	0	0	0	0
0,1539	0	0	0	0	0	0
0,1697	0	0	0	0	0	0
0,1871	0	0	0	0	0	0
0,2063	0	0	0	0	0	0
0,2275	0	0	0	0	0	0
0,2508	0	0	0	0	0	0
0,2766	0	0	0	0	0	0
0,305	0	0	0	0	0	0
0,3363	0	0	0	0	0	0
0,3708	0	0	0	0	0	0
0,4089	0	0	0	0	0	0
0,4509	0	0	0	0	0	0
0,4972	0	0	0	0	0	0
0,5482	0	0	0	0	0	0
0,6045	0	0	0	0	0	0
0,6666	0	0	0	0	0	0
0,735	0	0	0	0	0	0
0,8105	0	0	0	0	0,000001	0
0,8937	0	0	0	0	0,000002	0
0,9855	0	0	0	0	0,000004	0
1,0867	0	0	0	0	0,000006	0,000001
1,1983	0	0	0	0	0,000008	0,000004
1,3213	0	0	0,000001	0	0,000009	0,000012
1,457	0	0	0,000002	0	0,000009	0,000029
1,6066	0	0	0,000008	0	0,000009	0,000063
1,7715	0	0	0,000021	0	0,000009	0,000124
1,9534	0	0,000002	0,000041	0	0,000008	0,000234
2,154	0	0,000004	0,000068	0	0,000011	0,000385
2,3751	0,000004	0,00001	0,000104	0	0,000022	0,000594
2,619	0,00001	0,00002	0,000145	0	0,000047	0,000979
2,8879	0,000021	0,000035	0,000185	0	0,000109	0,001332
3,1845	0,000043	0,000059	0,00022	0,000081	0,000229	0,001761
3,5114	0,000078	0,000092	0,000242	0,000171	0,000396	0,002462
3,872	0,000128	0,000137	0,000254	0,000252	0,000696	0,003101
4,2695	0,000191	0,000188	0,000258	0,000397	0,001217	0,003843
4,7079	0,000262	0,000246	0,000266	0,000718	0,001587	0,004645
5,1913	0,000336	0,00031	0,000284	0,001106	0,002365	0,005469
5,7244	0,000405	0,000383	0,000327	0,001436	0,003267	0,006309
6,3121	0,000455	0,000484	0,000441	0,002157	0,004186	0,007132
6,9602	0,000486	0,000606	0,000617	0,002811	0,005254	0,007919
7,6749	0,000515	0,000702	0,000764	0,003552	0,006293	0,008591
8,4629	0,00052	0,00089	0,001115	0,004367	0,007317	0,009171
9,3319	0,000556	0,001089	0,001489	0,005193	0,008323	0,00966
10,2901	0,000642	0,001306	0,001935	0,006008	0,009161	0,009999
11,3466	0,00081	0,001552	0,002474	0,006783	0,009815	0,010191
12,5117	0,001103	0,001836	0,00311	0,007498	0,01033	0,010269
13,7963	0,001552	0,002148	0,00383	0,008106	0,010644	0,010212
15,2129	0,00217	0,002483	0,004616	0,008591	0,010756	0,010032
16,7749	0,00297	0,002838	0,005444	0,008938	0,010686	0,009745
18,4973	0,003944	0,003204	0,006268	0,009137	0,010451	0,009368
20,3966	0,005069	0,003572	0,007037	0,009186	0,010073	0,008914
22,4909	0,006322	0,003927	0,007686	0,009089	0,009577	0,008399
24,8002	0,00764	0,004247	0,008157	0,008846	0,008989	0,007834
27,3466	0,008951	0,004514	0,008412	0,008471	0,008337	0,007235
30,1545	0,01019	0,004713	0,008444	0,007981	0,007646	0,006613
33,2507	0,011282	0,004836	0,008263	0,007398	0,006935	0,005982
36,6648	0,012156	0,004877	0,007886	0,006744	0,006221	0,005352
40,4295	0,01274	0,004833	0,007322	0,006044	0,00551	0,004732
44,5807	0,013015	0,004719	0,006605	0,005321	0,004819	0,004137
49,1581	0,012959	0,00455	0,005783	0,004608	0,004168	0,003589
54,2055	0,01257	0,004345	0,004897	0,003928	0,003566	0,003079
59,7712	0,011982	0,004121	0,003998	0,003305	0,003026	0,002636
65,9084	0,01144	0,003902	0,003157	0,002759	0,002563	0,002323
72,6757	0,010461	0,003703	0,002414	0,002305	0,002185	0,001969
80,1379	0,008878	0,003539	0,001805	0,001948	0,001891	0,001548
88,3663	0,007321	0,003416	0,001406	0,001695	0,001684	0,001381
97,4395	0,005874	0,003332	0,001075	0,001536	0,001553	0,001374
107,4444	0,004519	0,003276	0,000729	0,00146	0,001484	0,001388
118,4765	0,003354	0,003226	0,000595	0,001451	0,001463	0,001443
130,6414	0,002389	0,003173	0,00063	0,00149	0,001478	0,001532
144,0554	0,001578	0,003107	0,000691	0,001561	0,001523	0,001638
158,8467	0,000855	0,003012	0,000796	0,001644	0,001587	0,001752
175,1567	0,000278	0,002902	0,000956	0,001724	0,00166	0,001859
193,1414	0,000019	0,002802	0,001172	0,001786	0,00173	0,001942
212,9727	0	0,002604	0,001426	0,001846	0,001813	0,002033
234,8402	0	0,002285	0,001714	0,001886	0,001881	0,002102
258,9531	0	0,001935	0,002055	0,00183	0,001842	0,002022
285,5418	0	0,001576	0,002266	0,001694	0,001708	0,00183
314,8605	0	0,001225	0,002226	0,001507	0,001511	0,001583
347,1897	0	0,000926	0,00199	0,001282	0,001264	0,001298
382,8383	0	0,000677	0,00162	0,001036	0,000994	0,001002
422,1472	0	0,000463	0,001184	0,000787	0,00073	0,000725
465,4923	0	0,000291	0,000797	0,000565	0,000507	0,000493
513,288	0	0,00014	0,000492	0,000388	0,000327	0,000311
565,9913	0	0,000011	0,000256	0,00026	0,000175	0,000174
624,1059	0	0	0,00007	0,000092	0,000048	0,000052
688,1877	0	0	0	0	0	0
758,8492	0	0	0	0	0	0
836,766	0	0	0	0	0	0

0,136 g Silikat + 0,019 g H_2SO_4/g H_2O + 12,35 g NaCl; 400 min^{-1} (16.06.2008)

t [min]	$x_{50,3}$ [μm]	$x_{90,3}$ [μm]	d_t
10	112,75	246,68	2,07
20	152,23	379,94	2,02
30	139,89	368,87	2,06
40	157,61	387,26	2,18
60	139,31	371,01	2,25
100	147,49	362,34	2,23

Ultraschall

E_V [MJ/m³]	$x_{50,3}$ [μm]
138,3	18,79
276,7	15,66
415,0	12,31
553,3	5,87
691,6	2,66
830,0	28,08

t [min]	10	20	30	40	60	100
x [μm]			q_3 [1/μm]			
0,0525	0	0	0	0	0	0
0,0579	0	0	0	0	0	0
0,0638	0	0	0	0	0	0
0,0704	0	0	0	0	0	0
0,0776	0	0	0	0	0	0
0,0856	0	0	0	0	0	0
0,0944	0	0	0	0	0	0
0,1041	0	0	0	0	0	0
0,1148	0	0	0	0	0	0
0,1265	0	0	0	0	0	0
0,1395	0	0	0	0	0	0
0,1539	0	0	0	0	0	0
0,1697	0	0	0	0	0	0
0,1871	0	0	0	0	0	0
0,2063	0	0	0	0	0	0
0,2275	0	0	0	0	0	0
0,2508	0	0	0	0	0	0
0,2766	0	0	0	0	0	0
0,305	0	0	0	0	0	0
0,3363	0	0	0	0	0	0
0,3708	0	0	0	0	0	0
0,4089	0	0	0	0	0	0
0,4509	0	0	0	0	0	0
0,4972	0	0	0	0	0	0
0,5482	0	0	0	0	0	0
0,6045	0	0	0	0	0	0
0,6666	0	0	0	0	0	0
0,735	0	0	0	0	0	0
0,8105	0	0	0,000001	0,000001	0,000004	0
0,8937	0	0	0,000002	0,000004	0,000008	0
0,9855	0	0	0,000005	0,000009	0,000013	0,000001
1,0867	0	0	0,000012	0,000017	0,000018	0,000005
1,1983	0	0,000001	0,000023	0,000027	0,000021	0,000015
1,3213	0	0,000003	0,000039	0,000038	0,000022	0,000036
1,457	0	0,000007	0,000058	0,000046	0,000022	0,000077
1,6066	0	0,000017	0,000082	0,000053	0,000024	0,000151
1,7715	0,000002	0,000035	0,000107	0,000058	0,000032	0,000277
1,9534	0,000004	0,000062	0,000125	0,000056	0,000053	0,000485
2,154	0,000007	0,000101	0,000134	0,000055	0,000113	0,000758
2,3751	0,000011	0,000154	0,000137	0,000063	0,000227	0,00112
2,619	0,000017	0,00022	0,000138	0,000105	0,00038	0,001737
2,8879	0,000024	0,000301	0,000152	0,000179	0,000681	0,002294
3,1845	0,000035	0,000397	0,000192	0,000297	0,001179	0,002939
3,5114	0,000049	0,000501	0,000256	0,000576	0,001519	0,003961
3,872	0,000069	0,000629	0,000392	0,000886	0,002335	0,004853
4,2695	0,000095	0,000792	0,000646	0,001212	0,003168	0,00584
4,7079	0,00013	0,000917	0,000833	0,001862	0,004057	0,006857
5,1913	0,000176	0,00112	0,001234	0,002483	0,005095	0,00785
5,7244	0,000236	0,001354	0,001716	0,003259	0,006211	0,008813
6,3121	0,000307	0,001608	0,002241	0,004152	0,007344	0,009691
6,9602	0,000394	0,00192	0,002894	0,005115	0,008458	0,01045
7,6749	0,000521	0,002263	0,003605	0,006082	0,009442	0,011009
8,4629	0,000631	0,002657	0,004385	0,00705	0,01031	0,011404
9,3319	0,000769	0,003112	0,005228	0,007986	0,01105	0,011647
10,2901	0,00096	0,003599	0,006063	0,008772	0,011559	0,011687
11,3466	0,001137	0,004114	0,006854	0,009376	0,01184	0,011545
12,5117	0,001346	0,004675	0,007597	0,009814	0,011942	0,011279
13,7963	0,001575	0,005247	0,008213	0,010034	0,011842	0,010889
15,2129	0,001817	0,005811	0,008673	0,010046	0,011565	0,010403
16,7749	0,002076	0,006349	0,008961	0,009873	0,011146	0,009851
18,4973	0,002348	0,006835	0,00907	0,009546	0,010616	0,009255
20,3966	0,002631	0,007245	0,009005	0,009097	0,010003	0,008633
22,4909	0,002927	0,007554	0,008783	0,008559	0,009333	0,007998
24,8002	0,003231	0,007735	0,008425	0,007962	0,00863	0,007359
27,3466	0,003536	0,007773	0,007961	0,007337	0,007913	0,006723
30,1545	0,003843	0,007664	0,00742	0,006704	0,007198	0,006096
33,2507	0,004148	0,007415	0,00683	0,006078	0,006498	0,005481
36,6648	0,004445	0,007037	0,006212	0,005465	0,00582	0,004881
40,4295	0,004732	0,006541	0,005578	0,004869	0,005167	0,004307
44,5807	0,005002	0,005957	0,004947	0,004295	0,004547	0,003756
49,1581	0,005236	0,005322	0,004344	0,003752	0,003972	0,003229
54,2055	0,00543	0,004665	0,003777	0,003249	0,003446	0,002811
59,7712	0,005578	0,00402	0,00326	0,002792	0,002975	0,002431
65,9084	0,005667	0,003427	0,002814	0,002395	0,002571	0,001876
72,6757	0,005691	0,002912	0,002446	0,002064	0,002238	0,00146
80,1379	0,00565	0,002489	0,002159	0,001804	0,001978	0,001343
88,3663	0,005529	0,00217	0,001954	0,001619	0,00179	0,001288
97,4395	0,005341	0,001948	0,001823	0,0015	0,001667	0,001274
107,4444	0,005091	0,001812	0,001753	0,001438	0,0016	0,001324
118,4765	0,004772	0,001741	0,001727	0,001422	0,001575	0,001416
130,6414	0,004437	0,001725	0,001736	0,001439	0,001582	0,00154
144,0554	0,00414	0,001759	0,001775	0,001484	0,001615	0,001693
158,8467	0,003702	0,001821	0,001831	0,001552	0,001663	0,001854
175,1567	0,003141	0,001903	0,001895	0,001635	0,001719	0,002024
193,1414	0,002607	0,002004	0,001958	0,001722	0,001784	0,00221
212,9727	0,002105	0,00208	0,002025	0,001828	0,001827	0,002335
234,8402	0,001641	0,002097	0,002067	0,001927	0,001823	0,002351
258,9531	0,00125	0,002022	0,001993	0,001935	0,001755	0,002247
285,5418	0,000916	0,00185	0,001818	0,001847	0,001617	0,002023
314,8605	0,000629	0,001594	0,001577	0,001679	0,001418	0,001701
347,1897	0,000415	0,001289	0,001292	0,001441	0,001177	0,001329
382,8383	0,000202	0,000969	0,000987	0,001159	0,000918	0,000949
422,1472	0,00001	0,000669	0,000694	0,000864	0,000663	0,000605
465,4923	0	0,000435	0,000471	0,000605	0,00045	0,000357
513,288	0	0,000225	0,000267	0,000391	0,00027	0,000171
565,9913	0	0,000019	0,000035	0,000214	0,000104	0,000014
624,1059	0	0	0	0,000061	0,000013	0
688,1877	0	0	0	0	0	0
758,8492	0	0	0	0	0	0
836,766	0	0	0	0	0	0

0,136 g Silikat + 0,019 g H_2SO_4/g H_2O + 16,46 g NaCl; 400 min^{-1} (13.06.2008)

t [min]	$x_{50,3}$ [µm]	$x_{90,3}$ [µm]	d_r
5	95,65	199,32	2,13
10	114,34	296,26	2,16
20	151,99	431,23	1,97
40	176,89	457,46	2,11
60	177,59	432,09	2,22
100	161,29	395,13	2,24

Ultraschall

e_V [MJ/m³]	$x_{50,3}$ [µm]
138,3	20,71
276,7	15,17
415,0	10,51
553,3	7,17
691,6	3,73

BET-Oberfläche

a [m²/g]	99

t [min]	5	10	20	40	60	100
x [µm]			q_3 [1/µm]			
0,0525	0	0	0	0	0	0
0,0579	0	0	0	0	0	0
0,0638	0	0	0	0	0	0
0,0704	0	0	0	0	0	0
0,0776	0	0	0	0	0	0
0,0856	0	0	0	0	0	0
0,0944	0	0	0	0	0	0
0,1041	0	0	0	0	0	0
0,1148	0	0	0	0	0	0
0,1265	0	0	0	0	0	0
0,1395	0	0	0	0	0	0
0,1539	0	0	0	0	0	0
0,1697	0	0	0	0	0	0
0,1871	0	0	0	0	0	0
0,2063	0	0	0	0	0	0
0,2275	0	0	0	0	0	0
0,2508	0	0	0	0	0	0
0,2766	0	0	0	0	0	0
0,305	0	0	0	0	0	0
0,3363	0	0	0	0	0	0
0,3708	0	0	0	0	0	0
0,4089	0	0	0	0	0	0
0,4509	0	0	0	0	0	0
0,4972	0	0	0	0	0	0
0,5482	0	0	0	0	0	0
0,6045	0	0	0	0	0	0
0,6666	0	0	0	0	0	0
0,735	0	0	0	0	0	0
0,8105	0	0	0,000003	0	0	0
0,8937	0	0	0,000011	0,000002	0	0,000003
0,9855	0	0	0,000024	0,000005	0	0,00001
1,0867	0	0	0,000046	0,000014	0,000001	0,000027
1,1983	0	0	0,000079	0,00003	0,000002	0,000065
1,3213	0	0	0,000122	0,00005	0,000004	0,000134
1,457	0	0	0,000174	0,000063	0,000008	0,000248
1,6066	0	0,000001	0,000231	0,00007	0,000024	0,000435
1,7715	0	0,000002	0,00029	0,000074	0,000059	0,000699
1,9534	0	0,000006	0,000346	0,000083	0,000119	0,001017
2,154	0	0,000015	0,000395	0,000125	0,000246	0,001511
2,3751	0	0,00003	0,000437	0,000216	0,000459	0,002148
2,619	0,000005	0,000056	0,000477	0,000345	0,000724	0,002585
2,8879	0,000027	0,000096	0,000518	0,000525	0,00117	0,003481
3,1845	0,000054	0,000152	0,000568	0,000791	0,001848	0,004284
3,5114	0,000113	0,000229	0,000666	0,001254	0,002291	0,005107
3,872	0,0002	0,000321	0,000785	0,001725	0,003234	0,006005
4,2695	0,000305	0,00042	0,000928	0,002149	0,004109	0,006873
4,7079	0,00049	0,000555	0,001188	0,002973	0,005003	0,007697
5,1913	0,000705	0,000697	0,001475	0,00375	0,006006	0,008458
5,7244	0,000884	0,000815	0,001837	0,00454	0,006951	0,009133
6,3121	0,001236	0,001025	0,002269	0,005398	0,007847	0,009699
6,9602	0,001494	0,001213	0,002766	0,006327	0,008691	0,010153
7,6749	0,00176	0,00142	0,003304	0,007155	0,009312	0,010454
8,4629	0,002031	0,001662	0,003872	0,007908	0,009801	0,010621
9,3319	0,002268	0,001937	0,004456	0,008596	0,010219	0,010661
10,2901	0,00245	0,002233	0,005031	0,009102	0,010411	0,010578
11,3466	0,002576	0,002551	0,005575	0,009413	0,010395	0,010385
12,5117	0,00266	0,002906	0,00608	0,009563	0,010263	0,01011
13,7963	0,0027	0,003282	0,006511	0,009536	0,009992	0,009757
15,2129	0,002713	0,003669	0,006854	0,009351	0,009599	0,009347
16,7749	0,002726	0,004062	0,0071	0,009031	0,009117	0,008898
18,4973	0,002765	0,004448	0,007243	0,008605	0,008571	0,008422
20,3966	0,002848	0,004814	0,00728	0,008098	0,007979	0,007929
22,4909	0,002996	0,005146	0,007213	0,007532	0,007364	0,007427
24,8002	0,003217	0,005424	0,007046	0,006937	0,006745	0,006917
27,3466	0,003511	0,00563	0,006784	0,00634	0,006139	0,006404
30,1545	0,003881	0,005756	0,006443	0,005764	0,005557	0,005887
33,2507	0,004323	0,005796	0,006038	0,005215	0,005004	0,005371
36,6648	0,004832	0,005749	0,005582	0,004697	0,00448	0,004858
40,4295	0,005397	0,005615	0,005092	0,004212	0,003981	0,004352
44,5807	0,005993	0,00541	0,004585	0,003755	0,003506	0,003862
49,1581	0,006566	0,005147	0,004079	0,003323	0,003063	0,003398
54,2055	0,007091	0,004847	0,00359	0,002922	0,002653	0,00297
59,7712	0,007522	0,004527	0,003133	0,002557	0,00228	0,002588
65,9084	0,007794	0,004212	0,002722	0,002226	0,001954	0,002263
72,6757	0,007878	0,003919	0,002367	0,001937	0,001682	0,002001
80,1379	0,007767	0,003658	0,002075	0,001694	0,001465	0,001805
88,3663	0,00744	0,003436	0,001851	0,001507	0,001309	0,001678
97,4395	0,007035	0,003251	0,001692	0,001371	0,001209	0,001613
107,4444	0,006589	0,003096	0,001593	0,001282	0,001158	0,0016
118,4765	0,005756	0,002954	0,001545	0,001237	0,001143	0,001628
130,6414	0,0047	0,002824	0,001537	0,001224	0,001158	0,001682
144,0554	0,003758	0,002709	0,001559	0,001231	0,001201	0,001751
158,8467	0,002923	0,00259	0,001594	0,001263	0,001266	0,00182
175,1567	0,002193	0,002474	0,001632	0,001317	0,001348	0,001877
193,1414	0,001598	0,002378	0,001664	0,001386	0,001447	0,001912
212,9727	0,00113	0,002231	0,001679	0,001464	0,001552	0,001945
234,8402	0,000771	0,00201	0,001679	0,001546	0,001661	0,001959
258,9531	0,000503	0,001759	0,001686	0,00164	0,001785	0,001872
285,5418	0,000311	0,001489	0,001641	0,001684	0,001839	0,001706
314,8605	0,000178	0,00121	0,001508	0,001638	0,001771	0,001497
347,1897	0,000095	0,000943	0,001338	0,001523	0,001616	0,001256
382,8383	0,000038	0,000698	0,001148	0,001345	0,001393	0,001
422,1472	0,000002	0,000485	0,000945	0,001111	0,001118	0,000748
465,4923	0	0,000325	0,000745	0,000868	0,000844	0,000528
513,288	0	0,000175	0,000561	0,000643	0,000599	0,000349
565,9913	0	0,000015	0,000408	0,000451	0,0004	0,000207
624,1059	0	0	0,000282	0,000307	0,000225	0,000065
688,1877	0	0	0,000175	0,000181	0,000081	0
758,8492	0	0	0,000074	0,000025	0,000007	0
836,766	0	0	0,000013	0	0	0

0,136 g Silikat + 0,019 g H_2SO_4/g H_2O + 10 g Na_2SO_4; 400 min^{-1} (13.06.2008)

t [min]	$x_{50,3}$ [μm]	$x_{90,3}$ [μm]	d_t
25	94,00	183,37	2,12
30	106,86	233,94	2,08
40	116,80	294,60	2,15
50	115,68	304,77	2,24
60	126,78	313,22	2,24
100	114,28	303,05	2,26

Ultraschall

E_V [MJ/m^3]	$x_{50,3}$ [μm]
138,3	22,73
276,7	15,15
415,0	10,36
553,3	5,14
691,6	2,91
691,6	2,09

t [min]	25	30	40	50	60	100
x [μm]			q_3 [1/μm]			
0,0525	0	0	0	0	0	0
0,0579	0	0	0	0	0	0
0,0638	0	0	0	0	0	0
0,0704	0	0	0	0	0	0
0,0776	0	0	0	0	0	0
0,0856	0	0	0	0	0	0
0,0944	0	0	0	0	0	0
0,1041	0	0	0	0	0	0
0,1148	0	0	0	0	0	0
0,1265	0	0	0	0	0	0
0,1395	0	0	0	0	0	0
0,1539	0	0	0	0	0	0
0,1697	0	0	0	0	0	0
0,1871	0	0	0	0	0	0
0,2063	0	0	0	0	0	0
0,2275	0	0	0	0	0	0
0,2508	0	0	0	0	0	0
0,2766	0	0	0	0	0	0
0,305	0	0	0	0	0	0
0,3363	0	0	0	0	0	0
0,3708	0	0	0	0	0	0
0,4089	0	0	0	0	0	0
0,4509	0	0	0	0	0	0
0,4972	0	0	0	0	0	0
0,5482	0	0	0	0	0	0
0,6045	0	0	0	0	0	0
0,6666	0	0	0	0	0	0
0,735	0	0	0	0	0	0
0,8105	0	0	0	0	0,000001	0,000001
0,8937	0	0	0	0	0,000003	0,000003
0,9855	0	0	0	0,000001	0,000006	0,000005
1,0867	0	0	0	0,000004	0,000012	0,000006
1,1983	0	0	0,000002	0,00001	0,00002	0,000007
1,3213	0	0	0,000005	0,00002	0,00003	0,000007
1,457	0	0	0,000013	0,000035	0,000041	0,000006
1,6066	0	0	0,000027	0,000058	0,000052	0,000006
1,7715	0	0	0,00005	0,000087	0,000061	0,00001
1,9534	0	0,000001	0,000082	0,000115	0,000064	0,000022
2,154	0	0,000003	0,000125	0,000139	0,000061	0,00005
2,3751	0	0,000006	0,000174	0,000157	0,000056	0,000106
2,619	0	0,00001	0,000228	0,000164	0,000054	0,000222
2,8879	0	0,000017	0,000279	0,000162	0,00006	0,000391
3,1845	0	0,000028	0,000324	0,000153	0,000085	0,000623
3,5114	0,000001	0,000042	0,000358	0,000145	0,000153	0,001077
3,872	0,000003	0,000062	0,00038	0,000153	0,000265	0,001559
4,2695	0,000008	0,000087	0,000394	0,000197	0,00042	0,00203
4,7079	0,000016	0,00012	0,000403	0,000271	0,000733	0,002924
5,1913	0,00003	0,000163	0,000423	0,000414	0,001111	0,003722
5,7244	0,000051	0,000223	0,000485	0,000711	0,001441	0,004665
6,3121	0,000084	0,000295	0,000558	0,000947	0,002166	0,005701
6,9602	0,00013	0,000387	0,000712	0,001393	0,002848	0,006767
7,6749	0,00018	0,000533	0,000949	0,001982	0,003636	0,007777
8,4629	0,000255	0,00066	0,001255	0,002598	0,004541	0,008749
9,3319	0,000355	0,000834	0,001663	0,003369	0,00551	0,009672
10,2901	0,000423	0,001085	0,002164	0,004225	0,006478	0,010432
11,3466	0,000563	0,001323	0,002748	0,005135	0,007405	0,011017
12,5117	0,000712	0,001623	0,003421	0,006104	0,008277	0,011465
13,7963	0,000893	0,001966	0,00415	0,007052	0,009011	0,011716
15,2129	0,001126	0,002344	0,004907	0,007928	0,009573	0,01177
16,7749	0,001413	0,002761	0,005664	0,008678	0,009939	0,01164
18,4973	0,001764	0,003211	0,00638	0,009249	0,010091	0,011333
20,3966	0,002182	0,003685	0,007018	0,009604	0,010029	0,010865
22,4909	0,002669	0,004177	0,007539	0,009714	0,009758	0,010257
24,8002	0,003217	0,004669	0,007905	0,009574	0,009299	0,009532
27,3466	0,003811	0,005145	0,008091	0,009201	0,008684	0,00872
30,1545	0,004449	0,005597	0,008093	0,008634	0,007954	0,007852
33,2507	0,005113	0,006014	0,007923	0,00792	0,007153	0,006959
36,6648	0,005787	0,006385	0,007601	0,007106	0,006318	0,006069
40,4295	0,006448	0,006697	0,007158	0,006239	0,005488	0,005217
44,5807	0,007067	0,006941	0,006632	0,005371	0,004698	0,004418
49,1581	0,007589	0,007097	0,006067	0,00456	0,003991	0,003697
54,2055	0,007994	0,007162	0,005499	0,003834	0,003384	0,003141
59,7712	0,008252	0,007132	0,004957	0,003213	0,002886	0,002677
65,9084	0,008314	0,007002	0,004469	0,002723	0,00251	0,002093
72,6757	0,008182	0,006774	0,004048	0,002363	0,002251	0,001687
80,1379	0,007872	0,006462	0,003701	0,002126	0,002099	0,001606
88,3663	0,007388	0,006082	0,003426	0,001997	0,002036	0,001605
97,4395	0,006869	0,005644	0,003212	0,001956	0,002045	0,001654
107,4444	0,006358	0,005167	0,003045	0,00198	0,002105	0,001766
118,4765	0,00556	0,004727	0,002912	0,002048	0,002199	0,001917
130,6414	0,004584	0,004247	0,002796	0,00214	0,002309	0,002087
144,0554	0,003683	0,003617	0,002688	0,002244	0,00242	0,002269
158,8467	0,002875	0,002993	0,002597	0,002333	0,002538	0,00247
175,1567	0,002167	0,002437	0,002496	0,002411	0,002625	0,002639
193,1414	0,001583	0,001932	0,002326	0,002492	0,002602	0,002674
212,9727	0,001116	0,001491	0,002103	0,002459	0,002476	0,002574
234,8402	0,000755	0,001117	0,001846	0,002275	0,002261	0,002352
258,9531	0,000487	0,000809	0,001557	0,002008	0,001965	0,002018
285,5418	0,000296	0,000558	0,001257	0,001688	0,001622	0,001618
314,8605	0,000167	0,000361	0,000963	0,001338	0,001266	0,001204
347,1897	0,000089	0,000231	0,000683	0,000993	0,000916	0,000816
382,8383	0,000037	0,000114	0,00045	0,000688	0,000623	0,000504
422,1472	0,000002	0,000006	0,00028	0,000443	0,000409	0,000291
465,4923	0	0	0,000077	0,000212	0,000117	0,000076
513,288	0	0	0	0,000037	0	0
565,9913	0	0	0	0	0	0
624,1059	0	0	0	0	0	0
688,1877	0	0	0	0	0	0
758,8492	0	0	0	0	0	0
836,766	0	0	0	0	0	0

0,136 g Silikat + 0,019 g H_2SO_4/g H_2O + 40 g Na_2SO_4; 400 min^{-1} (29.05.2008)

t [min]	$X_{50,3}$ [µm]	$X_{90,3}$ [µm]	d_r
5	124,54	288,08	2,13
10	115,99	334,27	2,11
15	130,44	386,79	1,99
20	135,83	411,55	2,11
40	134,31	429,51	2,25
100	183,36	432,58	2,11

Ultraschall

E_V [MJ/m³]	$X_{50,3}$ [µm]
138,3	27,85
276,7	15,76
415,0	6,61
553,3	4,54
691,6	3,15
691,6	2,28

t [min]	5	10	15	20	40	100
x [µm]			q_3 [1/µm]			
0,0525	0	0	0	0	0	0
0,0579	0	0	0	0	0	0
0,0638	0	0	0	0	0	0
0,0704	0	0	0	0	0	0
0,0776	0	0	0	0	0	0
0,0856	0	0	0	0	0	0
0,0944	0	0	0	0	0	0
0,1041	0	0	0	0	0	0
0,1148	0	0	0	0	0	0
0,1265	0	0	0	0	0	0
0,1395	0	0	0	0	0	0
0,1539	0	0	0	0	0	0
0,1697	0	0	0	0	0	0
0,1871	0	0	0	0	0	0
0,2063	0	0	0	0	0	0
0,2275	0	0	0	0	0	0
0,2508	0	0	0	0	0	0
0,2766	0	0	0	0	0	0
0,305	0	0	0	0	0	0
0,3363	0	0	0	0	0	0
0,3708	0	0	0	0	0	0
0,4089	0	0	0	0	0	0
0,4509	0	0	0	0	0	0
0,4972	0	0	0	0	0	0
0,5482	0	0	0	0	0	0
0,6045	0	0	0	0	0	0
0,6666	0	0	0	0	0	0
0,735	0	0	0	0	0	0
0,8105	0	0	0	0	0	0
0,8937	0	0	0	0,000001	0	0
0,9855	0	0	0,000001	0,000002	0	0
1,0867	0	0	0,000003	0,000006	0	0
1,1983	0	0,000001	0,000007	0,000013	0	0,000001
1,3213	0	0,000002	0,000016	0,000023	0	0,000005
1,457	0	0,000006	0,00003	0,000037	0	0,000013
1,6066	0	0,000013	0,000056	0,000056	0,000002	0,000048
1,7715	0	0,000027	0,000094	0,000078	0,000053	0,000128
1,9534	0	0,00005	0,000135	0,000092	0,000087	0,000278
2,154	0,000001	0,000085	0,00018	0,000096	0,000161	0,000512
2,3751	0,000002	0,000132	0,000229	0,000092	0,000312	0,000875
2,619	0,000004	0,000193	0,000282	0,000086	0,000517	0,001504
2,8879	0,000009	0,000269	0,000341	0,000082	0,000884	0,002066
3,1845	0,000017	0,000359	0,000409	0,000089	0,001453	0,002761
3,5114	0,000028	0,000458	0,000483	0,000135	0,001835	0,003855
3,872	0,000045	0,000579	0,000595	0,000222	0,002703	0,004751
4,2695	0,000066	0,000734	0,00078	0,000348	0,003545	0,005714
4,7079	0,000093	0,000851	0,000929	0,000619	0,004402	0,006614
5,1913	0,000127	0,001041	0,00122	0,000952	0,005364	0,007404
5,7244	0,00017	0,001255	0,001588	0,001246	0,006328	0,008156
6,3121	0,00022	0,001483	0,002007	0,001896	0,007258	0,008811
6,9602	0,000282	0,001764	0,002526	0,002502	0,008144	0,009321
7,6749	0,000379	0,002081	0,003106	0,003208	0,008907	0,009599
8,4629	0,000464	0,00244	0,003763	0,004034	0,009544	0,009762
9,3319	0,000578	0,002845	0,004499	0,004934	0,010044	0,00988
10,2901	0,000745	0,003287	0,005262	0,005843	0,010381	0,009811
11,3466	0,00091	0,003758	0,006032	0,006725	0,010557	0,009591
12,5117	0,001115	0,004261	0,006817	0,007566	0,010591	0,009323
13,7963	0,00135	0,004768	0,007551	0,008278	0,010478	0,008977
15,2129	0,001609	0,005264	0,008197	0,008824	0,010239	0,008559
16,7749	0,001892	0,005731	0,008721	0,009177	0,009896	0,008093
18,4973	0,002196	0,006151	0,009091	0,009324	0,00947	0,007595
20,3966	0,002514	0,006504	0,009286	0,009271	0,008981	0,007076
22,4909	0,002845	0,006777	0,009293	0,009036	0,008446	0,006548
24,8002	0,003178	0,006949	0,009115	0,008648	0,007879	0,006018
27,3466	0,003504	0,007011	0,008766	0,008146	0,007292	0,005495
30,1545	0,003819	0,006962	0,008279	0,00757	0,006696	0,004984
33,2507	0,004117	0,006808	0,007686	0,006952	0,006101	0,004488
36,6648	0,004392	0,006559	0,00702	0,006315	0,005513	0,004011
40,4295	0,004642	0,00623	0,006307	0,005671	0,004938	0,003551
44,5807	0,004862	0,005841	0,00558	0,005036	0,004383	0,003114
49,1581	0,005039	0,005412	0,004875	0,00443	0,003858	0,00271
54,2055	0,005173	0,004968	0,004207	0,003855	0,00337	0,002339
59,7712	0,005264	0,004529	0,003593	0,003318	0,002926	0,002005
65,9084	0,005304	0,004115	0,003055	0,002836	0,002535	0,001721
72,6757	0,005292	0,003739	0,002604	0,002415	0,002201	0,00149
80,1379	0,005231	0,00341	0,00224	0,002058	0,001929	0,001313
88,3663	0,00511	0,003134	0,001966	0,001772	0,001721	0,001195
97,4395	0,00494	0,002908	0,001773	0,001554	0,001574	0,001128
107,4444	0,004725	0,002726	0,001648	0,001396	0,001481	0,001107
118,4765	0,00446	0,00258	0,001576	0,001288	0,001436	0,001122
130,6414	0,004185	0,00246	0,001545	0,001223	0,001427	0,001165
144,0554	0,003938	0,002362	0,001549	0,001198	0,001446	0,001233
158,8467	0,003579	0,002269	0,001574	0,001202	0,00148	0,001315
175,1567	0,003117	0,002183	0,001612	0,00123	0,001519	0,001406
193,1414	0,002662	0,002111	0,001653	0,001276	0,001553	0,001505
212,9727	0,002223	0,002006	0,001708	0,001332	0,001586	0,001597
234,8402	0,001805	0,001846	0,001759	0,001394	0,001608	0,001683
258,9531	0,001417	0,001652	0,00174	0,001471	0,001582	0,001776
285,5418	0,001078	0,00143	0,001647	0,001514	0,001504	0,001804
314,8605	0,000795	0,001191	0,001492	0,001485	0,001381	0,001723
347,1897	0,000555	0,000951	0,001283	0,001395	0,001221	0,001572
382,8383	0,000352	0,000721	0,001039	0,001249	0,001036	0,001372
422,1472	0,000183	0,000513	0,000786	0,001052	0,00084	0,001137
465,4923	0,000042	0,000354	0,000556	0,000835	0,00065	0,000898
513,288	0	0,000207	0,000364	0,000621	0,000476	0,000674
565,9913	0	0,000046	0,000209	0,000431	0,00033	0,000481
624,1059	0	0,000011	0,000064	0,000281	0,000216	0,000333
688,1877	0	0	0	0,000153	0,000117	0,000204
758,8492	0	0	0	0,00002	0,000015	0,000051
836,766	0	0	0	0	0	0,00001

0,136 g Silikat + 0,019 g H_2SO_4/g H_2O + 20 g Na_2SO_4; 400 min^{-1} (28.05.2008)

t [min]	$x_{50,3}$ [µm]	$x_{90,3}$ [µm]	d_r
15	116,05	276,57	2,15
20	120,62	309,43	2,07
30	164,16	396,58	2,01
40	161,88	396,73	2,12
60	168,99	371,46	2,18
100	177,19	388,85	2,20

Ultraschall

e_v [MJ/m³]	$x_{50,3}$ [µm]
138,3	20,50
276,7	13,18
415,0	4,85
553,3	3,85
691,6	2,33
691,6	1,05

t [min] / x [µm]	15	20	30	40	60	100
			q_3 [1/µm]			
0,0525	0	0	0	0	0	0
0,0579	0	0	0	0	0	0
0,0638	0	0	0	0	0	0
0,0704	0	0	0	0	0	0
0,0776	0	0	0	0	0	0
0,0856	0	0	0	0	0	0
0,0944	0	0	0	0	0	0
0,1041	0	0	0	0	0	0
0,1148	0	0	0	0	0	0
0,1265	0	0	0	0	0	0
0,1395	0	0	0	0	0	0
0,1539	0	0	0	0	0	0
0,1697	0	0	0	0	0	0
0,1871	0	0	0	0	0	0
0,2063	0	0	0	0	0	0
0,2275	0	0	0	0	0	0
0,2508	0	0	0	0	0	0
0,2766	0	0	0	0	0	0
0,305	0	0	0	0	0	0
0,3363	0	0	0	0	0	0
0,3708	0	0	0	0	0	0
0,4089	0	0	0	0	0	0
0,4509	0	0	0	0	0	0
0,4972	0	0	0	0	0	0
0,5482	0	0	0	0	0	0
0,6045	0	0	0	0	0	0
0,6666	0	0	0	0	0	0
0,735	0	0	0	0	0	0
0,8105	0	0	0	0	0,000001	0
0,8937	0	0	0	0	0,000002	0
0,9855	0	0	0	0	0,000004	0
1,0867	0	0	0	0,000001	0,000006	0
1,1983	0	0	0,000002	0,000002	0,000008	0,000001
1,3213	0	0	0,000004	0,000004	0,000009	0,000003
1,457	0,000002	0	0,00001	0,000008	0,00001	0,000007
1,6066	0,000006	0,000001	0,000021	0,000014	0,00001	0,000023
1,7715	0,000012	0,000003	0,00004	0,000024	0,000012	0,000057
1,9534	0,000021	0,000008	0,000064	0,000033	0,00002	0,000117
2,154	0,000034	0,000017	0,000093	0,000038	0,000039	0,000242
2,3751	0,000053	0,000031	0,000125	0,000041	0,000079	0,00045
2,619	0,000075	0,000053	0,000156	0,000046	0,000172	0,000713
2,8879	0,000101	0,000084	0,000184	0,00006	0,000306	0,001127
3,1845	0,00013	0,000123	0,000209	0,000091	0,000492	0,001726
3,5114	0,000161	0,00017	0,00024	0,00017	0,000875	0,002123
3,872	0,000193	0,000224	0,000279	0,000293	0,001288	0,002964
4,2695	0,000228	0,000283	0,000328	0,000451	0,001684	0,003754
4,7079	0,000272	0,000342	0,000435	0,00075	0,002445	0,004496
5,1913	0,000329	0,000409	0,000574	0,001106	0,003133	0,005292
5,7244	0,000396	0,000503	0,00071	0,0014	0,003949	0,006115
6,3121	0,000507	0,000584	0,001002	0,002029	0,004839	0,006898
6,9602	0,000657	0,000707	0,001304	0,002606	0,00574	0,007598
7,6749	0,000776	0,000865	0,001663	0,003236	0,006573	0,00814
8,4629	0,001026	0,001047	0,002105	0,003967	0,00736	0,008596
9,3319	0,001279	0,001286	0,002624	0,004776	0,008092	0,008996
10,2901	0,00157	0,001571	0,003189	0,005548	0,008658	0,009209
11,3466	0,001908	0,0019	0,003796	0,006257	0,009057	0,009259
12,5117	0,002288	0,00229	0,00446	0,006923	0,009334	0,009232
13,7963	0,002697	0,002725	0,005134	0,007464	0,00945	0,009095
15,2129	0,003126	0,003196	0,005784	0,007848	0,009411	0,008856
16,7749	0,003567	0,003692	0,006379	0,008065	0,009243	0,008539
18,4973	0,004006	0,004199	0,006876	0,008112	0,008961	0,008162
20,3966	0,004427	0,004697	0,007247	0,007998	0,008582	0,007736
22,4909	0,004818	0,005166	0,007464	0,00774	0,008124	0,007275
24,8002	0,00516	0,005577	0,007516	0,007371	0,007606	0,006789
27,3466	0,00544	0,005905	0,007409	0,006926	0,007047	0,006288
30,1545	0,005656	0,006134	0,007163	0,00644	0,006465	0,005782
33,2507	0,005808	0,006253	0,006806	0,005934	0,005874	0,005274
36,6648	0,005898	0,006258	0,006363	0,005422	0,005281	0,004769
40,4295	0,005932	0,006149	0,005851	0,004904	0,00469	0,004266
44,5807	0,005917	0,005941	0,005294	0,004385	0,004114	0,00377
49,1581	0,005856	0,00565	0,004722	0,003875	0,003576	0,003295
54,2055	0,00576	0,005302	0,004154	0,003382	0,003063	0,00285
59,7712	0,005633	0,004922	0,003608	0,002917	0,00261	0,002446
65,9084	0,005476	0,004538	0,003112	0,002498	0,00229	0,0021
72,6757	0,005293	0,004171	0,002682	0,002139	0,001912	0,00182
80,1379	0,005087	0,003837	0,002327	0,001847	0,001447	0,001608
88,3663	0,004854	0,003548	0,002058	0,001635	0,001262	0,001468
97,4395	0,004598	0,003304	0,001868	0,001493	0,001248	0,001392
107,4444	0,004321	0,003101	0,001745	0,001412	0,001252	0,001369
118,4765	0,004015	0,002932	0,001676	0,001377	0,001297	0,001385
130,6414	0,00371	0,002787	0,001649	0,001379	0,001382	0,001433
144,0554	0,003431	0,002662	0,001656	0,001415	0,001498	0,00151
158,8467	0,00307	0,002558	0,001693	0,00148	0,001641	0,00161
175,1567	0,002638	0,002457	0,00175	0,001573	0,0018	0,001724
193,1414	0,002228	0,002326	0,001813	0,001689	0,001959	0,001844
212,9727	0,001844	0,002159	0,001897	0,001809	0,00215	0,001983
234,8402	0,001489	0,001956	0,001977	0,001928	0,002328	0,00211
258,9531	0,001173	0,001716	0,001966	0,002055	0,002335	0,002115
285,5418	0,0009	0,00145	0,001863	0,002069	0,00218	0,002001
314,8605	0,000673	0,001174	0,001683	0,001902	0,001907	0,001794
347,1897	0,000488	0,000904	0,001437	0,001633	0,001549	0,001512
382,8383	0,000343	0,000659	0,00115	0,001309	0,001154	0,001193
422,1472	0,000232	0,000453	0,000855	0,000966	0,000779	0,00088
465,4923	0,000148	0,000292	0,000598	0,000658	0,000493	0,000616
513,288	0,00009	0,000146	0,000387	0,000424	0,000258	0,000405
565,9913	0,000058	0,000012	0,000213	0,000284	0,000039	0,000233
624,1059	0,000021	0	0,000061	0,000124	0,000001	0,000071
688,1877	0	0	0	0,000019	0	0
758,8492	0	0	0	0,000003	0	0
836,766	0	0	0	0	0	0

0,136 g Silikat + 0,019 g H_2SO_4/g H_2O + 20 g Na_2SO_4; 600 min^{-1} (12.06.2009)

t [min]	$x_{50,3}$ [µm]	$x_{90,3}$ [µm]	d'
9	108,11	202,83	2,05
10	104,01	200,61	2,26
20	93,01	213,27	2,04
30	84,97	207,62	2,21
60	86,94	200,97	2,27
90	83,65	196,77	2,29

Ultraschall

e_v [MJ/m³]	$x_{50,3}$ [µm]
138,3	22,87
276,7	17,70
415,0	13,15
553,3	10,33
691,6	7,30

t [min]	9	10	20	30	60	90
x [µm]			q_3 [1/µm]			
0,0525	0	0	0	0	0	0
0,0579	0	0	0	0	0	0
0,0638	0	0	0	0	0	0
0,0704	0	0	0	0	0	0
0,0776	0	0	0	0	0	0
0,0856	0	0	0	0	0	0
0,0944	0	0	0	0	0	0
0,1041	0	0	0	0	0	0
0,1148	0	0	0	0	0	0
0,1265	0	0	0	0	0	0
0,1395	0	0	0	0	0	0
0,1539	0	0	0	0	0	0
0,1697	0	0	0	0	0	0
0,1871	0	0	0	0	0	0
0,2063	0	0	0	0	0	0
0,2275	0	0	0	0	0	0
0,2508	0	0	0	0	0	0
0,2766	0	0	0	0	0	0
0,305	0	0	0	0	0	0
0,3363	0	0	0	0	0	0
0,3708	0	0	0	0	0	0
0,4089	0	0	0	0	0	0
0,4509	0	0	0	0	0	0
0,4972	0	0	0	0	0	0
0,5482	0	0	0	0	0	0
0,6045	0	0	0	0	0	0
0,6666	0	0	0	0	0	0
0,735	0	0	0	0	0	0
0,8105	0	0	0	0,000001	0	0
0,8937	0	0	0	0,000001	0	0
0,9855	0	0	0	0,000003	0	0,000001
1,0867	0	0,000001	0	0,000006	0	0,000002
1,1983	0	0,000004	0	0,000011	0,000001	0,000005
1,3213	0	0,000008	0	0,000018	0,000004	0,000016
1,457	0	0,000018	0	0,000026	0,00001	0,000041
1,6066	0	0,000032	0	0,000035	0,000027	0,000094
1,7715	0	0,000051	0	0,000042	0,000058	0,000182
1,9534	0	0,000078	0	0,000047	0,000103	0,000317
2,154	0	0,000107	0	0,000054	0,000214	0,00055
2,3751	0	0,000135	0	0,000063	0,000411	0,000913
2,619	0	0,000158	0	0,00008	0,000618	0,0014
2,8879	0	0,000172	0	0,000125	0,000953	0,001811
3,1845	0	0,000177	0	0,000222	0,001487	0,002354
3,5114	0	0,000174	0	0,000363	0,001851	0,003215
3,872	0	0,000173	0	0,000634	0,002662	0,00399
4,2695	0	0,000184	0,000095	0,001124	0,003498	0,004894
4,7079	0,000003	0,00021	0,000218	0,001483	0,004359	0,005867
5,1913	0,000036	0,000275	0,000343	0,002282	0,00534	0,00687
5,7244	0,000066	0,000421	0,000688	0,003213	0,006419	0,007932
6,3121	0,000109	0,00054	0,000973	0,004223	0,007565	0,009042
6,9602	0,000174	0,000758	0,001549	0,005489	0,008744	0,01017
7,6749	0,000247	0,001032	0,002327	0,006809	0,009809	0,011159
8,4629	0,000344	0,0013	0,003148	0,008197	0,010871	0,012119
9,3319	0,000461	0,001617	0,004175	0,009647	0,011972	0,013092
10,2901	0,000536	0,001939	0,005292	0,010987	0,012847	0,01383
11,3466	0,00066	0,002252	0,006444	0,012157	0,013502	0,01433
12,5117	0,000759	0,002558	0,00762	0,013159	0,01405	0,014696
13,7963	0,000844	0,002834	0,008708	0,013874	0,014355	0,01481
15,2129	0,000926	0,003064	0,009627	0,014255	0,014369	0,01463
16,7749	0,000994	0,003238	0,010291	0,014269	0,01407	0,014143
18,4973	0,001061	0,003358	0,010653	0,013919	0,01346	0,013368
20,3966	0,001139	0,003431	0,010698	0,013238	0,012565	0,012345
22,4909	0,001241	0,003472	0,010418	0,012265	0,011417	0,011114
24,8002	0,001384	0,003498	0,009854	0,011075	0,0101	0,009758
27,3466	0,001576	0,003529	0,009071	0,009761	0,00871	0,008368
30,1545	0,001832	0,003592	0,008169	0,008433	0,007357	0,007047
33,2507	0,002155	0,003702	0,007237	0,007176	0,006124	0,005869
36,6648	0,002543	0,003867	0,006354	0,006062	0,005078	0,004889
40,4295	0,002995	0,004094	0,005578	0,005137	0,004253	0,00413
44,5807	0,003501	0,004378	0,004949	0,004422	0,003656	0,003594
49,1581	0,004035	0,004698	0,004491	0,003924	0,003282	0,00327
54,2055	0,004585	0,005038	0,004186	0,003612	0,003087	0,003116
59,7712	0,005126	0,005374	0,004012	0,003452	0,003037	0,003096
65,9084	0,005623	0,005679	0,00395	0,003417	0,003105	0,003185
72,6757	0,006036	0,005921	0,003965	0,003467	0,003258	0,003357
80,1379	0,00635	0,006087	0,004034	0,003576	0,003471	0,003589
88,3663	0,006534	0,006152	0,004125	0,003705	0,003707	0,003829
97,4395	0,006564	0,006096	0,004198	0,003819	0,003931	0,004086
107,4444	0,006442	0,005923	0,004232	0,003897	0,004111	0,004326
118,4765	0,006299	0,005757	0,004273	0,003969	0,004239	0,004334
130,6414	0,005969	0,005439	0,004201	0,003915	0,004183	0,004097
144,0554	0,005222	0,004749	0,003857	0,003585	0,0038	0,003681
158,8467	0,004375	0,003969	0,003386	0,003123	0,003264	0,003148
175,1567	0,003566	0,003223	0,002868	0,002618	0,002681	0,002559
193,1414	0,00279	0,002507	0,002323	0,002092	0,002093	0,001982
212,9727	0,002107	0,001876	0,001802	0,001596	0,001558	0,001467
234,8402	0,001541	0,001354	0,001336	0,001161	0,001106	0,001034
258,9531	0,00106	0,000917	0,000938	0,000795	0,000731	0,000679
285,5418	0,000651	0,000535	0,000623	0,000485	0,000467	0,000428
314,8605	0,00031	0,000208	0,000369	0,000224	0,000294	0,000264
347,1897	0,000054	0,000027	0,000079	0,000038	0,000067	0,000059
382,8383	0	0	0	0	0	0
422,1472	0	0	0	0	0	0
465,4923	0	0	0	0	0	0
513,288	0	0	0	0	0	0
565,9913	0	0	0	0	0	0
624,1059	0	0	0	0	0	0
688,1877	0	0	0	0	0	0
758,8492	0	0	0	0	0	0
836,766	0	0	0	0	0	0

0,136 g Silikat + 0,019 g H_2SO_4/g H_2O + 20 g Na_2SO_4; 800 min^{-1} (10.06.2009)

t [min]	$x_{50,3}$ [µm]	$x_{90,3}$ [µm]	d_f
6	23,39	45,55	2,42
10	82,84	150,14	1,84
20	75,20	149,36	2,06
30	68,43	143,49	2,28
60	63,81	139,87	2,36
90	62,81	138,50	2,27

Ultraschall

E_V [MJ/m³]	$x_{50,3}$ [µm]
138,3	22,78
276,7	16,70
415,0	14,54
553,3	9,97

t [min]	6	10	20	30	60	90
x [µm]	q_3 [1/µm]					
0,0525	0	0	0	0	0	0
0,0579	0	0	0	0	0	0
0,0638	0	0	0	0	0	0
0,0704	0	0	0	0	0	0
0,0776	0	0	0	0	0	0
0,0856	0	0	0	0	0	0
0,0944	0	0	0	0	0	0
0,1041	0	0	0	0	0	0
0,1148	0	0	0	0	0	0
0,1265	0	0	0	0	0	0
0,1395	0	0	0	0	0	0
0,1539	0	0	0	0	0	0
0,1697	0	0	0	0	0	0
0,1871	0	0	0	0	0	0
0,2063	0	0	0	0	0	0
0,2275	0	0	0	0	0	0
0,2508	0	0	0	0	0	0
0,2766	0	0	0	0	0	0
0,305	0	0	0	0	0	0
0,3363	0	0	0	0	0	0
0,3708	0	0	0	0	0	0
0,4089	0	0	0	0	0	0
0,4509	0	0	0	0	0	0
0,4972	0	0	0	0	0	0
0,5482	0	0	0	0	0	0
0,6045	0	0	0	0	0	0
0,6666	0	0	0	0	0	0
0,735	0	0	0	0	0	0
0,8105	0	0	0	0,000001	0	0
0,8937	0	0	0	0,000002	0	0,000001
0,9855	0	0	0	0,000003	0,000001	0,000002
1,0867	0	0	0	0,000005	0,000002	0,000006
1,1983	0	0	0	0,000008	0,000006	0,000017
1,3213	0,000001	0	0	0,000014	0,000015	0,000042
1,457	0,000004	0	0	0,000022	0,000035	0,000095
1,6066	0,000009	0	0	0,00003	0,000071	0,000201
1,7715	0,000015	0	0	0,000035	0,000126	0,000355
1,9534	0,000027	0	0	0,000038	0,000208	0,000523
2,154	0,000043	0	0	0,000042	0,000349	0,000869
2,3751	0,000065	0	0	0,000048	0,000582	0,001391
2,619	0,000105	0	0	0,000051	0,000954	0,001719
2,8879	0,000151	0	0	0,000085	0,001291	0,002425
3,1845	0,000226	0	0	0,00018	0,001789	0,003178
3,5114	0,000563	0,000008	0,000007	0,000329	0,002651	0,00406
3,872	0,000997	0,000062	0,000063	0,000653	0,003547	0,005159
4,2695	0,001567	0,000107	0,000135	0,001273	0,004699	0,006444
4,7079	0,002851	0,00018	0,000241	0,001723	0,005966	0,007757
5,1913	0,004299	0,000288	0,000456	0,002738	0,007293	0,009094
5,7244	0,006291	0,000418	0,000904	0,003902	0,008766	0,010616
6,3121	0,008816	0,000593	0,001255	0,005127	0,010325	0,012195
6,9602	0,011768	0,000793	0,001961	0,006618	0,011902	0,013732
7,6749	0,014804	0,000922	0,002871	0,008082	0,013293	0,015101
8,4629	0,01818	0,001147	0,003805	0,009575	0,014643	0,016415
9,3319	0,02199	0,001313	0,004968	0,011114	0,015995	0,017673
10,2901	0,025555	0,001448	0,006155	0,012392	0,016941	0,018496
11,3466	0,028806	0,001563	0,007276	0,013351	0,017451	0,018847
12,5117	0,031934	0,001649	0,008309	0,014035	0,017643	0,018823
13,7963	0,034436	0,001718	0,009109	0,014288	0,017337	0,018261
15,2129	0,036026	0,001785	0,009602	0,014077	0,016513	0,017161
16,7749	0,036493	0,00187	0,009732	0,013417	0,015224	0,0156
18,4973	0,035902	0,002004	0,009542	0,012416	0,013617	0,013748
20,3966	0,034347	0,00221	0,009107	0,011199	0,011849	0,011777
22,4909	0,03188	0,002514	0,00852	0,009905	0,010093	0,009876
24,8002	0,029205	0,002923	0,007885	0,008672	0,008506	0,008198
27,3466	0,026522	0,003433	0,007296	0,007605	0,007192	0,006845
30,1545	0,022545	0,004044	0,00683	0,006774	0,006204	0,005853
33,2507	0,018026	0,004737	0,006517	0,006188	0,005534	0,005201
36,6648	0,014092	0,00549	0,006364	0,005838	0,005152	0,00485
40,4295	0,010648	0,006276	0,00636	0,005697	0,005016	0,004751
44,5807	0,007682	0,007055	0,006477	0,005724	0,005073	0,004847
49,1581	0,005315	0,007753	0,006668	0,005859	0,005258	0,005072
54,2055	0,003479	0,008328	0,00689	0,006077	0,005542	0,005395
59,7712	0,002112	0,008748	0,007102	0,006327	0,00587	0,005761
65,9084	0,001161	0,008977	0,007257	0,006538	0,006165	0,006086
72,6757	0,000526	0,008972	0,007284	0,006744	0,006455	0,006403
80,1379	0,000139	0,008785	0,007193	0,00689	0,006678	0,006645
88,3663	0,000008	0,008614	0,007101	0,006654	0,006481	0,006439
97,4395	0	0,00813	0,006745	0,006111	0,005949	0,005881
107,4444	0	0,007091	0,005931	0,005387	0,005218	0,005124
118,4765	0	0,005931	0,004982	0,004532	0,004351	0,004234
130,6414	0	0,004795	0,004023	0,003625	0,003436	0,003308
144,0554	0,000022	0,003689	0,003083	0,002749	0,002569	0,002447
158,8467	0,000052	0,002727	0,002257	0,001985	0,001824	0,001697
175,1567	0,000068	0,001936	0,001572	0,001356	0,001223	0,001111
193,1414	0,000072	0,001283	0,001016	0,000858	0,000752	0,000738
212,9727	0,000067	0,000689	0,000635	0,000514	0,000267	0,000321
234,8402	0,000058	0,000194	0,000372	0,000279	0	0,000015
258,9531	0,000046	0,000009	0,000059	0,000042	0	0
285,5418	0,000033	0	0	0	0	0
314,8605	0,000023	0	0	0	0	0
347,1897	0,000016	0	0	0	0	0
382,8383	0,000009	0	0	0	0	0
422,1472	0,000001	0	0	0	0	0
465,4923	0	0	0	0	0	0
513,288	0	0	0	0	0	0
565,9913	0	0	0	0	0	0
624,1059	0	0	0	0	0	0
688,1877	0	0	0	0	0	0
758,8492	0	0	0	0	0	0
836,766	0	0	0	0	0	0

0,136 g Silikat + 0,019 g H_2SO_4/g H_2O verdünnt; 400 min^{-1} (04.06.2009)

t [min]	$x_{50,3}$ [µm]	$x_{90,3}$ [µm]	d_f
35	61,88	117,79	2,37
40	100,21	210,48	2,16
50	77,76	153,30	2,24
60	97,03	193,31	2,20
90	95,50	197,23	2,25

Ultraschall

E_V [MJ/m³]	$x_{50,3}$ [µm]
138,3	36,61
276,7	20,40
415,0	12,81

t [min]	35	40	50	60	90
x [µm]	q_3 [1/µm]				
0,0525	0	0	0	0	0
0,0579	0	0	0	0	0
0,0638	0	0	0	0	0
0,0704	0	0	0	0	0
0,0776	0	0	0	0	0
0,0856	0	0	0	0	0
0,0944	0	0	0	0	0
0,1041	0	0	0	0	0
0,1148	0	0	0	0	0
0,1265	0	0	0	0	0
0,1395	0	0	0	0	0
0,1539	0	0	0	0	0
0,1697	0	0	0	0	0
0,1871	0	0	0	0	0
0,2063	0	0	0	0	0
0,2275	0	0	0	0	0
0,2508	0	0	0	0	0
0,2766	0	0	0	0	0
0,305	0	0	0	0	0
0,3363	0	0	0	0	0
0,3708	0	0	0	0	0
0,4089	0	0	0	0	0
0,4509	0	0	0	0	0
0,4972	0	0	0	0	0
0,5482	0	0	0	0	0
0,6045	0	0	0	0	0
0,6666	0	0	0	0	0
0,735	0	0	0	0	0
0,8105	0	0	0	0	0
0,8937	0	0	0	0	0
0,9855	0	0	0	0	0,000001
1,0867	0	0	0	0	0,000002
1,1983	0	0	0	0	0,000006
1,3213	0	0	0	0	0,000013
1,457	0	0	0	0	0,000026
1,6066	0	0	0	0	0,000044
1,7715	0	0	0	0,000001	0,000068
1,9534	0	0,000001	0	0,000003	0,000096
2,154	0	0,000001	0	0,000006	0,000126
2,3751	0	0,000001	0	0,000011	0,000153
2,619	0	0,000001	0	0,000018	0,000176
2,8879	0	0,000001	0	0,000025	0,000194
3,1845	0	0,000001	0	0,000031	0,000212
3,5114	0,000001	0,000003	0,000001	0,000036	0,000244
3,872	0,000003	0,000007	0,000005	0,000042	0,000295
4,2695	0,000006	0,000016	0,000014	0,000052	0,000366
4,7079	0,000012	0,000032	0,000033	0,000083	0,000526
5,1913	0,000021	0,000057	0,000068	0,00014	0,00073
5,7244	0,000034	0,000094	0,000133	0,000223	0,000919
6,3121	0,000051	0,000145	0,000222	0,000386	0,001326
6,9602	0,00007	0,000212	0,000351	0,00061	0,001723
7,6749	0,000093	0,000284	0,000565	0,000761	0,00218
8,4629	0,000118	0,000383	0,000748	0,001108	0,002698
9,3319	0,000155	0,000508	0,001024	0,001455	0,003244
10,2901	0,000272	0,000594	0,001408	0,001812	0,003787
11,3466	0,000409	0,000749	0,001737	0,002197	0,004304
12,5117	0,000622	0,000901	0,002153	0,002622	0,004785
13,7963	0,001079	0,001068	0,002624	0,003069	0,00519
15,2129	0,001609	0,001268	0,00312	0,003515	0,005503
16,7749	0,002309	0,001495	0,003629	0,003928	0,005713
18,4973	0,003169	0,001759	0,004153	0,004299	0,00582
20,3966	0,004165	0,002066	0,004685	0,004619	0,005833
22,4909	0,005293	0,002421	0,005214	0,004871	0,005767
24,8002	0,00652	0,002822	0,005722	0,005053	0,005646
27,3466	0,007797	0,003262	0,0062	0,005171	0,005492
30,1545	0,009098	0,003743	0,006658	0,005252	0,00534
33,2507	0,010354	0,004253	0,007093	0,005313	0,005212
36,6648	0,011482	0,004782	0,007499	0,005368	0,005128
40,4295	0,012366	0,005314	0,007866	0,005434	0,0051
44,5807	0,012947	0,005832	0,008186	0,005521	0,005131
49,1581	0,01316	0,006291	0,008429	0,005628	0,005208
54,2055	0,012959	0,006678	0,008571	0,005749	0,005316
59,7712	0,012459	0,006968	0,008595	0,005873	0,005436
65,9084	0,011906	0,00713	0,008493	0,005985	0,005542
72,6757	0,010858	0,007146	0,008236	0,00606	0,005609
80,1379	0,009181	0,007021	0,00786	0,006086	0,005627
88,3663	0,007537	0,006762	0,007513	0,006042	0,005576
97,4395	0,006024	0,006381	0,006963	0,005898	0,005442
107,4444	0,004624	0,005904	0,006039	0,005648	0,005234
118,4765	0,003412	0,005451	0,005034	0,00539	0,005054
130,6414	0,002393	0,004914	0,004063	0,004989	0,004767
144,0554	0,001559	0,004136	0,003147	0,004258	0,004181
158,8467	0,00102	0,00336	0,002342	0,003472	0,003518
175,1567	0,000598	0,002678	0,001673	0,002753	0,002877
193,1414	0,00007	0,002069	0,001145	0,002098	0,002251
212,9727	0	0,00155	0,000741	0,001539	0,001699
234,8402	0	0,001128	0,000446	0,001088	0,001242
258,9531	0	0,00079	0,000262	0,000737	0,000853
285,5418	0	0,000536	0,000107	0,000473	0,000523
314,8605	0	0,000353	0,000002	0,000283	0,000247
347,1897	0	0,000193	0	0,000161	0,000043
382,8383	0	0,000064	0	0,00007	0
422,1472	0	0,000002	0	0,000003	0
465,4923	0	0	0	0	0
513,288	0	0	0	0	0
565,9913	0	0	0	0	0
624,1059	0	0	0	0	0
688,1877	0	0	0	0	0
758,8492	0	0	0	0	0
836,766	0	0	0	0	0

0,136 g Silikat + 0,019 g H_2SO_4/g H_2O verdünnt; 600 min^{-1} (09.06.2009)

t [min]	$x_{50,3}$ [µm]	$x_{90,3}$ [µm]	d_f
30	56,48	100,73	2,25
35	73,06	127,45	1,99
40	77,05	140,66	1,94
60	73,10	133,57	1,97
90	73,09	135,83	1,94

Ultraschall

e_v [MJ/m³]	$x_{50,3}$ [µm]
138,3	33,07
276,7	17,43
415,0	10,24
553,3	5,25

t [min]	30	35	40	60	90
x [µm]			q_3 [1/µm]		
0,0525	0	0	0	0	0
0,0579	0	0	0	0	0
0,0638	0	0	0	0	0
0,0704	0	0	0	0	0
0,0776	0	0	0	0	0
0,0856	0	0	0	0	0
0,0944	0	0	0	0	0
0,1041	0	0	0	0	0
0,1148	0	0	0	0	0
0,1265	0	0	0	0	0
0,1395	0	0	0	0	0
0,1539	0	0	0	0	0
0,1697	0	0	0	0	0
0,1871	0	0	0	0	0
0,2063	0	0	0	0	0
0,2275	0	0	0	0	0
0,2508	0	0	0	0	0
0,2766	0	0	0	0	0
0,305	0	0	0	0	0
0,3363	0	0	0	0	0
0,3708	0	0	0	0	0
0,4089	0	0	0	0	0
0,4509	0	0	0	0	0
0,4972	0	0	0	0	0
0,5482	0	0	0	0	0
0,6045	0	0	0	0	0
0,6666	0	0	0	0	0
0,735	0	0	0	0	0
0,8105	0	0	0	0	0
0,8937	0	0	0	0	0
0,9855	0	0	0	0	0
1,0867	0	0	0	0	0
1,1983	0	0	0	0	0
1,3213	0	0	0	0	0
1,457	0	0	0	0	0
1,6066	0	0	0	0	0
1,7715	0	0	0	0	0
1,9534	0	0	0	0	0
2,154	0	0	0	0	0
2,3751	0	0	0	0	0
2,619	0	0	0	0	0
2,8879	0,000001	0	0	0	0
3,1845	0,000002	0,000008	0	0	0
3,5114	0,000005	0,000022	0,000007	0,000008	0,000017
3,872	0,000011	0,000044	0,00005	0,000054	0,000118
4,2695	0,00002	0,000079	0,000086	0,000078	0,000182
4,7079	0,000035	0,000128	0,000149	0,000131	0,000272
5,1913	0,000054	0,00019	0,000247	0,000226	0,000441
5,7244	0,000078	0,000261	0,000366	0,000349	0,000737
6,3121	0,000102	0,000339	0,000543	0,000551	0,000958
6,9602	0,000123	0,000419	0,000756	0,000812	0,001332
7,6749	0,000134	0,000482	0,000898	0,000993	0,001779
8,4629	0,000136	0,000528	0,001175	0,001382	0,002183
9,3319	0,000141	0,00055	0,001401	0,001735	0,002645
10,2901	0,000207	0,000532	0,001616	0,002102	0,003097
11,3466	0,000302	0,000484	0,001833	0,002495	0,003516
12,5117	0,000484	0,000432	0,00204	0,002893	0,003909
13,7963	0,000905	0,000418	0,002246	0,003281	0,004253
15,2129	0,001437	0,000475	0,002463	0,003653	0,004547
16,7749	0,002155	0,00064	0,002708	0,004006	0,004799
18,4973	0,003056	0,000937	0,003005	0,004356	0,005033
20,3966	0,004122	0,001368	0,003369	0,004715	0,005271
22,4909	0,005362	0,001934	0,003818	0,005103	0,005542
24,8002	0,006746	0,002619	0,004352	0,005525	0,005861
27,3466	0,008225	0,003404	0,004957	0,005981	0,006233
30,1545	0,009774	0,004305	0,005633	0,006488	0,006666
33,2507	0,011311	0,005317	0,006359	0,00704	0,007149
36,6648	0,012728	0,00643	0,007113	0,007625	0,007664
40,4295	0,01384	0,007623	0,007862	0,00823	0,008187
44,5807	0,014549	0,008817	0,008553	0,008812	0,008679
49,1581	0,014763	0,009866	0,0091	0,009294	0,009068
54,2055	0,014416	0,010716	0,009458	0,009658	0,009345
59,7712	0,013653	0,011267	0,0096	0,009853	0,009472
65,9084	0,012797	0,01136	0,009506	0,009802	0,009392
72,6757	0,011363	0,011226	0,00916	0,009668	0,009262
80,1379	0,009228	0,010871	0,008638	0,009425	0,009054
88,3663	0,007242	0,009709	0,008168	0,008559	0,008282
97,4395	0,005522	0,008138	0,007438	0,007344	0,007181
107,4444	0,004026	0,006611	0,006224	0,006105	0,00604
118,4765	0,002753	0,005141	0,00499	0,004848	0,004879
130,6414	0,001792	0,003798	0,003874	0,003673	0,003759
144,0554	0,001186	0,002667	0,002858	0,002695	0,002754
158,8467	0,000412	0,00176	0,002005	0,001884	0,001911
175,1567	0,000002	0,001086	0,001328	0,001191	0,001204
193,1414	0	0,000659	0,000819	0,000587	0,000577
212,9727	0	0,000243	0,000459	0,00015	0,000139
234,8402	0	0	0,000226	0	0
258,9531	0	0	0,00009	0	0
285,5418	0	0	0,000025	0	0
314,8605	0	0	0,000006	0	0
347,1897	0	0	0,000012	0	0
382,8383	0	0	0,000027	0	0
422,1472	0	0	0,000042	0	0
465,4923	0	0	0,000052	0	0
513,288	0	0	0,000054	0	0
565,9913	0	0	0,000048	0	0
624,1059	0	0	0,00004	0	0
688,1877	0	0	0,000029	0	0
758,8492	0	0	0,000016	0	0
836,766	0	0	0,00001	0	0

0,136 g Silikat + 0,019 g H_2SO_4/g H_2O verdünnt; 800 min^{-1} (05.06.2009)

t [min]	$x_{50,3}$ [µm]	$x_{90,3}$ [µm]	d_r
30	62,23	108,21	2,16
35	64,38	109,35	1,97
40	63,00	110,23	1,99
60	58,79	104,44	2,02
90	56,94	102,37	2,01

Ultraschall

E_v [MJ/m³]	$x_{50,3}$ [µm]
138,3	31,18
276,7	16,57
415,0	9,96

t [min]	30	35	40	60	90
x [µm]	q_3 [1/µm]				
0,0525	0	0	0	0	0
0,0579	0	0	0	0	0
0,0638	0	0	0	0	0
0,0704	0	0	0	0	0
0,0776	0	0	0	0	0
0,0856	0	0	0	0	0
0,0944	0	0	0	0	0
0,1041	0	0	0	0	0
0,1148	0	0	0	0	0
0,1265	0	0	0	0	0
0,1395	0	0	0	0	0
0,1539	0	0	0	0	0
0,1697	0	0	0	0	0
0,1871	0	0	0	0	0
0,2063	0	0	0	0	0
0,2275	0	0	0	0	0
0,2508	0	0	0	0	0
0,2766	0	0	0	0	0
0,305	0	0	0	0	0
0,3363	0	0	0	0	0
0,3708	0	0	0	0	0
0,4089	0	0	0	0	0
0,4509	0	0	0	0	0
0,4972	0	0	0	0	0
0,5482	0	0	0	0	0
0,6045	0	0	0	0	0
0,6666	0	0	0	0	0
0,735	0	0	0	0	0
0,8105	0	0	0	0	0
0,8937	0	0	0	0	0
0,9855	0	0	0	0	0
1,0867	0	0	0	0	0
1,1983	0	0	0	0	0
1,3213	0	0	0	0	0
1,457	0	0	0	0	0
1,6066	0	0	0	0	0
1,7715	0	0	0	0	0
1,9534	0	0	0	0	0
2,154	0	0	0	0	0
2,3751	0	0	0	0	0
2,619	0	0	0	0	0,000005
2,8879	0,000001	0	0	0	0,000024
3,1845	0,000002	0	0,000011	0,000012	0,000036
3,5114	0,000006	0	0,00003	0,000032	0,000066
3,872	0,000012	0	0,000055	0,00006	0,000127
4,2695	0,000023	0	0,000092	0,000103	0,000222
4,7079	0,000037	0	0,000145	0,000168	0,00034
5,1913	0,000056	0	0,000212	0,000255	0,000505
5,7244	0,000079	0	0,000288	0,000355	0,000772
6,3121	0,000103	0	0,000387	0,000508	0,000976
6,9602	0,000125	0	0,000499	0,000697	0,001326
7,6749	0,000136	0	0,000572	0,000832	0,001759
8,4629	0,00014	0	0,000693	0,001106	0,002188
9,3319	0,000137	0	0,000786	0,001364	0,002712
10,2901	0,000121	0	0,000869	0,001642	0,003248
11,3466	0,000129	0	0,000971	0,001967	0,003778
12,5117	0,000205	0,00008	0,001126	0,002356	0,004322
13,7963	0,000291	0,000231	0,001385	0,00283	0,004869
15,2129	0,000574	0,000367	0,001771	0,003393	0,005414
16,7749	0,000991	0,000571	0,002297	0,004043	0,005957
18,4973	0,001563	0,001075	0,002957	0,004777	0,00652
20,3966	0,002329	0,001659	0,003732	0,005588	0,007117
22,4909	0,003284	0,002456	0,004618	0,00648	0,007773
24,8002	0,004415	0,003468	0,005612	0,007457	0,008508
27,3466	0,0057	0,004671	0,006711	0,008513	0,009331
30,1545	0,007135	0,006093	0,007945	0,009669	0,010266
33,2507	0,008663	0,007698	0,009279	0,010879	0,011271
36,6648	0,010202	0,00942	0,010651	0,012069	0,012274
40,4295	0,011616	0,011121	0,011924	0,013099	0,013137
44,5807	0,012786	0,012634	0,012963	0,013843	0,013732
49,1581	0,013556	0,01372	0,013591	0,014146	0,013904
54,2055	0,013808	0,014222	0,013701	0,013922	0,013574
59,7712	0,013638	0,014215	0,013401	0,013297	0,012864
65,9084	0,013303	0,013952	0,01296	0,012561	0,012047
72,6757	0,012269	0,012869	0,011846	0,011211	0,010661
80,1379	0,010393	0,010838	0,009919	0,009123	0,008597
88,3663	0,0085	0,008804	0,008029	0,007156	0,006681
97,4395	0,00674	0,00693	0,00631	0,00544	0,005029
107,4444	0,005106	0,005206	0,004741	0,003938	0,003602
118,4765	0,003657	0,003702	0,003376	0,002657	0,002404
130,6414	0,002481	0,002481	0,002271	0,001689	0,001509
144,0554	0,001594	0,00153	0,001418	0,001082	0,000949
158,8467	0,000496	0,000459	0,00043	0,000344	0,000299
175,1567	0	0	0	0	0
193,1414	0	0	0	0	0
212,9727	0	0	0	0	0
234,8402	0	0	0	0	0
258,9531	0	0	0	0	0
285,5418	0	0	0	0	0
314,8605	0	0	0	0	0
347,1897	0	0	0	0	0
382,8383	0	0	0	0	0
422,1472	0	0	0	0	0
465,4923	0	0	0	0	0
513,288	0	0	0	0	0
565,9913	0	0	0	0	0
624,1059	0	0	0	0	0
688,1877	0	0	0	0	0
758,8492	0	0	0	0	0
836,766	0	0	0	0	0

Taylor-Couette 0,136 g Silikat + 0,019 g H_2SO_4/g H_2O; 200 min^{-1} (17.06.2008)

t [min]	$x_{50,3}$ [µm]	$x_{90,3}$ [µm]	d_f
40	118,05	266,51	2,06
50	76,93	158,12	2,42
70	69,54	209,03	2,30
90	63,28	146,51	2,41
110	68,37	158,01	2,35
140	62,02	142,76	2,46

Ultraschall

ε_V [MJ/m³]	$x_{50,3}$ [µm]
138,3	25,80
276,7	21,84
415,0	3,27
553,3	11,61
691,6	12,05
830,0	1,76

t [min]	40	50	70	90	110	140
x [µm]			q_3 [1/µm]			
0,0525	0	0	0	0	0	0
0,0579	0	0	0	0	0	0
0,0638	0	0	0	0	0	0
0,0704	0	0	0	0	0	0
0,0776	0	0	0	0	0	0
0,0856	0	0	0	0	0	0
0,0944	0	0	0	0	0	0
0,1041	0	0	0	0	0	0
0,1148	0	0	0	0	0	0
0,1265	0	0	0	0	0	0
0,1395	0	0	0	0	0	0
0,1539	0	0	0	0	0	0
0,1697	0	0	0	0	0	0
0,1871	0	0	0	0	0	0
0,2063	0	0	0	0	0	0
0,2275	0	0	0	0	0	0
0,2508	0	0	0	0	0	0
0,2766	0	0	0	0	0	0
0,305	0	0	0	0	0	0
0,3363	0	0	0	0	0	0
0,3708	0	0	0	0	0	0
0,4089	0	0	0	0	0	0
0,4509	0	0	0	0	0	0
0,4972	0	0	0	0	0	0
0,5482	0	0	0	0	0	0
0,6045	0	0	0	0	0	0
0,6666	0	0	0	0	0	0
0,735	0	0	0	0	0	0
0,8105	0	0	0	0	0	0
0,8937	0	0	0	0	0,000001	0
0,9855	0	0	0	0	0,000001	0
1,0867	0	0	0	0	0,000002	0
1,1983	0	0	0	0	0,000004	0
1,3213	0	0	0	0	0,000005	0
1,457	0,000001	0	0	0	0,000007	0
1,6066	0,000002	0	0	0	0,000009	0,000001
1,7715	0,000005	0	0	0	0,000011	0,000001
1,9534	0,000009	0	0	0	0,000013	0,000001
2,154	0,000016	0	0	0	0,000015	0,000002
2,3751	0,000026	0	0	0	0,000016	0,000002
2,619	0,00004	0	0	0	0,000016	0,000003
2,8879	0,000058	0	0	0	0,000015	0,000003
3,1845	0,000082	0	0	0	0,000014	0,000002
3,5114	0,000113	0	0	0,000013	0,00003	0,000014
3,872	0,000151	0	0	0,000096	0,000061	0,000033
4,2695	0,000198	0	0,00003	0,000168	0,000113	0,00006
4,7079	0,000259	0,000001	0,000097	0,00041	0,000338	0,000257
5,1913	0,000334	0,000015	0,000183	0,000752	0,000664	0,00057
5,7244	0,000421	0,00003	0,000306	0,00109	0,001016	0,000955
6,3121	0,000547	0,000062	0,00058	0,001924	0,001925	0,002025
6,9602	0,000703	0,000118	0,000975	0,002797	0,002923	0,003314
7,6749	0,000822	0,000189	0,001272	0,003865	0,00414	0,004901
8,4629	0,001053	0,000335	0,001998	0,005117	0,005617	0,006849
9,3319	0,001275	0,00057	0,002704	0,006466	0,00729	0,00908
10,2901	0,001519	0,00074	0,003512	0,007807	0,008945	0,011184
11,3466	0,001796	0,001165	0,004431	0,009064	0,010519	0,013097
12,5117	0,002102	0,001618	0,005396	0,010185	0,012015	0,014897
13,7963	0,002428	0,002135	0,006339	0,011051	0,013211	0,016284
15,2129	0,002771	0,002738	0,007217	0,011626	0,013991	0,017101
16,7749	0,003127	0,003375	0,007978	0,011893	0,014262	0,017236
18,4973	0,003492	0,004015	0,008586	0,01187	0,013985	0,016638
20,3966	0,003858	0,004635	0,009024	0,011602	0,013202	0,015374
22,4909	0,004221	0,005217	0,009292	0,011153	0,01203	0,013633
24,8002	0,004572	0,00575	0,009409	0,010598	0,010677	0,011724
27,3466	0,0049	0,006234	0,009408	0,010009	0,009335	0,009924
30,1545	0,005203	0,0067	0,009341	0,009454	0,008168	0,008432
33,2507	0,005477	0,007161	0,009236	0,008967	0,007241	0,007307
36,6648	0,005719	0,007627	0,009112	0,008565	0,006576	0,006547
40,4295	0,005922	0,008086	0,008967	0,008245	0,006148	0,006099
44,5807	0,006084	0,008511	0,008789	0,007988	0,005917	0,005895
49,1581	0,006191	0,008843	0,008549	0,007761	0,005829	0,00586
54,2055	0,006244	0,009042	0,008232	0,007545	0,005831	0,005942
59,7712	0,00624	0,009078	0,007834	0,007313	0,005882	0,00608
65,9084	0,006175	0,008932	0,007355	0,007038	0,005942	0,0062
72,6757	0,006044	0,008584	0,006793	0,006775	0,00595	0,006315
80,1379	0,005856	0,00809	0,006185	0,006505	0,0059	0,006372
88,3663	0,005612	0,007632	0,005647	0,006004	0,005852	0,006112
97,4395	0,005318	0,006973	0,005024	0,005347	0,005622	0,005593
107,4444	0,004983	0,005943	0,004206	0,004643	0,00507	0,004913
118,4765	0,004671	0,004873	0,003409	0,003902	0,004373	0,004109
130,6414	0,00431	0,00388	0,002699	0,00316	0,003625	0,003259
144,0554	0,003797	0,002973	0,002068	0,002457	0,002869	0,002452
158,8467	0,003255	0,002197	0,00154	0,001851	0,002175	0,001757
175,1567	0,002739	0,001566	0,001119	0,001347	0,00158	0,001193
193,1414	0,002246	0,001076	0,000797	0,000919	0,001104	0,000755
212,9727	0,001787	0,000702	0,000563	0,000557	0,000733	0,000467
234,8402	0,001378	0,000432	0,000403	0,000255	0,000458	0,000275
258,9531	0,001029	0,000274	0,000299	0,000033	0,000295	0,000044
285,5418	0,000735	0,000122	0,000238	0	0,000133	0
314,8605	0,000488	0,000002	0,000205	0	0,000003	0
347,1897	0,000279	0	0,00019	0	0	0
382,8383	0,000106	0	0,000182	0	0	0
422,1472	0,000004	0	0,000175	0	0	0
465,4923	0	0	0,000165	0	0	0
513,288	0	0	0,000152	0	0	0
565,9913	0	0	0,000132	0	0	0
624,1059	0	0	0,00011	0	0	0
688,1877	0	0	0,000085	0	0	0
758,8492	0	0	0,000054	0	0	0
836,766	0	0	0,000033	0	0	0

Taylor-Couette 0,136 g Silikat + 0,019 g H_2SO_4/g H_2O; 400 min^{-1} (11.06.2008)

t [min]	$x_{50,3}$ [µm]	$x_{90,3}$ [µm]	d_r
60	100,30	193,01	1,91
70	86,80	185,92	2,32
80	82,01	185,98	2,52
100	70,58	165,06	2,54
120	68,84	170,57	2,46
140	63,90	162,91	2,48

Ultraschall

E_V [MJ/m³]	$x_{50,3}$ [µm]
138,3	21,10
276,7	12,78
415,0	6,40
553,3	2,81
691,6	2,23
830,0	0,9386

BET-Oberfläche

a [m²/g]	32

t [min]	60	70	80	100	120	140
x [µm]			q_3 [1/µm]			
0,0525	0	0	0	0	0	0
0,0579	0	0	0	0	0	0
0,0638	0	0	0	0	0	0
0,0704	0	0	0	0	0	0
0,0776	0	0	0	0	0	0
0,0856	0	0	0	0	0	0
0,0944	0	0	0	0	0	0
0,1041	0	0	0	0	0	0
0,1148	0	0	0	0	0	0
0,1265	0	0	0	0	0	0
0,1395	0	0	0	0	0	0
0,1539	0	0	0	0	0	0
0,1697	0	0	0	0	0	0
0,1871	0	0	0	0	0	0
0,2063	0	0	0	0	0	0
0,2275	0	0	0	0	0	0
0,2508	0	0	0	0	0	0
0,2766	0	0	0	0	0	0
0,305	0	0	0	0	0	0
0,3363	0	0	0	0	0	0
0,3708	0	0	0	0	0	0
0,4089	0	0	0	0	0	0
0,4509	0	0	0	0	0	0
0,4972	0	0	0	0	0	0
0,5482	0	0	0	0	0	0
0,6045	0	0	0	0	0	0
0,6666	0	0	0	0	0	0
0,735	0	0	0	0	0	0
0,8105	0	0	0	0	0	0
0,8937	0	0	0	0	0	0
0,9855	0	0	0	0	0	0
1,0867	0	0	0	0,000001	0	0
1,1983	0	0	0	0,000001	0,000001	0
1,3213	0	0	0	0,000001	0,000001	0,000001
1,457	0	0	0	0,000001	0,000001	0,000001
1,6066	0	0	0	0,000001	0,000001	0,000001
1,7715	0	0	0	0,000001	0,000001	0,000002
1,9534	0	0	0	0,000001	0,000002	0,000002
2,154	0	0	0	0,000001	0,000002	0,000002
2,3751	0	0	0	0,000001	0,000001	0,000004
2,619	0	0	0	0,000002	0,000004	0,000002
2,8879	0	0	0	0,000003	0,000007	0,000011
3,1845	0	0	0,000005	0,000005	0,000017	0,000045
3,5114	0,000015	0	0,000009	0,000029	0,000073	0,000083
3,872	0,0001	0	0,000018	0,000072	0,000177	0,00024
4,2695	0,000125	0,000008	0,000054	0,000139	0,000339	0,000652
4,7079	0,000161	0,00003	0,000101	0,000415	0,000823	0,000978
5,1913	0,000229	0,00006	0,000216	0,000816	0,001475	0,001824
5,7244	0,000309	0,000105	0,000523	0,001247	0,002106	0,003002
6,3121	0,000417	0,000235	0,000777	0,002352	0,003623	0,004415
6,9602	0,000542	0,000443	0,001333	0,003518	0,005072	0,006158
7,6749	0,000627	0,000617	0,002131	0,004858	0,006611	0,00791
8,4629	0,000776	0,001091	0,003016	0,00642	0,008331	0,009775
9,3319	0,000892	0,001607	0,004115	0,008113	0,010144	0,011766
10,2901	0,001	0,002244	0,005271	0,00959	0,01164	0,013381
11,3466	0,00111	0,003001	0,00639	0,0108	0,012788	0,014581
12,5117	0,001214	0,003828	0,007423	0,011816	0,013704	0,015514
13,7963	0,00132	0,004644	0,008231	0,012452	0,014179	0,015944
15,2129	0,001435	0,005381	0,008759	0,012661	0,014176	0,015826
16,7749	0,00157	0,005969	0,00898	0,01246	0,013741	0,015213
18,4973	0,00174	0,006364	0,008914	0,01191	0,01295	0,014197
20,3966	0,001955	0,006558	0,008611	0,011094	0,011902	0,012898
22,4909	0,002232	0,006577	0,00815	0,010127	0,010725	0,01147
24,8002	0,002577	0,006478	0,007624	0,009136	0,009554	0,010067
27,3466	0,002987	0,006323	0,007113	0,00823	0,008496	0,00881
30,1545	0,003465	0,006189	0,006684	0,007482	0,007622	0,007773
33,2507	0,003998	0,006113	0,006367	0,006918	0,006953	0,006977
36,6648	0,004572	0,006121	0,006172	0,006541	0,006487	0,006417
40,4295	0,005169	0,006217	0,006089	0,006325	0,006196	0,006058
44,5807	0,005761	0,006389	0,006099	0,006239	0,006045	0,005861
49,1581	0,006297	0,006603	0,006164	0,006237	0,005987	0,005779
54,2055	0,006756	0,006831	0,006254	0,006274	0,005978	0,005763
59,7712	0,00711	0,00703	0,006331	0,006315	0,005979	0,005773
65,9084	0,007322	0,007144	0,006357	0,006325	0,005961	0,005777
72,6757	0,007392	0,007137	0,006305	0,006251	0,005874	0,005721
80,1379	0,007326	0,006992	0,006164	0,006097	0,005722	0,005604
88,3663	0,007097	0,00668	0,005905	0,005949	0,005578	0,005494
97,4395	0,00683	0,006311	0,005611	0,005631	0,005284	0,005221
107,4444	0,006559	0,005915	0,005302	0,005012	0,004717	0,004658
118,4765	0,005941	0,005196	0,00473	0,004284	0,004051	0,003981
130,6414	0,005082	0,004279	0,003985	0,003539	0,003368	0,003281
144,0554	0,004243	0,003431	0,003277	0,002812	0,002701	0,002603
158,8467	0,003432	0,002673	0,002624	0,002159	0,002098	0,001993
175,1567	0,00268	0,002013	0,002036	0,001604	0,001581	0,001474
193,1414	0,002056	0,001477	0,00154	0,001155	0,001157	0,001056
212,9727	0,001514	0,001053	0,001135	0,000804	0,000822	0,000731
234,8402	0,001051	0,000727	0,000812	0,000539	0,000565	0,000485
258,9531	0,000731	0,000484	0,000551	0,000339	0,000365	0,000302
285,5418	0,000338	0,000307	0,000367	0,000204	0,000231	0,000178
314,8605	0,000007	0,000183	0,000241	0,000118	0,000146	0,000098
347,1897	0	0,000105	0,000082	0,000025	0,000033	0,000021
382,8383	0	0,000047	0,000018	0	0	0
422,1472	0	0,000002	0,000002	0	0	0
465,4923	0	0	0	0	0	0
513,288	0	0	0	0	0	0
565,9913	0	0	0	0	0	0
624,1059	0	0	0	0	0	0
688,1877	0	0	0	0	0	0
758,8492	0	0	0	0	0	0
836,766	0	0	0	0	0	0

Taylor-Couette 0,136 g Silikat + 0,019 g H_2SO_4/g H_2O; 600 min^{-1} (19.06.2008)

t [min]	$x_{50,3}$ [µm]	$x_{90,3}$ [µm]	d_t
40	54,40	97,88	2,00
50	54,72	105,76	1,95
70	50,40	101,25	2,41
90	48,42	99,39	2,51
110	45,42	95,53	2,46
140	42,16	91,41	2,43

Ultraschall

e_v [MJ/m³]	$x_{50,3}$ [µm]
138,3	17,54
276,7	10,45
415,0	7,03
553,3	4,27
691,6	2,36
830,0	2,25

t [min]	40	50	70	90	110	140
x [µm]	q_3 [1/µm]					
0,0525	0	0	0	0	0	0
0,0579	0	0	0	0	0	0
0,0638	0	0	0	0	0	0
0,0704	0	0	0	0	0	0
0,0776	0	0	0	0	0	0
0,0856	0	0	0	0	0	0
0,0944	0	0	0	0	0	0
0,1041	0	0	0	0	0	0
0,1148	0	0	0	0	0	0
0,1265	0	0	0	0	0	0
0,1395	0	0	0	0	0	0
0,1539	0	0	0	0	0	0
0,1697	0	0	0	0	0	0
0,1871	0	0	0	0	0	0
0,2063	0	0	0	0	0	0
0,2275	0	0	0	0	0	0
0,2508	0	0	0	0	0	0
0,2766	0	0	0	0	0	0
0,305	0	0	0	0	0	0
0,3363	0	0	0	0	0	0
0,3708	0	0	0	0	0	0
0,4089	0	0	0	0	0	0
0,4509	0	0	0	0	0	0
0,4972	0	0	0	0	0	0
0,5482	0	0	0	0	0	0
0,6045	0	0	0	0	0	0
0,6666	0	0	0	0	0	0,000002
0,735	0	0	0	0	0	0,000007
0,8105	0	0	0	0	0	0,000008
0,8937	0	0	0	0	0	0,000008
0,9855	0	0	0	0	0	0,000009
1,0867	0	0	0	0	0	0,00001
1,1983	0,000001	0	0	0	0,000001	0,000009
1,3213	0,000001	0	0	0	0,000001	0,000008
1,457	0,000001	0	0,000001	0,000001	0	0,000009
1,6066	0,000005	0	0	0	0,000001	0,000009
1,7715	0,000018	0	0	0	0,000004	0,000019
1,9534	0,000049	0	0,000002	0,000004	0,000003	0,000068
2,154	0,000111	0	0,000002	0,000009	0,000031	0,000154
2,3751	0,000213	0,000008	0,000006	0,000027	0,000102	0,000339
2,619	0,000347	0,000017	0,000036	0,000107	0,000193	0,000865
2,8879	0,000503	0,000034	0,000086	0,000243	0,000516	0,001398
3,1845	0,000668	0,00007	0,000177	0,000477	0,001194	0,002213
3,5114	0,000825	0,000142	0,000516	0,001157	0,001703	0,003698
3,872	0,000948	0,000248	0,000933	0,001943	0,003148	0,005208
4,2695	0,001023	0,000386	0,001435	0,002783	0,00473	0,007056
4,7079	0,001065	0,000652	0,002502	0,004438	0,006415	0,009007
5,1913	0,001052	0,000969	0,003561	0,005865	0,008322	0,010924
5,7244	0,001017	0,00124	0,004903	0,00753	0,01035	0,012802
6,3121	0,000961	0,001821	0,006361	0,00921	0,012257	0,014426
6,9602	0,000891	0,002341	0,007721	0,010628	0,013815	0,015632
7,6749	0,000841	0,002901	0,008668	0,011429	0,014617	0,016215
8,4629	0,000854	0,003498	0,009341	0,011861	0,014953	0,016363
9,3319	0,000966	0,00408	0,009827	0,012102	0,015034	0,016217
10,2901	0,001204	0,004597	0,009829	0,011812	0,014511	0,015661
11,3466	0,001589	0,005057	0,009504	0,01119	0,013611	0,014862
12,5117	0,00215	0,005501	0,009178	0,010623	0,012768	0,014089
13,7963	0,002874	0,00594	0,008883	0,010128	0,012004	0,013391
15,2129	0,00375	0,006402	0,008668	0,009745	0,011366	0,012818
16,7749	0,004774	0,006927	0,008621	0,009561	0,010951	0,012432
18,4973	0,00594	0,007537	0,008765	0,00959	0,010772	0,012241
20,3966	0,007231	0,008234	0,009093	0,009818	0,010809	0,012223
22,4909	0,008648	0,009029	0,009596	0,010227	0,011037	0,012342
24,8002	0,010151	0,009895	0,010236	0,010768	0,011398	0,012538
27,3466	0,011672	0,010788	0,010956	0,011376	0,011825	0,012741
30,1545	0,013138	0,011665	0,011692	0,011983	0,012244	0,012886
33,2507	0,014435	0,012454	0,012359	0,012501	0,012574	0,012932
36,6648	0,015438	0,01308	0,01287	0,012853	0,01274	0,012842
40,4295	0,016001	0,013473	0,013146	0,012973	0,012689	0,012549
44,5807	0,016043	0,013565	0,01312	0,012807	0,012376	0,012151
49,1581	0,015532	0,013298	0,012739	0,012314	0,011773	0,011762
54,2055	0,014823	0,012927	0,012249	0,011741	0,011116	0,010904
59,7712	0,01378	0,012312	0,01153	0,010973	0,010303	0,009552
65,9084	0,01179	0,010928	0,010095	0,009542	0,008895	0,008135
72,6757	0,009501	0,009221	0,008395	0,007883	0,0073	0,006733
80,1379	0,007418	0,007558	0,006791	0,006343	0,005838	0,005371
88,3663	0,00558	0,005992	0,005327	0,004954	0,004531	0,004157
97,4395	0,004018	0,004573	0,004034	0,003739	0,003397	0,003107
107,4444	0,002763	0,003352	0,002941	0,002723	0,002457	0,00223
118,4765	0,001771	0,002343	0,002047	0,001899	0,0017	0,001541
130,6414	0,001054	0,001542	0,001341	0,00125	0,00111	0,000997
144,0554	0,00061	0,000937	0,000812	0,00076	0,000668	0,000532
158,8467	0,00018	0,000545	0,000469	0,000442	0,000384	0,000136
175,1567	0	0,000274	0,000233	0,000223	0,000192	0
193,1414	0	0,00003	0,000025	0,000024	0,000021	0
212,9727	0	0	0	0	0	0
234,8402	0	0	0	0	0	0
258,9531	0	0	0	0	0	0
285,5418	0	0	0	0	0	0
314,8605	0	0	0	0	0	0
347,1897	0	0	0	0	0	0
382,8383	0	0	0	0	0	0
422,1472	0	0	0	0	0	0
465,4923	0	0	0	0	0	0
513,288	0	0	0	0	0	0
565,9913	0	0	0	0	0	0
624,1059	0	0	0	0	0	0
688,1877	0	0	0	0	0	0
758,8492	0	0	0	0	0	0
836,766	0	0	0	0	0	0

Taylor-Couette 0,136 g Silikat + 0,019 g H_2SO_4/g H_2O; 800 min^{-1} (18.06.2008)

t [min]	$x_{50,3}$ [μm]	$x_{90,3}$ [μm]	d_f
40	31,48	64,66	2,03
50	40,51	74,83	1,96
70	36,97	73,36	2,42
90	34,62	70,21	2,48
110	33,14	67,38	2,49
130	31,94	65,22	2,42

Ultraschall

e_V [MJ/m³]	$x_{50,3}$ [μm]
138,3	16,38
276,7	7,82
415,0	3,88
553,3	2,48
691,6	2,15
830,0	0,85

t [min]	40	50	70	90	110	130
x [μm]			q_3 [1/μm]			
0,0525	0	0	0	0	0	0
0,0579	0	0	0	0	0	0
0,0638	0	0	0	0	0	0
0,0704	0	0	0	0	0	0
0,0776	0	0	0	0	0	0
0,0856	0	0	0	0	0	0
0,0944	0	0	0	0	0	0
0,1041	0	0	0	0	0	0
0,1148	0	0	0	0	0	0
0,1265	0	0	0	0	0	0
0,1395	0	0	0	0	0	0
0,1539	0	0	0	0	0	0
0,1697	0	0	0	0	0	0
0,1871	0	0	0	0	0	0
0,2063	0	0	0	0	0	0
0,2275	0	0	0	0	0	0
0,2508	0	0	0	0	0	0
0,2766	0	0	0	0	0	0
0,305	0	0	0	0	0	0
0,3363	0	0	0	0	0	0
0,3708	0	0	0	0	0	0
0,4089	0	0	0	0	0	0
0,4509	0	0	0	0	0	0
0,4972	0	0	0	0	0	0
0,5482	0	0	0	0	0	0
0,6045	0	0	0	0	0	0
0,6666	0	0	0	0	0	0
0,735	0	0	0	0	0	0
0,8105	0	0	0	0	0	0
0,8937	0,000001	0	0	0	0	0
0,9855	0,000004	0	0	0	0	0
1,0867	0,000011	0	0	0	0	0
1,1983	0,000028	0	0	0	0	0
1,3213	0,00006	0	0	0	0	0
1,457	0,000115	0	0,000001	0	0,000002	0,000001
1,6066	0,000196	0,000001	0	0,000001	0,000001	0
1,7715	0,000308	0,00003	0,000001	0,000005	0,000005	0,000002
1,9534	0,000463	0,00006	0,000007	0,000009	0,000039	0,000036
2,154	0,000642	0,000106	0,000018	0,000051	0,000087	0,000079
2,3751	0,00084	0,000181	0,000049	0,00015	0,000202	0,000192
2,619	0,001099	0,000284	0,000151	0,000288	0,000657	0,000671
2,8879	0,001325	0,000411	0,000319	0,000719	0,001148	0,001195
3,1845	0,001559	0,000558	0,000592	0,001584	0,00196	0,00207
3,5114	0,001904	0,000713	0,001302	0,002222	0,003576	0,003854
3,872	0,002238	0,000863	0,002102	0,003991	0,005346	0,005832
4,2695	0,002652	0,000991	0,002916	0,005796	0,007421	0,0081
4,7079	0,003169	0,001086	0,004475	0,00757	0,009477	0,010348
5,1913	0,003813	0,001154	0,005749	0,009438	0,011364	0,012417
5,7244	0,00463	0,001201	0,00715	0,011214	0,013109	0,014312
6,3121	0,005634	0,001257	0,008437	0,012628	0,014421	0,015722
6,9602	0,006847	0,00136	0,009376	0,013489	0,015096	0,016406
7,6749	0,008226	0,001566	0,009802	0,013576	0,014993	0,016144
8,4629	0,009792	0,001928	0,010022	0,013382	0,01464	0,015585
9,3319	0,011532	0,002489	0,010277	0,013293	0,014433	0,015223
10,2901	0,013357	0,003274	0,010399	0,013056	0,014113	0,014718
11,3466	0,015214	0,004287	0,010552	0,012876	0,013877	0,014298
12,5117	0,017093	0,005552	0,011027	0,013128	0,014097	0,01441
13,7963	0,018847	0,007039	0,011783	0,013719	0,014664	0,014924
15,2129	0,020395	0,008718	0,012791	0,014581	0,015497	0,015746
16,7749	0,021655	0,010564	0,014059	0,015702	0,016565	0,016846
18,4973	0,02255	0,012506	0,015502	0,016966	0,017745	0,018084
20,3966	0,023026	0,014451	0,016991	0,018225	0,018882	0,019292
22,4909	0,023035	0,016277	0,018347	0,019286	0,019784	0,020248
24,8002	0,022602	0,017816	0,019359	0,019999	0,02031	0,020794
27,3466	0,021769	0,018927	0,019877	0,020249	0,020365	0,020821
30,1545	0,020551	0,019501	0,019851	0,019927	0,019862	0,02024
33,2507	0,019248	0,019529	0,019262	0,019316	0,019092	0,019361
36,6648	0,018029	0,019031	0,018181	0,018594	0,018242	0,018389
40,4295	0,016083	0,017999	0,017061	0,016909	0,016477	0,016479
44,5807	0,01357	0,016717	0,015629	0,014469	0,014006	0,013864
49,1581	0,011206	0,015517	0,013303	0,012085	0,011631	0,011393
54,2055	0,009	0,013604	0,010842	0,009793	0,009376	0,009082
59,7712	0,00697	0,011021	0,008626	0,00764	0,007277	0,006962
65,9084	0,005217	0,008661	0,006627	0,005765	0,005461	0,005157
72,6757	0,003754	0,006607	0,004908	0,004201	0,003954	0,003683
80,1379	0,002576	0,00482	0,003497	0,002939	0,002742	0,002517
88,3663	0,00173	0,003384	0,00241	0,001985	0,001829	0,00165
97,4395	0,001056	0,002279	0,001582	0,001274	0,001156	0,001021
107,4444	0,00045	0,00139	0,00097	0,000762	0,000675	0,00058
118,4765	0,000072	0,000341	0,000587	0,00044	0,000369	0,000291
130,6414	0	0	0,000294	0,000208	0,00016	0,000106
144,0554	0	0	0,000017	0,000012	0,000009	0,000005
158,8467	0	0	0	0	0	0
175,1567	0	0	0	0	0	0
193,1414	0	0	0	0	0	0
212,9727	0	0	0	0	0	0
234,8402	0	0	0	0	0	0
258,9531	0	0	0	0	0	0
285,5418	0	0	0	0	0	0
314,8605	0	0	0	0	0	0
347,1897	0	0	0	0	0	0
382,8383	0	0	0	0	0	0
422,1472	0	0	0	0	0	0
465,4923	0	0	0	0	0	0
513,288	0	0	0	0	0	0
565,9913	0	0	0	0	0	0
624,1059	0	0	0	0	0	0
688,1877	0	0	0	0	0	0
758,8492	0	0	0	0	0	0
836,766	0	0	q_3 [1/μm]	0	0	0

Taylor-Couette 0,136 g Silikat + 0,019 g H_2SO_4/g H_2O; 1000 min^{-1} (19.08.2008)

t [min]	$x_{50,3}$ [µm]	$x_{90,3}$ [µm]	d_f
40	35,81	70,79	1,98
60	31,45	55,87	2,12
80	29,95	54,08	2,44
100	29,02	53,16	1,22
120	28,37	52,15	2,34
140	27,47	51,34	2,28

t [min]	40	60	80	100	120	140
x [µm]	q_3 [1/µm]					
0,0525	0	0	0	0	0	0
0,0579	0	0	0	0	0	0
0,0638	0	0	0	0	0	0
0,0704	0	0	0	0	0	0
0,0776	0	0	0	0	0	0
0,0856	0	0	0	0	0	0
0,0944	0	0	0	0	0	0
0,1041	0	0	0	0	0	0
0,1148	0	0	0	0	0	0
0,1265	0	0	0	0	0	0
0,1395	0	0	0	0	0	0
0,1539	0	0	0	0	0	0
0,1697	0	0	0	0	0	0
0,1871	0	0	0	0	0	0
0,2063	0	0	0	0	0	0
0,2275	0	0	0	0	0	0
0,2508	0	0	0	0	0	0
0,2766	0	0	0	0	0	0
0,305	0	0	0	0	0	0
0,3363	0	0	0	0	0	0
0,3708	0	0	0	0	0	0
0,4089	0	0	0	0	0	0
0,4509	0	0	0	0	0	0
0,4972	0	0	0	0	0	0
0,5482	0	0	0	0	0	0
0,6045	0	0	0	0	0	0
0,6666	0	0	0	0	0	0
0,735	0	0	0	0	0	0
0,8105	0	0	0	0	0	0
0,8937	0	0	0	0	0	0
0,9855	0	0	0	0	0	0
1,0867	0	0	0	0	0	0
1,1983	0,000001	0	0	0	0	0
1,3213	0,000004	0	0	0	0	0,000001
1,457	0,000012	0	0	0,000001	0,000002	0,000005
1,6066	0,000035	0	0	0	0,000001	0,000014
1,7715	0,000082	0	0,000003	0,000001	0,000006	0,00005
1,9534	0,00016	0,000004	0,000002	0,000032	0,000055	0,000184
2,154	0,000278	0,000007	0,000035	0,000072	0,000129	0,000418
2,3751	0,000436	0,000018	0,00012	0,000181	0,000306	0,000855
2,619	0,000635	0,000089	0,000226	0,000643	0,000942	0,001914
2,8879	0,000902	0,000204	0,000657	0,001152	0,001614	0,002938
3,1845	0,001231	0,000403	0,001589	0,002026	0,002685	0,004336
3,5114	0,001446	0,001105	0,002305	0,003813	0,004769	0,00686
3,872	0,001831	0,001943	0,004384	0,00581	0,00693	0,00927
4,2695	0,002145	0,002832	0,006423	0,008119	0,009325	0,011861
4,7079	0,002444	0,004629	0,008398	0,010408	0,011726	0,014319
5,1913	0,002835	0,006265	0,010533	0,012547	0,013983	0,016492
5,7244	0,003373	0,008258	0,012691	0,014616	0,016044	0,018421
6,3121	0,004042	0,01016	0,014443	0,016252	0,017628	0,019798
6,9602	0,004847	0,011571	0,015484	0,017154	0,018485	0,020416
7,6749	0,005804	0,012258	0,015575	0,017036	0,018254	0,020158
8,4629	0,006965	0,012655	0,015377	0,01662	0,017694	0,019611
9,3319	0,008339	0,013074	0,015373	0,016452	0,017398	0,01922
10,2901	0,009833	0,013182	0,015127	0,016085	0,016923	0,018745
11,3466	0,011442	0,013239	0,014916	0,015787	0,016537	0,018406
12,5117	0,013226	0,013732	0,01529	0,016101	0,016778	0,018606
13,7963	0,015075	0,014604	0,016107	0,016884	0,017501	0,019225
15,2129	0,016916	0,015828	0,017285	0,018038	0,0186	0,020159
16,7749	0,018685	0,017447	0,018827	0,01954	0,020044	0,021343
18,4973	0,020267	0,019351	0,020566	0,021208	0,02164	0,022578
20,3966	0,021547	0,021345	0,022312	0,022842	0,023182	0,023679
22,4909	0,022388	0,023135	0,023846	0,024215	0,024435	0,02445
24,8002	0,022724	0,024437	0,024811	0,024983	0,025062	0,024627
27,3466	0,022521	0,025009	0,025093	0,025055	0,024983	0,024179
30,1545	0,021743	0,024596	0,025116	0,024877	0,024657	0,023575
33,2507	0,020723	0,023593	0,024067	0,023656	0,023312	0,022096
36,6648	0,019661	0,022277	0,021182	0,020641	0,020216	0,01905
40,4295	0,017632	0,019428	0,017648	0,017048	0,016597	0,015595
44,5807	0,014863	0,015507	0,014068	0,013476	0,013044	0,012257
49,1581	0,012238	0,01193	0,010688	0,010153	0,009769	0,009188
54,2055	0,009772	0,008786	0,007718	0,007269	0,006947	0,006545
59,7712	0,007499	0,006088	0,005259	0,004907	0,004654	0,004396
65,9084	0,005552	0,003934	0,003336	0,003084	0,002898	0,00274
72,6757	0,00396	0,002486	0,00204	0,001857	0,001717	0,001615
80,1379	0,002697	0,001536	0,001198	0,001063	0,000958	0,000885
88,3663	0,00173	0,000298	0,000226	0,000198	0,000175	0,00016
97,4395	0,001066	0	0	0	0	0
107,4444	0,000652	0	0	0	0	0
118,4765	0,000164	0	0	0	0	0
130,6414	0	0	0	0	0	0
144,0554	0	0	0	0	0	0
158,8467	0	0	0	0	0	0
175,1567	0	0	0	0	0	0
193,1414	0	0	0	0	0	0
212,9727	0	0	0	0	0	0
234,8402	0	0	0	0	0	0
258,9531	0	0	0	0	0	0
285,5418	0	0	0	0	0	0
314,8605	0	0	0	0	0	0
347,1897	0	0	0	0	0	0
382,8383	0	0	0	0	0	0
422,1472	0	0	0	0	0	0
465,4923	0	0	0	0	0	0
513,288	0	0	0	0	0	0
565,9913	0	0	0	0	0	0
624,1059	0	0	0	0	0	0
688,1877	0	0	0	0	0	0
758,8492	0	0	0	0	0	0
836,766	0	0	0	0	0	0

Taylor-Couette 0,136 g Silikat + 0,019 g H_2SO_4/g H_2O; 800-200 min^{-1} (23.06.2008)

t [min]	$x_{50,3}$ [µm]	$x_{90,3}$ [µm]	d_f
40	46,19	83,26	1,82
50	46,37	83,47	2,08
60	43,31	80,87	2,44
80	40,43	77,40	2,59
120	38,07	73,98	2,59
140	36,25	72,52	2,61

Ultraschall

E_V [MJ/m³]	$x_{50,3}$ [µm]
138,3	11,23
276,7	9,73
415,0	6,16
553,3	5,52
691,6	3,84
830,0	1,50

t [min]	40	50	60	80	120	140
x [µm]	q_3 [1/µm]					
0,0525	0	0	0	0	0	0
0,0579	0	0	0	0	0	0
0,0638	0	0	0	0	0	0
0,0704	0	0	0	0	0	0
0,0776	0	0	0	0	0	0
0,0856	0	0	0	0	0	0
0,0944	0	0	0	0	0	0
0,1041	0	0	0	0	0	0
0,1148	0	0	0	0	0	0
0,1265	0	0	0	0	0	0
0,1395	0	0	0	0	0	0
0,1539	0	0	0	0	0	0
0,1697	0	0	0	0	0	0
0,1871	0	0	0	0	0	0
0,2063	0	0	0	0	0	0
0,2275	0	0	0	0	0	0
0,2508	0	0	0	0	0	0
0,2766	0	0	0	0	0	0
0,305	0	0	0	0	0	0
0,3363	0	0	0	0	0	0
0,3708	0	0	0	0	0	0
0,4089	0	0	0	0	0	0
0,4509	0	0	0	0	0	0
0,4972	0	0	0	0	0	0
0,5482	0	0	0	0	0	0
0,6045	0	0	0	0	0	0
0,6666	0	0	0	0	0	0
0,735	0,000001	0	0,000001	0	0	0
0,8105	0,000001	0	0,000001	0	0	0
0,8937	0,000001	0	0,000001	0,000001	0	0
0,9855	0,000002	0	0,000001	0,000001	0	0
1,0867	0,000003	0	0,000001	0,000001	0	0
1,1983	0,000004	0	0,000001	0,000001	0	0
1,3213	0,000004	0	0,000001	0,000001	0	0
1,457	0,000005	0	0,000001	0	0	0
1,6066	0,000009	0	0,000001	0,000001	0	0
1,7715	0,000021	0	0,000001	0,000002	0,000001	0,000001
1,9534	0,00005	0	0,000002	0	0	0
2,154	0,0001	0	0,000003	0,000014	0,000006	0,00001
2,3751	0,000175	0,000007	0,000009	0,000051	0,000035	0,000048
2,619	0,000285	0,000019	0,000046	0,000091	0,00005	0,000075
2,8879	0,000415	0,000041	0,000105	0,000301	0,000241	0,000321
3,1845	0,000553	0,00008	0,000208	0,000786	0,000738	0,000942
3,5114	0,000696	0,000166	0,000574	0,001184	0,001189	0,001484
3,872	0,000835	0,000295	0,00102	0,002417	0,002694	0,003256
4,2695	0,000955	0,000463	0,001555	0,003877	0,004545	0,005415
4,7079	0,001041	0,000838	0,002705	0,005604	0,006695	0,0079
5,1913	0,001076	0,001305	0,003881	0,007691	0,009255	0,010832
5,7244	0,001084	0,001722	0,005398	0,009984	0,012144	0,014108
6,3121	0,001072	0,002645	0,007071	0,012169	0,014865	0,017209
6,9602	0,001059	0,003462	0,008665	0,013967	0,016977	0,019656
7,6749	0,0011	0,00432	0,009827	0,014933	0,017909	0,020764
8,4629	0,001252	0,005185	0,010662	0,015383	0,018207	0,021123
9,3319	0,001554	0,005955	0,011237	0,015555	0,018263	0,021159
10,2901	0,002024	0,006554	0,011266	0,015107	0,017449	0,020169
11,3466	0,002667	0,007011	0,010942	0,014308	0,016138	0,018566
12,5117	0,003499	0,007414	0,010633	0,013641	0,015053	0,017155
13,7963	0,004505	0,007804	0,010387	0,01311	0,014151	0,015914
15,2129	0,005676	0,008235	0,010264	0,012743	0,013453	0,014879
16,7749	0,007026	0,008774	0,010359	0,012631	0,013075	0,014188
18,4973	0,00855	0,009458	0,010692	0,01277	0,013017	0,013845
20,3966	0,010215	0,010301	0,01125	0,013126	0,013234	0,01381
22,4909	0,011985	0,01132	0,012024	0,013654	0,013678	0,014032
24,8002	0,013751	0,01248	0,012956	0,014267	0,014257	0,014409
27,3466	0,015384	0,013707	0,013959	0,014875	0,014874	0,014833
30,1545	0,016742	0,014895	0,014908	0,015407	0,015442	0,015207
33,2507	0,017719	0,015931	0,015692	0,015737	0,015811	0,015399
36,6648	0,018216	0,016684	0,016192	0,01579	0,015887	0,015333
40,4295	0,018055	0,016907	0,016194	0,01578	0,015882	0,015201
44,5807	0,01746	0,016731	0,015834	0,015366	0,01543	0,014675
49,1581	0,016741	0,016357	0,015314	0,013944	0,013904	0,013189
54,2055	0,015081	0,014953	0,013861	0,012058	0,011892	0,011268
59,7712	0,012538	0,012565	0,011528	0,010046	0,009762	0,009243
65,9084	0,010061	0,010114	0,009189	0,007997	0,007627	0,007219
72,6757	0,007799	0,007815	0,007035	0,006074	0,005679	0,005367
80,1379	0,005767	0,005737	0,005118	0,004387	0,004021	0,003778
88,3663	0,004119	0,004059	0,003592	0,003029	0,002679	0,002487
97,4395	0,002801	0,002732	0,002401	0,00197	0,001732	0,001575
107,4444	0,001773	0,00171	0,001494	0,001184	0,001131	0,001002
118,4765	0,001106	0,001045	0,000905	0,000674	0,000318	0,000259
130,6414	0,000566	0,000522	0,000446	0,000309	0	0
144,0554	0,000034	0,000031	0,000026	0,000017	0	0
158,8467	0	0	0	0	0	0
175,1567	0	0	0	0	0	0
193,1414	0	0	0	0	0	0
212,9727	0	0	0	0	0	0
234,8402	0	0	0	0	0	0
258,9531	0	0	0	0	0	0
285,5418	0	0	0	0	0	0
314,8605	0	0	0	0	0	0
347,1897	0	0	0	0	0	0
382,8383	0	0	0	0	0	0
422,1472	0	0	0	0	0	0
465,4923	0	0	0	0	0	0
513,288	0	0	0	0	0	0
565,9913	0	0	0	0	0	0
624,1059	0	0	0	0	0	0
688,1877	0	0	0	0	0	0
758,8492	0	0	0	0	0	0
836,766	0	0	0	0	0	0

Taylor-Couette 0,136 g Silikat + 0,019 g H_2SO_4/g H_2O; 200-800 min^{-1} (20.06.2008)

t [min]	$x_{50,3}$ [µm]	$x_{90,3}$ [µm]	d_r
40	91,50	169,86	2,03
60	84,83	201,49	2,16
80	91,02	216,64	2,37
100	91,84	225,95	2,33
120	89,12	219,73	2,46
150	79,67	193,49	2,38

Ultraschall

e_v [MJ/m³]	$x_{50,3}$ [µm]
138,3	30,10
276,7	25,28
415,0	12,94
553,3	11,23
691,6	4,34
830,0	1,26

t [min]	40	60	80	100	120	150
x [µm]	q_3 [1/µm]					
0,0525	0	0	0	0	0	0
0,0579	0	0	0	0	0	0
0,0638	0	0	0	0	0	0
0,0704	0	0	0	0	0	0
0,0776	0	0	0	0	0	0
0,0856	0	0	0	0	0	0
0,0944	0	0	0	0	0	0
0,1041	0	0	0	0	0	0
0,1148	0	0	0	0	0	0
0,1265	0	0	0	0	0	0
0,1395	0	0	0	0	0	0
0,1539	0	0	0	0	0	0
0,1697	0	0	0	0	0	0
0,1871	0	0	0	0	0	0
0,2063	0	0	0	0	0	0
0,2275	0	0	0	0	0	0
0,2508	0	0	0	0	0	0
0,2766	0	0	0	0	0	0
0,305	0	0	0	0	0	0
0,3363	0	0	0	0	0	0
0,3708	0	0	0	0	0	0
0,4089	0	0	0	0	0	0
0,4509	0	0	0	0	0	0
0,4972	0	0	0	0	0	0
0,5482	0	0	0	0	0	0
0,6045	0	0	0	0	0	0
0,6666	0	0	0	0	0	0
0,735	0	0	0	0	0	0
0,8105	0	0	0	0	0,000001	0,000004
0,8937	0,000001	0	0	0	0,000003	0,000017
0,9855	0,000003	0	0	0,000001	0,000009	0,00005
1,0867	0,000005	0	0	0,000004	0,000026	0,000122
1,1983	0,000009	0	0,000004	0,000012	0,000061	0,0003
1,3213	0,000014	0	0,000043	0,00003	0,000138	0,000582
1,457	0,00002	0	0,000086	0,000066	0,000294	0,000957
1,6066	0,000026	0	0,000158	0,000147	0,000542	0,001715
1,7715	0,000032	0	0,000272	0,000288	0,000905	0,002674
1,9534	0,000036	0	0,000438	0,000505	0,001433	0,003227
2,154	0,00004	0	0,000648	0,000831	0,001836	0,004256
2,3751	0,000046	0	0,000897	0,001274	0,002498	0,004934
2,619	0,000057	0	0,001206	0,001786	0,003132	0,005475
2,8879	0,000077	0	0,001462	0,002188	0,003491	0,005832
3,1845	0,000106	0	0,001711	0,002595	0,003938	0,005896
3,5114	0,000143	0	0,002036	0,003119	0,004172	0,005875
3,872	0,000185	0	0,002264	0,00342	0,004214	0,005823
4,2695	0,000233	0	0,002474	0,003594	0,004272	0,005702
4,7079	0,000284	0	0,002693	0,003726	0,004312	0,005641
5,1913	0,00033	0	0,002933	0,003855	0,004359	0,00569
5,7244	0,000357	0,000062	0,00321	0,004001	0,004527	0,005839
6,3121	0,000377	0,000198	0,003549	0,004201	0,004801	0,00611
6,9602	0,000401	0,000342	0,003973	0,00448	0,005163	0,006514
7,6749	0,000424	0,000691	0,004449	0,004801	0,005598	0,006987
8,4629	0,000426	0,001008	0,004993	0,00522	0,006144	0,007554
9,3319	0,000446	0,001487	0,005601	0,005766	0,006805	0,008217
10,2901	0,000472	0,002241	0,006224	0,006358	0,00749	0,008882
11,3466	0,00051	0,002965	0,006834	0,006988	0,008172	0,00951
12,5117	0,000581	0,003838	0,00742	0,007685	0,008861	0,010091
13,7963	0,000699	0,004766	0,007913	0,008348	0,009446	0,010521
15,2129	0,000874	0,005682	0,008278	0,008904	0,00986	0,010747
16,7749	0,001124	0,006546	0,008488	0,009289	0,010047	0,010724
18,4973	0,001459	0,007299	0,008525	0,00944	0,009972	0,010442
20,3966	0,001884	0,007898	0,008391	0,009334	0,009637	0,009923
22,4909	0,002408	0,008314	0,008103	0,008968	0,009071	0,009217
24,8002	0,003022	0,008529	0,007694	0,008397	0,008344	0,008406
27,3466	0,003709	0,008552	0,007207	0,007697	0,007541	0,007574
30,1545	0,004465	0,008417	0,006696	0,006967	0,006756	0,006807
33,2507	0,005271	0,008166	0,006206	0,00628	0,006053	0,006153
36,6648	0,006104	0,007841	0,005773	0,005692	0,005476	0,005645
40,4295	0,006929	0,007481	0,005422	0,005234	0,005045	0,00529
44,5807	0,007702	0,007115	0,005162	0,004914	0,00476	0,005077
49,1581	0,008348	0,006768	0,004991	0,004725	0,004604	0,004984
54,2055	0,008832	0,006444	0,004892	0,004638	0,004549	0,00498
59,7712	0,009125	0,006143	0,004845	0,004626	0,004565	0,005032
65,9084	0,009203	0,005864	0,004826	0,004662	0,004621	0,005105
72,6757	0,009042	0,005602	0,004809	0,004706	0,004677	0,005169
80,1379	0,008706	0,005353	0,004778	0,004736	0,004712	0,0052
88,3663	0,008393	0,005095	0,004711	0,00472	0,004693	0,005145
97,4395	0,007822	0,004855	0,004593	0,004632	0,004599	0,005062
107,4444	0,006782	0,004628	0,004425	0,004464	0,004424	0,00495
118,4765	0,005632	0,004288	0,004273	0,004289	0,004246	0,00456
130,6414	0,004522	0,003847	0,004042	0,004001	0,003962	0,003956
144,0554	0,003491	0,003375	0,003599	0,003453	0,003428	0,003317
158,8467	0,002596	0,002882	0,003095	0,002857	0,002849	0,002684
175,1567	0,001845	0,002387	0,002599	0,002308	0,002317	0,002091
193,1414	0,001231	0,001913	0,002114	0,001809	0,00183	0,001575
212,9727	0,000808	0,001482	0,001663	0,001381	0,001409	0,001149
234,8402	0,000508	0,001101	0,001265	0,001035	0,001063	0,000808
258,9531	0,000123	0,000772	0,000924	0,000761	0,000784	0,000535
285,5418	0,000011	0,000507	0,000642	0,000552	0,000566	0,000346
314,8605	0	0,000294	0,000407	0,000396	0,000399	0,000221
347,1897	0	0,000062	0,000186	0,000282	0,000275	0,000051
382,8383	0	0	0,000033	0,000198	0,000179	0
422,1472	0	0	0	0,000135	0,000097	0
465,4923	0	0	0	0,000094	0,000023	0
513,288	0	0	0	0,000061	0	0
565,9913	0	0	0	0,000026	0	0
624,1059	0	0	0	0,000013	0	0
688,1877	0	0	0	0	0	0
758,8492	0	0	0	0	0	0
836,766	0	0	0	0	0	0

Taylor-Couette 0,136 g Silikat + 0,019 g H_2SO_4/g H_2O; ab GP 400 min^{-1} (25.06.2008)

t [min]	$x_{50,3}$ [µm]	$x_{90,3}$ [µm]	d_t
50	70,93	137,10	2,24
60	70,76	148,96	2,50
70	67,90	144,13	2,52
80	65,47	143,94	2,50
100	62,10	141,50	2,43
140	58,78	139,17	2,39

Ultraschall

ε_v [MJ/m³]	$x_{50,3}$ [µm]
138,3	21,89
276,7	12,29
415,0	2,53
553,3	2,22
691,6	0,93
830,0	1,10

t [min]	50	60	70	80	100	140
x [µm]	q_3 [1/µm]					
0,0525	0	0	0	0	0	0
0,0579	0	0	0	0	0	0
0,0638	0	0	0	0	0	0
0,0704	0	0	0	0	0	0
0,0776	0	0	0	0	0	0
0,0856	0	0	0	0	0	0
0,0944	0	0	0	0	0	0
0,1041	0	0	0	0	0	0
0,1148	0	0	0	0	0	0
0,1265	0	0	0	0	0	0
0,1395	0	0	0	0	0	0
0,1539	0	0	0	0	0	0
0,1697	0	0	0	0	0	0
0,1871	0	0	0	0	0	0
0,2063	0	0	0	0	0	0
0,2275	0	0	0	0	0	0
0,2508	0	0	0	0	0	0
0,2766	0	0	0	0	0	0
0,305	0	0	0	0	0	0
0,3363	0	0	0	0	0	0
0,3708	0	0	0	0	0	0
0,4089	0	0	0	0	0	0
0,4509	0	0	0	0	0	0
0,4972	0	0	0	0	0	0
0,5482	0	0	0	0	0	0
0,6045	0	0	0	0	0	0
0,6666	0	0	0	0	0	0
0,735	0	0	0	0	0	0
0,8105	0	0	0	0	0	0
0,8937	0	0	0	0,000001	0	0
0,9855	0	0	0	0,000001	0,000001	0
1,0867	0	0	0	0,000002	0,000001	0,000001
1,1983	0	0	0	0,000002	0,000001	0,000001
1,3213	0	0	0	0,000002	0,000001	0,000001
1,457	0	0	0	0,000002	0,000002	0,000002
1,6066	0	0	0	0,000002	0,000002	0,000002
1,7715	0	0	0	0,000003	0,000002	0,000003
1,9534	0	0	0	0,000003	0,000003	0,000003
2,154	0	0	0	0,000003	0,000003	0,000004
2,3751	0	0	0	0,000002	0,000002	0,000006
2,619	0	0	0,000002	0,000003	0,000005	0,000009
2,8879	0	0	0,000007	0,000005	0,000012	0,000034
3,1845	0	0,000004	0,000011	0,00001	0,000028	0,000099
3,5114	0,000004	0,000009	0,000039	0,000042	0,0001	0,000196
3,872	0,000032	0,000021	0,000089	0,000099	0,000229	0,000447
4,2695	0,000055	0,000059	0,000162	0,000184	0,000418	0,000987
4,7079	0,000103	0,00011	0,000394	0,000463	0,000923	0,001391
5,1913	0,000183	0,000225	0,000711	0,00085	0,001584	0,002348
5,7244	0,000287	0,000506	0,001022	0,001236	0,002196	0,003572
6,3121	0,00047	0,000737	0,001787	0,002194	0,003629	0,004935
6,9602	0,000714	0,001237	0,002582	0,003179	0,004963	0,006565
7,6749	0,000888	0,001942	0,003514	0,004296	0,006361	0,008142
8,4629	0,001278	0,00271	0,00458	0,005568	0,00789	0,009749
9,3319	0,001635	0,003659	0,005701	0,006911	0,009458	0,011399
10,2901	0,002029	0,004638	0,006714	0,008069	0,010717	0,012653
11,3466	0,002476	0,005567	0,00756	0,008987	0,01163	0,013484
12,5117	0,002957	0,006408	0,008234	0,009699	0,012288	0,014028
13,7963	0,003461	0,007062	0,008662	0,010099	0,012557	0,014146
15,2129	0,003988	0,00751	0,008856	0,010195	0,012446	0,013855
16,7749	0,00454	0,007768	0,008862	0,01005	0,012039	0,013251
18,4973	0,005119	0,007878	0,008741	0,009744	0,011434	0,012449
20,3966	0,005721	0,007886	0,008548	0,00935	0,010724	0,011552
22,4909	0,006354	0,00785	0,008345	0,008944	0,010006	0,010661
24,8002	0,007003	0,007817	0,008175	0,008585	0,009357	0,009854
27,3466	0,00765	0,007821	0,008067	0,008312	0,008824	0,009185
30,1545	0,00829	0,00789	0,00804	0,008151	0,008435	0,008677
33,2507	0,008899	0,008025	0,008088	0,008097	0,008183	0,008321
36,6648	0,00945	0,008213	0,008196	0,008135	0,00805	0,008094
40,4295	0,009909	0,008431	0,008336	0,00823	0,008002	0,007962
44,5807	0,01024	0,008638	0,008469	0,00834	0,007996	0,00788
49,1581	0,010386	0,008771	0,008541	0,008405	0,007972	0,007791
54,2055	0,01036	0,008818	0,008538	0,008406	0,007909	0,007671
59,7712	0,010151	0,008748	0,008434	0,00831	0,007772	0,00749
65,9084	0,009735	0,008509	0,008189	0,008069	0,007518	0,007204
72,6757	0,009288	0,008219	0,007908	0,007787	0,007232	0,006898
80,1379	0,008796	0,007862	0,007575	0,007448	0,006899	0,006556
88,3663	0,007799	0,007096	0,006862	0,006723	0,006231	0,005906
97,4395	0,006555	0,00611	0,005938	0,005788	0,005378	0,005088
107,4444	0,005371	0,00513	0,00501	0,004853	0,004521	0,004275
118,4765	0,004242	0,004167	0,004089	0,00393	0,003671	0,003474
130,6414	0,003215	0,003259	0,003216	0,003058	0,002866	0,002718
144,0554	0,002352	0,002452	0,002437	0,002289	0,002153	0,002047
158,8467	0,001637	0,00178	0,001778	0,001653	0,001562	0,001488
175,1567	0,001028	0,001244	0,001247	0,001145	0,001091	0,001041
193,1414	0,000489	0,000834	0,000848	0,000748	0,000734	0,000699
212,9727	0,000115	0,000529	0,000528	0,000484	0,000468	0,000444
234,8402	0	0,000313	0,000251	0,000302	0,000279	0,000264
258,9531	0	0,000178	0,000034	0,00006	0,000163	0,000156
285,5418	0	0,00007	0	0	0,000066	0,000065
314,8605	0	0,000001	0	0	0,000001	0,000001
347,1897	0	0	0	0	0	0
382,8383	0	0	0	0	0	0
422,1472	0	0	0	0	0	0
465,4923	0	0	0	0	0	0
513,288	0	0	0	0	0	0
565,9913	0	0	0	0	0	0
624,1059	0	0	0	0	0	0
688,1877	0	0	0	0	0	0
758,8492	0	0	0	0	0	0
836,766	0	0	0	0	0	0

Rührkessel 0,25 g H_2SO_4 + 0,103 g Natriumsilikat/g H_2O (15.10.2008)

t [min]	$x_{50,3}$ [μm]	$x_{90,3}$ [μm]	d_f
50	28,10	69,68	3,23
60	50,39	132,01	3,25
70	65,69	197,81	3,05
80	59,78	184,39	3,06
110	53,23	195,65	3,05

Ultraschall

	110 min	stabilisiert
E_V [MJ/m³]	$x_{50,3}$ [μm]	$x_{50,3}$ [μm]
138,3	12,55	11,8838
276,7	6,18	6,11305
415,0	4,81	4,8465
553,3	3,98	5,2262

BET-Oberfläche

	110 min
a [m²/g]	545

t [min]	50	60	70	80	110
x [μm]			q_3 [1/μm]		
0,0525	0	0	0	0	0
0,0579	0	0	0	0	0
0,0638	0	0	0	0	0
0,0704	0	0	0	0	0
0,0776	0	0	0	0	0
0,0856	0	0	0	0	0
0,0944	0	0	0	0	0
0,1041	0	0	0	0	0
0,1148	0	0	0	0	0
0,1265	0	0	0	0	0
0,1395	0	0	0	0	0
0,1539	0	0	0	0	0
0,1697	0	0	0	0	0
0,1871	0	0	0	0	0
0,2063	0	0	0	0	0
0,2275	0	0	0	0	0
0,2508	0	0	0	0	0
0,2766	0	0	0	0	0
0,305	0	0	0	0	0
0,3363	0	0	0	0	0
0,3708	0	0	0	0	0
0,4089	0	0	0	0	0
0,4509	0	0	0	0	0
0,4972	0	0	0	0	0
0,5482	0	0	0	0	0
0,6045	0	0	0	0	0
0,6666	0	0	0	0	0
0,735	0	0	0	0	0,000001
0,8105	0	0	0	0	0,000001
0,8937	0	0	0	0	0,000001
0,9855	0	0	0	0	0,000001
1,0867	0	0	0	0	0,000002
1,1983	0	0	0,000001	0	0,000001
1,3213	0	0	0,000006	0	0,000002
1,457	0,000019	0,000003	0,00001	0,000003	0,000006
1,6066	0,000006	0,000005	0,000052	0,000009	0,000015
1,7715	0,000064	0,000026	0,000145	0,000034	0,000051
1,9534	0,000677	0,000137	0,000276	0,000128	0,000172
2,154	0,001467	0,000313	0,000663	0,000283	0,000369
2,3751	0,004037	0,000699	0,001307	0,000583	0,000739
2,619	0,009336	0,00193	0,001794	0,001404	0,00171
2,8879	0,017519	0,003204	0,003064	0,002221	0,002663
3,1845	0,029882	0,005209	0,004359	0,003405	0,004015
3,5114	0,045641	0,008937	0,005806	0,005501	0,006363
3,872	0,063025	0,012643	0,007402	0,00744	0,008474
4,2695	0,079304	0,01679	0,008897	0,009539	0,010737
4,7079	0,092478	0,02075	0,010183	0,011467	0,012812
5,1913	0,101749	0,024166	0,011194	0,013023	0,01449
5,7244	0,107257	0,026986	0,011881	0,014171	0,015726
6,3121	0,109111	0,028829	0,012213	0,014829	0,016421
6,9602	0,106863	0,029419	0,01219	0,014941	0,01652
7,6749	0,098395	0,028472	0,011786	0,014394	0,015953
8,4629	0,089068	0,026687	0,011155	0,013526	0,015064
9,3319	0,082208	0,024619	0,010424	0,012608	0,014122
10,2901	0,070505	0,022006	0,009612	0,011546	0,013038
11,3466	0,056067	0,019174	0,008804	0,010474	0,011945
12,5117	0,044334	0,016639	0,008108	0,009602	0,011054
13,7963	0,034364	0,014412	0,007552	0,008919	0,010347
15,2129	0,025686	0,012507	0,007149	0,008417	0,009811
16,7749	0,018658	0,01099	0,006911	0,008104	0,009456
18,4973	0,013137	0,00985	0,00683	0,007963	0,009256
20,3966	0,008917	0,00905	0,00688	0,007963	0,009178
22,4909	0,005804	0,00854	0,007039	0,00807	0,009183
24,8002	0,003608	0,008258	0,007264	0,00824	0,009222
27,3466	0,002137	0,008137	0,007512	0,008425	0,009248
30,1545	0,001196	0,008112	0,007747	0,008588	0,009225
33,2507	0,000635	0,008128	0,007937	0,008692	0,009125
36,6648	0,000328	0,008132	0,008053	0,00871	0,008929
40,4295	0,000176	0,008078	0,008073	0,008616	0,008623
44,5807	0,000114	0,007945	0,007987	0,008406	0,008212
49,1581	0,000092	0,007721	0,007782	0,008073	0,007705
54,2055	0,000087	0,007387	0,007467	0,007628	0,007121
59,7712	0,000084	0,006989	0,007059	0,007093	0,006484
65,9084	0,000079	0,006626	0,006583	0,006499	0,005827
72,6757	0,000071	0,006097	0,006053	0,005868	0,005171
80,1379	0,00006	0,005328	0,005504	0,005235	0,004541
88,3663	0,00005	0,004562	0,005013	0,004673	0,003984
97,4395	0,000042	0,003833	0,004485	0,004106	0,003455
107,4444	0,000036	0,003133	0,003852	0,003477	0,002922
118,4765	0,000035	0,00249	0,003251	0,002901	0,002449
130,6414	0,000036	0,00192	0,002715	0,002399	0,002044
144,0554	0,000041	0,001429	0,002228	0,001953	0,001692
158,8467	0,000047	0,001028	0,001803	0,001572	0,001396
175,1567	0,000052	0,000713	0,001442	0,001254	0,001149
193,1414	0,000056	0,000474	0,00114	0,00099	0,000944
212,9727	0,000055	0,000298	0,000892	0,000774	0,000775
234,8402	0,00005	0,000176	0,000691	0,000601	0,000636
258,9531	0,000043	0,000111	0,000531	0,000461	0,00052
285,5418	0,00003	0,00005	0,000404	0,00035	0,000423
314,8605	0,000017	0,000001	0,000304	0,000262	0,000342
347,1897	0,000006	0	0,000227	0,000193	0,000272
382,8383	0	0	0,000165	0,000139	0,000212
422,1472	0	0	0,000111	0,000096	0,000161
465,4923	0	0	0,000066	0,000064	0,000116
513,288	0	0	0,000029	0,000033	0,00008
565,9913	0	0	0,000002	0,000003	0,000053
624,1059	0	0	0	0	0,000019
688,1877	0	0	0	0	0
758,8492	0	0	0	0	0
836,766	0	0	0	0	0

Rührkessel 0,30 g H_2SO_4 + 0,084 g Natriumsilikat/g H_2O (20.10.2008)

t [min]	$x_{50,3}$ [μm]	$x_{90,3}$ [μm]	d_r
40	27,39	18,18	3,21
45	42,03	28,54	3,04
50	43,21	25,46	2,93
70	50,17	26,95	2,79
100	45,18	24,33	2,56

Ultraschall

	100 min
e_v [MJ/m³]	$x_{50,3}$ [μm]
138,3	10,29
276,7	6,70
415,0	4,84
553,3	3,27

BET-Oberfläche

	100 min
a [m²/g]	56

t [min]	40	45	50	70	100
x [μm]	q_3 [1/μm]				
0,0525	0	0	0	0	0
0,0579	0	0	0	0	0
0,0638	0	0	0	0	0
0,0704	0	0	0	0	0
0,0776	0	0	0	0	0
0,0856	0	0	0	0	0
0,0944	0	0	0	0	0
0,1041	0	0	0	0	0
0,1148	0	0	0	0	0
0,1265	0	0	0	0	0
0,1395	0	0	0	0	0
0,1539	0	0	0	0	0
0,1697	0	0	0	0	0
0,1871	0	0	0	0	0
0,2063	0	0	0	0	0
0,2275	0	0	0	0	0
0,2508	0	0	0	0	0
0,2766	0	0	0	0	0
0,305	0	0	0	0	0
0,3363	0	0	0	0	0
0,3708	0	0	0	0	0
0,4089	0	0	0	0	0
0,4509	0	0	0	0	0
0,4972	0	0	0	0	0
0,5482	0	0	0	0	0
0,6045	0	0	0	0	0
0,6666	0	0	0	0	0
0,735	0	0	0	0	0
0,8105	0	0	0	0	0
0,8937	0	0	0	0	0
0,9855	0	0	0	0	0
1,0867	0	0	0	0	0
1,1983	0	0	0	0	0
1,3213	0	0	0	0	0
1,457	0,000029	0	0	0	0
1,6066	0,000019	0	0	0	0
1,7715	0,000124	0,000001	0,00001	0	0
1,9534	0,000938	0	0,000023	0	0,000039
2,154	0,001904	0,000013	0,000098	0,000001	0,000136
2,3751	0,004766	0,000054	0,000269	0	0,000272
2,619	0,010458	0,000094	0,000512	0,000022	0,000773
2,8879	0,018757	0,000318	0,001102	0,000049	0,001305
3,1845	0,031003	0,000846	0,002171	0,0001	0,002138
3,5114	0,047385	0,001279	0,002917	0,000572	0,003721
3,872	0,066287	0,002623	0,004831	0,001221	0,005414
4,2695	0,084592	0,004231	0,0068	0,002148	0,00751
4,7079	0,099806	0,006104	0,008865	0,004252	0,009843
5,1913	0,111085	0,008356	0,011183	0,006538	0,012242
5,7244	0,118865	0,010919	0,013499	0,009546	0,01458
6,3121	0,121939	0,013639	0,01566	0,012963	0,016683
6,9602	0,11931	0,016312	0,017572	0,016252	0,018439
7,6749	0,110008	0,01836	0,018968	0,018344	0,019618
8,4629	0,099336	0,020169	0,019895	0,019818	0,020266
9,3319	0,090333	0,021973	0,020377	0,02107	0,020414
10,2901	0,075688	0,023043	0,020307	0,020974	0,020041
11,3466	0,05815	0,023488	0,019759	0,01986	0,019245
12,5117	0,043949	0,023733	0,018879	0,018578	0,018168
13,7963	0,032326	0,023569	0,017725	0,017039	0,016904
15,2129	0,022633	0,022975	0,016396	0,015323	0,015559
16,7749	0,014978	0,022045	0,015004	0,013675	0,014234
18,4973	0,009848	0,020864	0,013637	0,012207	0,013001
20,3966	0,0063	0,0195	0,012356	0,010963	0,011902
22,4909	0,001763	0,018013	0,011211	0,009954	0,010962
24,8002	0,000371	0,016471	0,010223	0,00917	0,010177
27,3466	0,000011	0,014939	0,009396	0,008589	0,009531
30,1545	0	0,013462	0,008721	0,008172	0,008995
33,2507	0	0,012071	0,008173	0,007875	0,008535
36,6648	0	0,010785	0,007723	0,007654	0,008119
40,4295	0	0,0096	0,007339	0,00746	0,007715
44,5807	0	0,008533	0,006993	0,007262	0,007304
49,1581	0	0,007604	0,006655	0,007029	0,006864
54,2055	0	0,006723	0,006313	0,006739	0,0064
59,7712	0	0,005869	0,005956	0,00638	0,005914
65,9084	0	0,005085	0,005573	0,005957	0,005407
72,6757	0	0,004361	0,005216	0,005539	0,004933
80,1379	0	0,003684	0,004876	0,005126	0,004491
88,3663	0	0,003065	0,004395	0,004566	0,003958
97,4395	0	0,002502	0,003842	0,003947	0,003404
107,4444	0	0,001997	0,003306	0,003369	0,002907
118,4765	0	0,001554	0,002783	0,002821	0,002452
130,6414	0	0,001174	0,002284	0,002309	0,002039
144,0554	0	0,000855	0,001826	0,001847	0,001676
158,8467	0	0,000601	0,001424	0,00145	0,001365
175,1567	0	0,000406	0,001081	0,001116	0,001101
193,1414	0	0,00026	0,000798	0,000843	0,00088
212,9727	0	0,00016	0,000573	0,000626	0,000699
234,8402	0	0,000093	0,0004	0,000456	0,00055
258,9531	0	0,000043	0,000269	0,000326	0,000423
285,5418	0	0,000024	0,00018	0,000229	0,000312
314,8605	0	0,000001	0,000123	0,000157	0,000218
347,1897	0	0	0,000054	0,000106	0,000148
382,8383	0	0	0,000024	0,000069	0,000078
422,1472	0	0	0,000002	0,000044	0,000007
465,4923	0	0	0	0,000024	0
513,288	0	0	0	0,000015	0
565,9913	0	0	0	0,000003	0
624,1059	0	0	0	0	0
688,1877	0	0	0	0	0
758,8492	0	0	0	0	0
836,766	0	0	0	0	0

Rührkessel 0,35 g H_2SO_4 + 0,084 g Natriumsilikat/g H_2O (05.05.2008)

t [min]	$x_{50,3}$ [µm]	$x_{90,3}$ [µm]	d_f
20	53,56	143,45	2,47
25	54,53	158,11	2,53
30	37,93	132,67	2,58
70	45,05	198,93	2,36
90	45,53	250,32	2,35

Ultraschall

ε_V [MJ/m³]	90 min $x_{50,3}$ [µm]
138,3	13,57
276,7	9,97
415,0	7,04
553,3	5,26
691,6	3,77
830,0	3,22

BET-Oberfläche

a [m²/g]	90 min
	518

t [min]	20	25	30	70	90
x [µm]	q_3 [1/µm]				
0,0525	0	0	0	0	0
0,0579	0	0	0	0	0
0,0638	0	0	0	0	0
0,0704	0	0	0	0	0
0,0776	0	0	0	0	0
0,0856	0	0	0	0	0
0,0944	0	0	0	0	0
0,1041	0	0	0	0	0
0,1148	0	0	0	0	0
0,1265	0	0	0	0	0
0,1395	0	0	0	0	0
0,1539	0	0	0	0	0
0,1697	0	0	0	0	0
0,1871	0	0	0	0	0
0,2063	0	0	0	0	0
0,2275	0	0	0	0	0
0,2508	0	0	0	0	0
0,2766	0	0	0	0	0
0,305	0	0	0	0	0
0,3363	0	0	0	0	0
0,3708	0	0	0	0	0
0,4089	0	0	0	0	0
0,4509	0	0	0	0	0
0,4972	0	0	0	0	0
0,5482	0	0	0	0	0
0,6045	0	0	0	0	0
0,6666	0	0	0	0	0
0,735	0	0	0	0	0
0,8105	0	0	0	0	0
0,8937	0	0	0	0	0
0,9855	0	0	0	0	0
1,0867	0	0	0	0	0,000001
1,1983	0,000001	0	0	0	0,000002
1,3213	0	0	0	0	0,000004
1,457	0	0	0	0	0,000007
1,6066	0,000022	0	0	0	0,000011
1,7715	0,000105	0	0	0	0,000016
1,9534	0,00013	0,000001	0	0,000001	0,00002
2,154	0,000874	0,000002	0	0,000001	0,000022
2,3751	0,002507	0,000006	0	0,000002	0,000023
2,619	0,004123	0,000018	0,000001	0,000004	0,000022
2,8879	0,009206	0,000042	0,000001	0,000006	0,000032
3,1845	0,015606	0,000084	0,000002	0,000011	0,000068
3,5114	0,024608	0,000166	0,000023	0,000044	0,000121
3,872	0,035841	0,000287	0,000062	0,000107	0,000267
4,2695	0,04725	0,000441	0,000126	0,000206	0,000589
4,7079	0,057537	0,00072	0,000389	0,000506	0,000835
5,1913	0,066348	0,001046	0,000772	0,000913	0,00143
5,7244	0,074064	0,00133	0,001188	0,001319	0,002204
6,3121	0,079499	0,001946	0,002286	0,002338	0,003115
6,9602	0,081584	0,002531	0,00352	0,003417	0,004284
7,6749	0,079004	0,003198	0,004965	0,004655	0,005578
8,4629	0,074174	0,003995	0,006751	0,006156	0,007012
9,3319	0,068936	0,00491	0,008865	0,007896	0,008572
10,2901	0,061669	0,00587	0,010916	0,009563	0,010097
11,3466	0,0533	0,006873	0,012882	0,011124	0,01153
12,5117	0,045671	0,007959	0,014897	0,012667	0,012877
13,7963	0,039043	0,009052	0,0167	0,013992	0,014006
15,2129	0,032916	0,010113	0,018168	0,015019	0,014866
16,7749	0,026491	0,011113	0,019249	0,015721	0,01543
18,4973	0,020731	0,012014	0,019893	0,01608	0,015683
20,3966	0,016109	0,012779	0,020078	0,016095	0,015633
22,4909	0,012283	0,01337	0,019784	0,015769	0,015291
24,8002	0,009177	0,013746	0,019046	0,015138	0,014687
27,3466	0,00674	0,013882	0,017936	0,01426	0,013865
30,1545	0,004847	0,013774	0,016554	0,013205	0,012884
33,2507	0,003402	0,013431	0,014999	0,012043	0,011796
36,6648	0,002329	0,012869	0,013361	0,010834	0,010652
40,4295	0,00155	0,012116	0,011719	0,009619	0,009493
44,5807	0,001005	0,011214	0,010135	0,008444	0,008357
49,1581	0,000644	0,01021	0,008679	0,007361	0,007288
54,2055	0,000418	0,009149	0,007376	0,006364	0,006297
59,7712	0,000289	0,008067	0,00621	0,005459	0,005396
65,9084	0,000226	0,007004	0,005124	0,004665	0,004599
72,6757	0,000203	0,006025	0,004182	0,003978	0,003905
80,1379	0,000202	0,005141	0,003417	0,003388	0,003308
88,3663	0,000209	0,004278	0,002798	0,002893	0,002807
97,4395	0,000216	0,003491	0,002295	0,00247	0,002377
107,4444	0,000219	0,002838	0,001888	0,002103	0,002003
118,4765	0,00022	0,00229	0,001557	0,001808	0,001714
130,6414	0,000218	0,00183	0,001284	0,001571	0,001491
144,0554	0,000214	0,001447	0,001051	0,001361	0,0013
158,8467	0,000208	0,001138	0,000856	0,001182	0,00114
175,1567	0,000201	0,000891	0,000695	0,001028	0,001007
193,1414	0,000191	0,000694	0,00056	0,000896	0,000892
212,9727	0,000178	0,000537	0,000447	0,00078	0,000792
234,8402	0,00016	0,000415	0,000354	0,000679	0,000704
258,9531	0,000138	0,000319	0,000276	0,000589	0,000623
285,5418	0,00011	0,000244	0,000212	0,000508	0,000546
314,8605	0,000078	0,000185	0,000159	0,000434	0,000473
347,1897	0,000058	0,000133	0,000116	0,000366	0,000403
382,8383	0,000033	0,000091	0,000081	0,000305	0,000336
422,1472	0,000002	0,00006	0,000054	0,000247	0,000271
465,4923	0	0,000017	0,000021	0,000196	0,000214
513,288	0	0	0,000005	0,00015	0,000167
565,9913	0	0	0,000001	0,000111	0,000126
624,1059	0	0	0	0,00008	0,000092
688,1877	0	0	0	0,000054	0,000064
758,8492	0	0	0	0,000024	0,000037
836,766	0	0	0	0,000013	0,00002

Rührkessel 0,25 g H_2SO_4 + 0,084 g Silikat/g H_2O; 20°C; 400min[-1] (14.05.2008)

t [min]	$x_{50,3}$ [µm]	$x_{90,3}$ [µm]	d_r
80	40,30	117,77	2,76
90	49,11	136,97	2,89
100	62,03	155,99	2,78
120	63,39	171,41	2,91
130	54,44	148,63	2,81

Ultraschall

	130 min
ε_v [MJ/m²]	$x_{50,3}$ [µm]
138,3	9,65
276,7	5,78
415,0	4,31

BET-Oberfläche

	130 min
a [m²/g]	363

t [min]	80	90	100	120	130
x [µm]			q_3 [1/µm]		
0,0525	0	0	0	0	0
0,0579	0	0	0	0	0
0,0638	0	0	0	0	0
0,0704	0	0	0	0	0
0,0776	0	0	0	0	0
0,0856	0	0	0	0	0
0,0944	0	0	0	0	0
0,1041	0	0	0	0	0
0,1148	0	0	0	0	0
0,1265	0	0	0	0	0
0,1395	0	0	0	0	0
0,1539	0	0	0	0	0
0,1697	0	0	0	0	0
0,1871	0	0	0	0	0
0,2063	0	0	0	0	0
0,2275	0	0	0	0	0
0,2508	0	0	0	0	0
0,2766	0	0	0	0	0
0,305	0	0	0	0	0
0,3363	0	0	0	0	0
0,3708	0	0	0	0	0
0,4089	0	0	0	0	0
0,4509	0	0	0	0	0
0,4972	0	0	0	0	0
0,5482	0	0	0	0	0
0,6045	0	0	0	0	0
0,6666	0	0	0	0	0
0,735	0	0	0	0	0
0,8105	0	0	0	0	0
0,8937	0	0	0	0	0
0,9855	0	0	0	0	0
1,0867	0	0	0	0	0
1,1983	0	0	0	0	0
1,3213	0,000003	0	0	0	0
1,457	0,000003	0	0	0,00001	0,000009
1,6066	0,000044	0,000001	0	0,000038	0,000054
1,7715	0,000132	0	0,000002	0,000096	0,000134
1,9534	0,000252	0,00002	0	0,000251	0,000255
2,154	0,000705	0,00004	0,000023	0,000492	0,000651
2,3751	0,00151	0,00011	0,000088	0,000874	0,001321
2,619	0,002163	0,00054	0,000166	0,00167	0,001841
2,8879	0,003979	0,001052	0,000499	0,002409	0,00323
3,1845	0,005996	0,002055	0,001231	0,003323	0,004671
3,5114	0,008487	0,004251	0,001792	0,00481	0,006327
3,872	0,011475	0,00699	0,003418	0,006056	0,008214
4,2695	0,014589	0,010432	0,005149	0,007377	0,010071
4,7079	0,017642	0,014009	0,006828	0,008609	0,011781
5,1913	0,020505	0,01745	0,008548	0,009639	0,013255
5,7244	0,02309	0,020799	0,010195	0,01044	0,014413
6,3121	0,025194	0,02355	0,011505	0,010965	0,015187
6,9602	0,026682	0,02524	0,012262	0,011202	0,015564
7,6749	0,027284	0,025258	0,012199	0,011122	0,015496
8,4629	0,027258	0,024442	0,011739	0,010817	0,015108
9,3319	0,026789	0,023432	0,011211	0,01036	0,014499
10,2901	0,025717	0,02156	0,010317	0,00979	0,013715
11,3466	0,024201	0,019197	0,00925	0,009177	0,012853
12,5117	0,022505	0,01707	0,008375	0,008608	0,012027
13,7963	0,020672	0,015108	0,00765	0,008125	0,011292
15,2129	0,018775	0,013313	0,007063	0,007754	0,010683
16,7749	0,016914	0,011802	0,006659	0,007521	0,010231
18,4973	0,015151	0,010591	0,006436	0,007425	0,009936
20,3966	0,013529	0,009663	0,006376	0,007452	0,009781
22,4909	0,012075	0,008989	0,00646	0,007584	0,00974
24,8002	0,010805	0,00853	0,006656	0,00778	0,009766
27,3466	0,009721	0,008238	0,006929	0,008	0,009812
30,1545	0,008816	0,008065	0,007245	0,008207	0,009834
33,2507	0,008069	0,007961	0,007566	0,008367	0,009796
36,6648	0,007459	0,007884	0,007858	0,008451	0,00967
40,4295	0,006957	0,007786	0,008079	0,008435	0,009433
44,5807	0,006539	0,007645	0,008204	0,00831	0,009087
49,1581	0,00618	0,007443	0,008199	0,008063	0,00864
54,2055	0,00585	0,007152	0,00805	0,007707	0,008096
59,7712	0,005543	0,006802	0,00776	0,00726	0,007511
65,9084	0,005278	0,006476	0,007349	0,006747	0,006986
72,6757	0,004956	0,006001	0,006829	0,006185	0,006334
80,1379	0,004524	0,00531	0,006246	0,005609	0,005487
88,3663	0,004031	0,004606	0,005721	0,005094	0,004683
97,4395	0,003504	0,003923	0,005119	0,004548	0,003949
107,4444	0,002957	0,003258	0,004347	0,003903	0,003265
118,4765	0,002406	0,002639	0,003604	0,003293	0,002652
130,6414	0,001899	0,002083	0,002938	0,002747	0,002114
144,0554	0,00148	0,001596	0,002325	0,00225	0,001654
158,8467	0,001104	0,001192	0,001796	0,001816	0,001273
175,1567	0,000795	0,000867	0,001357	0,001446	0,000964
193,1414	0,000612	0,000613	0,001002	0,001134	0,000718
212,9727	0,000269	0,000422	0,000723	0,000876	0,000529
234,8402	0	0,000283	0,000509	0,000667	0,000384
258,9531	0	0,000184	0,000351	0,000501	0,000262
285,5418	0	0,000117	0,000238	0,000363	0,000155
314,8605	0	0,000073	0,00016	0,000245	0,000064
347,1897	0	0,000046	0,000107	0,000151	0,000009
382,8383	0	0,000028	0,000073	0,000066	0
422,1472	0	0,000018	0,00005	0,000003	0
465,4923	0	0,000011	0,000035	0	0
513,288	0	0,000003	0,000025	0	0
565,9913	0	0	0,000019	0	0
624,1059	0	0	0,000013	0	0
688,1877	0	0	0,00001	0	0
758,8492	0	0	0,000006	0	0
836,766	0	0	0,000003	0	0

Rührkessel 0,25 g H_2SO_4 + 0,084 g Silikat/g H_2O; 600min^{-1} (26.05.2008)

t [min]	$x_{50,3}$ [µm]	$x_{90,3}$ [µm]	d_f
80	24,85	77,43	3,00
90	41,07	117,19	3,00
100	44,62	130,50	2,96
120	44,49	129,13	2,91
150	43,04	124,27	2,74

Ultraschall

	150 min
ε_V [MJ/m³]	$x_{50,3}$ [µm]
138,3	6,13
276,7	4,01
415,0	2,76
553,3	2,60

t [min]	80	90	100	120	150
x [µm]	q_3 [1/µm]				
0,0525	0	0	0	0	0
0,0579	0	0	0	0	0
0,0638	0	0	0	0	0
0,0704	0	0	0	0	0
0,0776	0	0	0	0	0
0,0856	0	0	0	0	0
0,0944	0	0	0	0	0
0,1041	0	0	0	0	0
0,1148	0	0	0	0	0
0,1265	0	0	0	0	0
0,1395	0	0	0	0	0
0,1539	0	0	0	0	0
0,1697	0	0	0	0	0
0,1871	0	0	0	0	0
0,2063	0	0	0	0	0
0,2275	0	0	0	0	0
0,2508	0	0	0	0	0
0,2766	0	0	0	0	0
0,305	0	0	0	0	0
0,3363	0	0	0	0	0
0,3708	0	0	0	0	0
0,4089	0	0	0	0	0
0,4509	0	0	0	0	0
0,4972	0	0	0	0	0
0,5482	0	0	0	0	0
0,6045	0	0	0	0	0
0,6666	0	0	0	0	0
0,735	0	0	0	0	0
0,8105	0	0	0	0	0
0,8937	0	0	0	0	0,000003
0,9855	0	0	0	0	0,00001
1,0867	0	0	0,000001	0,000001	0,000014
1,1983	0,000001	0	0	0	0,000093
1,3213	0	0	0,000002	0,000001	0,000243
1,457	0,00006	0,000021	0,000052	0,000038	0,000459
1,6066	0,00008	0,000013	0,000106	0,000073	0,001284
1,7715	0,000433	0,000113	0,000369	0,000264	0,002555
1,9534	0,00234	0,000841	0,001427	0,001074	0,003669
2,154	0,004303	0,001653	0,002458	0,001877	0,006621
2,3751	0,00934	0,003988	0,004904	0,003822	0,009649
2,619	0,017784	0,008126	0,008901	0,007074	0,013247
2,8879	0,027702	0,013458	0,013498	0,010899	0,017282
3,1845	0,040602	0,020808	0,019415	0,015848	0,021352
3,5114	0,055805	0,029632	0,025995	0,021401	0,025101
3,872	0,071003	0,038569	0,032256	0,026715	0,028204
4,2695	0,082693	0,045598	0,03691	0,03067	0,030243
4,7079	0,089528	0,049575	0,039389	0,032803	0,031142
5,1913	0,09154	0,050499	0,039742	0,033172	0,03097
5,7244	0,089743	0,049266	0,038498	0,032231	0,02991
6,3121	0,084193	0,045899	0,035796	0,030118	0,0281
6,9602	0,075167	0,040545	0,031839	0,026997	0,025696
7,6749	0,063797	0,033975	0,027158	0,023257	0,022934
8,4629	0,0525	0,027632	0,022616	0,019634	0,020143
9,3319	0,042975	0,022501	0,018805	0,016634	0,017571
10,2901	0,034349	0,017985	0,015443	0,013987	0,015258
11,3466	0,026863	0,014186	0,012619	0,011776	0,013293
12,5117	0,021139	0,011465	0,010552	0,010215	0,011776
13,7963	0,01677	0,009549	0,009088	0,009163	0,010685
15,2129	0,013417	0,00823	0,008093	0,008502	0,009964
16,7749	0,010928	0,007421	0,007498	0,008182	0,009564
18,4973	0,009123	0,007015	0,007218	0,008125	0,009413
20,3966	0,007844	0,006914	0,007174	0,008255	0,009437
22,4909	0,006946	0,007032	0,00729	0,008504	0,009564
24,8002	0,006329	0,007283	0,007497	0,008797	0,00972
27,3466	0,005898	0,007589	0,00773	0,009065	0,009841
30,1545	0,005541	0,007883	0,007937	0,009246	0,009881
33,2507	0,005269	0,008109	0,008079	0,009303	0,009809
36,6648	0,005095	0,008225	0,008123	0,009211	0,009608
40,4295	0,004874	0,008212	0,008051	0,008957	0,009288
44,5807	0,004573	0,008064	0,00787	0,008559	0,008853
49,1581	0,004222	0,007781	0,007588	0,008048	0,008312
54,2055	0,003833	0,007475	0,007206	0,007435	0,007794
59,7712	0,003417	0,007091	0,006768	0,006777	0,007244
65,9084	0,002995	0,006415	0,006357	0,00617	0,006426
72,6757	0,002579	0,005619	0,005809	0,005473	0,005531
80,1379	0,002179	0,004839	0,005067	0,004642	0,004706
88,3663	0,001808	0,004077	0,004345	0,003893	0,003937
97,4395	0,001471	0,003353	0,00367	0,003242	0,003233
107,4444	0,001169	0,002687	0,003029	0,002667	0,00261
118,4765	0,000905	0,002093	0,002445	0,002171	0,002069
130,6414	0,000681	0,001577	0,001928	0,001752	0,001609
144,0554	0,000495	0,001143	0,001483	0,001403	0,001226
158,8467	0,000346	0,000801	0,001115	0,00112	0,000918
175,1567	0,000236	0,000539	0,00082	0,000893	0,000677
193,1414	0,000166	0,000341	0,000591	0,00071	0,000491
212,9727	0,000093	0,000216	0,000416	0,00056	0,000349
234,8402	0,000039	0,000134	0,000287	0,000437	0,000243
258,9531	0,000011	0,000022	0,000196	0,000331	0,000167
285,5418	0	0	0,000128	0,00024	0,000075
314,8605	0	0	0,000068	0,000163	0,000001
347,1897	0	0	0,000013	0,000103	0
382,8383	0	0	0	0,000047	0
422,1472	0	0	0	0,000002	0
465,4923	0	0	0	0	0
513,288	0	0	0	0	0
565,9913	0	0	0	0	0
624,1059	0	0	0	0	0
688,1877	0	0	0	0	0
758,8492	0	0	0	0	0
836,766	0	0	0	0	0

Rührkessel 0,25 g H_2SO_4 + 0,084 g Silikat/g H_2O; 800min^{-1} (23.05.2008)

t [min]	$x_{50,3}$ [μm]	$x_{90,3}$ [μm]	d_f
80	36,94	124,18	2,87
90	27,44	69,00	2,93
100	21,82	81,34	3,01
120	21,43	86,77	3,05
150	18,86	85,33	2,27

Ultraschall

ε_v [MJ/m³]	150 min $x_{50,3}$ [μm]
138,3	4,53
276,7	4,22
415,0	1,94
553,3	0,90
691,6	0,51

t [min]	80	90	100	120	150
x [μm]	q_3 [1/μm]				
0,0525	0	0	0	0	0
0,0579	0	0	0	0	0
0,0638	0	0	0	0	0
0,0704	0	0	0	0	0
0,0776	0	0	0	0	0
0,0856	0	0	0	0	0
0,0944	0	0	0	0	0
0,1041	0	0	0	0	0
0,1148	0	0	0	0	0
0,1265	0	0	0	0	0
0,1395	0	0	0	0	0
0,1539	0	0	0	0	0
0,1697	0	0	0	0	0
0,1871	0	0	0	0	0
0,2063	0	0	0	0	0
0,2275	0	0	0	0	0
0,2508	0	0	0	0	0
0,2766	0	0	0	0	0
0,305	0	0	0	0	0
0,3363	0	0	0	0	0
0,3708	0	0	0	0	0
0,4089	0	0	0	0	0
0,4509	0	0	0	0	0
0,4972	0	0	0	0	0
0,5482	0	0	0	0	0
0,6045	0	0	0	0	0
0,6666	0	0	0	0	0
0,735	0	0	0,000002	0	0
0,8105	0,000008	0,00001	0	0	0
0,8937	0,000001	0,000011	0,000107	0	0
0,9855	0,000057	0,000093	0,000304	0	0
1,0867	0,000309	0,000376	0,000666	0	0
1,1983	0,000687	0,00077	0,002532	0,000024	0,000017
1,3213	0,001753	0,001815	0,005105	0,000042	0,000013
1,457	0,004362	0,00436	0,008207	0	0
1,6066	0,006479	0,006432	0,016156	0,000918	0,000562
1,7715	0,011904	0,011579	0,025469	0,003327	0,002439
1,9534	0,017762	0,017973	0,037002	0,006115	0,004852
2,154	0,023222	0,024721	0,050499	0,015327	0,013284
2,3751	0,029835	0,032999	0,064967	0,027881	0,025637
2,619	0,035794	0,041429	0,078662	0,042825	0,040878
2,8879	0,040867	0,04961	0,090583	0,05941	0,058078
3,1845	0,04522	0,057409	0,099982	0,076388	0,075824
3,5114	0,048213	0,064145	0,105756	0,090261	0,09039
3,872	0,049623	0,06936	0,107443	0,098279	0,098713
4,2695	0,049391	0,072547	0,104775	0,098018	0,098055
4,7079	0,047779	0,073761	0,098527	0,09066	0,089968
5,1913	0,04511	0,073244	0,08965	0,078611	0,077206
5,7244	0,041792	0,071422	0,079293	0,065364	0,063577
6,3121	0,038031	0,06841	0,068265	0,052271	0,050438
6,9602	0,033994	0,064341	0,057158	0,040059	0,038427
7,6749	0,029938	0,059353	0,046785	0,02982	0,02845
8,4629	0,026142	0,054017	0,037665	0,021894	0,020835
9,3319	0,022786	0,048734	0,030137	0,01631	0,015612
10,2901	0,019777	0,043382	0,024104	0,012343	0,011939
11,3466	0,017141	0,03814	0,019483	0,009518	0,009338
12,5117	0,014944	0,033275	0,016197	0,007614	0,007631
13,7963	0,013136	0,028805	0,014	0,00717	0,00734
15,2129	0,011659	0,024731	0,01262	0,007575	0,007856
16,7749	0,010473	0,021078	0,011814	0,007507	0,007883
18,4973	0,009531	0,017849	0,011369	0,007467	0,007915
20,3966	0,008789	0,015019	0,011111	0,007733	0,008223
22,4909	0,008204	0,012534	0,010888	0,008023	0,008529
24,8002	0,007737	0,010396	0,010651	0,008258	0,008753
27,3466	0,007353	0,008596	0,010331	0,008407	0,008867
30,1545	0,007021	0,007076	0,00973	0,00844	0,008845
33,2507	0,006716	0,005796	0,008859	0,008337	0,008674
36,6648	0,006418	0,004723	0,007795	0,008107	0,008368
40,4295	0,00611	0,003823	0,006611	0,007864	0,008053
44,5807	0,005787	0,003071	0,005384	0,007513	0,007632
49,1581	0,005445	0,002454	0,004207	0,006868	0,006912
54,2055	0,00508	0,001944	0,003181	0,006123	0,006102
59,7712	0,004712	0,001525	0,002328	0,005381	0,005311
65,9084	0,004379	0,001186	0,001603	0,004638	0,004533
72,6757	0,003996	0,000913	0,000993	0,003919	0,003793
80,1379	0,003529	0,000695	0,000481	0,003244	0,003111
88,3663	0,003076	0,000524	0,000077	0,002636	0,002507
97,4395	0,002649	0,000392	0	0,002097	0,001982
107,4444	0,002244	0,000292	0	0,001629	0,001535
118,4765	0,001875	0,000216	0	0,001232	0,001163
130,6414	0,001546	0,000142	0	0,000906	0,00086
144,0554	0,001258	0,00007	0	0,000648	0,00062
158,8467	0,001017	0,000034	0	0,000447	0,000438
175,1567	0,000818	0	0	0,000302	0,000305
193,1414	0,000657	0	0	0,000213	0,000211
212,9727	0,000528	0	0	0,00012	0,000146
234,8402	0,000424	0	0	0,000052	0,000102
258,9531	0,000334	0	0	0,000015	0,000076
285,5418	0,000257	0	0	0	0,000053
314,8605	0,000191	0	0	0	0,000033
347,1897	0,000135	0	0	0	0,000019
382,8383	0,000089	0	0	0	0,000005
422,1472	0,000052	0	0	0	0
465,4923	0,000013	0	0	0	0
513,288	0	0	0	0	0
565,9913	0	0	0	0	0
624,1059	0	0	0	0	0
688,1877	0	0	0	0	0
758,8492	0	0	0	0	0
836,766	0	0	0	0	0

Rührkessel 0,25 g H_2SO_4 + 0,084 g Silikat/g H_2O; 60°C; 400min^{-1} (08.05.2008)

t [min]	$x_{50,3}$ [µm]	$x_{90,3}$ [µm]	d_f
40	44,32	121,68	2,41
60	48,69	153,24	2,40
90	45,93	144,28	2,59
120	45,78	137,12	2,52
150	46,72	166,84	2,38

Ultraschall

ε_v [MJ/m³]	150 min $x_{50,3}$ [µm]
138,3	22,96
276,7	14,04
415,0	9,68
553,3	7,37
691,6	5,62

t [min]	40	60	90	120	150
x [µm]	q_3 [1/µm]				
0,0525	0	0	0	0	0
0,0579	0	0	0	0	0
0,0638	0	0	0	0	0
0,0704	0	0	0	0	0
0,0776	0	0	0	0	0
0,0856	0	0	0	0	0
0,0944	0	0	0	0	0
0,1041	0	0	0	0	0
0,1148	0	0	0	0	0
0,1265	0	0	0	0	0
0,1395	0	0	0	0	0
0,1539	0	0	0	0	0
0,1697	0	0	0	0	0
0,1871	0	0	0	0	0
0,2063	0	0	0	0	0
0,2275	0	0	0	0	0
0,2508	0	0	0	0	0
0,2766	0	0	0	0	0
0,305	0	0	0	0	0
0,3363	0	0	0	0	0
0,3708	0	0	0	0	0
0,4089	0	0	0	0	0
0,4509	0	0	0	0	0
0,4972	0	0	0	0	0
0,5482	0	0	0	0	0
0,6045	0	0	0	0	0
0,6666	0	0	0	0	0
0,735	0	0	0	0	0
0,8105	0	0	0	0	0
0,8937	0	0	0	0	0
0,9855	0	0	0	0	0
1,0867	0	0	0	0	0
1,1983	0	0	0	0	0
1,3213	0	0	0	0	0
1,457	0	0	0	0	0
1,6066	0	0	0	0	0
1,7715	0	0,000001	0,000001	0,000001	0,000002
1,9534	0,000001	0,000002	0,000002	0,000004	0,000004
2,154	0,000003	0,000005	0,000006	0,00001	0,000011
2,3751	0,000007	0,00001	0,000013	0,000022	0,000025
2,619	0,000013	0,00002	0,000026	0,000042	0,000049
2,8879	0,000023	0,000035	0,000046	0,000074	0,000084
3,1845	0,000039	0,000059	0,000075	0,000119	0,000134
3,5114	0,000062	0,000092	0,000126	0,000191	0,000212
3,872	0,000108	0,000147	0,000196	0,000285	0,000311
4,2695	0,000194	0,000237	0,000282	0,000396	0,000429
4,7079	0,000305	0,000349	0,000475	0,000619	0,000655
5,1913	0,000498	0,000532	0,000722	0,000896	0,000933
5,7244	0,000907	0,000903	0,000966	0,001164	0,001202
6,3121	0,001231	0,001196	0,001548	0,001783	0,001819
6,9602	0,001864	0,00176	0,002166	0,002426	0,002458
7,6749	0,002678	0,002476	0,002892	0,00317	0,003192
8,4629	0,003556	0,003246	0,003819	0,004113	0,004123
9,3319	0,004716	0,004266	0,004967	0,005274	0,00527
10,2901	0,005974	0,005372	0,006183	0,006498	0,006478
11,3466	0,00731	0,006552	0,007469	0,007786	0,007746
12,5117	0,008797	0,007872	0,008901	0,009214	0,009154
13,7963	0,010301	0,009217	0,01034	0,010642	0,010559
15,2129	0,011744	0,010519	0,011705	0,011988	0,011881
16,7749	0,013075	0,011732	0,012946	0,013203	0,013071
18,4973	0,014232	0,012802	0,014006	0,014231	0,014073
20,3966	0,015164	0,013681	0,014836	0,015025	0,014842
22,4909	0,015816	0,014322	0,015386	0,015539	0,01533
24,8002	0,016145	0,014686	0,015621	0,01574	0,015507
27,3466	0,016136	0,014757	0,015535	0,015623	0,015371
30,1545	0,015805	0,014543	0,015148	0,015211	0,014941
33,2507	0,015185	0,014068	0,014497	0,014539	0,014255
36,6648	0,014313	0,013364	0,013622	0,013651	0,013356
40,4295	0,013247	0,012461	0,012564	0,012584	0,012283
44,5807	0,012049	0,011422	0,01139	0,011404	0,011105
49,1581	0,010783	0,010316	0,010179	0,010189	0,009897
54,2055	0,009466	0,009162	0,008946	0,008956	0,008676
59,7712	0,00816	0,008025	0,007751	0,007762	0,007497
65,9084	0,006972	0,007014	0,006696	0,006707	0,006455
72,6757	0,005811	0,005992	0,005659	0,005673	0,005441
80,1379	0,00465	0,004911	0,004597	0,004616	0,004416
88,3663	0,003673	0,003985	0,003698	0,00372	0,003555
97,4395	0,002871	0,003213	0,002955	0,002978	0,002849
107,4444	0,002209	0,002558	0,002332	0,002354	0,002261
118,4765	0,001677	0,002016	0,001821	0,001841	0,001784
130,6414	0,001258	0,001576	0,00141	0,001425	0,001403
144,0554	0,000934	0,00122	0,001083	0,001091	0,001101
158,8467	0,000694	0,000944	0,000832	0,000833	0,000871
175,1567	0,000521	0,000733	0,000645	0,000637	0,000698
193,1414	0,000398	0,000573	0,000507	0,000492	0,000569
212,9727	0,000313	0,000454	0,000406	0,000385	0,000473
234,8402	0,000255	0,000364	0,000332	0,000307	0,0004
258,9531	0,000214	0,000296	0,000277	0,000249	0,000342
285,5418	0,000183	0,000242	0,000234	0,000206	0,000293
314,8605	0,000158	0,000199	0,000198	0,000172	0,00025
347,1897	0,000136	0,000162	0,000167	0,000144	0,00021
382,8383	0,000115	0,00013	0,000139	0,000119	0,000171
422,1472	0,000094	0,000102	0,000113	0,000097	0,000135
465,4923	0,000075	0,000078	0,000089	0,000077	0,000103
513,208	0,000058	0,000058	0,000068	0,000059	0,000077
565,9913	0,000044	0,000042	0,00005	0,000044	0,000056
624,1059	0,000032	0,000025	0,000036	0,000032	0,000034
688,1877	0,000022	0,000014	0,000024	0,000022	0,000019
758,8492	0,000011	0,000004	0,00001	0,000011	0,000005
836,766	0,000007	0	0,000006	0,000006	0

Rührkessel 0,25 g H_2SO_4 + 0,084 g Silikat/g H_2O; 80°C; 400min^{-1} (27.05.2008)

t [min]	$x_{50,3}$ [µm]	$x_{90,3}$ [µm]	d_r
15	57,14	133,65	2,45
20	58,46	152,62	2,51
40	56,27	161,39	2,50
120	54,88	164,16	2,63
150	53,43	154,66	2,53

Ultraschall

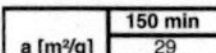

	150 min
ε_v [MJ/m³]	$x_{50,3}$ [µm]
138,3	25,31
276,7	16,02
415,0	11,49
553,3	8,57
691,6	6,43

BET-Oberfläche

	150 min
a [m²/g]	29

t [min]	15	20	40	120	150
x [µm]			q_3 [1/µm]		
0,0525	0	0	0	0	0
0,0579	0	0	0	0	0
0,0638	0	0	0	0	0
0,0704	0	0	0	0	0
0,0776	0	0	0	0	0
0,0856	0	0	0	0	0
0,0944	0	0	0	0	0
0,1041	0	0	0	0	0
0,1148	0	0	0	0	0
0,1265	0	0	0	0	0
0,1395	0	0	0	0	0
0,1539	0	0	0	0	0
0,1697	0	0	0	0	0
0,1871	0	0	0	0	0
0,2063	0	0	0	0	0
0,2275	0	0	0	0	0
0,2508	0	0	0	0	0
0,2766	0	0	0	0	0
0,305	0	0	0	0	0
0,3363	0	0	0	0	0
0,3708	0	0	0	0	0
0,4089	0	0	0	0	0
0,4509	0	0	0	0	0
0,4972	0	0	0	0	0
0,5482	0	0	0	0	0
0,6045	0	0	0	0	0
0,6666	0	0	0	0	0
0,735	0	0	0	0	0
0,8105	0	0	0	0	0
0,8937	0	0	0	0	0
0,9855	0	0	0	0	0
1,0867	0	0	0	0	0
1,1983	0	0	0	0	0
1,3213	0	0	0	0	0
1,457	0	0	0	0	0
1,6066	0	0	0	0	0
1,7715	0	0	0	0,000001	0,000001
1,9534	0	0	0	0,000003	0,000003
2,154	0	0,000001	0	0,000008	0,00001
2,3751	0	0,000004	0	0,000021	0,000025
2,619	0	0,00001	0,000001	0,000048	0,000056
2,8879	0	0,000022	0,000003	0,000096	0,00011
3,1845	0	0,000043	0,000012	0,000173	0,000193
3,5114	0	0,000077	0,000034	0,00029	0,000318
3,872	0	0,000126	0,000084	0,000441	0,000474
4,2695	0,000002	0,000192	0,000176	0,000608	0,000643
4,7079	0,000003	0,000264	0,000291	0,000826	0,000857
5,1913	0,000008	0,000352	0,000454	0,00105	0,001073
5,7244	0,000024	0,000484	0,00074	0,001237	0,001252
6,3121	0,000045	0,000589	0,000952	0,001581	0,001575
6,9602	0,000095	0,000766	0,001303	0,001899	0,001872
7,6749	0,000253	0,001001	0,001673	0,002255	0,002208
8,4629	0,000413	0,001281	0,00205	0,00271	0,002641
9,3319	0,000749	0,001677	0,002613	0,003282	0,003193
10,2901	0,001309	0,00217	0,003184	0,003929	0,003822
11,3466	0,001927	0,002772	0,003797	0,004665	0,004544
12,5117	0,002789	0,003518	0,004579	0,005543	0,005411
13,7963	0,003823	0,004388	0,005469	0,00652	0,006381
15,2129	0,00498	0,005361	0,006434	0,007565	0,007424
16,7749	0,00625	0,006425	0,007472	0,008659	0,008519
18,4973	0,00761	0,007546	0,008561	0,009758	0,009625
20,3966	0,009016	0,008682	0,009657	0,010812	0,01069
22,4909	0,010414	0,009787	0,010705	0,011767	0,011657
24,8002	0,011713	0,01079	0,011627	0,012551	0,012454
27,3466	0,012828	0,011626	0,012354	0,013107	0,013022
30,1545	0,013681	0,012248	0,012833	0,013399	0,013324
33,2507	0,014221	0,012619	0,013034	0,013412	0,013344
36,6648	0,014407	0,012713	0,012938	0,013143	0,013077
40,4295	0,014185	0,012518	0,012533	0,0126	0,012534
44,5807	0,013618	0,012054	0,011867	0,011826	0,011758
49,1581	0,012814	0,011353	0,011015	0,010878	0,010806
54,2055	0,011749	0,010474	0,010002	0,009813	0,009737
59,7712	0,010541	0,00947	0,008879	0,008683	0,008605
65,9084	0,009442	0,008399	0,007731	0,007549	0,007468
72,6757	0,008181	0,00739	0,006674	0,006506	0,006423
80,1379	0,006665	0,006462	0,005722	0,005567	0,005483
88,3663	0,005333	0,005422	0,004729	0,00461	0,004526
97,4395	0,004207	0,004402	0,003793	0,00372	0,003637
107,4444	0,003233	0,003545	0,003024	0,00299	0,00291
118,4765	0,002419	0,002809	0,002378	0,00238	0,002303
130,6414	0,001757	0,002183	0,001836	0,001871	0,001798
144,0554	0,00123	0,001666	0,001397	0,001458	0,001388
158,8467	0,000831	0,001256	0,001054	0,001133	0,001067
175,1567	0,000539	0,000937	0,000792	0,000881	0,000819
193,1414	0,000335	0,000691	0,000596	0,000685	0,000629
212,9727	0,000198	0,000507	0,000453	0,000535	0,000486
234,8402	0,000113	0,000373	0,000352	0,000421	0,000381
258,9531	0,000064	0,000274	0,000281	0,000331	0,000303
285,5418	0,000041	0,000203	0,000233	0,00026	0,000245
314,8605	0,000033	0,000152	0,000199	0,000202	0,000201
347,1897	0,000033	0,000112	0,000175	0,000152	0,000166
382,8383	0,000036	0,000073	0,000156	0,000111	0,000139
422,1472	0,000038	0,000038	0,000138	0,000079	0,000114
465,4923	0,000039	0,000017	0,000121	0,000041	0,000093
513,288	0,000038	0	0,000105	0,000021	0,000075
565,9913	0,000033	0	0,000087	0,000004	0,000058
624,1059	0,000028	0	0,00007	0	0,000044
688,1877	0,000022	0	0,000052	0	0,000031
758,8492	0,000013	0	0,000033	0	0,000017
836,766	0,000008	0	0,000019	0	0,000011

Taylor-Couette 0,25 g H_2SO_4 + 0,084 g Silikat/g H_2O; 200min^{-1} (17.06.2008)

t [min]	$x_{50,3}$ [μm]	$x_{90,3}$ [μm]	d_f
100	16,04	33,53	2,93
110	21,81	46,24	2,82
120	19,05	44,75	3,03
130	20,63	122,57	2,86
150	20,55	159,38	2,85

t [min]	100	110	120	130	150
x [μm]			q_3 [1/μm]		
0,0525	0	0	0	0	0
0,0579	0	0	0	0	0
0,0638	0	0	0	0	0
0,0704	0	0	0	0	0
0,0776	0	0	0	0	0
0,0856	0	0	0	0	0
0,0944	0	0	0	0	0
0,1041	0	0	0	0	0
0,1148	0	0	0	0	0
0,1265	0	0	0	0	0
0,1395	0	0	0	0	0
0,1539	0	0	0	0	0
0,1697	0	0	0	0	0
0,1871	0	0	0	0	0
0,2063	0	0	0	0	0
0,2275	0	0	0	0	0
0,2508	0	0	0	0	0
0,2766	0	0	0	0	0
0,305	0	0	0	0	0
0,3363	0	0	0	0	0
0,3708	0	0	0	0	0
0,4089	0	0	0	0	0
0,4509	0	0	0	0	0
0,4972	0	0	0	0	0
0,5482	0	0	0	0	0
0,6045	0	0	0	0	0
0,6666	0	0	0	0	0
0,735	0	0	0	0	0
0,8105	0	0	0	0	0
0,8937	0	0	0	0	0
0,9855	0	0	0	0	0
1,0867	0	0	0	0	0
1,1983	0	0	0	0	0
1,3213	0	0	0	0	0
1,457	0	0	0	0	0
1,6066	0	0	0	0	0
1,7715	0	0	0	0	0
1,9534	0,000001	0,000001	0	0	0,000002
2,154	0,000001	0,000001	0	0	0,000001
2,3751	0	0	0	0,000001	0
2,619	0,000016	0,00001	0	0	0,000016
2,8879	0,00003	0,00002	0,000003	0,000004	0,000033
3,1845	0,000046	0,000032	0,000051	0,000051	0,000062
3,5114	0,000463	0,000293	0,000061	0,000068	0,000397
3,872	0,001099	0,00069	0,000337	0,000339	0,000885
4,2695	0,002205	0,001375	0,001277	0,00123	0,001673
4,7079	0,005073	0,003193	0,002138	0,002034	0,003661
5,1913	0,009098	0,005835	0,004758	0,004448	0,0063
5,7244	0,01542	0,010041	0,008921	0,00822	0,010262
6,3121	0,023926	0,01591	0,014656	0,013309	0,015483
6,9602	0,033793	0,023036	0,021979	0,019741	0,021534
7,6749	0,0424	0,029734	0,028571	0,025519	0,027033
8,4629	0,050147	0,036142	0,034922	0,031073	0,032163
9,3319	0,056995	0,042108	0,041178	0,036547	0,036901
10,2901	0,059667	0,045441	0,044557	0,039601	0,039655
11,3466	0,058788	0,046442	0,045514	0,040603	0,040624
12,5117	0,056395	0,046356	0,045693	0,04091	0,04066
13,7963	0,052322	0,045102	0,044601	0,040041	0,039467
15,2129	0,047395	0,04286	0,042305	0,037995	0,037121
16,7749	0,042998	0,040023	0,03925	0,03509	0,033912
18,4973	0,037625	0,037343	0,03557	0,031538	0,030107
20,3966	0,031054	0,034618	0,03159	0,02755	0,025967
22,4909	0,025133	0,030266	0,027951	0,023351	0,021767
24,8002	0,019985	0,02527	0,023811	0,019239	0,017783
27,3466	0,015446	0,02065	0,018836	0,015451	0,014217
30,1545	0,01161	0,016352	0,014434	0,01209	0,011147
33,2507	0,008462	0,012495	0,010825	0,00925	0,008583
36,6648	0,005945	0,009223	0,007845	0,006975	0,006513
40,4295	0,003996	0,006544	0,005501	0,005092	0,004896
44,5807	0,00254	0,004424	0,003738	0,003624	0,003618
49,1581	0,001515	0,002838	0,002482	0,002705	0,002565
54,2055	0,000824	0,001692	0,001622	0,002131	0,001897
59,7712	0,000393	0,000904	0,001071	0,001775	0,001582
65,9084	0,000152	0,0004	0,000755	0,001594	0,001387
72,6757	0,000047	0,00012	0,000603	0,001519	0,001267
80,1379	0,000033	0	0,000554	0,001498	0,001206
88,3663	0,000062	0	0,000555	0,001485	0,001163
97,4395	0,000104	0	0,000572	0,001455	0,001116
107,4444	0,000138	0,000007	0,000578	0,001391	0,001057
118,4765	0,000152	0,000034	0,000559	0,001287	0,00098
130,6414	0,000145	0,000068	0,000515	0,001148	0,000888
144,0554	0,000125	0,000083	0,000449	0,000983	0,000785
158,8467	0,000099	0,000084	0,000373	0,000811	0,000682
175,1567	0,000073	0,000077	0,000295	0,000645	0,000586
193,1414	0,000047	0,000066	0,000221	0,000495	0,0005
212,9727	0,000033	0,000053	0,000162	0,000367	0,000425
234,8402	0,000019	0,000041	0,000113	0,000263	0,000362
258,9531	0,000009	0,00003	0,000059	0,000178	0,000308
285,5418	0,000004	0,000022	0,000034	0,000119	0,000262
314,8605	0	0,000014	0,000001	0,00008	0,000223
347,1897	0	0,000008	0	0,000031	0,000189
382,8383	0	0,000003	0	0,000011	0,000158
422,1472	0	0	0	0,000001	0,000129
465,4923	0	0	0	0	0,000102
513,288	0	0	0	0	0,000079
565,9913	0	0	0	0	0,00006
624,1059	0	0	0	0	0,000044
688,1877	0	0	0	0	0,000031
758,8492	0	0	0	0	0,000016
836,766	0	0	0	0	0,00001

Taylor-Couette 0,25 g H_2SO_4 + 0,084 g Silikat/g H_2O; 400min^{-1} (11.06.2008)

t [min]	$x_{50,3}$ [µm]	$x_{90,3}$ [µm]	d_r
85	12,11	53,01	2,80
90	20,31	71,50	2,93
100	82,17	310,11	2,86
120	63,47	364,55	2,75
140	52,15	249,27	2,62

	150 min
ε_v [MJ/m³]	$x_{50,3}$ [µm]
138,3	5,61
276,7	2,14
415,0	1,18
553,3	0,94

t [min] / x [µm]	85	90	100	120	140
			q_3 [1/µm]		
0,0525	0	0	0	0	0
0,0579	0	0	0	0	0
0,0638	0	0	0	0	0
0,0704	0	0	0	0	0
0,0776	0	0	0	0	0
0,0856	0	0	0	0	0
0,0944	0	0	0	0	0
0,1041	0	0	0	0	0
0,1148	0	0	0	0	0
0,1265	0	0	0	0	0
0,1395	0	0	0	0	0
0,1539	0	0	0	0	0
0,1697	0	0	0	0	0
0,1871	0	0	0	0	0
0,2063	0	0	0	0	0
0,2275	0	0	0	0	0
0,2508	0	0	0	0	0
0,2766	0	0	0	0	0
0,305	0	0	0	0	0
0,3363	0	0	0	0	0
0,3708	0	0	0	0	0
0,4089	0	0	0	0	0
0,4509	0	0	0	0	0
0,4972	0	0	0	0	0
0,5482	0	0	0	0	0
0,6045	0	0	0	0	0
0,6666	0	0	0	0	0
0,735	0	0	0	0	0
0,8105	0	0	0	0	0,000001
0,8937	0	0	0	0	0,000001
0,9855	0,000001	0	0	0	0,000002
1,0867	0	0	0	0	0,000003
1,1983	0,000002	0	0	0	0,000005
1,3213	0,000001	0	0	0	0,000006
1,457	0	0,000003	0	0,000003	0,000002
1,6066	0,00001	0,000001	0,000001	0,000003	0,000029
1,7715	0,000049	0,00001	0,000006	0,000015	0,000091
1,9534	0,00003	0,000102	0,000003	0,000093	0,000163
2,154	0,000382	0,00023	0,000053	0,000205	0,000532
2,3751	0,001228	0,000552	0,000185	0,000459	0,001235
2,619	0,002168	0,00182	0,000344	0,001371	0,001857
2,8879	0,005358	0,003191	0,000989	0,002338	0,003698
3,1845	0,009992	0,00548	0,002393	0,003882	0,005918
3,5114	0,016902	0,010046	0,003439	0,006889	0,008852
3,872	0,026232	0,014978	0,00639	0,010072	0,012476
4,2695	0,03714	0,020569	0,009454	0,013719	0,016299
4,7079	0,04763	0,02597	0,01234	0,017346	0,019979
5,1913	0,056924	0,030758	0,015218	0,020603	0,02325
5,7244	0,06532	0,034965	0,017874	0,023298	0,025874
6,3121	0,071146	0,038057	0,019813	0,02511	0,027536
6,9602	0,073203	0,039632	0,020703	0,025813	0,028067
7,6749	0,070833	0,039256	0,020302	0,025107	0,027317
8,4629	0,066431	0,03811	0,019304	0,023682	0,025819
9,3319	0,061753	0,037032	0,01821	0,022074	0,02399
10,2901	0,055379	0,035137	0,016555	0,019935	0,021697
11,3466	0,048175	0,032767	0,014594	0,01753	0,019192
12,5117	0,041766	0,030699	0,012824	0,015328	0,016843
13,7963	0,035898	0,028663	0,011177	0,013306	0,014689
15,2129	0,03043	0,026568	0,009649	0,011476	0,012764
16,7749	0,025437	0,024486	0,008323	0,009912	0,01113
18,4973	0,020979	0,022422	0,007221	0,008627	0,009792
20,3966	0,017049	0,020381	0,00634	0,007606	0,008733
22,4909	0,013564	0,018371	0,005668	0,006827	0,007922
24,8002	0,010599	0,016402	0,005185	0,006258	0,00732
27,3466	0,008194	0,014522	0,004863	0,005863	0,006882
30,1545	0,006249	0,012858	0,004672	0,0056	0,006561
33,2507	0,0047	0,011245	0,004579	0,00543	0,006314
36,6648	0,003493	0,009516	0,004556	0,005316	0,006103
40,4295	0,002567	0,007916	0,00457	0,005224	0,005892
44,5807	0,001872	0,00652	0,004597	0,005125	0,005658
49,1581	0,00137	0,005309	0,004607	0,004994	0,005382
54,2055	0,001016	0,004275	0,004582	0,004816	0,00506
59,7712	0,000775	0,003412	0,004508	0,004587	0,004698
65,9084	0,000621	0,002711	0,004379	0,004308	0,004305
72,6757	0,000527	0,002148	0,004194	0,003987	0,003897
80,1379	0,000474	0,001701	0,003961	0,003635	0,003487
88,3663	0,000446	0,001352	0,003688	0,003272	0,003095
97,4395	0,000431	0,001077	0,003389	0,002911	0,002731
107,4444	0,000419	0,000859	0,003076	0,002561	0,0024
118,4765	0,000405	0,000683	0,00276	0,002232	0,002098
130,6414	0,000386	0,000541	0,00245	0,001928	0,001831
144,0554	0,000364	0,000424	0,002156	0,001654	0,001611
158,8467	0,000339	0,00033	0,00189	0,001415	0,00143
175,1567	0,000314	0,000255	0,001652	0,001214	0,00128
193,1414	0,000288	0,000196	0,001437	0,001051	0,001151
212,9727	0,000261	0,00015	0,001248	0,000921	0,001034
234,8402	0,000234	0,000115	0,001087	0,000817	0,000922
258,9531	0,000205	0,000086	0,000944	0,000729	0,000807
285,5418	0,000174	0,000058	0,000814	0,000652	0,000688
314,8605	0,000143	0,000035	0,000695	0,000582	0,000567
347,1897	0,00011	0,000019	0,000585	0,000515	0,000445
382,8383	0,00008	0,000002	0,000482	0,000448	0,000331
422,1472	0,000057	0	0,000386	0,000379	0,000234
465,4923	0,000032	0	0,0003	0,000312	0,000166
513,288	0,000018	0	0,000224	0,000249	0,000098
565,9913	0,000003	0	0,000159	0,000188	0,000009
624,1059	0	0	0,000109	0,000136	0
688,1877	0	0	0,000065	0,000092	0
758,8492	0	0	0,000013	0,000051	0
836,766	0	0	0	0,000026	0

Taylor-Couette 0,25 g H_2SO_4 + 0,084 g Silikat/g H_2O; 600min^{-1} (19.06.2008)

t [min]	$x_{50,3}$ [µm]	$x_{90,3}$ [µm]	d_f
85	11,24	11,24	3,58
90	10,86	10,86	2,70
100	28,86	28,86	2,70
120	51,74	51,74	2,86
140	45,14	45,14	2,79

t [min]	85	90	100	120	140
x [µm]	q_3 [1/µm]				
0,0525	0	0	0	0	0
0,0579	0	0	0	0	0
0,0638	0	0	0	0	0
0,0704	0	0	0	0	0
0,0776	0	0	0	0	0
0,0856	0	0	0	0	0
0,0944	0	0	0	0	0
0,1041	0	0	0	0	0
0,1148	0	0	0	0	0
0,1265	0	0	0	0	0
0,1395	0	0	0	0	0
0,1539	0	0	0	0	0
0,1697	0	0	0	0	0
0,1871	0	0	0	0	0
0,2063	0	0	0	0	0
0,2275	0	0	0	0	0
0,2508	0	0	0	0	0
0,2766	0	0	0	0	0
0,305	0	0	0	0	0
0,3363	0	0	0	0	0
0,3708	0	0	0	0	0
0,4089	0	0	0	0	0
0,4509	0	0	0	0	0
0,4972	0	0	0	0	0
0,5482	0	0	0	0	0
0,6045	0	0	0	0	0
0,6666	0	0	0	0	0
0,735	0	0	0	0	0
0,8105	0	0	0	0	0,000011
0,8937	0	0,000002	0	0,000001	0,000035
0,9855	0	0,000001	0	0	0,000151
1,0867	0	0	0,000001	0	0,000464
1,1983	0,000039	0,000071	0	0,000031	0,000918
1,3213	0,000139	0,000214	0,000002	0,000094	0,001867
1,457	0,000076	0,000308	0,000099	0,000128	0,003845
1,6066	0,001406	0,00168	0,000195	0,000718	0,005341
1,7715	0,003995	0,004142	0,000734	0,001779	0,008517
1,9534	0,006553	0,00658	0,003016	0,002753	0,012431
2,154	0,014454	0,013676	0,005187	0,005627	0,016316
2,3751	0,024401	0,021788	0,010121	0,009135	0,020786
2,619	0,035461	0,031161	0,017713	0,01329	0,025179
2,8879	0,04767	0,041481	0,025458	0,018036	0,029157
3,1845	0,060741	0,052161	0,034513	0,023136	0,032518
3,5114	0,072022	0,062891	0,043713	0,027838	0,035025
3,872	0,079888	0,071844	0,051584	0,031538	0,036546
4,2695	0,083129	0,07634	0,056346	0,033627	0,036933
4,7079	0,081961	0,078007	0,057505	0,034117	0,036294
5,1913	0,077488	0,077626	0,055763	0,033241	0,03478
5,7244	0,071643	0,074961	0,052836	0,031403	0,032585
6,3121	0,065068	0,070663	0,048634	0,028824	0,029888
6,9602	0,058069	0,065184	0,04309	0,025679	0,026855
7,6749	0,050973	0,058355	0,03684	0,022209	0,023687
8,4629	0,044682	0,051294	0,030879	0,018868	0,020595
9,3319	0,039733	0,04486	0,025845	0,015978	0,017739
10,2901	0,035236	0,038481	0,021217	0,013391	0,015184
11,3466	0,031149	0,032402	0,017127	0,011169	0,012988
12,5117	0,027748	0,027143	0,013933	0,009452	0,011202
13,7963	0,024709	0,022611	0,011457	0,008168	0,009823
15,2129	0,021867	0,018728	0,009553	0,007241	0,00881
16,7749	0,019203	0,015499	0,008168	0,006632	0,00812
18,4973	0,016692	0,012852	0,007213	0,006281	0,007692
20,3966	0,014362	0,010711	0,006602	0,006129	0,007465
22,4909	0,012308	0,009008	0,006254	0,006127	0,00738
24,8002	0,010363	0,007579	0,006097	0,00622	0,007375
27,3466	0,008452	0,006368	0,006062	0,006361	0,007395
30,1545	0,006808	0,005613	0,006089	0,006508	0,007397
33,2507	0,005454	0,005147	0,006131	0,006626	0,007354
36,6648	0,004342	0,004728	0,006149	0,00669	0,007242
40,4295	0,003456	0,00435	0,006108	0,006675	0,007051
44,5807	0,002768	0,004001	0,006001	0,006573	0,00678
49,1581	0,002249	0,00365	0,005819	0,006376	0,00643
54,2055	0,001858	0,00329	0,005556	0,006089	0,006023
59,7712	0,001564	0,002924	0,005244	0,005728	0,005572
65,9084	0,001341	0,002555	0,004952	0,005314	0,005093
72,6757	0,001166	0,002192	0,004554	0,004863	0,004637
80,1379	0,001023	0,001841	0,004007	0,004404	0,004209
88,3663	0,000898	0,001514	0,003469	0,003993	0,003706
97,4395	0,000785	0,001217	0,00296	0,003567	0,003191
107,4444	0,00068	0,000954	0,002473	0,003078	0,002734
118,4765	0,00058	0,000727	0,002025	0,002615	0,002321
130,6414	0,000489	0,000539	0,001624	0,002202	0,00195
144,0554	0,000406	0,000386	0,001274	0,00183	0,001625
158,8467	0,000334	0,00027	0,000983	0,001509	0,001348
175,1567	0,000275	0,000183	0,000748	0,001237	0,001111
193,1414	0,000227	0,000115	0,000562	0,001009	0,000906
212,9727	0,000189	0,000042	0,000419	0,00082	0,000729
234,8402	0,000158	0	0,000313	0,000666	0,000578
258,9531	0,000133	0	0,000233	0,000539	0,000449
285,5418	0,00011	0	0,000175	0,000432	0,000337
314,8605	0,000089	0	0,000132	0,000344	0,000241
347,1897	0,00007	0	0,000101	0,000271	0,000169
382,8383	0,000055	0	0,000077	0,000209	0,000098
422,1472	0,000042	0	0,000058	0,000158	0,000029
465,4923	0,00003	0	0,000043	0,000113	0,00001
513,288	0,000022	0	0,00003	0,000076	0
565,9913	0,000004	0	0,000016	0,000048	0
624,1059	0	0	0,000009	0,000016	0
688,1877	0	0	0	0	0
758,8492	0	0	0	0	0
836,766	0	0	0	0	0

Taylor-Couette 0,25 g H_2SO_4 + 0,084 g Silikat/g H_2O; 800min^{-1} (18.06.2008)

t [min]	$x_{50,3}$ [µm]	$x_{90,3}$ [µm]	d_r
90	16,32	69,99	2,98
100	23,78	77,83	3,00
110	28,84	96,38	
120	39,80	117,19	3,09
140	48,00	156,90	2,75

t [min] / x [µm]	90	100	110	120	140
			q_3 [1/µm]		
0,0525	0	0	0	0	0
0,0579	0	0	0	0	0
0,0638	0	0	0	0	0
0,0704	0	0	0	0	0
0,0776	0	0	0	0	0
0,0856	0	0	0	0	0
0,0944	0	0	0	0	0
0,1041	0	0	0	0	0
0,1148	0	0	0	0	0
0,1265	0	0	0	0	0
0,1395	0	0	0	0	0
0,1539	0	0	0	0	0
0,1697	0	0	0	0	0
0,1871	0	0	0	0	0
0,2063	0	0	0	0	0
0,2275	0	0	0	0	0
0,2508	0	0	0	0	0
0,2766	0	0	0	0	0
0,305	0	0	0	0	0
0,3363	0	0	0	0	0
0,3708	0	0	0	0	0
0,4089	0	0	0	0	0
0,4509	0	0	0	0	0
0,4972	0	0	0	0	0
0,5482	0	0	0	0	0
0,6045	0	0	0	0	0
0,6666	0	0	0	0	0
0,735	0,000003	0,000001	0	0	0
0,8105	0	0	0,000002	0,000015	0,000063
0,8937	0,00007	0,000015	0	0,000126	0,000283
0,9855	0,00018	0,000024	0,000006	0,000327	0,000668
1,0867	0,000314	0,000012	0,000149	0,000694	0,001313
1,1983	0,002397	0,000645	0,000243	0,002034	0,002968
1,3213	0,005583	0,001775	0,000932	0,003767	0,00493
1,457	0,009818	0,003603	0,003282	0,005653	0,006811
1,6066	0,021912	0,010032	0,005482	0,010244	0,010909
1,7715	0,03727	0,020321	0,012232	0,015181	0,014664
1,9534	0,053838	0,032789	0,020857	0,020712	0,018638
2,154	0,071501	0,047771	0,030114	0,026609	0,022587
2,3751	0,089109	0,064424	0,041017	0,032341	0,026084
2,619	0,102307	0,078388	0,050252	0,037031	0,028768
2,8879	0,110722	0,089121	0,057323	0,040462	0,030542
3,1845	0,115058	0,097084	0,062507	0,042617	0,031402
3,5114	0,1147	0,101262	0,065017	0,043277	0,031299
3,872	0,109859	0,101128	0,064534	0,042454	0,030308
4,2695	0,101237	0,096429	0,061021	0,040251	0,028547
4,7079	0,090377	0,088555	0,055485	0,037061	0,026248
5,1913	0,078571	0,078828	0,048866	0,033262	0,023629
5,7244	0,066996	0,068548	0,042086	0,02926	0,020915
6,3121	0,056097	0,058285	0,035525	0,025354	0,01826
6,9602	0,046075	0,048378	0,029377	0,021649	0,015765
7,6749	0,037348	0,039411	0,023954	0,018084	0,013551
8,4629	0,030076	0,031776	0,019475	0,015417	0,011685
9,3319	0,024304	0,025682	0,016049	0,013707	0,010207
10,2901	0,019676	0,02076	0,013391	0,010105	0,009094
11,3466	0,016037	0,016889	0,011409	0,006418	0,00832
12,5117	0,013315	0,014048	0,01009	0,005802	0,007864
13,7963	0,011318	0,01202	0,009281	0,005958	0,007668
15,2129	0,009864	0,010603	0,008848	0,00601	0,007671
16,7749	0,008822	0,009651	0,008697	0,006367	0,00782
18,4973	0,00808	0,009033	0,00874	0,006933	0,008057
20,3966	0,007548	0,008643	0,008901	0,007603	0,008335
22,4909	0,007152	0,008392	0,009111	0,008352	0,008612
24,8002	0,006835	0,008202	0,009309	0,009107	0,008844
27,3466	0,00656	0,008028	0,009444	0,009793	0,008997
30,1545	0,006322	0,007887	0,009481	0,010348	0,009051
33,2507	0,006064	0,007666	0,00941	0,010719	0,008993
36,6648	0,005728	0,007252	0,009227	0,010865	0,008818
40,4295	0,00533	0,00671	0,008913	0,010752	0,008528
44,5807	0,00488	0,006077	0,008534	0,010394	0,008134
49,1581	0,004388	0,005373	0,008165	0,00982	0,007644
54,2055	0,003875	0,004637	0,007558	0,009048	0,007091
59,7712	0,00336	0,003902	0,006701	0,008168	0,006494
65,9084	0,002858	0,003201	0,005822	0,007335	0,005872
72,6757	0,002384	0,002557	0,004953	0,006347	0,005289
80,1379	0,001949	0,001983	0,004097	0,005145	0,004747
88,3663	0,001566	0,001498	0,003308	0,004069	0,00413
97,4395	0,001236	0,001098	0,0026	0,003169	0,003508
107,4444	0,000958	0,000779	0,00198	0,002426	0,00296
118,4765	0,000729	0,000534	0,001451	0,001815	0,002466
130,6414	0,000546	0,000353	0,001022	0,001318	0,002024
144,0554	0,000403	0,000226	0,000691	0,000917	0,00164
158,8467	0,000296	0,000142	0,000424	0,000601	0,001316
175,1567	0,000218	0,000091	0,000193	0,000359	0,001046
193,1414	0,000162	0,000061	0,000019	0,000185	0,000824
212,9727	0,000121	0,000044	0	0,000055	0,000645
234,8402	0,000083	0,000035	0	0	0,000502
258,9531	0,000042	0,000027	0	0	0,000391
285,5418	0,000024	0,000021	0	0	0,000298
314,8605	0,000001	0,000012	0	0	0,000216
347,1897	0	0,000005	0	0	0,000155
382,8383	0	0	0	0	0,000094
422,1472	0	0	0	0	0,000037
465,4923	0	0	0	0	0,000015
513,288	0	0	0	0	0
565,9913	0	0	0	0	0
624,1059	0	0	0	0	0
688,1877	0	0	0	0	0
758,8492	0	0	0	0	0
836,766	0	0	0	0	0

Taylor-Couette 0,25 g H_2SO_4 + 0,084 g Silikat/g H_2O; 1000min^{-1} (21.11.2008)

t [min]	$x_{50,3}$ [µm]	$x_{90,3}$ [µm]	d_f
80	42,06	96,82	1,63
90	99,33	331,50	1,76
100	67,66	161,26	1,29
120	52,98	149,07	
140	36,89	139,19	

t [min]	80	90	100	120	140
x [µm]	q_3 [1/µm]				
0,0525	0	0	0	0	0
0,0579	0	0	0	0	0
0,0638	0	0	0	0	0
0,0704	0	0	0	0	0
0,0776	0	0	0	0	0
0,0856	0	0	0	0	0
0,0944	0	0	0	0	0
0,1041	0	0	0	0	0
0,1148	0	0	0	0	0
0,1265	0	0	0	0	0
0,1395	0	0	0	0	0
0,1539	0	0	0	0	0
0,1697	0	0	0	0	0
0,1871	0	0	0	0	0
0,2063	0	0	0	0	0
0,2275	0	0	0	0	0
0,2508	0	0	0	0	0
0,2766	0	0	0	0	0
0,305	0	0	0	0	0
0,3363	0	0	0	0	0
0,3708	0	0	0	0	0
0,4089	0	0	0	0	0
0,4509	0	0	0	0	0
0,4972	0	0	0	0	0
0,5482	0	0	0	0	0
0,6045	0	0	0	0	0
0,6666	0	0	0	0	0
0,735	0	0	0	0	0
0,8105	0	0,000001	0	0,000004	0,000003
0,8937	0,000001	0,000004	0,000002	0	0
0,9855	0,000003	0,000017	0,000007	0,000023	0,000023
1,0867	0,000012	0,000053	0,000015	0,000173	0,000199
1,1983	0,000048	0,000143	0,000101	0,000349	0,000407
1,3213	0,000124	0,000313	0,000251	0,001001	0,001174
1,457	0,000263	0,000597	0,000439	0,002848	0,003344
1,6066	0,00055	0,00107	0,001211	0,004497	0,005307
1,7715	0,000978	0,001752	0,002395	0,009299	0,011179
1,9534	0,001427	0,002597	0,003216	0,015184	0,018192
2,154	0,001876	0,00319	0,005157	0,021456	0,025612
2,3751	0,002279	0,003873	0,006771	0,029028	0,034646
2,619	0,002483	0,004476	0,008125	0,035433	0,04204
2,8879	0,002579	0,004724	0,009284	0,040336	0,047422
3,1845	0,002593	0,004971	0,010231	0,04396	0,051175
3,5114	0,002556	0,005163	0,010929	0,045613	0,052471
3,872	0,002492	0,0053	0,011352	0,045197	0,051304
4,2695	0,002418	0,005424	0,011458	0,042935	0,048124
4,7079	0,002372	0,005576	0,011321	0,039357	0,043589
5,1913	0,002388	0,005784	0,01102	0,035007	0,038327
5,7244	0,002505	0,006087	0,010642	0,0305	0,033019
6,3121	0,002756	0,006494	0,010209	0,026092	0,027949
6,9602	0,003164	0,007007	0,009732	0,021921	0,023258
7,6749	0,003716	0,007561	0,009205	0,018198	0,019167
8,4629	0,004446	0,008198	0,008735	0,015107	0,015839
9,3319	0,005371	0,008937	0,008401	0,012748	0,013348
10,2901	0,006454	0,009695	0,008137	0,01093	0,011465
11,3466	0,007679	0,010454	0,007964	0,009596	0,010109
12,5117	0,009066	0,011241	0,007943	0,00875	0,009274
13,7963	0,010557	0,011991	0,008051	0,008284	0,008831
15,2129	0,012101	0,012667	0,008266	0,008097	0,008671
16,7749	0,013637	0,013238	0,008572	0,008117	0,008712
18,4973	0,015096	0,013676	0,008953	0,008274	0,008877
20,3966	0,0164	0,013961	0,009382	0,008508	0,009101
22,4909	0,017451	0,014068	0,009829	0,008761	0,009321
24,8002	0,018144	0,013979	0,010253	0,008978	0,00948
27,3466	0,018413	0,013691	0,01061	0,009115	0,009538
30,1545	0,01823	0,013223	0,010873	0,009146	0,009471
33,2507	0,017632	0,012597	0,011009	0,009053	0,00927
36,6648	0,016672	0,01184	0,010995	0,008829	0,008938
40,4295	0,01539	0,010983	0,01081	0,008475	0,008481
44,5807	0,013999	0,010063	0,010465	0,008012	0,007924
49,1581	0,01274	0,009122	0,009969	0,007462	0,007293
54,2055	0,011101	0,008174	0,009335	0,006847	0,006604
59,7712	0,009106	0,007262	0,008634	0,006212	0,005903
65,9084	0,007315	0,006452	0,007991	0,005634	0,005262
72,6757	0,005757	0,005634	0,007179	0,005003	0,00459
80,1379	0,004391	0,004764	0,006114	0,00428	0,003858
88,3663	0,003272	0,003988	0,005104	0,003627	0,003209
97,4395	0,002373	0,003308	0,004187	0,00305	0,002647
107,4444	0,001667	0,002704	0,003347	0,002531	0,002155
118,4765	0,00113	0,00218	0,002612	0,002075	0,001734
130,6414	0,000735	0,001733	0,001987	0,00168	0,001381
144,0554	0,000452	0,001354	0,001464	0,001343	0,00109
158,8467	0,000264	0,001045	0,001048	0,001064	0,000859
175,1567	0,000147	0,000798	0,000731	0,000838	0,00068
193,1414	0,00008	0,000605	0,000495	0,000656	0,000542
212,9727	0,000047	0,000455	0,000327	0,000512	0,000436
234,8402	0,000035	0,000342	0,000212	0,000397	0,000354
258,9531	0,000033	0,000256	0,000136	0,000305	0,000289
285,5418	0,000034	0,000191	0,000087	0,000227	0,000234
314,8605	0,000035	0,000142	0,000057	0,000159	0,000186
347,1897	0,000033	0,000102	0,000039	0,000109	0,000141
382,8383	0,000027	0,000072	0,000025	0,000059	0,000103
422,1472	0,000018	0,000048	0,000015	0,000009	0,000073
465,4923	0,000012	0,000018	0,000008	0,000001	0,000039
513,288	0,000005	0,000003	0	0	0,000021
565,9913	0,000001	0	0	0	0,000004
624,1059	0	0	0	0	0
688,1877	0	0	0	0	0
758,8492	0	0	0	0	0
836,766	0	0	0	0	0

Taylor-Couette 0,25 g H_2SO_4 + 0,084 g Silikat/g H_2O; 800-200min^{-1} (23.06.2008)

t [min]	$x_{50,3}$ [µm]	$x_{90,3}$ [µm]	d_f
90	39,55	111,74	2,77
110	40,92	144,79	3,20
130	46,15	143,99	2,67
150	40,73	144,15	2,75
170	38,91	138,33	2,76
190	33,84	113,77	2,81

t [min]	90	110	130	150	170	190
x [µm]	q_3 [1/µm]					
0,0525	0	0	0	0	0	0
0,0579	0	0	0	0	0	0
0,0638	0	0	0	0	0	0
0,0704	0	0	0	0	0	0
0,0776	0	0	0	0	0	0
0,0856	0	0	0	0	0	0
0,0944	0	0	0	0	0	0
0,1041	0	0	0	0	0	0
0,1148	0	0	0	0	0	0
0,1265	0	0	0	0	0	0
0,1395	0	0	0	0	0	0
0,1539	0	0	0	0	0	0
0,1697	0	0	0	0	0	0
0,1871	0	0	0	0	0	0
0,2063	0	0	0	0	0	0
0,2275	0	0	0	0	0	0
0,2508	0	0	0	0	0	0
0,2766	0	0	0	0	0	0
0,305	0	0	0	0	0	0
0,3363	0	0	0	0	0	0
0,3708	0	0	0	0	0	0
0,4089	0	0	0	0	0	0
0,4509	0	0	0	0	0	0
0,4972	0	0	0	0	0	0
0,5482	0	0	0	0	0	0
0,6045	0	0	0	0	0	0
0,6666	0	0	0	0	0	0
0,735	0	0	0	0	0	0
0,8105	0	0	0,000001	0,000008	0,000007	0,000007
0,8937	0	0	0	0,000005	0,000002	0,000001
0,9855	0	0	0,000006	0,000072	0,000053	0,00005
1,0867	0,000033	0,000023	0,000101	0,000318	0,000271	0,000299
1,1983	0,000016	0	0,000183	0,000668	0,000572	0,000653
1,3213	0,000185	0,000116	0,000617	0,00158	0,001412	0,001664
1,457	0,001022	0,000762	0,002002	0,00377	0,003508	0,004189
1,6066	0,00201	0,001604	0,003346	0,005601	0,005307	0,00635
1,7715	0,005741	0,005147	0,007676	0,010425	0,010258	0,012332
1,9534	0,011252	0,009806	0,013199	0,016292	0,016284	0,01935
2,154	0,018492	0,016274	0,019233	0,022265	0,022563	0,026592
2,3751	0,027905	0,025331	0,02655	0,029222	0,030032	0,035408
2,619	0,03655	0,032728	0,033182	0,035157	0,0364	0,042959
2,8879	0,043971	0,038821	0,038689	0,03974	0,041309	0,048617
3,1845	0,050336	0,04476	0,042958	0,043073	0,044907	0,052425
3,5114	0,054597	0,048175	0,044793	0,044477	0,046458	0,053786
3,872	0,056097	0,048676	0,044265	0,043891	0,045872	0,052735
4,2695	0,054401	0,046964	0,042094	0,041588	0,04341	0,049633
4,7079	0,050375	0,043209	0,038542	0,038069	0,039678	0,045094
5,1913	0,044919	0,038059	0,034084	0,033833	0,035221	0,039751
5,7244	0,038967	0,032735	0,029499	0,029434	0,030576	0,034319
6,3121	0,032977	0,027553	0,025057	0,02514	0,026054	0,02909
6,9602	0,027207	0,02265	0,020891	0,021109	0,021837	0,024227
7,6749	0,021995	0,018368	0,017234	0,017558	0,018137	0,020016
8,4629	0,017664	0,014916	0,014266	0,014639	0,015113	0,016605
9,3319	0,014393	0,012381	0,012074	0,01243	0,012847	0,014051
10,2901	0,011857	0,01048	0,010425	0,010763	0,011147	0,012138
11,3466	0,009972	0,009125	0,00925	0,009578	0,009947	0,010782
12,5117	0,008759	0,008321	0,008555	0,008865	0,009238	0,009965
13,7963	0,008059	0,007925	0,008221	0,00851	0,008896	0,009551
15,2129	0,007736	0,007821	0,008143	0,008413	0,008817	0,009422
16,7749	0,007704	0,00793	0,008253	0,008501	0,008924	0,009493
18,4973	0,007877	0,008177	0,008479	0,008699	0,009139	0,009679
20,3966	0,008178	0,008493	0,008759	0,008945	0,009395	0,009907
22,4909	0,008536	0,008817	0,009037	0,009186	0,009635	0,010115
24,8002	0,008882	0,009089	0,00926	0,009368	0,009805	0,010247
27,3466	0,009157	0,009265	0,009387	0,009454	0,009864	0,010261
30,1545	0,009321	0,009316	0,009392	0,009419	0,00979	0,010135
33,2507	0,009348	0,009229	0,009267	0,009256	0,009574	0,009864
36,6648	0,009221	0,009002	0,009006	0,008962	0,009219	0,00945
40,4295	0,00895	0,008635	0,008614	0,008542	0,008732	0,008915
44,5807	0,008547	0,008157	0,008115	0,008018	0,008139	0,008282
49,1581	0,008028	0,007601	0,007536	0,007421	0,007476	0,007579
54,2055	0,007513	0,00698	0,006898	0,006769	0,006763	0,00691
59,7712	0,006959	0,006338	0,006247	0,006109	0,006048	0,006243
65,9084	0,006162	0,005759	0,005657	0,005512	0,005402	0,005425
72,6757	0,005293	0,005125	0,005021	0,00488	0,004736	0,004598
80,1379	0,004485	0,004393	0,0043	0,004179	0,004019	0,003864
88,3663	0,00373	0,003721	0,003648	0,003551	0,003387	0,00321
97,4395	0,003037	0,003119	0,003071	0,002997	0,002842	0,002631
107,4444	0,002417	0,00257	0,00255	0,0025	0,002359	0,002129
118,4765	0,001876	0,002082	0,002091	0,002061	0,001939	0,001697
130,6414	0,001414	0,001657	0,001694	0,001682	0,00158	0,001331
144,0554	0,00103	0,001291	0,001355	0,001364	0,00128	0,00103
158,8467	0,000729	0,000987	0,001073	0,001101	0,001031	0,000787
175,1567	0,000499	0,000742	0,000843	0,000884	0,000826	0,000594
193,1414	0,000324	0,000549	0,000659	0,000708	0,000657	0,000443
212,9727	0,000211	0,000401	0,000512	0,000559	0,000515	0,000324
234,8402	0,000137	0,000289	0,000395	0,000431	0,000393	0,000232
258,9531	0,000041	0,000206	0,000302	0,000321	0,000286	0,000163
285,5418	0,00001	0,000146	0,000225	0,000228	0,0002	0,000087
314,8605	0	0,000105	0,000163	0,000151	0,000132	0,000025
347,1897	0	0,000076	0,000116	0,000084	0,000048	0,000008
382,8383	0	0,000056	0,000069	0,00003	0,000015	0
422,1472	0	0,000041	0,000024	0,000001	0,000001	0
465,4923	0	0,000031	0,000009	0	0	0
513,288	0	0,000023	0	0	0	0
565,9913	0	0,000018	0	0	0	0
624,1059	0	0,000013	0	0	0	0
688,1877	0	0,000009	0	0	0	0
758,8492	0	0,000006	0	0	0	0
836,766	0	0,000003	0	0	0	0

Taylor-Couette 0,25 g H_2SO_4 + 0,084 g Silikat/g H_2O; 200-800min^{-1} (20.06.2008)

t [min]	$x_{50,3}$ [µm]	$x_{90,3}$ [µm]	d_r
90	15,11	71,40	2,57
110	24,10	88,89	2,70
130	23,35	127,08	2,69
150	22,16	127,44	2,61
170	22,42	134,15	2,78
190	19,60	98,20	2,70

t [min]	90	110	130	150	170	190
x [µm]	q_3 [1/µm]					
0,0525	0	0	0	0	0	0
0,0579	0	0	0	0	0	0
0,0638	0	0	0	0	0	0
0,0704	0	0	0	0	0	0
0,0776	0	0	0	0	0	0
0,0856	0	0	0	0	0	0
0,0944	0	0	0	0	0	0
0,1041	0	0	0	0	0	0
0,1148	0	0	0	0	0	0
0,1265	0	0	0	0	0	0
0,1395	0	0	0	0	0	0
0,1539	0	0	0	0	0	0
0,1697	0	0	0	0	0	0
0,1871	0	0	0	0	0	0
0,2063	0	0	0	0	0	0
0,2275	0	0	0	0	0	0
0,2508	0	0	0	0	0	0
0,2766	0	0	0	0	0	0
0,305	0	0	0	0	0	0
0,3363	0	0	0	0	0	0
0,3708	0	0	0	0	0	0
0,4089	0	0	0	0	0	0
0,4509	0	0	0	0	0	0
0,4972	0	0	0	0	0	0
0,5482	0	0	0	0	0	0
0,6045	0	0	0	0	0	0
0,6666	0	0	0	0	0	0
0,735	0	0	0	0	0	0
0,8105	0,000005	0	0	0	0	0,000001
0,8937	0,000009	0	0	0	0	0,000002
0,9855	0,000011	0	0	0	0	0,000005
1,0867	0,000013	0	0	0	0	0,000007
1,1983	0,000017	0	0,000001	0	0,000001	0,00001
1,3213	0,00002	0	0,000001	0	0,000001	0,000011
1,457	0,000022	0	0,000001	0	0,000001	0,000011
1,6066	0,000024	0	0,000001	0	0,000001	0,000011
1,7715	0,000024	0	0,000001	0	0,000001	0,000011
1,9534	0,000013	0	0,000002	0	0,000003	0,000006
2,154	0,000039	0	0,000001	0	0,000002	0,000014
2,3751	0,000121	0,000001	0	0	0	0,000038
2,619	0,000205	0	0,000014	0	0,000028	0,000051
2,8879	0,000667	0,000009	0,000029	0,000001	0,000061	0,000219
3,1845	0,00175	0,000053	0,000057	0,000038	0,000124	0,000659
3,5114	0,002647	0,000085	0,000314	0,000037	0,000574	0,001062
3,872	0,005456	0,00033	0,000684	0,000256	0,001196	0,002426
4,2695	0,009222	0,00107	0,001288	0,001041	0,002134	0,004382
4,7079	0,014023	0,001708	0,002834	0,001767	0,004422	0,007196
5,1913	0,02014	0,003518	0,004972	0,003992	0,007312	0,011104
5,7244	0,027543	0,006384	0,008295	0,007502	0,011512	0,016131
6,3121	0,035684	0,010133	0,012765	0,012353	0,016761	0,021922
6,9602	0,043856	0,014809	0,018059	0,01851	0,022533	0,028002
7,6749	0,050316	0,019325	0,023097	0,023758	0,027568	0,03317
8,4629	0,055153	0,02374	0,02785	0,028717	0,031949	0,037466
9,3319	0,058301	0,027921	0,032128	0,033702	0,03562	0,040829
10,2901	0,058323	0,030419	0,034629	0,036216	0,037365	0,042283
11,3466	0,055671	0,031424	0,035529	0,03671	0,037465	0,042068
12,5117	0,051475	0,031739	0,035553	0,036697	0,036741	0,040871
13,7963	0,04607	0,031182	0,03456	0,03563	0,035062	0,03867
15,2129	0,039973	0,029833	0,032667	0,033489	0,032562	0,035656
16,7749	0,033816	0,027924	0,030122	0,030639	0,029525	0,032132
18,4973	0,027961	0,025575	0,0271	0,027343	0,026157	0,028325
20,3966	0,02262	0,022892	0,023777	0,023821	0,022644	0,024433
22,4909	0,017906	0,019977	0,020353	0,020282	0,019182	0,020646
24,8002	0,013803	0,017011	0,017049	0,016934	0,015956	0,017123
27,3466	0,010316	0,014166	0,014042	0,013935	0,013099	0,013978
30,1545	0,0076	0,011575	0,01143	0,011347	0,010661	0,011262
33,2507	0,005578	0,009312	0,009231	0,009178	0,008639	0,008925
36,6648	0,004109	0,007416	0,007431	0,007407	0,007003	0,006923
40,4295	0,003076	0,005868	0,005988	0,005942	0,005662	0,005384
44,5807	0,002376	0,004636	0,004861	0,004766	0,00459	0,004265
49,1581	0,00192	0,003693	0,004014	0,003902	0,003801	0,003435
54,2055	0,001627	0,002967	0,003325	0,003218	0,003185	0,002827
59,7712	0,001438	0,002412	0,002789	0,002684	0,002711	0,002391
65,9084	0,00131	0,001998	0,002512	0,002356	0,002428	0,002073
72,6757	0,001212	0,001667	0,002352	0,002134	0,002237	0,001833
80,1379	0,001124	0,001395	0,002205	0,001939	0,002064	0,00164
88,3663	0,001035	0,001233	0,002067	0,001769	0,001907	0,001473
97,4395	0,00094	0,001112	0,001924	0,001611	0,001753	0,001317
107,4444	0,00084	0,000967	0,001758	0,00145	0,001592	0,001166
118,4765	0,000737	0,000808	0,001567	0,001285	0,001422	0,001017
130,6414	0,000635	0,000643	0,001358	0,001118	0,001245	0,000872
144,0554	0,000537	0,00048	0,001142	0,000954	0,001068	0,000734
158,8467	0,000446	0,000336	0,000936	0,000801	0,0009	0,000609
175,1567	0,000364	0,000223	0,000747	0,000665	0,000745	0,000496
193,1414	0,000289	0,00015	0,000583	0,000544	0,000606	0,000397
212,9727	0,000222	0,000097	0,000444	0,000442	0,000485	0,000313
234,8402	0,000166	0,000062	0,000331	0,000356	0,000382	0,000241
258,9531	0,000123	0,000068	0,000241	0,000285	0,000294	0,000175
285,5418	0,000079	0,000098	0,00017	0,000227	0,000218	0,000127
314,8605	0,000044	0,000135	0,000116	0,000179	0,000153	0,000092
347,1897	0,000017	0,000179	0,000074	0,000142	0,000107	0,000022
382,8383	0	0,000226	0,000033	0,000111	0,000057	0
422,1472	0	0,000271	0,000002	0,000084	0,000003	0
465,4923	0	0,000318	0	0,000062	0	0
513,288	0	0,000363	0	0,000043	0	0
565,9913	0	0,000395	0	0,000024	0	0
624,1059	0	0,000421	0	0,000013	0	0
688,1877	0	0,000408	0	0	0	0
758,8492	0	0,000284	0	0	0	0
836,766	0	0,000171	0	0	0	0

C.4　Gel-Alterung

Übersicht

Alle Alterungsversuche wurden mit einem Gel aus 0,016 g H_2SO_4 + 0,084 g Natrium-silikat pro g H_2O durchgeführt, welches kurz nach der Gelierung dem Rührreaktor entnommen wurde.

Versuchsbeschreibung	Datum	s. Seite
Alterung bei Umgebungstemperatur	18.11.2008	201
Alterung bei Umgebungstemperatur	25.11.2008	201
Alterung bei Umgebungstemperatur	03.12.2008	201
Alterung bei unterschiedlichem Salzgehalt der Umgebung	26.01.2009	202
Alterung bei unterschiedlichem Salzgehalt der Umgebung	17.02.2009	202
Alterung bei verschiedenen Temperaturen	02.02.2009	203
Alterung bei verschiedenen pH-Werten	09.02.2009	204

Alterung bei Umgebungstemperatur mit Wiederholungsversuchen

Ultraschall

frisch

ε_v [MJ/m³]	08.11.2008 $x_{50,3}$ [µm]	25.11.2008 $x_{50,3}$ [µm]	03.12.2008 $x_{50,3}$ [µm]
0	100,90	97,46	79,97
138,3	35,41	37,35	49,68
276,7	6,09	11,80	8,92
415,0	4,40	1,46	2,87
553,3		2,24	

1 Tag

ε_v [MJ/m³]	08.11.2008 $x_{50,3}$ [µm]	25.11.2008 $x_{50,3}$ [µm]	03.12.2008 $x_{50,3}$ [µm]
0	98,27	149,76	80,81
138,3	33,38	17,06	22,02
276,7	17,15	14,34	17,79
415,0	10,49	9,45	10,94
553,3	5,84		

1 Woche

ε_v [MJ/m³]	08.11.2008 $x_{50,3}$ [µm]	25.11.2008 $x_{50,3}$ [µm]	03.12.2008 $x_{50,3}$ [µm]
0		80,56	75,69
138,3	42,50	30,63	33,80
276,7	24,19	16,11	21,89
415,0	14,21	12,55	14,30
553,3	5,97	7,71	8,07

2 Wochen

ε_v [MJ/m³]	08.11.2008 $x_{50,3}$ [µm]	25.11.2008 $x_{50,3}$ [µm]	03.12.2008 $x_{50,3}$ [µm]
0	84,03	77,69	85,48
138,3	34,20	34,08	36,38
276,7	20,99	21,75	22,21
415,0	13,40	12,69	13,72
553,3	9,80	7,54	7,46

BET-Oberfläche

a [m²/g]	08.11.2008	25.11.2008	03.12.2008
frisch	136,7	8,4	0,96
1 Tag			119,1
1 Woche	124,2	31,7	
2 Wochen		28,1	73,1
3 Wochen	219,6		
4 Wochen	33		

t [min]	frisch	1 Tag	2 Wochen	4 Wochen
x [µm]	q_3 [1/µm]			
0,0525	0	0	0	0
0,0579	0	0	0	0
0,0638	0	0	0	0
0,0704	0	0	0	0
0,0776	0	0	0	0
0,0856	0	0	0	0
0,0944	0	0	0	0
0,1041	0	0	0	0
0,1148	0	0	0	0
0,1265	0	0	0	0
0,1395	0	0	0	0
0,1539	0	0	0	0
0,1697	0	0	0	0
0,1871	0	0	0	0
0,2063	0	0	0	0
0,2275	0	0	0	0
0,2508	0	0	0	0
0,2766	0	0	0	0
0,305	0	0	0	0
0,3363	0	0	0	0
0,3708	0	0	0	0
0,4089	0	0	0	0
0,4509	0	0	0	0
0,4972	0	0	0	0
0,5482	0	0	0	0
0,6045	0	0	0	0
0,6666	0	0	0	0
0,735	0	0	0	0
0,8105	0	0	0	0
0,8937	0	0	0	0
0,9855	0	0	0	0,000001
1,0867	0	0	0	0,000003
1,1983	0	0	0	0,000008
1,3213	0	0	0,000001	0,000015
1,457	0	0	0,000002	0,000026
1,6066	0	0	0,000003	0,000041
1,7715	0	0	0,000005	0,00006
1,9534	0	0	0,000007	0,000079
2,154	0	0	0,000008	0,000099
2,3751	0	0	0,000009	0,00012
2,619	0	0	0,00001	0,000142
2,8879	0	0	0,000013	0,000174
3,1845	0	0	0,00002	0,000224
3,5114	0	0	0,000036	0,00029
3,872	0	0	0,000072	0,000411
4,2695	0	0,000025	0,00014	0,000622
4,7079	0,000001	0,000077	0,000231	0,00078
5,1913	0,000002	0,000137	0,000376	0,00111
5,7244	0,000005	0,000223	0,000638	0,001505
6,3121	0,000009	0,000397	0,000839	0,001933
6,9602	0,000017	0,00064	0,001198	0,002459
7,6749	0,000029	0,00082	0,001651	0,003025
8,4629	0,000048	0,001244	0,002096	0,003635
9,3319	0,000072	0,001641	0,002636	0,004284
10,2901	0,000097	0,002092	0,003213	0,00493
11,3466	0,000121	0,002605	0,003805	0,005556
12,5117	0,00014	0,00314	0,004424	0,006165
13,7963	0,000148	0,003677	0,005032	0,006718
15,2129	0,000161	0,004199	0,005609	0,007203
16,7749	0,000209	0,004686	0,006139	0,007613
18,4973	0,000265	0,00512	0,006611	0,007948
20,3966	0,000423	0,00549	0,007014	0,00821
22,4909	0,000679	0,005786	0,007345	0,008411
24,8002	0,001008	0,006003	0,007597	0,008551
27,3466	0,001431	0,006141	0,007766	0,008638
30,1545	0,001941	0,006213	0,007865	0,008685
33,2507	0,002533	0,006229	0,007901	0,008697
36,6648	0,003205	0,006197	0,00788	0,008675
40,4295	0,003979	0,006129	0,007807	0,008618
44,5807	0,004842	0,006032	0,007688	0,008519
49,1581	0,005741	0,005903	0,007518	0,008361
54,2055	0,006653	0,005752	0,007298	0,008137
59,7712	0,007502	0,00558	0,007027	0,007845
65,9084	0,008156	0,005384	0,006706	0,007494
72,6757	0,008551	0,005161	0,006342	0,007072
80,1379	0,008664	0,004915	0,005945	0,006611
88,3663	0,008467	0,00464	0,005507	0,006208
97,4395	0,008147	0,004341	0,005088	0,005698
107,4444	0,007764	0,004016	0,004703	0,004955
118,4765	0,006884	0,003671	0,004176	0,004181
130,6414	0,00567	0,00331	0,003557	0,003442
144,0554	0,004495	0,002944	0,002972	0,002734
158,8467	0,003437	0,002607	0,002429	0,002099
175,1567	0,002525	0,002289	0,001932	0,001552
193,1414	0,001784	0,001949	0,0015	0,001097
212,9727	0,001195	0,001632	0,001136	0,000747
234,8402	0,000756	0,001359	0,00084	0,000484
258,9531	0,000495	0,001119	0,000607	0,000248
285,5418	0,000226	0,000911	0,000429	0,000069
314,8605	0,000004	0,000732	0,000298	0,000001
347,1897	0	0,000579	0,000205	0
382,8383	0	0,00045	0,000141	0
422,1472	0	0,000341	0,000097	0
465,4923	0	0,000252	0,000066	0
513,288	0	0,000181	0,000034	0
565,9913	0	0,000121	0,000003	0
624,1059	0	0,000068	0	0
688,1877	0	0,000024	0	0
758,8492	0	0,000002	0	0
836,766	0	0	0	0

Alterung bei verschiedenen Salzgehalten: isotonisch (26.01.2009): 1:1 Verdünnung mit Lösung gleichen Salzgehalts (0,16mol/l Na_2SO_4); VE, doppelt (17.02.2009): Verdünnung mit doppelt konzentrierter Salzlösung (0,32mol/l) oder VE-Wasser

Ultraschall

frisch

ε_V [MJ/m³]	VE-Wasser $x_{50,3}$ [µm]	isotonisch $x_{50,3}$ [µm]	doppelt $x_{50,3}$ [µm]
0	82,14	78,74	81,49
138,3	30,57		33,94
276,7	16,01		19,11
415,0	24,84		13,33
553,3			7,63

1 Tag

ε_V [MJ/m³]	VE-Wasser $x_{50,3}$ [µm]	isotonisch $x_{50,3}$ [µm]	doppelt $x_{50,3}$ [µm]
0	14,03		77,80
138,3	0,10		31,05
276,7	0,10		19,63
415,0	0,09		13,73
553,3			8,50

2 Tage

ε_V [MJ/m³]	VE-Wasser $x_{50,3}$ [µm]	isotonisch $x_{50,3}$ [µm]	doppelt $x_{50,3}$ [µm]
0	13,56	96,26	77,32
138,3	27,14	36,75	32,35
276,7		18,93	28,90
415,0		11,89	24,90
553,3		6,66	

3 Tage

ε_V [MJ/m³]	VE-Wasser $x_{50,3}$ [µm]	isotonisch $x_{50,3}$ [µm]	doppelt $x_{50,3}$ [µm]
0	15,22	94,20	74,99
138,3	26,40	39,63	33,39
276,7		21,28	26,68
415,0		11,62	26,99
553,3		7,92	

BET-Oberfläche

a [m²/g]	VE-Wasser	isotonisch	doppelt
2 Tage		140	
3 Tage	271,8		120,5

t [min] x [µm]	frisch pur	frisch doppelt	3 Tage pur	3 Tage VE	3 Tage doppelt
			q_3 [1/µm]		
0,0525	0	0	0	0	0
0,0579	0	0	0	0	0
0,0638	0	0	0	0	0
0,0704	0	0	0	0	0
0,0776	0	0	0	0	0
0,0856	0	0	0	0	0
0,0944	0	0	0	0	0
0,1041	0	0	0	0	0
0,1148	0	0	0	0	0
0,1265	0	0	0	0	0
0,1395	0	0	0	0	0
0,1539	0	0	0	0	0
0,1697	0	0	0	0	0
0,1871	0	0	0	0	0
0,2063	0	0	0	0	0
0,2275	0	0	0	0	0
0,2508	0	0	0	0	0
0,2766	0	0	0	0	0
0,305	0	0	0	0	0
0,3363	0	0	0	0	0
0,3708	0	0	0	0	0
0,4089	0	0	0	0	0
0,4509	0	0	0	0	0
0,4972	0	0	0	0	0
0,5482	0	0	0	0	0
0,6045	0	0	0	0	0
0,6666	0	0	0	0	0
0,735	0	0	0	0	0
0,8105	0	0	0	0,000924	0
0,8937	0	0	0	0,001495	0
0,9855	0	0	0	0,001619	0
1,0867	0	0	0	0,001876	0
1,1983	0	0	0	0,002354	0
1,3213	0	0	0	0,002883	0
1,457	0	0	0	0,003389	0
1,6066	0	0	0	0,004243	0
1,7715	0	0	0	0,005053	0
1,9534	0	0	0	0,006314	0
2,154	0	0	0	0,007984	0
2,3751	0	0	0	0,009948	0
2,619	0	0	0	0,0123	0
2,8879	0	0	0	0,014967	0
3,1845	0,000001	0	0	0,017872	0,00001
3,5114	0,000002	0,000002	0	0,021151	0,000024
3,872	0,000004	0,000013	0,000002	0,024736	0,000049
4,2695	0,000008	0,000027	0,000008	0,028359	0,000108
4,7079	0,000016	0,000063	0,00002	0,032049	0,000191
5,1913	0,000029	0,000124	0,000048	0,035687	0,000332
5,7244	0,000048	0,000206	0,000108	0,039034	0,0006
6,3121	0,000072	0,000365	0,000195	0,041906	0,000804
6,9602	0,000103	0,000585	0,000331	0,044234	0,001178
7,6749	0,000137	0,000741	0,000599	0,045719	0,001652
8,4629	0,000171	0,0011	0,000831	0,046405	0,002115
9,3319	0,000202	0,001429	0,001167	0,046272	0,002667
10,2901	0,000222	0,001782	0,001669	0,045186	0,003249
11,3466	0,000236	0,002168	0,002126	0,04326	0,003837
12,5117	0,000253	0,002567	0,002674	0,040702	0,004437
13,7963	0,000286	0,002968	0,00326	0,037655	0,005017
15,2129	0,000374	0,003366	0,00385	0,034277	0,005562
16,7749	0,000537	0,003761	0,004433	0,030726	0,006062
18,4973	0,000803	0,004157	0,004993	0,027439	0,006513
20,3966	0,00119	0,00456	0,005512	0,024359	0,006913
22,4909	0,00171	0,004978	0,00598	0,020705	0,007266
24,8002	0,002355	0,005411	0,006381	0,017026	0,007568
27,3466	0,003109	0,005853	0,006705	0,013847	0,007817
30,1545	0,003976	0,006306	0,006959	0,011046	0,008022
33,2507	0,004935	0,006762	0,007143	0,008612	0,008183
36,6648	0,005965	0,007204	0,007261	0,00657	0,008297
40,4295	0,007038	0,007615	0,007317	0,00489	0,008359
44,5807	0,008094	0,007974	0,007319	0,003538	0,008366
49,1581	0,009018	0,008237	0,00726	0,002493	0,008296
54,2055	0,009749	0,008388	0,007143	0,001707	0,008147
59,7712	0,010228	0,008415	0,006969	0,001138	0,00792
65,9084	0,010385	0,008317	0,006738	0,000746	0,007622
72,6757	0,010189	0,008076	0,006459	0,00049	0,007245
80,1379	0,009724	0,007735	0,006142	0,000336	0,006822
88,3663	0,009267	0,007437	0,005776	0,000254	0,006453
97,4395	0,00848	0,006946	0,005421	0,000217	0,005967
107,4444	0,007125	0,006089	0,00509	0,000205	0,005238
118,4765	0,005727	0,005157	0,004596	0,000202	0,004467
130,6414	0,00445	0,004246	0,003985	0,000201	0,003719
144,0554	0,003288	0,003357	0,003386	0,000198	0,00299
158,8467	0,00232	0,002552	0,002808	0,000192	0,002325
175,1567	0,001553	0,00186	0,002263	0,000183	0,001745
193,1414	0,000945	0,00129	0,001773	0,000172	0,001254
212,9727	0,000331	0,000841	0,00135	0,00016	0,000867
234,8402	0	0,000462	0,000996	0,000146	0,000572
258,9531	0	0,00007	0,000709	0,000132	0,000318
285,5418	0	0	0,000488	0,000116	0,000106
314,8605	0	0	0,000326	0,000099	0,000002
347,1897	0	0	0,000189	0,000081	0
382,8383	0	0	0,000072	0,000063	0
422,1472	0	0	0,000003	0,000047	0
465,4923	0	0	0	0,000029	0
513,288	0	0	0	0,000019	0
565,9913	0	0	0	0,000008	0
624,1059	0	0	0	0	0
688,1877	0	0	0	0	0
758,8492	0	0	0	0	0
836,766	0	0	0	0	0

Alterung bei verschiedenen Temperaturen (02.02.2009)

Ultraschall

1 Tag

εv [MJ/m²]	40°C Xso,3 [μm]	95°C Xso,3 [μm]
0	63,52	89,36
138,3	37,94	83,94
276,7	19,29	63,56
415,0	9,63	25,99

2 Tage

εv [MJ/m²]	40°C Xso,3 [μm]	95°C Xso,3 [μm]
0	77,31	77,72
138,3	37,32	91,28
276,7	22,59	61,21
415,0	9,69	17,73
553,3	5,65	

3 Tage

εv [MJ/m²]	40°C Xso,3 [μm]	95°C Xso,3 [μm]
0	76,56	80,98
138,3	40,38	90,55
276,7	25,45	65,41
415,0	10,63	20,63
553,3	8,94	

BET-Oberfläche

a [m²/g]	40°C	95°C
frisch	239,7	
3 Tage	305,6	214,1

t [min] x [μm]	frisch	1 Tag 40°C	1 Tag 95°C	3 Tage 40°C	3 Tage 95°C
			q₃ [1/μm]		
0,0525	0	0	0	0	0
0,0579	0	0	0	0	0
0,0638	0	0	0	0	0
0,0704	0	0	0	0	0
0,0776	0	0	0	0	0
0,0856	0	0	0	0	0
0,0944	0	0	0	0	0
0,1041	0	0	0	0	0
0,1148	0	0	0	0	0
0,1265	0	0	0	0	0
0,1395	0	0	0	0	0
0,1539	0	0	0	0	0
0,1697	0	0	0	0	0
0,1871	0	0	0	0	0
0,2063	0	0	0	0	0
0,2275	0	0	0	0	0
0,2508	0	0	0	0	0
0,2766	0	0	0	0	0
0,305	0	0	0	0	0
0,3363	0	0	0	0	0
0,3708	0	0	0	0	0
0,4089	0	0	0	0	0
0,4509	0	0	0	0	0
0,4972	0	0	0	0	0
0,5482	0	0	0	0	0
0,6045	0	0	0	0	0
0,6666	0	0	0	0	0
0,735	0	0	0	0	0
0,8105	0	0	0	0	0
0,8937	0	0	0	0	0
0,9855	0	0	0	0	0
1,0867	0	0	0	0	0
1,1983	0	0	0	0	0
1,3213	0	0	0	0	0
1,457	0	0	0	0	0
1,6066	0	0	0	0	0
1,7715	0	0	0	0	0
1,9534	0	0	0	0	0
2,154	0	0	0	0	0
2,3751	0	0	0	0	0
2,619	0	0	0	0	0
2,8879	0	0	0	0	0
3,1845	0	0	0	0	0
3,5114	0	0	0	0	0
3,872	0,000001	0,000001	0	0,000001	0,000001
4,2695	0,000003	0,000004	0,000001	0,000004	0,000003
4,7079	0,000006	0,000008	0,000003	0,000009	0,000006
5,1913	0,000012	0,000016	0,000007	0,000018	0,000013
5,7244	0,00002	0,000029	0,000013	0,000032	0,000023
6,3121	0,000033	0,000048	0,000024	0,000059	0,000038
6,9602	0,00005	0,000073	0,000042	0,0001	0,000061
7,6749	0,000069	0,000103	0,000064	0,000147	0,000087
8,4629	0,000087	0,000139	0,000097	0,000229	0,000123
9,3319	0,000103	0,000178	0,000143	0,000348	0,000168
10,2901	0,000111	0,000215	0,000191	0,000431	0,000214
11,3466	0,00011	0,000258	0,000262	0,000614	0,000284
12,5117	0,000103	0,000318	0,000379	0,000814	0,000405
13,7963	0,000141	0,000371	0,00047	0,001063	0,000503
15,2129	0,00021	0,000484	0,000679	0,001388	0,000738
16,7749	0,000321	0,000638	0,000938	0,00178	0,001038
18,4973	0,000609	0,000852	0,001261	0,00225	0,001419
20,3966	0,00098	0,001148	0,001684	0,0028	0,00192
22,4909	0,001503	0,001536	0,0022	0,003426	0,002531
24,8002	0,002177	0,002016	0,002798	0,004113	0,003241
27,3466	0,002978	0,002579	0,003464	0,004843	0,00403
30,1545	0,003919	0,003226	0,004198	0,005618	0,004893
33,2507	0,004977	0,003938	0,004979	0,006419	0,005801
36,6648	0,006127	0,004694	0,005785	0,007218	0,006722
40,4295	0,007331	0,005471	0,006593	0,007982	0,00762
44,5807	0,008515	0,006232	0,007361	0,008665	0,008441
49,1581	0,009543	0,006907	0,008016	0,009188	0,009098
54,2055	0,010335	0,007469	0,008525	0,009509	0,00955
59,7712	0,010819	0,00788	0,008845	0,009601	0,009766
65,9084	0,010918	0,008089	0,008917	0,009444	0,009722
72,6757	0,010612	0,008097	0,00875	0,009034	0,009407
80,1379	0,010009	0,007923	0,00837	0,00845	0,0089
88,3663	0,009417	0,007556	0,007797	0,007907	0,008426
97,4395	0,008506	0,007144	0,007188	0,007161	0,00771
107,4444	0,007039	0,006729	0,006597	0,006036	0,006549
118,4765	0,005549	0,005972	0,005686	0,004903	0,005358
130,6414	0,004236	0,004991	0,004591	0,00388	0,004258
144,0554	0,003124	0,004069	0,003612	0,00296	0,00324
158,8467	0,002192	0,003224	0,00276	0,002184	0,002374
175,1567	0,001403	0,002469	0,00203	0,001559	0,001666
193,1414	0,000728	0,001827	0,001438	0,001072	0,001089
212,9727	0,000204	0,001302	0,000979	0,000708	0,000702
234,8402	0	0,000891	0,000636	0,000447	0,000434
258,9531	0	0,000595	0,000385	0,000268	0,000071
285,5418	0	0,000356	0,000221	0,000152	0
314,8605	0	0,000144	0,000123	0,000082	0
347,1897	0	0,00002	0,000026	0,000044	0
382,8383	0	0	0	0,000026	0
422,1472	0	0	0	0,000019	0
465,4923	0	0	0	0,000018	0
513,288	0	0	0	0,000018	0
565,9913	0	0	0	0,000017	0
624,1059	0	0	0	0,000015	0
688,1877	0	0	0	0,000012	0
758,8492	0	0	0	0,000008	0
836,766	0	0	0	0,000005	0

Alterung bei verschiedenen pH-Werten (09.02.2009)

Ultraschall

frisch

ε_v [MJ/m³]	pH2 $x_{50,3}$ [µm]	pH7 $x_{50,3}$ [µm]
0	66,99	89,07
138,3	44,50	75,51
276,7	33,73	65,78
415,0		55,32

1 Tag

ε_v [MJ/m³]	pH2 $x_{50,3}$ [µm]	pH7 $x_{50,3}$ [µm]
0	76,64	83,91
138,3	43,51	45,99
276,7	23,18	41,06
415,0	32,27	46,64

2 Tage

ε_v [MJ/m³]	pH2 $x_{50,3}$ [µm]	pH7 $x_{50,3}$ [µm]
0	77,63	81,14
138,3	41,04	41,93
276,7	21,62	33,60
415,0	52,57	37,30

3 Tage

ε_v [MJ/m³]	pH2 $x_{50,3}$ [µm]	pH7 $x_{50,3}$ [µm]
0	79,17	79,30
138,3	41,76	42,24
276,7	20,94	37,70
415,0	29,86	47,41

BET-Oberfläche

a [m²/g]	pH2	pH7
3 Tage	717	313

t [min] / x [µm]	frisch pH2	frisch pH7	1 Tag pH2	1 Tag pH7	3 Tage pH2	3 Tage pH7
			q_3 [1/µm]			
0,0525	0	0	0	0	0	0
0,0579	0	0	0	0	0	0
0,0638	0	0	0	0	0	0
0,0704	0	0	0	0	0	0
0,0776	0	0	0	0	0	0
0,0856	0	0	0	0	0	0
0,0944	0	0	0	0	0	0
0,1041	0	0	0	0	0	0
0,1148	0	0	0	0	0	0
0,1265	0	0	0	0	0	0
0,1395	0	0	0	0	0	0
0,1539	0	0	0	0	0	0
0,1697	0	0	0	0	0	0
0,1871	0	0	0	0	0	0
0,2063	0	0	0	0	0	0
0,2275	0	0	0	0	0	0
0,2508	0	0	0	0	0	0
0,2766	0	0	0	0	0	0
0,305	0	0	0	0	0	0
0,3363	0	0	0	0	0	0
0,3708	0	0	0	0	0	0
0,4089	0	0	0	0	0	0
0,4509	0	0	0	0	0	0
0,4972	0	0	0	0	0	0
0,5482	0	0	0	0	0	0
0,6045	0	0	0	0	0	0
0,6666	0	0	0	0	0	0
0,735	0	0	0	0	0	0
0,8105	0	0	0	0	0	0
0,8937	0	0	0	0	0	0
0,9855	0	0	0	0	0	0
1,0867	0	0	0	0	0	0
1,1983	0	0	0	0	0	0
1,3213	0	0	0	0	0	0
1,457	0	0	0	0	0	0
1,6066	0	0	0	0	0	0
1,7715	0	0	0	0	0	0
1,9534	0	0	0	0	0	0
2,154	0	0	0	0	0	0
2,3751	0	0	0	0	0	0
2,619	0	0	0	0	0	0
2,8879	0	0	0	0	0	0
3,1845	0	0	0	0	0	0
3,5114	0,000001	0	0,000001	0,000001	0	0,000001
3,872	0,000002	0,000002	0,000002	0,000003	0,000001	0,000005
4,2695	0,000004	0,000006	0,000005	0,00001	0,000003	0,000013
4,7079	0,000009	0,000014	0,00001	0,000024	0,000006	0,00003
5,1913	0,000017	0,00003	0,00002	0,000051	0,000014	0,000062
5,7244	0,00003	0,000064	0,000035	0,000102	0,000028	0,000121
6,3121	0,00005	0,00011	0,000059	0,000172	0,000051	0,000201
6,9602	0,000076	0,000181	0,000091	0,000277	0,000087	0,000317
7,6749	0,000106	0,00032	0,000131	0,000472	0,000137	0,000525
8,4629	0,00014	0,000441	0,000176	0,000641	0,000202	0,000703
9,3319	0,000176	0,000621	0,000225	0,000885	0,000283	0,000955
10,2901	0,000203	0,000897	0,000274	0,001254	0,000383	0,001328
11,3466	0,000236	0,001166	0,000317	0,001604	0,000473	0,001674
12,5117	0,000297	0,001508	0,000369	0,002043	0,000564	0,0021
13,7963	0,000361	0,001903	0,000473	0,002542	0,000722	0,002576
15,2129	0,000534	0,00234	0,000632	0,003084	0,0009	0,003085
16,7749	0,000795	0,002819	0,000886	0,003669	0,001152	0,003624
18,4973	0,001165	0,003337	0,001258	0,004289	0,001499	0,004187
20,3966	0,001671	0,003885	0,001754	0,004934	0,001942	0,004763
22,4909	0,002309	0,004456	0,00238	0,005595	0,00249	0,005344
24,8002	0,003067	0,005032	0,003122	0,006248	0,003129	0,005912
27,3466	0,003925	0,005592	0,003961	0,00687	0,003845	0,006446
30,1545	0,004885	0,006129	0,004901	0,00745	0,004648	0,006939
33,2507	0,005924	0,006624	0,005921	0,007968	0,005528	0,007378
36,6648	0,007009	0,00706	0,006992	0,008406	0,00647	0,007747
40,4295	0,008097	0,007421	0,008079	0,008742	0,007457	0,008033
44,5807	0,009115	0,007696	0,009111	0,008965	0,008435	0,008229
49,1581	0,009939	0,007855	0,009965	0,009046	0,009299	0,00831
54,2055	0,010541	0,007897	0,01061	0,008983	0,009984	0,008276
59,7712	0,010861	0,007818	0,01098	0,008782	0,010425	0,00813
65,9084	0,010816	0,007615	0,010975	0,00846	0,010545	0,007884
72,6757	0,010621	0,007308	0,010812	0,008018	0,010299	0,007539
80,1379	0,010281	0,006915	0,01049	0,007505	0,009769	0,007132
88,3663	0,009254	0,006437	0,009447	0,007053	0,009238	0,00677
97,4395	0,007865	0,005965	0,00802	0,006467	0,008373	0,006288
107,4444	0,006495	0,005523	0,006604	0,005603	0,006938	0,00556
118,4765	0,005147	0,004881	0,005204	0,004713	0,005467	0,004785
130,6414	0,003891	0,004112	0,003907	0,003866	0,004143	0,004026
144,0554	0,00281	0,003394	0,002822	0,003051	0,002979	0,00328
158,8467	0,00191	0,002735	0,001936	0,00235	0,00201	0,002593
175,1567	0,001224	0,002138	0,001175	0,001764	0,00128	0,001984
193,1414	0,000798	0,001624	0,000466	0,001246	0,000829	0,001464
212,9727	0,000313	0,001198	0,000061	0,000852	0,000324	0,001039
234,8402	0	0,000855	0	0,000524	0	0,000705
258,9531	0	0,000591	0	0,000085	0	0,000445
285,5418	0	0,000392	0	0	0	0,000182
314,8605	0	0,000248	0	0	0	0,000003
347,1897	0	0,000163	0	0	0	0
382,8383	0	0,000091	0	0	0	0
422,1472	0	0,000014	0	0	0	0
465,4923	0	0,000002	0	0	0	0
513,288	0	0	0	0	0	0
565,9913	0	0	0	0	0	0
624,1059	0	0	0	0	0	0
688,1877	0	0	0	0	0	0
758,8492	0	0	0	0	0	0
836,766	0	0	0	0	0	0